U0085752

# 行銷管理

陳希沼 著

Marketing Management

三民書局

國家圖書館出版品預行編目資料

行銷管理／陳希沼著.－－初版一刷.－－臺北市：三
民，2005
　　面；　　公分
　ISBN 957-14-4036-1　（平裝）

　1.市場學

496　　　　　　　　　　　　　　　　　93017732

網路書店位址　http://www.sanmin.com.tw

© 行 銷 管 理

著作人　陳希沼
發行人　劉振強
著作財　三民書局股份有限公司
產權人　臺北市復興北路386號
發行所　三民書局股份有限公司
　　　　地址／臺北市復興北路386號
　　　　電話／(02)25006600
　　　　郵撥／0009998-5
印刷所　三民書局股份有限公司
門市部　復北店／臺北市復興北路386號
　　　　重南店／臺北市重慶南路一段61號
初版一刷　2005年4月
編　號　S 493400
基本定價　拾元肆角
行政院新聞局登記證局版臺業字第○二○○號

ISBN　957-14-4036-1　（平裝）

# 自 序

　　行銷學是現代生活的寫真,人類消費行為的記錄。從早到晚,你我的一舉一動,幾乎都屬於消費行為,都和產品及勞務的購買和消費有關。舉凡產品、價格、推廣及通路等都是聰明的現代消費者關心的資訊,也是行銷管理探討的主要課題。

　　近半個世紀以來,科技進步提升了生產效率,企業競爭從生產技術的改變轉變為行銷效率的提升。於是行銷學者、專家及企業界肩負了新的使命:從深入瞭解消費行為,到產品設計規劃,到將大量生產的產品銷售出去,以提升消費者滿足的程度。因為他們知道,只有優質的產品或服務才能滿足消費者的需求;只有消費者才是決定企業成敗的關鍵。企業為求生存,不分業別與規模莫不設法加強行銷作業,以擴大市場占有率,建立企業形象及品牌知名度。行銷管理探討的領域也因此從傳統的行銷功能擴大到產銷整合、策略行銷,以及策略聯盟等。行銷管理適用的範圍也從營利事業延伸到非營利事業、政府機構、學校及醫院等。就以國內外知名的高等學府為例,他們之所以成為年輕學子及工商界精英競相申請的對象,主要歸功於他們行銷成功;企業界如台積電、鴻海、微軟、可口可樂、星巴克 (Starbucks Coffee)等……,他們的產品精良、他們的廣告能抓住顧客,因此他們擁有良好的公眾形象及高知名度,在在均說明了行銷管理在現代企業經營的地位。

　　國內介紹行銷管理的著作眾多,推陳出新,指不勝屈,內容也各有千秋。本書係以生活化的方式,用深入淺出的筆法介紹行銷管理的各種基本觀念與實務。為了誘發讀者思考,並根據國內外報章雜誌等,有系統地將和行銷有關的重要事件,簡單的寫成案例,安排在相關章節之後,供讀者參考。其中有些案例的內容係作者引用或參考新聞媒體或專業性雜誌編撰而成,極具教育價值。除註明出處外,特申謝意。

　　本書共分八篇二十四章,適合大專校院學生或有志進修朋友閱讀。著者才疏學淺,錯誤與疏漏之處在所難免,尚祈不吝賜教。

陳希沾 謹識

94.4.1

於臺北

# 行銷管理 目次

## 第三篇　策略性行銷

## ■第六章　市場分類 109

## ■第七章　行銷策略 125

## ■第八章　策略管理與行銷 149

## 第四篇　產品策略

## ■第十三章　產品品牌策略　257

## 第五篇　價格策略

## ■第十四章　認識價格決策　281

## 第六篇　行銷通路策略

## 第七篇　推廣策略

## 第八篇　特殊行銷

# 第一篇
## 行銷管理的概念

Marketing Management

# 第一章　認識現代行銷學

## 消費的重要

　　我們每天從早晨起床到夜晚就寢，所有的活動幾乎都是消費行為，都和產品或勞務的消費有關。經濟繁榮時固然要消費，不景氣時也要吃穿；富有的人要消費，一般小市民也要消費。

　　從前工商業不發達，一般人所得水準低，大家提倡節儉，抑制消費，不購買不需要的產品，更不購買沒有能力購買的產品。所以雖然有錢，生活都很樸實。

　　現在觀念改變了，大家都重視物質享受，講求物質的滿足，政府也亟力設法鼓勵消費，以繁榮經濟，其中以零利率、現金卡、消費性貸款等最具代表性。因為只有如此才能創造需求，才能讓生產事業繼續營運，而且消費的愈多，生產的就愈多，企業有利可圖，才願意擴大投資，才能創造就業機會，有了工作，才有收入，才有能力消費。所以，要有消費的社會大眾，才有繁榮的工商企業。否則，經濟就蕭條，失業人口就增加。可見消費是現在工商業社會解決失業最有效的方法。

## 作一個聰明的消費者

　　消費在現代社會既然如此重要，人人都希望在消費的過程中被認為是一個聰明的消費者。

　　現在各種產品種類多如天上星星，且各有特點。日用品品牌眾多，性能接近，價格低廉，不需花費心力即可購買。唯在琳琅滿目的商品中選購，仍需技巧與用心。

　　價格高而又不常購買的產品，購買前應先蒐集有關產品的品質、品牌、性能、流行、價格，以及售後服務等資訊，仔細加以比較分析，選擇比較適合自己身分、地位及能力的品牌、式樣或價格。

　　在比較分析品質、品牌及價格等因素時，往往彼此衝突與矛盾。為避免花錢找罪受，應先確定它們的優先次序，或誰重誰輕。大家都有吃自助餐的經驗：很多人都抱著花錢吃個飽、吃個夠的觀念，一旦肚子漲，體重暴增時，卻又悔不當初。聰明的消費者既知道怎麼配，也知道如何吃，而且肚子裡可能是些貨真價實的好東西。

人的慾望無窮，所得有限。除了目不暇給的產品或服務外，現金卡、信用卡，以及貸款方便容易等促銷法誘惑下，你可能身不由己，陷入刷爆的陷阱。因此，不論你是科技新貴，還是在學學生，在購買前如能先在你自己的腦海中將各種因素有個排序，在購買現場又能理性一點，根據「貨比貨，價比價」的原則，相信你不但不至於刷爆，你也許會比別人買的數量多，價格比別人低，你的生活素質與滿足水準因而獲得提升，你就是一個聰明的消費者，也是現代行銷的贏家。

## 滿足消費者需求是最大的挑戰

消費者既然是聰明的，在競爭的市場上，要滿足消費者的需求就很不容易。他們所需求的不僅是實物產品，如一套衣服，或一餐飯，而是圍繞在衣服或食品周圍能夠影響購買意願的整體組合，除了實物產品外，如品質、式樣、質料外，還有若干和穿、吃有關的因素，例如朋友同事的讚美，餐廳的氣氛，以及服務人員的儀態等。顧客對於這些因素的喜好常因人因時而異。因此，如何瞭解顧客的需求與期望，拿捏恰當，提供較競爭者更出色，更令顧客滿意的產品組合，就成了現代行銷人員的最大挑戰。

一個企業的產品組合如果不能符合顧客的需求，顧客從購買的產品組合中得不到他所期望的，他就不會再光顧，長久下去，該產品就會失敗。

麥當勞在廿世紀最後的幾年，在世界一百零八個國家中共擁有二萬三千五百個速食店，平均每天約有三千八百萬個顧客上門。顧客光顧麥當勞並不只是基於喜歡他的漢堡或炸雞，因為其他的速食店可以作出同樣美味可口的食品。顧客到麥當勞所追求的是他所提供一整套的速食組合，這套組合就是麥當勞多年以來一直引以為傲的 QSCV。這個組合的 Q (quality) 代表品質，S (services) 代表親切的服務，C (cleanliness) 代表整潔乾淨，V (value) 表示價值。麥當勞是用每個字的字頭代表他們所提供的產品組合。

自 2001 年食品科技界指出麥當勞所使用的油類，在高溫下炸雞塊或薯條等可能會變質，如長期食用，對人類身體可能造成傷害。此一報導公布後，麥當勞的銷售量立即下降。該公司為了消除顧客的疑慮，不久便改用高溫下不會變質的油料。麥當勞及時的調整顧客所關心的油料，顧客的信心才逐漸恢復，銷售量也逐漸的回升。❶

---

❶　ICRT 晨間新聞，12 月 6 日，2002 年。

這個實例說明了現代的顧客是敏感與現實的。一向以 QSCV 自豪的麥當勞，由於只有品質一項中一點小問題，其他的因素並無任何改變，顧客便毫不猶疑的改變了他們的偏好，轉而購買其他品牌的速食。就在此同時，漢堡王 (Burger King) 及潛水艇 (Subway) 兩家速食公司趁機立刻大作廣告，強調他們的產品是採用天然的方法，調配肉類及蔬菜，不但保有肉類及蔬菜原有的風味及營養價值，最重要的是對人體不會造成傷害。他們的訴求 (appeal) 獲得了廣大食客的回應，營業收入明顯的成長。❷

由於受美國經濟不景氣以及同業競爭的影響，麥當勞的業績一直無法恢復原來的水準，他的股價在兩年之中下跌幅度高達 40% 左右，在股東及社會輿論的壓力下，執行長格林柏格 (Green Berg) 為表示負責，終於在 2002 年 12 月初辭職。❸

為了因應顧客偏好，臺灣的麥當勞，部分業者自 2002 年陸續推出各種口味的燴飯，設法滿足顧客的需要。證明了「透過滿足顧客的需要以賺取利潤」，果真是成功的關鍵。

## 決定企業成敗的關鍵

近五十年來，若干知名的學者及企業家均一致指出世界上經營最成功、最卓越的企業，如可口可樂，嬌生 (Johnson & Johnson)，寶鹼 (Procter & Gamble, P&G)，微軟 (Microsoft)，及 IBM 等公司，他們不但擁有正確的行銷理念，並能主動地去接近顧客，聽取顧客的心聲，瞭解顧客並重視顧客的需要，專心致力於自己專長的事業，並設法鼓勵員工，以提供高品質、高價值的產品，以及卓越的服務，以達到讓顧客滿意的目標。❹

也有的學者則利用成功的事蹟，說明企業領導人如何利用他（她）們的聰明才智，採取一些具體的行動，以提升顧客滿意度。他們對服務熱心的員工定期舉辦獎勵活動，表彰他（她）們的貢獻；例如牛仔褲公司的董事長長期細心研究以改進女性服飾，然後區隔女性服裝市場；服飾店的老闆每個星期六一定坐下來親自閱讀顧客抱怨的函件，五十多年如一日，未曾間斷。❺這些實例均說明了現代知名的企業，

❷ CNN 新聞報導，12 月 6 日，2002 年。

❸ CNN 晨間新聞，12 月 6 日，2002 年。

❹ Thomas Peters and Robert Waterman, Jr., *In Search of Excellence*. New York: Harper & Row Publishers, 1982.

在研究發展與執行行銷作業的過程中，必須學習成功的經驗，認真執行，讓顧客真正體認到他們不但受尊敬，而且購買到令他們滿意的產品或勞務。顧客滿意度既然是決定一個機構成敗的關鍵，營利、非營利均是如此，因此任何機構的高階主管必須具備現代行銷的觀念與事業基礎。

在學術界，那些最知名的大學或研究機構，也就是那些最擅長行銷的學校或機構，他們不但延聘一些國際馳名的學者，借重他們在學術上的成就，以提升學校的地位，同時並利用各種時機與方法，例如球類，划船等運動競賽，提升整體形象與認同感。他們並設法爭取一些大型研究計畫；或與知名大企業合作，共同研究，以吸收世界各國的精英，或獎勵特殊優異的學生前往進修，以推廣其在學術界的領導地位。

近年來，臺灣各大專院校為提升在學術界的排名，每年在聯招放榜前大作廣告宣傳，有的提供鉅額獎學金以吸引成績優異的考生，有的則以贈送就業基金或保證安排工作為誘因，以提升知名度。在競爭激烈的學術界，行銷的觀念與策略愈來愈受重視。

臺灣企業界擁有若干世界級的行銷專家。台積電董事長張忠謀不但有高科技的專業知識，前瞻力及創新力令人敬佩，更是一位行銷高手。他會利用每一個時機，把握每一秒鐘，將臺灣高科技的代表——晶圓代工的現況及未來發展趨勢，清楚地告訴國內外關心的每一個人士，而且讓他們對該產業的發展有信心。他最近警告說：「落後的國家不能容納世界級的企業」。❻表達了對臺灣的期望與憂心。鴻海精密工業董事長郭台銘非常重視高科技的專利權，他曾說過「打官司是高科技的象徵，要不是因為市場大餅和有價值的技術，誰要和你打官司。」❼因此鴻海的法務部門有四百多人。他們的行銷觀不但為所經營的企業建立了領導地位，創造了鉅額利潤，也為臺灣建立了典範。

## 企業界面臨的挑戰

### 一、國際化改變了消費型態

臺灣自 2002 年加入世界貿易組織後，國外產品大量湧進臺灣，不但改變了我們的消費，也逼退我們的生產者。臺灣向以盛產水果蔬菜聞名，現在進口果菜大量陳

❺ 同❹。
❻ 《經濟日報》，92 年 10 月 2 日。
❼ 《天下雜誌》，91 年 4 月號，pp. 46–52。

列在各地零售商，它們不但來自澳洲，紐西蘭，還有的從遙遠的南美智利而來，且數量愈來愈多。

在影響深遠的教育，文化及娛樂等方面，西化的程度及速度更為明顯：電影、音樂、新聞，以及暢銷的書籍雜誌，主要來自歐美或翻譯自歐美原著。近年來，幼稚園的小朋友開始學習英文，學習英文幾乎成為全民運動，大有凌駕中文之上之勢。在日常用的產品中，可能只有麵包、牛奶、電腦、電視和手機是臺灣製作的了。

## 二、失業率節節升高

臺灣中小型傳統產業自 1980 年初即開始逐漸轉移至中國大陸。90 年代以後，電子電器產業開始在大陸設裝配廠及組件製造工廠。現在大多數的電子資訊工廠均在大陸投資設廠，僅高科技的研發部門仍留在臺灣，因此失業率節節上升。據 2003 年 9 月調查結果發現，大專畢業學生的失業率約為 75%，高職畢業生最難找到工作。❽又因工作機會難找，相當多的大專學生準備從事特殊行業，以便賺錢養家糊口，失業情形之嚴重由此可見一斑。❾

## 三、產業加速移轉至大陸

五十萬以上的高所得者經常在兩岸間飛行。臺灣現在究竟有多少企業員工在大陸工作，可能並無正確統計。不過據估計，自 2001 年以後，每天至少有五十萬以上的企業家及專業人員在大陸各地治理他們的企業或推銷他們的產品。❿如果將近年來金融，保險及管理顧問等公司的先遣人員統計在內，保守地估計也要增加十萬人。這些人都是有工作的人，而且屬高所得者，他們的所得大部分用在購買大陸的產品與勞務，繁榮了大陸的經濟，減少了對臺灣的購買，直接影響臺灣的景氣。

2002 年 3 月政府在高科技業者的壓力下，有條件地同意 8 吋晶圓廠至大陸設廠，高科技業新一波的出走已然形成。傳統產業的龍頭廠商自 2003 年起公開宣稱前往大陸投資的意圖，如果他們只將「老根」留在臺灣，新枝新葉插在大陸，則中下游加工廠將紛紛西進，屆時臺灣的失業率將進一步呈階梯式上升，經濟可能會加深惡化。

## 四、服務業受的衝擊最嚴重

1997 年亞洲金融風暴，臺灣雖倖免，但傳產的西進與關廠歇業，使臺灣金融界

---

❽ 《中時晚報》，92 年 9 月 22 日。

❾ 《中國時報》，87 年 9 月 14 日。

❿ *Business Week*, Dec. 9, 2002, pp. 20–32.

徒增數以千億的呆帳。屋漏偏遇連陰雨，二十一世紀開始第一年的高科技泡沫化，與同年 911 回教狂熱份子攻擊紐約世界貿易中心大樓及五角大廈，使全世界陷入恐怖的陰影之中，使全世界的服務業，其中尤以金融、航空、旅遊觀光、飯店等產業，蒙受的衝擊最為嚴重，美國及歐洲各大航空公司載客量迅速下降，各公司虧損累累，先是裁員，接著停飛。臺灣也蒙受重大波及：昔日人潮洶湧的商店街，觀光街，遊客寥若晨星。正當臺灣，中國大陸及南韓的經濟逐漸從谷底翻升之際，2003 年 3 月大陸廣東爆發非典型呼吸氣道病毒（severe acute respiratory syndrome，簡稱 SARS）死亡案例，隨後香港發生公寓大樓感染，死亡人數驟增，頓時世界各國又如面臨大敵。3 月初臺灣出現首位病例，5 月初臺北及高雄各大醫院均傳疫情，且有院內感染情節，於是航空、觀光旅遊、大小餐飲業、娛樂場所等容易招致感染的產業，幾乎完全停頓。昔日航空公司的黃金航線，最多載客量僅剩 25%。雖然同年 7 月 5 日世界衛生組織將臺灣從最後一個疫區中除名，但世界各國的服務業，尤其以大中華經濟圈的服務業，承受的衝擊最嚴重，宛如不幸染上 SARS 的病患一樣，需要經過長時期細心療養，可能才會恢復元氣。

## 五、人口結構改變

臺灣在 2003 年年齡在 65 歲以上的人口已超過二百萬人。年齡大，容易生病，需要有人照顧，醫療保健費用隨著年齡增長而加重，用在食、衣、住、行等消費性支出則比較低。年長者的儲蓄傾向大於消費傾向，影響經濟成長發展。另一方面，臺灣近十餘年來，嬰兒出生率大幅下降，2003 年新生嬰兒較 1990 年約減少十萬人，若干嬰兒產品市場所受的影響已經浮現。老化人口增加，新生嬰兒減少，均影響勞動人口，因此臺灣現在約有外籍勞工三十萬人，外籍新娘約二十餘萬。外籍勞工一方面創造臺灣的失業，同時他們也將節省的工資寄回祖國，而不在臺灣消費；外籍新娘的消費型態與我們有差別，而且也影響她們的家庭與下一代，使臺灣市場區隔更加細分化。

## 六、自由競爭名存實亡

臺灣零售批發業近年趨向大者恆大現象，自外資加入零售批發業後，家樂福、大潤發等量販店規模擴大，家數增多，改變傳統的批發業經營型態。統一超商迄 2003 年底已有 3,500 家連鎖商店，全家便利商店也增長到 1,387 家。速食業的麥當勞約 350 家，摩斯漢堡已有 60 餘家，金融界、資訊業亦復如是，少數幾家大企業壟斷了市場，為降低成本，簡化產品種類，減少顧客自由選擇的機會，也抹煞了小企業創業的精神。

### 七、行銷倫理道德沉淪

經濟迅速成長加速傳統倫理道德的沉淪，傳統的法治觀念破產，市井小民並未獲得經濟發展的成果，反而身受其害。大專院校學生畢業就是失業，青少年心理深受扭曲，若干青年不但未因科技進步而受益，反而變成科技怪物。半數以上大專畢業生認為「若要成功，七分靠關係」。⓫又有半數大專畢業生考慮經營特種行業，目的為了糊口。⓬假藥，醫療手術失敗，不合格的產品司空見慣、銀行盜領，動輒數十人受害，⓭看不出臺灣像一個現代化的社會。

## 行銷學的濫觴

自有人類就有交易行為，就有行銷觀念。早期人類的用品，部分自己製作，部分則由交易獲得。交易行為的產生，使人類逐漸邁向專業分工，以取得自己無法製作的物品。

自二十世紀初開始，企業界在生產技術突飛猛進及大量生產的雙重壓力下，不得不設法加強行銷技術的研究，以便有效地推銷其產品。因此有關產品設計、包裝技術、價格擬定，以及廣告及通路的安排等，逐漸為企業及學術界重視。不過當時並未自整體的行銷管理系統研究，方法也不符合科學。

行銷學既然為企業界重視，人才的培養於是開始。1902 至 1903 年間，美國數所大學便將行銷學作為正式課程講授。迄 1950 年代，商科學生爭相修習行銷學課程。此後美國及世界各地商科及管理學院學生均以行銷學為核心課程 (core course)。他們並利用行銷學的原理原則，推廣其學校的知名度以及排名，以招徠世界各國優異學生前往進修，當時真有一修行銷身價百倍之感。我國在 1950 年代中期，臺灣大學及政治大學始開始講授行銷學，又稱市場學。

## 行銷的定義

行銷是 marketing 的翻譯，早期又稱市場學。它的定義隨著時代而不同。美國行銷學會 (American Marketing Association) 的定義為：規劃及執行產品意念、產品與勞

---

⓫　《中國時報》，87 年 9 月 14 日。

⓬　同⓭。

⓭　《聯合報》，92 年 10 月 14 日。

務的發展、訂價、推廣及配銷，以創造交換功能，達成滿足個人或組織的目的。 **⑭**

柯特勒 (Philip Kotler) 的定義為：是社會上創造，提供與自由交換有價值的產品及勞務的過程，透過此一過程，個人或群體能獲得他們所需要的產品或勞務。 **⑮**

美國哈佛大學的包爾‧馬蘇 (Paul Mazur) 教授認為「行銷是傳達社會生活標準的一種活動」。後來麥克奈爾 (Malcolm McNair) 教授將其定義擴大為「是創造與傳達生活標準給社會的一種活動」。根據此一定義，一個公司僅能製造良好的產品，或僅能滿足消費者的需要，並不表示就是一個成功的企業。因為在現代行銷的領域中，成功的行銷策略必須與整個社會生活標準結合在一起，否則就無法達成滿足顧客需求的任務。

在上面三個定義中，柯特勒的定義最為簡單明瞭，近年來最常為行銷學界引用。這個定義包含了幾個基本的觀念，其中最重要的是需要 (needs)、產品、交換及市場，現代行銷學最基本的觀念就是需要。茲將這四個名詞分別說明如下：

## 一、需　要

所謂需要就是一種不滿足的、缺乏某種東西的感覺。人類的需要極為複雜。一般所說的食、衣、住、育、樂、友情、榮譽與成就等都是。這些需要是人類天性的一部分，並非透過人為的方法誘發出來的。

當一種需要未能獲得滿足時，一個人可能會設法尋找一種可以滿足他需要的產品，否則就會設法把他的需要降低。在工商業進步的國家，可以設法找到以至發展可以滿足需要的產品。但是在比較落後的國家，就不那麼幸運了，人們只能利用僅有的產品去滿足他們的需要，否則只有抑制自己的需要。

## 二、產　品

所謂產品是指可以提供到市場上引起注意，交換獲得後，使用或消費以滿足人類需要的任何東西，並不限於實體產品。假設一位女士感覺需要使自己更具有吸引力，則她可以將那些能夠滿足她此一需要的所有產品稱為「產品選擇集合」(product choice set)，此一集合可以包括新的衣服、裝飾品、髮型設計、健美操等。對該位女士而言，這些產品的重要性並不相同。那些價格比較低廉，容易買到的產品她可能

**⑭** Peter Bennett, *Dictionary of Marketing Terms*, 2nd edition. Chicago: American Marketing Association, 1995.

**⑮** Philip Kotler, *Marketing Management*. Upper Saddle River, NJ: Prentice Hall, 2003, pp. 8–9.

優先購買，而那些最能符合她心意的產品，被購買的機會也可能最大。因此生產者必須先瞭解消費者的真正需要，然後針對消費者的需要，研發、設計與生產最能滿足他們需要的產品。

## 三、交　換

當一個人決定透過交換，以自己的產品交換能夠滿足他需要的另一種產品時，行銷活動就開始了。交換是人類取得其所需要產品的一種方式。在交換的過程中，他可以用錢、物品或勞務等換取自己需要的產品。

人類獲得其所需要的產品方式有很多，有的是公平的、合法的，有的則不是，交換只是其中的一種方式。現在是一個專業分工的時代，我們不可能也不必要具備所有的技術，生產所需要的一切產品。一個進步的社會，通常是利用自己專長的產品，以交換他人專長的產品，所獲得的滿足才會提高，生活水準才能改善。所以，生產是創造形式的效用，交換則是利用擴大消費者選擇商品的種類，創造交換的效用。簡單的交換過程如圖 1–1。

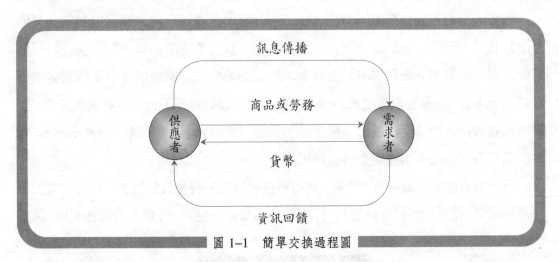

圖 1–1　簡單交換過程圖

交換是行銷活動的主要觀念之一。一個交換或交易的發生，必須有幾個基本的條件，其中包括：

1. 交換雙方出於自己的意願且有交換的意願。

2. 交換雙方都要參與。

3. 雙方都擁有有價值的東西，可作為交換之用。

4. 交換雙方具有溝通意願與能力。

這些條件的目的在使交換成為可能。是否能夠發生，就得看交換雙方是否能取得共識，達成協議。如果交換完成，則雙方可能都會獲得利益。

## 四、市　場

交換除買賣雙方外，另外就是交換的場所，以便進行交易，就是通稱的市場。市場是一種產品實際的或潛在的 (potential) 購買者進行交易的地方，例如菜市場、證券交易市場等。有時一種交易的進行並不需要有一個固定的場所，例如外匯市場。

於是我們可以將市場解釋為從事商品或勞務所有權移轉的處所，他的主體是商品或勞務，他的主要作用在於促成所有權的轉移，至於實質商品在與不在該處，並不重要。

另外，也可將市場看成一個機構，透過此一機構，將社會上稀少的財貨與勞務劃分到最佳的用途上。由此可知，市場是溝通生產與消費的橋樑，是一個地方，也是一種思考過程，有主體，也有目標。

## 行銷管理

很多人認為行銷管理 (marketing management) 是尋找足夠的顧客以銷售公司的產品，這是一種相當狹隘的觀點。一個企業有其自己希望的銷貨水準。在任何一個時間，都可能有下列幾種情形：沒有需求、足夠的需求、不規則的需求與太多的需求等。行銷管理就是要設法處理這些不同的需要。行銷管理不但要尋找與促進需要，同時還要設法改變甚至降低對一種產品的需要。所以行銷管理在於改變需要的水準、時間及性質，以便能夠協助企業達成目標。

行銷管理的定義為分析、規劃、執行與控制公司的各種行銷計畫，這些計畫的目的在於創造、建立與維持交換的利益，不但使購買者受益，兼可達成公司獲利的目的。

## 行銷學的研究法

研究行銷學的方法很多，傳統的研究法通常分為三種，即商品途徑 (commodity approach)、機構途徑 (institutional approach) 和功能途徑 (functional approach)。

近年來行銷作業的分析、計畫、執行與控制等功能，備受重視，因而有了管理研究法。由於行銷學的問題廣泛而複雜，要想對一個行銷問題作整體的瞭解，各種研究途徑必須都得瞭解，因此須要加以整合缺一不可。茲將各種途徑分述如後。

## 商品途徑

商品途徑是研究有關個別商品的供給來源、需要的性質與程度、推銷產品所用的銷售通路、行銷所作的各種業務，與該商品在銷售時應特別注意之事項等。是以商品為中心的研究法。這種研究方法之優點為具體，因為商品是實物，透過此種途徑以顯示整個行銷的情形，可以得到特別的名詞，而且可以發現新的用途。在另一方面，則因商品種類繁多，研究起來，費時費力，由於資訊科技的進步，現已獲得相當的突破。在研究商品時，基本的原理大致相同，因此通常的商品研究法都把關係密切或性質相近的產品劃成一類，如農產品、工業產品等。根據這種方法，所有的商品，在基本上可以分為二大類，即工業品和消費品。所有的產品都可隸屬於這二類。有時有些產品可能屬於工業品，但從另一個角度看，又屬於消費品。例如一部電腦，如果學生自己使用則是消費品，如果售給企業界使用則是工業品。現在將商品根據上面二種分類法，加以介紹。

工業品 (industrial goods)，所謂工業品就是可以用來生產其他貨品或達成商業目的，或者加以勞務後再銷售給最後消費者的貨品。它包括以商業為目的的土地、建築物、設備、修護品、供應品、原料及製成品等。

消費品 (consumer goods)，所謂消費品是家庭或最後消費者所使用，並且最後消費者使用時不再含有商業目的的貨品。消費品可區分為日用品、選購品及特殊品，其間差別將在第十一章加以說明。

## 機構途徑

商品途徑是以市場上銷售的貨物或勞務為研究的主題，而機構途徑研究法，則是從行銷制度或銷售通路來觀察行銷的作業，分析市場上批發商和零售商的結構，以及其間的權利義務關係，因而研究的重點是集中在中間商。因為每一零售或批發系統，都可分成若干基本部分，每種形式的機構都可從其重要性，所從事的業務、作業成本、競爭情形、一般趨勢、經濟情況等加以分析，所以這種方法可視為解剖法，其所以普遍為人接受是因為一個經濟體系是有組織的，記載所發生的事項也是以機構為基礎。要想得到研究所需之資料，就必須依據各公司已有之資料，其中法律或慣例所規定的各有關機構的權利義務關係最為重要。

中間商既然是機構研究之重心，從中間商的分類，即可顯示出行銷的情形。他的分類是根據：⑴經營商品的性質而冠以名稱。⑵銷售的途徑中所占的地位。其分類計有：

## 一、中間商 (middleman) 和代理商 (agent)：

根據是否冠以商品的名稱而區分為二類：中間商冠以商品名稱者，如西藥進口商、奶粉代理商等；代理商或功能中間商，不冠以商品者，如某某貿易公司。

## 二、批發商 (wholesaling middleman) 和零售商 (retailing middleman)：

根據在銷售通路的地位而區別，也可分成二類：⑴批發商，經營製造廠商的產品，供應工業購買者與零售商所需要的各種貨品，而不以顯著數量的商品供給直接消費者。⑵零售商，專門銷售從製造廠商或批發商所購進的商品，他的對象是最後消費者。批發商和零售商，他們本身可能是專業的商人，也可能是代理人。例如藥劑師所經營的西藥批發或零售業，可能也同時是外國藥廠的代理。

## 功能途徑

功能途徑研究法的重點在於行銷系統中的作業，是分析貨物從生產到消費者過程中，各別作業機構應該作什麼、由什麼人來作、及為什麼而作、他們的地位、貢獻或重要性等。既然對每種作業都如此加以研究分析，則作業的性質、需要程度，與重要性等都可按照行銷機構與商品分類等標準加以決定。例如「購買」，其意為有效的購買商品用以再銷售或加工，這是一種功能，也是研究的對象。再如「價格」是指商品及勞務出售價格的決定。總而言之，所有的行銷作業都是依其功能性質而予以分類結合，對於研究行銷學有很大的助益。

功能途徑研究法，主要可以分成三項：

## 一、交換功能 (function of exchange)：

狹義的交換指一方面將貨物交與買方，同時收受現金或等價值之物品。交換功能也包含了尋找與評估，對經銷商而言，交換功能要使其產品具有「訴求力」(appeals)，讓顧客對於其產品發生興趣，以促成購買。

## 二、供給功能 (function of physical supply)：

是包括運輸和儲藏兩項功能，運輸功能是將貨品從產製地到銷售地的實物轉運，或將產品運往任何貨品集散處的功能；儲藏功能則是將產品從生產期保持到最後銷

售的功能，運輸功能可以增加產品的區位效用，儲藏則可增加產品的時間效用。

## 三、便利功能 (facilitating function)：

所謂便利功能乃包括金融、風險負擔、商情搜集、市場研究等功能。金融功能乃指藉助貨幣功能，以控制或改變貨物與勞務的流動方向；風險負擔是在供給和需求的變動中，由於損毀、腐爛、偷竊、浪費等所發生的財務上的損失而負擔的責任；商情搜集與市場研究乃包括行銷資料的搜集與解釋，消費者行為的研究，產品價值及產品的價格之評估，以及銷售推廣策略之評估等。

一般言之，任何商品的行銷作業，都會具備前述三種功能，但如只有一個生產者或中間商，則並不一定能完成所有的功能。例如，一般的代理商通常不負擔風險，他們只是協助商品的分配，並不擁有商品的所有權，他們只能完成其中的一二種功能。

## 管理研究法

上述三種研究法是以靜態方法，從商品、機構及功能三個不同的層面各別的探討行銷學，既缺乏整合性，也忽視經營環境對行銷作業的影響。為了有效適應與應付環境，利用現代管理規劃、組織、執行與控制等職能 (function)，有效的達成目標，因此麥卡錫 (Jerome McCarthy) 於 1960 年代提出管理研究法 (managerial approach)。

該法是整合商品，機構與功能途徑，運用管理的方法，以達成目標。又因行銷作業是社會經濟的一環，深受社會、經濟、政治、法律及技術等影響，無法擺脫環境因素影響。因此成功的行銷，要有效地應付環境的變動，利用有計畫、有組織、有執行力的管理過程以達成目的。行銷的各種資產，如產品、價格、廣告、銷售通路、市場地區的選擇及人員推銷等的運用即可依據計畫，透過組織，始可達成。

企業有了目標，作業才有依據，所得的結果才具有衡量的標準。如果一個公司的目的在於生產，則他只會注意到生產的工作；如果他的目的在於滿足消費者的需要，則他將設法利用各種途徑去達成滿足需要的目標；如果目標是牟取利潤，則他將設法尋求與發展牟利的機會，而置生產和顧客於不顧，所以目標是非常重要的。

很多學者專家認為賺取最大的利潤是行銷的主要目標，也是企業的最終目的。但除此之外，也有其他的目標，如維持市場占有率、維護商譽、避免商情變動的影響等都是。

在運用行銷策略時，顧客或消費者是最重要的。當顧客已經確定，則市場作業

人員須有效地運用其資產，盡力設法滿足他們的需要。

　　如果顧客已經確定，要想研究一個市場作業的策略，並不簡單。因為可資運用的行銷策略可能有很多，例如在產品方面，雖然是一種，卻可有不同的味道、顏色、外觀與品質等；產品的包裝可有不同的尺寸、外型、質料等；品牌可以採用很多種，商標也可以變更；在媒體的選擇上，可以用電視、雜誌、收音機、報紙等不同方式；在產品售價方面的策略，更是變化多端。凡此均是行銷策略組合的主要項目。雖然，市場策略之運用是如此之重要，但不幸，很多製造廠商在初步多忽略此種策略的發展與運用，而只注意於生產、財務等方面，等到存貨堆積，才想到如何訂定行銷策略。這種作法，就是一般所說的危機管理 (crisis management)。所以我們可以把行銷策略運用的觀念看成是一種新的行銷觀念，而行銷管理研究法是一種現代化的研究法。

　　由上述各點，可知管理研究法運作方面的要點是：(1)明確瞭解市場的本質與市場之所在。(2)提供有效的顧客服務與產品服務。(3)在適當的時間與地點，以適當的價格出售適當的產品。(4)透過最有效率的銷售途徑，銷售給數目可能最大的顧客。(5)充分而有效的利用各種銷售推廣方法。

# 習 題

1.試說明你對於消費的認識。

2.試說明為什麼行銷最大的挑戰是滿足消費者的需求。

3.試就你的瞭解，說明決定企業成敗的關鍵。

4.臺灣企業界在行銷方面現在面臨那些挑戰，試說明之。

5.你認為應該如何定義行銷 (marketing)。

6.試說明管理途徑的行銷研究法。

# 第二章　行銷管理哲學

　　行銷管理既然是一種思想、活動，是以有計畫的行動，透過行銷的功能，以達成企業的目標，則其中必有一些中心思想，作為行銷活動的準則，以為長期作業的依據。這些思想或準則就是所謂的行銷管理哲學。茲就其中較重要的顧客導向的行銷觀念、生產導向的行銷觀念，以及社會導向的行銷觀念加以介紹。

## 顧客導向的行銷觀念

### 重視顧客的需要

　　這種導向認為顧客第一，顧客至上，顧客永遠是對的，顧客是決定一個企業成敗的關鍵，因此企業一切的活動都應以滿足顧客的需要為目標。是故企業的基本使命在於設法瞭解顧客的需要，然後針對他們的需要，研究設計與發展產品，並以有效的方法將產品傳遞給顧客，以滿足他們的需要。這種觀念的基本精神是始於顧客，終於顧客，隨時隨地為顧客著想，一切以顧客為依歸。企業的其他決策都得能反映出顧客的這種態度與需要。因此企業的經營管理者應該有一種新的認知，為了使自己提供的商品或勞務能真正滿足顧客的需要，企業的各種活動應該從研究與瞭解顧客開始，此種觀念可以用下圖表示之：

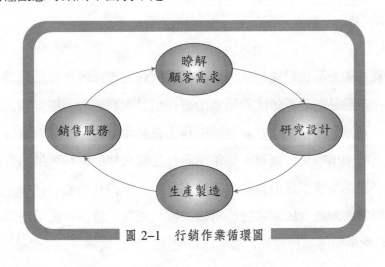

圖 2–1　行銷作業循環圖

　　顧客既是決定一個企業成敗的關鍵因素，行銷的目標應該是透過滿足顧客的需要以達成利潤的目的，當作行銷以至任何決策時，都應從顧客的觀點考慮。

　　大陸上海一帶的營業員很懂得顧客的心，很會迎合顧客。在 90 年代中葉他們流行兩句口頭禪是：

　　如果你說太大了，他們會說寬敞才舒適。

　　如果你說太小了，他們會說合身才美麗。

　　他們很會迎合顧客，回頭他們又希望顧客能夠遷就一下，這可能是另一類的顧客導向的觀念。滿足顧客的需要不是只喊口號，是要透過產品、服務、品牌及價格等。

## 一、產　品

　　產品固然很重要，但產品成功與否不是僅靠實驗室所作的研究或證明，或潛在使用者對產品所作的評價，他成功的主要條件是行銷人員是否能對行銷資產：產品、價格、服務、品牌等因素充分的瞭解，在作任何決策及採取任何行動時都考慮進去。

　　顧客購買你的產品是因為他覺得你的產品比其他的競爭品好，可以滿足他的需要。產品的好壞不僅限於式樣或性能，同時也得將產品的型式、風格、商譽等同時加以考慮。例如一支名貴的手機對很多人而言，雖然不見得有什麼特別之處，但在溝通時可能在性能上比一般的手機要優異，在訊息的傳遞上要可靠。

　　若僅就產品的性能而言，顧客購買一件產品，一定有一些特殊的原因，如聲音清晰、耐久、攜帶方便、富有想像力等。在同一貨架上，不怕貨比貨，不過在競爭的觀念上，產品比競爭者「好」的程度不一定要大，但是「好的要技巧，好的要動人，好的要貼心」。

## 二、服　務

　　顧客購買你的產品，可能是因為你提供的服務品質優異、時效迅速及態度認真可靠。如果在產品品質上不能比競爭者的好，但是服務周到、態度親切、顧客購買這種產品可能是基於服務。有些產品的服務比產品本身的品質更為重要。例如現在臺北市信義區的 101 摩天大樓及火車站前新光三越大樓的電梯、消防系統等，不但品質要好，平日的維護服務更重要，讓顧客及員工能夠有信心，然後才能放心，安心的工作。經常搭乘飛機的乘客對於飛機的製造廠商、維修及機員的服務等，同樣有此感受。臺灣早期的家用電器，尤其是彩色電視及冷氣機等，自知品質不夠穩定，

因此當時是以「隨叫隨到，日夜服務」的態度及精神，向購買者承諾擔保，等於是對電器品質的保證。由於購買者接受這類的替代，因此臺灣家用電器市場在 70 年代澎湃發展。現在「一年免費維修」、「五年免費維修」等服務的保證，對於資訊及家電產品的推廣，助益很大。

服務的範圍很廣，產品購買容易方便、送貨準時、技術性維修與諮詢迅速準時、服務態度親切認真等均屬之。

顧客購買產品是行銷責任的開始，而不是結束，在消費者權益至上的時代，行銷部門的人員必須要認同此點。果凍噎住幼童因而致死、醫療傷害、瘦身意外、洗臉設備破裂劃傷等案例均說明產品責任及售後服務的重要。

### 三、品　牌

顧客願意從若干品牌中選擇一種特殊的品牌，可能是因為根據自己的經驗或朋友的口碑推介，對產品的品質或服務有信心，也可能是因為廣告宣傳產生的，也可能是由於品質特殊，性能前後一致等。

品牌是產品的第二生命，在科技進步神速的年代，產品性能與品質可以隨技術革新而提升，品牌則是永恆不變的。

### 四、價　格

除非顧客能從他所購買的產品中獲得可靠與具體的性能、卓越的服務或品牌，否則廠商就得以低價格的策略在市場上與其他的產品競爭。價格低，利潤少，投資報酬率因而低。如果一個公司不設法研究發展一套非價格競爭的策略，則降低價格是競爭對他的一種處罰。相反的，如果價格高、利潤高、報酬率大，則是對成功的行銷策略的報酬。

顧客導向的基本觀念可從下列四點見之：

1.顧客是決定企業成敗的關鍵，行銷的主要工作在於滿足目標市場上顧客的需要。

2.一個組織要想有效的達成滿足顧客需要的目的，各種作業必須要作到組織內上下的目標一致，各部間密切合作。

3.顧客的需要如能得到適當的滿足，就會產生良好的印象，惠顧以至再惠顧，及有利的宣傳，這些都是達成企業利潤、成長發展與穩定等目標最重要的途徑。

4.從現有的與潛在的顧客及其需求著手，運用有效的企業整合觀念，創造銷貨，並透過滿足顧客的需要，達成獲致利潤的目的。

代表這個導向最主要的信條計有：

1. 如果顧客認為是對的，就應該照他的意思去作。

2. 設法使顧客感到滿意，比出售一件產品更重要。

3. 在同一價格下，我們的產品是最好的。

4. 對每一位顧客都應提供最滿意的服務。

為說明企業界實際執行顧客導向的行銷觀念，茲舉一例如後。

 **實務焦點**

### 鼎泰豐知道如何滿足顧客

到過臺北的日本及美國觀光客，也許沒有去過龍山寺或日月潭，相信絕大多數都吃過信義路大安森林公園附近鼎泰豐的小籠包、小菜及酸辣湯。

平日上午十一點半開始，慕名而來的吃客便陸續上樓入座，十二點左右，門口及走廊上已大排長龍，週末假日，十一點左右就開始出現人潮。如果你偶而走過，會好奇的鑽進人群去查看發生了什麼事，為什麼會有如此多的人聚集在這裡？為什麼每天都有這樣多人喜歡鼎泰豐？

一到鼎泰豐的門口排隊，服務人員就會禮貌的遞給你筆記本式的墊板及菜單，列著他們各式各樣的絕活及個別的價格，如果是第一次，她們會問幾個客人，並建議你點什麼及點多少數量。如果你怕不夠，她們就會奉勸你用完了再點，以免浪費。她們會告訴你門口牆上的電子顯示器顯示進去的次序號碼，如果到得稍晚，會告訴你大概需要等多久，如果你按她們估計的時間到門口去報到，絕對沒有錯，時間不會差上一、二分鐘。如人潮太多，需要等候很久，她們會建議你去大安森林公園走走，到時間回來胃口會更好。也有的客人就在附近的書店或時裝店逛逛，然後再回來，因此鄰近的商店都感受到鼎泰豐的光環。

鼎泰豐的門口狹窄，一進門的右手邊用透明玻璃圍成一個長方形工作坊，靠門口處是爐灶，蒸氣騰騰，裡面站著身穿白色制服，頭戴雪白帽子的年輕師傅，分成二排，每排約十人左右。只見他們雙手十個指頭像波浪狀的活動，為客人包小籠包。如果你想多看幾眼，學學他們怎麼包大小一樣，花紋一致的技巧，後面魚貫而進的客人會將你向裡推，讓你無法停下來細看。一樓平常擺著二張小桌子，是專為行動不便的客人設的。

鼎泰豐的店面不大，樓梯狹窄，上下均須側肩而過，但清潔光亮，每天客人一進門，清潔人員便開始擦洗，如同五星級飯店。擦洗的工作人員一直提醒客人注意腳步。

一到安排的樓層，穿著整齊帶著對講機的人員便接過你手中已經勾好的菜單，上面註著你的次序碼，請你就座。餐桌不大，原木色，柔和宜人。座位舒適而不浪費空間。餐具及茶水就在你慢慢上樓時已經準備妥當。兩口熱茶後，熱騰騰的小籠包端上來了，工作人

員在放置妥當後，便禮貌地說「請慢用」。效率怎麼如此之高！他們會不會送錯？你不禁會問。其實當你勾好菜單後，她們便依次將第二張交給相關工作人員輸入電腦作準備，門口接待人員和各樓層都用對講機密切連繫，以免發生錯誤。

小籠包配上幾條浸泡在鼎泰豐自己釀造的香醋中的細薑絲，有點辣又不太辣，一入口鮮美湯汁濺出，香而不膩，剎時間再久的等待，再遠的路途也感覺值得。二、三個小籠包不知不覺地下肚後，酸辣湯及青菜等全都上齊，一口茶、一口小菜，一個小籠包配細薑絲，次序雖各有別，口感則是大同小異。日本客人喜歡用臺灣啤酒配搭小籠包，個個都叫「ㄛ一ㄒ‧」（真好吃）。歐美人士喜歡喝茶配海帶豆芽小菜，邊吃邊聊，鼎泰豐確可惠而不費的滿足這些遠道而來的國內外客人。你的帳單在第一個小籠包入口時已放在桌子上。帳單是由電腦計算的清清楚楚，只要口袋中的臺幣可以支付，就不必擔心，這種作法對於第一次來的客人，尤其外國人，非常重要。如果要增加菜，新加的金額及總金額放在第一張，有條不紊，忙而不亂。如果菜已上齊，則將帳單面向下放，不必再打擾客人，工作人員也可以集中精神服務其他的客人。

如果你的座位靠窗戶，經常聽到缺乏耐心的客人喃喃低語：「還沒有吃完。」當你付帳時，你會發現鼎泰豐找的零錢，都是新的，留給你一個難忘的印象。當你好奇的瞪著手中光亮的零錢及新鈔時，你可能意猶未盡，腦海中盤算下次光顧的時間。

90 年代初，世界著名的《紐約時報》(*The New York Times*) 將鼎泰豐評選為「世界十大餐廳」之一，名聲遠播全球。二十世紀最後的十年，鼎泰豐追隨國際化的腳步，先在日本東京及大阪設立兩家分公司，希望讓日本友人分享鼎泰豐的風味，減少他們在臺北大排長龍等候的無奈。2000 年 3 月 15 日，美國洛杉磯的分店開幕時，當天約有五百位臺灣留美的顧客開了三、四個小時的車，排了一個多小時的隊才進得了門。據說到第四天鼎泰豐已賣到沒有東西可賣，當天不敢開門，不少的客人因空跑一趟，抱怨連連，直到第五天東西補齊了，才敢再開門。❶ 2003 年 9 月新加坡最新最大的百貨公司，在最貴的位置也開了個鼎泰豐分店。中國上海最好的地段也出現了臺灣鼎泰豐的小籠包。

鼎泰豐的小籠包，各種口味的燒賣、酸辣湯及小菜等固然味道獨特，但是他整體的服務作業系統與效率更是令人讚佩不已。因此有人讚曰：「鼎泰豐使用的原料可以複製，鮮美適宜的口味卻無法模仿，數十年如一日的整體服務作業態度更是難以學習」。

---

❶　《中時晚報》，2001 年 1 月 5 日。

# 生產導向的行銷觀念

## 成功的關鍵在生產

這種觀念的重點在生產，他們認為只要生產用的機器設備是國外進口的，生產過程沒有問題，產品的品質就優異，顧客就會自動前往購買，並不需要大肆推廣，銷貨與利潤的目標即可達成。持生產導向的企業認為生產設備，技術與產品品質最重要，才是決定企業成敗的關鍵。這種導向的基本前提是：

1. 生產技術至上，只要產品品質優良，價格適當，就不怕沒有顧客，不怕沒有銷貨，所以改進生產過程與產品品質是企業的主要目標。

2. 顧客只重視產品品質。

3. 顧客對於現有的產品及品牌相當瞭解。

這類的導向直到現在仍相當流行，一般技術出身的管理者，很多屬於此一類型。他們認為產品是決定企業銷貨量的唯一因素，只要品質好，顧客就會購買，他們不知道一般購買者並不會主動的去設法瞭解新產品或改良的產品。

典型的生產導向的觀念實例是 1928 年間美國的捕鼠器 (Mouse Trap)，與 1970 年初期臺灣地區的紡織機工廠。現在，企業界的主管除非能夠採取積極的步驟，在產品設計，包裝與訂價等方面均能吸引顧客，將產品置於方便之處，引起顧客的注意，而且使顧客相信其品質是優異的，否則是不會創造大量銷貨的。營利事業如此，非營利事業也是如此。一個機關行號，如果將其注意力集中在產品的純真不變，而忽略了顧客行為及其行銷的地位，總有一天他們會遭遇困難而無法自拔。

## 失敗的捕鼠器

1928 年美國捕鼠器公司發明了一種新的捕鼠器，而且生產了數百萬個，其負責人自豪的說，要將美國人家中的老鼠全部捉光，為他們的事業開創一條大道。但不幸，這種捕鼠器並未成功，而逐漸的從市場上消失。

該公司在發展這種新產品時，相當謹慎，首先仔細研究老鼠吃的、爬行、休息，以及對洞口大小等習性，然後精心設計了若干試驗性的模式，最後才將成品推廣到

市場。因此，新的捕鼠器性能非常優異、乾淨、無噪音、合乎衛生，價格雖較傳統的貴點，也還算便宜，既簡單，又現代化，試用過的人，都讚不絕口。

## 失敗原因的檢討

何以如是精心設計，在試驗階段如是受歡迎的產品會失敗？捕鼠器公司在失敗之後，曾痛定思痛，聘請了行銷專家研究，發現了導致捕鼠器失敗的幾個原因如下。

當時住在城市購買捕鼠器的人，家裡偶爾有一隻老鼠。一般而言，捕鼠器多半由先生購買。因為怕小孩玩捕鼠器，老鼠又多在無人之時出洞逛遊，所以大半在夜間才放置捕鼠器，既然捕鼠器屬於機器類物品，女士們多半不願動手，而由男士們安裝。

一旦捕鼠器捉到老鼠，一般人多半願意設法很快的將牠丟掉，此時通常不大容易。因為上班的先生一大早就要趕緊出門，先生在第二天夜晚來臨以前似乎沒有時間去將捉住的老鼠丟掉，當然一位家庭主婦更不願意將一隻死老鼠留在屋內一天，因此會設法儘快將死老鼠丟掉，但一般的家庭主婦既怕彈簧打中玉手，又怕死老鼠骯髒猙獰的樣子，既然捉住的老鼠可能是屋內唯一的一隻，傳統的捕鼠器因為便宜，她可以不必將死老鼠移開，只要用報紙一包，連捕鼠器一起丟掉，問題立刻就可以獲得解決。由於新的捕鼠器設計的精巧玲瓏，價格又比較貴點，用一次就丟掉，一般人都會覺得有點浪費而捨不得。因此就要將死老鼠清除，然後再洗刷乾淨，保存起來。

保存的時候，也有問題，如果放的太低，怕小孩當玩具玩，傷了手。如果放高一點，容易出現在眼前，可能又會使家庭主婦聯想起鮮血淋漓，匍匐在裡面的死老鼠，而且可能還帶有病菌……。

由於這些原因，即使購買過新捕鼠器的家庭，第二次可能不會再購買，因為他雖然可以捕捉老鼠，同時卻也給使用者帶來了難以解決的問題，新的問題比一隻老鼠更煩人。這就是導致捕鼠器公司蒙受失敗的原因。

從上面的實例可知，購買者主要是在為滅鼠找到一個有效的方法，捕鼠器僅是其中一種方法，但並不是唯一的方法。其他的方法如噴洒劑，堵塞老鼠通路等均可採用。即使捕鼠器是一種有效的方法，則在產品的設計、包裝、價格等產品特點，以及銷售策略等方面，均應從顧客的立場著眼，仔細的研究分析各種問題，不要因為解決了一個問題，而又製造了另一個問題，這也就是捕鼠器公司疏忽之處。

# 社會導向的行銷觀念

　　近年來，關心企業活動與社會責任的人士，鑑於現代行銷觀念過分重視滿足個人需求及企業的利潤，而置長期的社會福祉，生態環境於不顧，因此提出了社會行銷觀，其問題的重點為：在面臨生態環境污染、能源短缺、愛滋病蔓延、嚴重性呼吸道疾病 (SARS) 威脅、人口爆炸性成長、消費者意識抬頭，以及社會福利有名無實、徒托空言的情狀下，現代的行銷觀念，是否能夠達到傳達及提升生活素質的理想，是否應該加以擴大，企業界是否果真如他們公開向社會大眾宣示的：克盡企業社會責任，共同創造美好的未來。企業在研究、分析、提供以至滿足社會大眾的需求時，是否從消費者和社會大眾長期的利益著眼。

　　這種觀點與僅強調消費者個人的需要與利益，形成明顯的對比，尤其在先進的歐美國家，近年來尤其普遍。企業界也早已感受到社會大眾對於他們行為的反應與制裁。

　　世界上最有價值的品牌可口可樂，經過多年的努力，建立了全球性的產品形象，提供世界各國大眾化品味的冷飲，但是可口可樂這種作法，是否真正從社會大眾長期的利益出發？令人置疑，因此若干批評由是而生：

　　1.現在一般人牙齒毛病特多，是否和可樂中的磷酸有關。

　　2.可樂的廣告太多，增加了成本，提升了售價，增加了消費者的負擔。

　　3.可樂易開罐裝不但浪費也容易污染環境，是否可以設法改用較經濟且環保的包裝法。

　　4.可樂中含的咖啡因對人體有害。

　　美國的麥當勞公司，過去以服務美國大眾，提供快速、廉價與美味的食品，不但享譽美國，而且也為其本身的利益奠定了深厚的基礎。但是最近幾年，社會大眾在品嘗麥當勞的漢堡、炸雞及薯條之後，更注意自己的儀態及健康，在速食及體態間產生矛盾，因此批評指責之聲不絕於耳。其中尤以：

　　1.麥當勞食品味道鮮美，但熱量太高。

　　2.麥當勞薯條及炸雞，因澱粉及脂肪太多，容易引起肥胖。

　　3.在食品包裝方面，浪費太多紙張，增加消費者的負擔，而且製造太多的垃圾。

**實務焦點**

### 台塑汞污泥

88 年元旦的晚報上大幅報導柬埔寨政府不滿台塑輕忽汞污泥事件，拒絕讓台塑採汞污泥樣本檢驗。該報導因剛好刊在政府高層元旦升旗巨大畫面之上，特別醒目。柬國首都《金邊周報》也特別以「天堂被下毒」(paradise poisoned) 的大標題向世人提出控訴，因此國內環保團體如環境品質文教基金會、綠色陣線等提出抗議，指責台塑不應將有害廢棄物棄置於柬埔寨。因柬國歷經中南半島戰爭的摧殘及赤棉等的殺戮，剛才安定，屬世界最貧窮國家之一，因而引發世界各大媒體的報導。據熟悉內情人士指出，此一事件係因國內 2 家廢棄物清理公司爭奪台塑汞污泥清運權而引起。在事件未爆發前即流傳將演變成國際環保事件。❷

汞污泥事件爆發以後，柬國一方面向國際環保組織反映，同時也向我國政府及台塑提出抗議。除要求台塑立即將廢棄物清除運回臺灣外，並要求賠償。柬國也瞭解，要迅速有效的要求台塑清運汞污泥，只有求助國際媒體的力量。

台塑目睹情勢嚴重，一方面委託在柬臺商前往瞭解實情，同時在 12 月底成立處理小組，並赴柬國協商解決。確定是否為台塑的汞污泥，並採樣化驗，以確定是否如新聞報導般嚴重程度，但因柬國政府人員不相信台塑處理小組，並拒絕他們採樣。❸ 根據報導，柬國政府在世界衛生組織 (WHO) 報告出爐後，就推定只相信這份報告的結果，臺灣環保署及台塑即使採到樣品，如果化驗出結果，柬國也不會採信。

### 汞污泥運柬始末

原來台塑公司是在 1998 年 10 月 1 日向環保署提出申請，計畫將一批含汞廢料 5,000 公噸，以廢五金名義，委託璟福公司運往柬埔寨處理，經過環保署審查後，發現台塑並未取得柬埔寨環保主管機關同意輸入的官方文件，且輸出物品標示不明確，也無法判斷該代處理公司是否具有處理能力，環保署乃於 10 月 7 日正式發文，拒絕台塑將該批物品運往柬埔寨處理。❹

台塑的申請在遭到拒絕後，即於 1998 年 11 月 19 日以該物品已經固化，並非有害廢棄物為理由向高雄縣環保局提出處理計畫書，申請運往柬埔寨處理。不過台塑公司在提出申請計畫的第二天，也就是 11 月 20 日，將該批含汞的廢棄物裝船，11 月 30 日運達金磅遜港，再由柬國的 Muth Vuthy 公司依當地環保規定，於 12 月 5 日運到磅遜省的施亞努市公共衛生掩埋場掩埋，❺ 高雄縣環保局既然無法審查，只有以台塑並未依相關規定輸出事業廢棄

---

❷　《中時晚報》，1998 年 12 月 23 日。
❸　《中時晚報》，1999 年 1 月 1 日。
❹　《中時晚報》，1998 年 12 月 17 日。
❺　《中時晚報》，1998 年 12 月 23 日。

物，已經違反廢棄物處理法，對台塑開出告發單。❻

　　汞污泥事件一開始台塑的態度相當堅定，堅持廢棄物是無害的。❼既然無害，就無所謂中毒事件發生。根據媒體報導，台塑委託的環福公司在 11 月 18 日的出口報單中所填寫的物品項目則是水泥塊 (cement cake scrap)。❽

　　既至臺灣環保組織及各媒體大幅報導，世界知名媒體，如《紐約時報》及美國電視網 (CNN) 均加以報導，❾台塑於是成立汞污泥處理小組，並派遣高層管理人員赴柬國處理有關事宜。

　　12 月 24 日台塑首先為汞污泥事件向臺灣及柬埔寨道歉。❿柬國也向台塑提出賠償要求。在台塑處理小組確定有關的廢棄物為台塑的廢棄物後，綠色陣線及環境品質文教基金會的負責人紛紛指責台塑的行為，有損臺灣的國際形象，且要求台塑立刻處理此一事件。⓫

　　自 12 月底起，檢驗結果陸續公布，先是 26 日的《紐約時報》報導經初步測試汞含量較安全標準高出數千倍。⓬接著我國、日本及新加坡檢驗均確定含汞量遠超過安全量。⓭因此環保署依「巴塞爾公約」要求台塑將汞污泥運回臺灣。

## 汞污泥的來源

　　根據環保署的資料，自 1973 年至 1989 年間，世界各國燒鹼工廠均以水銀電解法製氯，因而產生汞污泥。因汞污泥含汞量過高，就是有害事業廢棄物。在當時汞污泥最常用的處理法就是將之固化，在確定無害之後，即可掩埋。1989 年以後，製程改變，不再有汞污泥產生。但從前留下來的汞污泥共有多少以及如何處理？直到台塑汞污泥事件爆發，才又引發各界關注與討論。

## 台塑處理退運汞污泥的經過

　　事件發生後，台塑一方面和柬國協商善後及賠償等問題，同時也與美國廢棄物處理公司接洽，希望這批汞污泥能在美國處理，不再運回臺灣。但由於各國環保組織的抗議及各大媒體的報導，美國的廢棄物處理公司在眾怒難犯的情況下，拒絕代為處理。美國聯邦環保署也只有撤消進口許可。在此情形下，台塑只有於 1999 年 4 月 2 日將汞污泥運離柬國。

　　4 月 7 日，載運汞污泥的國鷹輪抵達高雄港。環保署同意汞污泥入境，但要求台塑切結，高雄港務局則限令汞污泥在高雄港貯放六十天後轉運出境，否則強制轉運，並要求台塑提

---

❻　　《中時晚報》，1998 年 12 月 16 日。

❼　　《中國時報》，1998 年 12 月 29 日。

❽　　同❷。

❾　　《中時晚報》，1998 年 12 月 27 日。

❿　　《中時晚報》，1998 年 12 月 24 日。

⓫　　《中時晚報》，1998 年 12 月 28 日。

⓬　　《中時晚報》，1998 年 12 月 27 日。

⓭　　《中時晚報》，1998 年 12 月 31 日。《中國時報》，1999 年 1 月 3 日。

供 5,000 萬臺幣擔保。4 月 8 日三百五十七個汞污泥貨櫃在高雄港 63 與 64 號碼頭卸下，港務局也要求需定期檢測，24 小時監測防護，台塑也答應於限期內轉運第三國。

1999 年 6 月 7 日，也就是六十天貯存到期日，台塑境外處理被拒，只有再申請延期存放六十天。高雄港務局為加強監視，每天收取 48 萬元的特別費用。

1999 年 8 月 3 日。也就是汞污泥展延第二個六十天到期日的前三天，媒體報導台塑汞污泥輸美遭拒。台塑在不得已的情況下，只有改採境內處理的方式作最終處理。不過台塑董事長王永慶在 8 月 5 日則表示沒有聽說過台塑汞污泥將存放在雲林縣麥寮六輕預定地的計畫。環保署則表示台塑的確提出了上述的計畫。❶❹

2000 年 3 月 4 日新聞報導存放在高雄港的汞污泥有三十二個貨櫃「消失」不見了，引發不同的推測。但是同年 3 月 22 日，環保團體始透露原來在 1999 年 11 月底及 12 月初，台塑分別將十六個貨櫃經新加坡運往荷蘭處理。不過荷蘭環保部否認，並稱對汞污泥不知情。可見當時台塑汞污泥事件所引發的爭議。

台塑面臨國內外環境保護法令及環保團體雙重壓力下，一方面對外採取拖延策略，同時也以鉅資自美國進口熱處理回收設備。2001 年 9 月開始試驗回收處理，經過約半年時間，迄 2002 年 2 月底 300 餘貨櫃的汞污泥在台塑仁武廠全部處理完畢。據環保署表示，共回收 400 餘公斤的純汞，台塑汞污泥事件至此劃下句點。

## 七十六個貨櫃日本廢料進口

就在台塑汞污泥事件掀起國內外抗議與不滿之際，基隆海關有七十六個貨櫃的日本塑膠廢料，約 1,860 噸，自日本進口，存儲在海關倉棧內。據報導有一家塑膠公司自日本進口含土塑膠廢料 8 批，其中 6 批已經申報進口，海關發現該廢料含有不明昆蟲及濃郁異味，經農委會專人查驗，發現該廢料帶有土壤，可能將病蟲害帶進臺灣，依規定禁止進口，並通知貨主限期辦理退運。另外 2 批，逾期未申報，也依規定，比照限期退運。若貨主不在限期內辦理退運，海關將依法銷毀，但由於有害物質數量龐大，國內銷毀零污染技術尚難突破，執行上有其困難，因此要求立法，明文規定以遏阻此類危害生態環境廢料再入境國內。國內的有毒害廢棄物已經夠多了。❶❺難道企業真的只為了賺錢而置企業的社會責任而不顧?

從台塑汞污泥事件可以得知，企業為了自身的利益，常常忽略了他們的社會責任，尤其是大型企業，他們更應以身作則。否則他們的作為一旦為社會大眾揭發，他們就必須付出重大的代價，絕非先前依規定行事所發生的成本所能比擬。93 年 6 月寶路狗飼料，10 月的西堤與陶板屋的重組牛排，以及假高纖、真高脂、高鈉事件

---

❶❹　《中時晚報》，1999 年 8 月 3 日與 8 月 6 日。

❶❺　《中時晚報》，1999 年 1 月 26 日。

中的義美及掬水軒等大企業，他們如果要喚回失去信心的消費者，不知道需要花費多少億元的成本？如果事件擴大，不但有關的企業受到傷害，也將使我國在世界的形象受到損傷。

諸如此類的案例，在外國也時有所聞，其中以印度的二氧化碳中毒事件最令人髮指，因此導致一般社會大眾對於企業的社會責任，更加重視。消費者文教基金會等組織，其目的就是在於提升企業的社會觀，以維護社會大眾的福祉。

在另一方面，近年來也有若干企業特別強調企業固然要賺取利潤，但是要有尊嚴，要對顧客與員工誠實，要將顧客及員工的福祉放在公司的利潤之前。這些企業由於重視企業的社會責任，勇於承擔自己的責任，不但贏得社會大眾的尊敬與信賴，也激起了企業內部「愛公司、愛顧客與愛社會」的熱忱。對他們的生產力與企業形象均產生正面的作用。

在臺灣統一企業為了維護顧客喝的安全，數年前將懷疑千面人下毒事件有問題的飲料全部收回壓毀；在美國嬌生企業 (Johnson & Johnson) 將懷疑摻毒的治療頭痛感冒的名藥泰力囊 (tylonel) 從全美國各地收回，致使其損失 240 百萬美元，以及美國的家庭倉儲公司 (Home Depot) 他們不計損失的行動，不但贏得顧客的尊敬，更加強了顧客對其產品的信心與忠誠度，盡管短期的利潤受到影響，長期而言，他們是最大的贏家。

社會的行銷觀在決策方面，主要有四個考慮，即消費者的需求、消費者的利益、公司的利益、以及社會大眾的利益，對於一個營利公司而言，社會的行銷觀念會如何的影響公司的利潤，正是擬定行銷策略考慮的關鍵因素。

## 習 題

1. 試說明何以顧客導向的行銷觀念最為重要？
2. 試分析鼎泰豐成功的原因。
3. 試說明生產導向的核心觀念。
4. 試說明你對台塑汞污泥事件的看法。

# 第二篇
## 購買者行為研究

Marketing Management
Marketing Management
Marketing Management
Marketing Man

# 第三章　購買行為理論

　　一個企業的成敗在競爭激烈的市場上，主要決定在他的產品是否能夠滿足顧客的需求，是否能夠讓顧客偏愛他的產品，優先選擇以至購買他的產品。因此行銷人員不僅要重視產品，價格，通路，及推廣等，更要瞭解顧客的購買行為，才能針對顧客的需求，設法予以滿足。本章將介紹顧客購買行為的理論，影響購買行為的模式，購買行為的基本概念，決策單位，購買過程及購買動機。

　　我們通稱的消費者包括所有的個人與家計單位 (household)，他們購買供自己或家庭消費的產品或勞務，以滿足他們的需要。這些顧客，我們也可以稱為購買者，消費者，或使用者。從對消費者的分析可以瞭解顧客的購買行為，進而擬定有效的行銷策略。

## 為什麼要購買

　　購買者也許不願直接回答這個問題，也許他有很多個理由，最基本的原因就是可以使自己滿意，因為他獲得了自己想要的東西。對很多購買者而言，在現代的大賣場，百貨公司，或超級市場，購物可以表現自我，有能力，不必依賴別人，可以單獨作決策等現代標榜的訴求。我們每個人都有經驗，購物可以逛街，滲入人群，可以排除孤寂，消除沉悶，提振青春活力，逃避現實等。當自己想要的東西到手後，任何人都會感受到那種短暫的愉悅，似乎有說不完的感受與理由。因此可以說，年齡不分老少，性別不分男女，職業也不分貴賤，沒有人不喜歡購買東西。在商店林立，貨比貨，價比價，競爭激烈的市場上，讓顧客能夠光顧你的商店，購買你的產品，真正需要瞭解的就是顧客的購買行為。

## 顧客購買行為的重要性

　　顧客為什麼要購買甲產品而不購買乙產品？顧客在購買過程中，是怎麼樣作的選擇決策，他是受什麼的影響？

　　這些問題學者專家已經研究許久，想辦法尋找答案。從事實務的業者也經常碰

到這些難題。宏碁電腦公司董事長時常在平面及立體媒體親自作廣告，推廣 Acer 電腦，他一定經常問自己一個問題：我如此賣力地推銷 Acer，為什麼很多人仍然購買競爭品牌的電腦，而不購買 Acer 的電腦？顧客在作採購電腦的決策時，是根據那些因素，是根據電腦的品牌、價格、廣告？還是什麼？如果是，這些因素的比重又是如何？還是他們有更複雜的決策標準？宏碁負責行銷業務的主管們和其他公司的行銷人員一樣，必須研究顧客採購的動機，購買的方式等，以便能夠研究發展出最能符合顧客需求的產品、型式、包裝、價格，以及銷售方式等，以便傳達與誘使顧客嘗試他們的產品。同樣地，便利商店、自助餐店、MTV、電影院、美容院、百貨公司等，也要瞭解他們顧客的購買行為，才能滿足他們的需求。政府機關，從鄉鎮公所到總統府，從大醫院到大專院校，也要用心的研究應該如何提供他們的服務，才能有效地替他們的顧客解決問題，顧客才會滿意。由此可見，不管你現在作什麼，或是你將來要作什麼，如果你不瞭解顧客的購買行為，恐怕你很難能讓顧客滿意，如果你的產品或服務不能讓顧客滿意，則你的公司或機構很可能無法成功。

## 購買行為理論

有關購買行為的理論很多。本節僅介紹幾個重要的。

### 一、無形的手

經濟學鼻祖亞當斯密的「無形的手」(invisible hand) 強調在競爭的市場運作體系，個人的意向只在追求最大總值，以滿足他在各方面的要求，如同有一隻無形的手在驅使他。個人在追求最大總值的過程中，同時也促進了社會公益。雖然他不一定有促進公益的意向，也不知道如何促進。這可能是最早的購買行為理論。

### 二、經濟人

1970 年施耐德 (Harold Schneider) 提出了經濟人 (economic man) 的理論。他假設一般人的經濟行為是理性的。所謂理性就是完全客觀的與合乎邏輯的。理性的顧客有一個清楚而特定的目標，就是在交換的過程中，使其所獲得的利潤最大或獲得的滿足最大。同時還假設消費者對每個交易的方案及結果都擁有完全而充分的資訊。❶

施耐德的經濟人有五個基本的前提：

❶ Harold K. Schneider, *Economic Man*. New York: The Free Press, 1974.

1. 顧客根據先前訂定的標準或規則行事。

2. 所謂理性是指在評估及應用購買決策的標準時，前後是一致的，不會改變。

3. 購買者為從所獲得的產品或勞務中得到最大的滿足，他會設法使其購買的利益最大化。

4. 購買者所作的購買決策是出於自己自由的意願，不是受外力的影響。

5. 最後，當然購買者對於他要購買的商品或勞務的種類及品牌都很瞭解，他是從瞭解的商品或勞務中選擇他想購買的。

上面的五個假設只是理論上的架構。實際上，不一定每種情形都得遵循。例如偏好理論則假設購買者在所得增加，或價格下降時，他會偏好購買較多的產品。也就是會對不同的產品，根據自己的偏好，排列出偏好次序，依據的標準則是一致的。賽蒙的受限理性則認為理性決策的最大化是一個目標，只是一種理想，不一定能夠達到，因此他提出滿意的 (satisficing)，或夠好的 (good enough) 觀點，不一定要追求最大化，因為決策者在決策時會受到下列的限制：

㈠資訊的限制

資訊不足，對於產品的評估困難，不易作出正確的偏好排序。

㈡時間的限制

產品或勞務的種類眾多，評估需要費時費力，購買決策通常需要在短暫的時間內決定。

㈢未來充滿不確定性

環境不停的在變，新產品因科技創新推陳佈新，消費者偏好也隨時間而變化，現在最佳的決策未來又將如何，難以預料。因此最大利潤，最高滿足只是理論上追求的目標而已。

企業界追求實務，從事實務的行銷人員認為經濟性模式過於理論與抽象，無法提出具體的方法以影響購買者的購買決策及消費行為。企業界多希望知道他們的行銷作業應該如何作才能實際地影響購買者嘗試以及重複購買他的產品。在自由競爭的市場上，企業界能作的很有限。為了刺激顧客購買，企業界可以採取改變產品、包裝、造型、價格、推廣、經銷商，以及業務代表等行銷組合，以刺激顧客購買。因此有所謂刺激─反應模式。該模式主要說明人類的行為可以透過刺激以產生反應。

### 三、刺激—反應模式

在研究顧客行為的模式中，最重要的一個問題是顧客或購買者在面對現在行銷環境形形色色的刺激時，他會怎麼樣反應？同樣的，如果一個公司能夠瞭解顧客對於他公司的產品、價格、廣告，以及其他的行銷決策所作的反應，那麼這個公司在爭取顧客方面，可能會較同業競爭者占較大的優勢。由於這個原因，企業界和學術界都在傾全力設法找出顧客反應和行銷活動之間的關係。

這個模式簡化了消費者的購買行為，將重點集中在刺激與反應。實際上，消費者的購買行為是非常複雜的，不論從外界環境因素或行銷變數分析，顧客是受若干因素的影響。如果我們根據常用的分析法探討購買行為，例如他們怎麼樣作購買決策？為什麼要在那個商店在那個時間購買？為什麼購買那個特別的品牌等？其所涉及的問題更為複雜。所幸我們可以從日常購買的決策中找出幾個共同的因素，根據這些因素，再設定出不同的購買行為模式。

刺激—反應模式通用 S(stimulus) 與 R(response) 表示，即 S–R，最具代表性的學者為巴伐洛夫 (Pavlov)、斯肯奈爾 (Skinner) 與賀爾 (Hull)。他們認為當一個人對刺激作出正確的反應能夠獲得報酬而具有滿足需求的作用，學習就發生效果，如果作出的反應不正確而遭受懲處，同樣也會記得。當對一定的刺激重複作出反應時，習慣性的行為方式就建立起來。

## 刺激分類

一般所說的刺激可以分為環境變數與行銷變數二類。

外界刺激是指環境任何的變化對購買者在感覺上或意識上所具有的潛在影響。有關產品的造型、設計、包裝、廣告、價格、性能，以及推廣等的改變都具有刺激作用，而引發購買行為。大自然氣候溫度等的變化，也會刺激購買。如冷天增添衣服，炎夏需要飲料。

有時外界刺激盡管不存在，購買者由於生理上新陳代謝作用，或補償性的心理作用，對產品或勞務也會產生需求而刺激購買行為。有時需求相當強烈，會立刻採取行動予以滿足，如口渴需要飲料。有的需求也許只是妄想，在經過一段時間或理性化以後，慢慢的就會淡化而消失，如購買一棟豪華別墅。

現代是新知識經濟時代，追求新的知識、新科技是時代趨勢。思想與感受所引

發的若干和消費行為有關的活動，並未受到外界的刺激。例如參加一個假日登山活動營，或購買一本有關新科技的書籍，或參與慈善活動等。很多人參加在職進修就是基於自己感覺現代科技進步太快，自己有不進則退的感覺，才又重回學校進修。

## 反　應

購買者在接受上述的刺激後，會產生一連串的反應，有的需要立刻滿足，有的則可延後，視刺激性質與人文因素而異，到目前為止，還無法得知購買者在受到刺激後是如何作出反應的，因此一般行為學家將此一過程稱之為「黑箱」(black box)，表示現在尚不瞭解在此過程中是如何發生作用以至產生反應的。

茲將此一模式進一步說明如下。環境的刺激變數計有：經濟、科技、競爭情形、社會、政府、法令規定等。行銷組合變數主要包括產品或服務、價格、通路、廣告及促銷等。行銷刺激對購買者產生作用後，經過購買者黑箱作業，產生消費者反應，其中包括心理上的反應、購買活動、消費型態、售後服務等。此一關係可用下圖表示之。

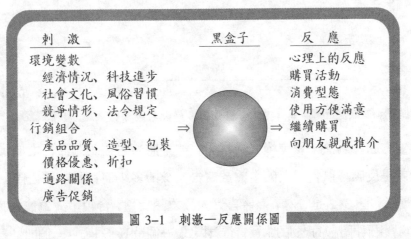

圖 3-1　刺激－反應關係圖

一般而言，刺激變數對購買者引發的反應包括：增加對產品或企業的知曉程度，對產品或勞務的興趣，購買產品的願望，最後則是實際購買行為。有效的行銷組合，可以激發購買者強烈的反應，加速或縮短購買過程。成功的行銷組合可以影響購買者一種以上的反應。

心理學者認為當刺激被購買者接受後，他們互動的過程我們並不知道，他們也不想去設法瞭解，因此稱這個過程為「黑盒子」或「黑箱」。

　　刺激─反應模式是用來說明與預測購買者在多方面的行為。例如麥香茶的製造商最關心的是茶的含糖量，也就是含糖量是多少才能讓消費者愛好，才能吸引最多的愛好者。因此含糖量的多少就是刺激，如果要知道不同消費者對含糖量的反應情形，只要從含糖量最低的水準逐漸增加，在每個含糖量水準作測試，將喜好的購買者人數記錄下來，於是就可以知道增減含糖量後，消費者喜好人數變動的情形。這就是一個典型的刺激─反應模式，在實務上常用的圖形如下。

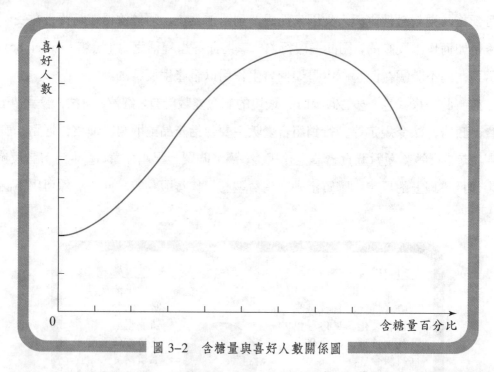

圖 3-2　含糖量與喜好人數關係圖

　　在推廣方面，刺激─反應模式最常見。如果將廣告視為刺激，則銷售量或顧客詢問人次就是反應。廣告投入的金額或廣告次數的多少將直接和廣告產品的銷售量有關聯。圖形和圖 3-2 是一樣，僅將喜好人改為銷貨量，含糖量改為廣告投入即可。

　　下面再介紹兩個最常提到的購買者行為模式。一個是 H-S 模式，一個則是 EBM 模式。

## 豪伍─施斯模式

　　這個模式是由豪伍 (Howard) 與施斯 (Sheth) 兩位教授建構，屬於一個一般性的模式，通稱為 H-S 模式，它是建立在兩個假設上：

　1. 購買是理性解決問題的方法。

　2. 購買者行為是系統性的，是由投入（刺激）引起，產出則是購買行為。

該模式主要目的在於說明投入與產出之間的關係。該模式是建構在決定購買行為的四組變數上。這四組變數為：

1. 刺激（投入）變數是從行銷活動或社會環境來的。

2. 內在變數是表現購買者的各種情況，如動機、態度、經驗及認知等。

3. 影響購買者內在情況的變數，它們是社會階層、文化、時間壓力，以及財務情況等。

4. 反應（產出）變數，也就是購買者根據上述三類變數互動所產生的結果。

綜合言之，購買行為大多為重複的。當面臨重複品牌選擇決策時，購買者傾向於簡化他們的工作，他們的方法是保存一些相關的資訊，並將決策過程變成例行性的，不必每次都須考慮。

品牌選擇決策包括的因素為：(1)一組動機。(2)不同的產品與品牌可供選擇。(3)決策協調者。

決策協調者是一組規則，購買者可以根據這些規則，以便湊合動機與方案，使購買者的需求獲得滿足。這些規則一方面將動機的次序排列出，同時也將不同品牌的選擇排序，品牌的排序是根據學習的經驗或外面的資訊，如廣告、參考群體的建議等。購買者從這些資訊發展出他對不同品牌的態度。

當購買者考慮對他而言是新的產品時，決策就沒有協調者，也就是說因為是新產品沒有同類品牌作比較參考，於是購買者會積極的尋找有關的資訊，而且可能會根據經驗選取和從前購買過的相同型式的產品。此時行銷人員要決定購買者尋找資訊的積極程度是很重要的。如果他對品牌選擇決策很滿意，則他在未來的購買可能會重複選擇先前所選的品牌。於是他會設法發展一套例行的決策規則，以降低購買過程的複雜性，這就是所謂心理上的單純化 (psychology simplification)。另一方面，有時用同一種例行過程，購買同一些品牌的產品，即使是一些偏好的品牌，他也要重新尋找資訊，看看能不能換換品牌，因此購買決策又變得複雜。這種現象稱為心理上的複雜化 (psychology complication)。

豪一施兩位教授的理論也解析為什麼同一種刺激在不同的購買者會產生不同的反應。根據他們的理論，這要看一個人的激勵水準 (level of motivation)。例如當三個人接受同一個廣告的刺激時，第一位可能會購買廣告品牌，第二位可能會看廣告且會記下來，第三位可能完全置廣告於不理。這也就說明了三位購買者都需要一種產

品，但是他們所購買的卻是不同的品牌。

## EBM 模式

此一模式係由美國俄亥俄州立大學的三位教授恩格爾 (James F. Engel)、布萊克威爾 (Roger D. Blackwell) 與閔納德 (Paul W. Minard) 共同發展出來，故通稱為 EBM 模式。

該模式主要分為兩個部分。在購買者接受外界的刺激後，經過

$$展示→注意→認知→接受→保留$$

$$\boxed{記 \qquad 憶}$$

的過程到需求確認。從需求確認的購買過程包括：

$$需求確認→尋找→購買前方案評估→購買→使用→使用後評估 \Bigg\langle \begin{matrix} 滿\quad 意 \\ 不滿意 \end{matrix}$$

在此過程中，一方面受環境因素的影響，一方面也受購買者個別差異的影響。根據 EBM 模式，環境影響因素包括：文化、社會階層、人員影響力、家庭，以及情境等。購買者個別差異則包括購買者的資源、動機、知識、態度、價值觀、人格，以及生活型態等。

EBM 模式原稱為 E-K-B 模式，原先三位作者為恩格爾、卡爾特 (Kollat) 與布萊克威爾，後來由閔納德替代柯氏，繼續發展建構 EBM 模式，此一模式經過多次修正。

## 7Os 購買行為模式

在研究顧客時，最常用的就是採用幾個 W 的方法。例如什麼人 (who 與 whom)、什麼事或物 (what)、什麼時間 (when)、什麼地方 (where)、為什麼 (why)，以及如何購買 (how) 等。這些 W 在研究分析一個問題時，都是基本的，當然也要為每一個 W 找出一個答案。

如果我們將這些 W 轉換成行銷方面的問題，就變成下列的問題。

1. 在目標市場上，主要的顧客是由什麼人構成，他們的特性如何？也就是顧客構成情形。(occupants)

2. 購買什麼東西？也就是購買的目標物品是什麼？(objects)

3. 為什麼要購買這種特殊的物品？也就是購買的目的或動機是什麼？(objectives)

4. 購買者是誰？也就是誰參與購買過程 (organizations)

5. 購買的行為或方式如何？也就是購買的方式如何？(operations)

6.在什麼時間購買？也就是購買時機。(occasions)

7.在什麼地區或商店購買？也就是購買的商店或通路。(outlets)

這七個問題如用英文表示，他們的第一個字母都是 O 開頭，為便於說明，所以通常稱為七個 Os 模式。如果行銷人員能夠為這七個問題都找到答案，則他對於顧客行為的瞭解應該就是相當的清楚。

因此，可以將此觀念圖示如下：

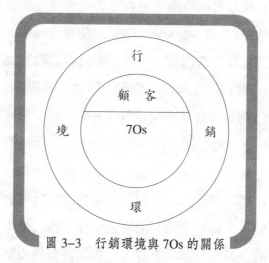

圖 3-3　行銷環境與 7Os 的關係

此處的顧客也就是一般所說的目標市場 (target market)。在另一方面，企業的行銷決策，即產品、價格、通路及推廣等也受 7Os 的影響。換言之，行銷決策是否有效，是否成功，端視對目標市場上 7Os 的瞭解及其能否滿足的程度而定。

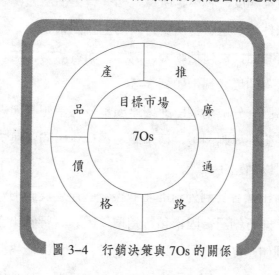

圖 3-4　行銷決策與 7Os 的關係

## 影響購買行為的因素

人是社會的產物，是群聚動物，人不能脫離社會而長久獨處。因此社會對人的思想與行為方式產生影響，同樣人也對社會產生影響。

社會對個人的影響可以分兩個層面。大範圍的社會影響計有行為規範、傳統倫理道德、法律、文化及風俗習慣。近年來臺灣雖然因為工業化、現代化、本土化，以及國際化等的衝擊，出現若干亟欲突破社會傳統與現況的意念與行為，但終究是社會文化及風俗習慣的一部分，甚至一小部分，在博大精深的中國傳統文化中逐漸融合。麥當勞漢堡薯條文化在臺灣近二十年的歲月中，雖然風光一時，但漢堡與薯條的口味逐漸在改變，同時在 91 年底起提供中國式的簡餐，採入境隨俗的策略。星巴克 (Starbucks) 咖啡的店面設計及座位，還有一部分麵包蛋糕的風味，均採用臺灣流行的型式，充分發揮了綜益效果。

在個人和社會的互動關係之間，還有一個較小層級的單位，那就是家庭。一個人自出生到長大成人，離開家庭，其間經過家庭的培育教養與陶冶，影響一生，若干的消費行為畢生不變，尤其在中國人的家庭關係。廣告詞中「有媽媽的味道」及「慈母手中線」的畫面，均充分顯示家庭對一個人消費行為影響的深遠。

在個人層面，個人的心理，人格特質，及消費行為是回應他所在的社會及文化而作的行為。這些行為有的是出於模仿與學習，有的則是獨創的，標新立異的。個人的性別、年齡、教育程度、職業、所得、祖籍、生活型態、家庭生命週期、個人價值觀，以及經濟條件等都是影響消費行為的主要因素。

在個人心理因素方面，則包括動機、認知、學習能力、信念及對事對人的態度等。茲將影響購買行為的模式圖示如圖 3-5。

如果將外界刺激因素分成兩個：即環境因素及行銷刺激因素，每個因素又包括若干變數。當個人受到外界刺激後，透過購買過程作出購買決策，獲得需要的產品或勞務。此一過程可以由圖 3-6 觀之。

從圖 3-6 可以看出顧客受到外界的刺激後，就產生反應的行為。外界的刺激主要可以分成二大類，即行銷組合因素和行銷環境因素。行銷組合因素是各公司主動提供的或展示的，例如產品的品質、造型、包裝、味道、價格、經銷商的地位、店面的裝潢、廣告訴求等。行銷環境因素則包括經濟情況、科技水準、政治情勢、社會文化、風俗習慣、及競爭情形等。

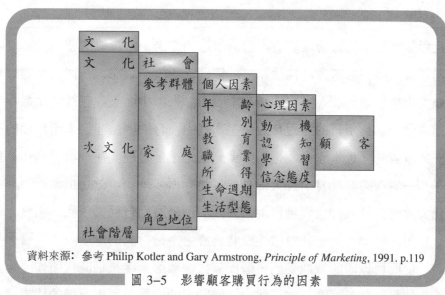

資料來源：參考 Philip Kotler and Gary Armstrong, *Principle of Marketing*, 1991. p.119

圖 3-5　影響顧客購買行為的因素

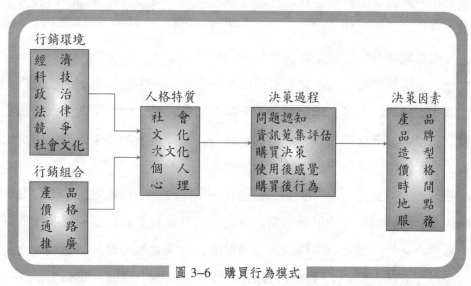

圖 3-6　購買行為模式

　　顧客在接受到各種刺激後，經過自己的衡量評估後，就會作出他的反應，反應的過程中可以顯現出一個人的人格特質，如社會背景、文化、風俗人情、及心理狀態等。決策過程則從問題的認知開始，蒐集與評估資訊，然後作出決策。購買者的決策包括若干因素，主要者為產品品質、品牌、價格、時間、經銷商地點、售後服務等，當使用產品後，才會產生使用後的感覺以及購買後的行為。

　　顧客購買行為模式主要是在研究顧客在接受到外界的刺激，在經過思考後，他會作什麼樣的選擇。

## 一、文 化

文化對顧客行為的影響最廣泛，也最深遠。它是一個複雜的整合體，是人在社會上透過學習而得到的事物，包括知識、信仰、美術、道德、法律、品德及其他的能力。❶文化是決定一個人需要的最基本因素。人由小而大，在社會化過程中學習到的各種事物。這種學習的過程有的是在家庭中，有的則是在個人所參加的各種社團中，一般所說的「近朱者赤，近墨者黑」就是這個道理。在一個工業化社會中成長的孩子和一個在農業社會中長大的孩子可能有很多差別，就是這個原因。

文化大致可以分為抽象與物質兩個層面。抽象層面包括價值觀、態度、信念和人格等。思想、信仰、迷信、象徵性事物均屬之，是行為的準則。物質層面是具體的事或物，從而可以印證或感受到一個民族或一個國家在某個時代所作所為。書籍是記載文化的具體物品，食、衣、住、禮儀所用的物品都可以具體的代表文化。例如京戲、歌仔戲是文化的一部分，唐裝、水餃、擔仔麵也是文化的一部分。麥當勞漢堡、星巴克咖啡及牛仔裝是美國文化的一部分。

文化固然影響消費行為，也受若干因素的影響。其中最常提到的是民族、宗教信仰或國家認同等。中國人常誇耀有五千年的歷史，是炎黃子孫，受孔孟儒家思想的影響，重視家庭觀念與長幼有序的倫理道德，這就是所謂的中國傳統的文化。在消費行為方面，節約勤儉又是中國文化的主流。

一般所說的次文化 (subculture)，是指在一個比較小的社會園地中受左右周圍的影響可能比上面所說的文化更重更深，與廣大的社會有差異，是一種特殊的行為方式。但屬於次文化的團體中的成員則是同質的，有很強的凝聚力。這些次文化群體大致又可以分成四大類，(1)國籍別，如在美國大城市的中國城 (China Town) 一直保有中國文化的特色，對於居住在美國的中國人有很重要的認同感。(2)宗教團體，對一般人的行為也有深遠的影響。(3)種族團體，例如美國的黑人，他們不但群居在一起，他們的價值觀及政治信念也是相近的。(4)地理位置，人類的生活方式與文化風情和地理位置有密切的關係，例如中國北方的民族因為氣候的影響，從小就培養了和大自然搏鬥的精神，驍勇善戰；長江以南的人則因氣候溫暖，物產豐富，文化及商業進步較快，生活優裕，在購買決策時，表現的自然和北方人不同。

社會階層「物以類聚」，說明了社會階層的基本特性。社會階層有很多特性，例

---

❶ 英國學者 Edward Taylor 為文化所下的定義。

如某個社會階層的人具有他特殊的風格，因而影響購買行為。某個人雖然自己感覺很有錢，社會階層很低，但別人卻不一定如此的想或看他。一個人的社會階層往往是可以從很多人文變數中發現，例如職業、所得、教育、財富，以及價值觀等，而不是僅由一個因素就可以看出。另外，社會階層是可以改變的，不是固定不變的。這當然又要看他的人文變數是否能作明顯的改變而定。近年來，由於科技界的發展，出現若干科技新貴，他們坐擁數以億計的財富，出身於一流大學，乘豪車，居華宅，經常與同階層朋友同事聚會，談論主體不是電子，就是生技，已成為二十一世紀的新趨勢。

社會階層在衣服、傢俱、休閒等方面通常可以顯示出來，例如事業有成的企業家在衣著方面相當講究，多半是高爾夫球俱樂部的會員等。

## 二、社　會

一個購買者的行為也受他的參考群體 (reference group)、家庭與角色及地位的影響。

一個人的參考群體是指那些直接或間接影響他的態度與行為的人。例如家庭中的父母、兄弟姐妹是最基本的影響因素，同學和知心的朋友是在學校期間的主要影響來源，一旦離開學校踏入社會，同事將是新的影響力。這些不同的人在對於生活方式以及價值觀的形成方面都有很重要的作用。例如抽煙、喝酒、衣服的選擇等。

家庭是形成一個人行為的最基本的參考群體。家庭的宗教信仰、生活習慣、經濟情形等對其分子都具有相當的影響。在消費行為方面，配偶與親子間都有相互的影響。

角色與地位是一個人在不同的群體中的定位，也就是大家希望他扮演的角色，例如扮演一個領導人或一個助手等。這種期望又與平日大家對他的尊敬信服有關。

## 三、個人因素

個人因素主要是指一個人的年齡、職業、性別、經濟情形、生活型態、及教育等，一個人的年齡和他的消費習慣固然有關係，職業和所得對於消費行為也有直接的影響。在研究顧客行為模式中，都需要加以考量。

## 四、心理因素

一個人在購買方面的行為也受心理因素的影響，這些因素包括動機、認知、及態度等。一個人的行為往往是因為某種原因才表現出來的。一個人因為口渴，才對飲水機或冷飲特別注意；因為想作一位成功的企業家，所以才特別努力。這些表現

都是屬於一個人的動機 (motivation)。

一個人怎樣作一件事，或評論一件事，就要看他的認知 (perception) 了。換句話說，兩個人對同一件事而有不同的看法，這就是認知上的不同。影響認知的因素很多，主要是過去的經驗、事件具體的特性、事件發生時的情景，以及當時個人的心情。

態度 (attitude) 是一個人相當長久的一種看法，這種看法可能是有利的，也可能是不利的。它的產生是基於個人的意識、感受或傾向。例如我們看一種產品的廣告，如果你欣賞這種產品的廣告，你的態度對它就有利，你就比較傾向於購買這種產品。

上述這些因素都是影響顧客購買行為主要的心理因素。顧客在購買若干日用品時，由於基於習慣，也許不會如此的複雜與周延，在另外一些購買決策上，表現的可能更複雜而不可知。這也就是研究顧客購買模式最困難的原因。

## 購買行為基本概念

購買者行為模式具備概念後，下面再解說一些經常應用在行銷方面的基本觀念。這些觀念包括知曉、瞭解、態度、偏好、象徵性、意向與人格等。

### 消費者行為

消費者行為是指一個人或一群人獲得與使用產品或勞務的行為，若干購買行為只是整體購決過程的結果，在作成決策以前，可能早就開始評估與思考，只是沒有採取具體的行動而已。但是如果要想從研究消費行為中獲得有系統的瞭解，必須包括那些不容易觀察得到的決策過程。例如購買什麼品牌？購買多少數量？在那個商店購買等？

### 知 曉

是指對一個人或一件事的瞭解。通常是用來評量行銷作業的基礎。例如廣告或商品展示等推廣活動，顧客必須知曉這些活動的發生。如果希望廣告有效，必須先讓顧客知曉。

但是行銷人員經常遭遇一個問題，即那些資訊需要顧客知曉，那些資訊最好不要讓顧客知曉。例如一般米酒中含有一定的乙醇，很多無知之徒以為乙醇和甲醇性

質相近，於是在 91 年 11 月前後，不法之徒即利用甲醇製造米酒，結果導致十餘人先後因假酒而中毒死亡。如果歹徒不知道乙醇可以造酒，他們可能就不會利用含劇毒的甲醇取代乙醇。十餘年前，臺灣自製的沙士非常流行，當時是使用一種名叫黃樟素的原料作為沙士主要原料之一。後來經過研究證實黃樟素這種物質對身體有害，但是當時因為國人不知曉此一事實，大家都喜好沙士清涼解渴的特點。一旦新聞大幅報導，沙士的銷售立即大量減少，據估計超過百分之五十以上，有的公司整個生產線都停工。結果沙士製造廠只好用其他作用相同的成分替代黃樟素。從這兩個實例可以得知，只要對行銷會產生負面作用的物質、原料、事件或人物，最好不要讓顧客或社會大眾知曉，因為會使他們感到震驚或恐懼，對於有關的產品銷售或行銷活動會產生負面的衝擊。

## 瞭　解

顧客對產品品質、特性或功能瞭解的程度是衡量行銷作業主要的依據。這種瞭解在醫藥的特性或用途、耐久性消費財，以及儀器設備等相當重要，因為一般顧客不容易察覺這些特點。即使顧客瞭解這一類的產品，並沒有太大作用，他必須進一步瞭解產品的特點所在。例如藥品代理商要想有效的推銷一種治療癌症的西藥，必須先將藥品的資料提供給可能使用該藥的醫生，一方面可以讓醫生瞭解這種新的產品，同時也要醫生瞭解該產品為什麼具有療效，臨床試驗的情況如何，以及由那些大學醫院或研究機構作的等等。

正面的資訊固然要詳細且具說服力，顧客對於產品性能或廣告等所提供的負面的資訊也非常有價值。行銷人員應該仔細評估，以便從中得到啟示。廣告言語和畫面對於不同的人往往有不同的效果，我們常說「會錯意」、「表錯情」就是最好的實例。啤酒製造商最大的困擾就是喝啤酒的人會發胖，會有「啤酒肚子」，他們為了設法讓愛好者盡情的享用而不必擔心體重與肚子的問題，因此推出了一種低熱量的啤酒，結果反而引發了很大的負面反應，因為大部分喜歡啤酒的人，感覺喝酒是人生的一種享受，如果為了怕胖，而喝低熱量的啤酒，等於是剝奪了個人享受樂趣的權利，反而使人產生一種不愉快，不「爽」的感覺。

## 態　度

　　態度是指一個人對事、物或觀念一種持久性的喜歡或不喜歡的評價。人們對所有的事物都會保持一種態度，只是很多情況下不願意表示或一時說不出來而已。態度會引導一個人對相似的事物產生前後一致的行為，因此要想改變一個人的態度與想法是相當困難的。在消費行為上，我們常說某某人很節儉，另外某某人很會享受。即使這些人偶而在消費行為上有所改變，一般的人並不會因為看到他們一次的行為而對他們過去一向秉持節約或享受的生活有所改變。同理，購買者對某種產品或品牌的態度是因為他曾經使用過該產品或聽到別人的資訊所以才對該產品或品牌產生態度。如果一個人對一件事或某種產品不瞭解或不熟悉，他就不應該產生態度，他的態度不一定正確。但是如果他真的有使用的經驗，或是身受其害的當事人，則他的態度是相當持久一致的，要想利用大眾媒體或宣傳報導改變他的態度，是相當不容易的。

　　對行銷人員而言，上述的觀念相當重要。為了建立顧客有利的態度，企業界應該以最優異的品質與造型推介給顧客，以創造有利的態度。很多著名的化妝品因為使用者的態度有利，不但會繼續惠顧，而且會影響其他人的態度，促成購買。這就是所謂的「口碑」。相反地、使用者一旦產生不利的態度，有關企業即使花再多的廣告費用設法改變這種不利的態度，在短期內恐怕也不一定有效果。

　　態度是可以衡量的，如果要瞭解顧客對產品使用的態度，則可以利用顧客滿意度的調查分析，決定顧客的態度。通常多以李克特的尺度法分析。如果滿意度高，就表示態度有利；否則，表示不利。

　　問題的關鍵是有利的態度是否就會導致購買行為。其間當然有相當的關係，也有若干情況的結果則不盡然。因為在購買的過程中，須要考慮的因素很多，知名的化妝品、時裝等人見人愛，態度絕對是有利的，因價格過高，常望之卻步。相反地，我們也常聽說「雖然不滿意，但可以接受」，態度可能就要排在第二順位了。

　　態度受若干因素的影響。社會經濟因素最常提到，一個出身貧寒的人和一個富家子弟在對產品品質、價格、包裝等行銷變數的態度可能不同。另外年齡、性別、教育程度、職業、及所得等人口統計變數對態度也會有影響。在購買一輛轎車的過程中，一個家庭的所得與態度都會產生影響，而且可能是主要的影響。汽車製造廠

商的行銷策略可以逐漸改變這個家庭對某種汽車品牌的態度，但對於這個家庭的所得水準則無法加以改變。

如果一個人的態度和他的購買決策有關聯，則顧客滿意度的資料至少可以達到下列幾個目的：

1. 可以幫助作銷貨預測。

2. 可以評估公司行銷策略的效率。

3. 可以瞭解在競爭品牌中的定位。

## 認　同

贊成或不贊成也是表現態度的一種方式，同樣也可以作為擬定行銷策略的根據。產品擁有的特點、使用的數量，以及使用的次數，通常有一定的限度，一旦超過一般能夠接受的限度，則顧客會產生疑問，反而不會接受該項產品。例如，一般人都同意牛奶很營養，也認同「多喝牛奶，有益健康」的廣告。但是如果說牛奶「喝得愈多愈好」，研究的結果則發現此一廣告並得不到認同，研究發現有 60% 的人覺得對一個成年人而言，每天喝三杯或三杯以下的牛奶，對身體是有益的。由此可知，如果推廣牛奶的廣告，強調喝得愈多愈好，很明顯地，可能會導致顧客不認同該廣告而排斥「愈多愈好」的說法，當然也包括作廣告的產品。因此認同的程度直接與廣告推銷的績效有關，從此一資訊可以獲得一個重要的啟示，每天最多應喝幾杯牛奶？現在健康、美容的產品廣告琳琅滿目，在競爭激烈的市場上，固然應該強調產品的功效，但行銷人員須要瞭解可以被認同而又不違背法令的功能為多少？

## 偏好與贊同

顧客的態度可以透過對產品的偏好程度表示出來，因此可以作為決定產品特性的參考。例如洗衣粉製造商曾就顧客對洗衣粉泡沫多寡的程度、除污能力與柔軟性三者的態度作過詳細的研究，結果發現一般家庭主婦在家庭清洗方面偏好泡沫多的洗衣粉，在清洗汽車時，特別是擋風玻璃，則認為泡沫少比較適用，因為此一瞭解，廠商可以為不同的用途生產不同泡沫程度的洗衣粉。表面看起來，為不同用途的市場區隔，選擇不同泡沫程度的洗衣粉，似乎是一個簡單的問題。如仔細思考，則並非如此，如果其他的公司採取同樣的策略，以吸收較多的顧客，在此情形下，泡沫

多的洗衣粉市場區隔的競爭會加劇，因此每家公司的市場占有率就會縮小。如此一來，倒不如生產泡沫少的非肥皂比較有利。而最適合的泡沫程度又要和去污力大小及柔軟性等因素搭配。所以在設計一種產品時，和顧客偏好有關的不僅是產品的某一項特性，而是產品各種特性的結合。

## 產品形象

任何一種產品的形象都是由很多因素構成，有的因素是具體的，容易實際的感受到；有的則是比較抽象，不具體，不容易感受到。前者如化妝品的潤化皮膚、油性大小、滋養皮膚等，後者則包括增加美感、包裝動人、味道芬芳，以及品牌居領導地位等。研究發現，那些可以實際感受到的因素，廣告以後，顧客態度變動的幅度比較大；那些屬於心理不能具體感受到的因素，廣告前後變動的幅度則較小。由此可知，廣告對某些化妝品的特點有效果，而對另一些因素的效果則不大。

行銷人員在利用產品的形象作決策時，可能會遭遇二個問題：

1. 構成產品形象的因素有那些？

2. 形象間的界限應如何劃分？

一般認為構成理想產品的因素就是產品的形象。例如一個理想的保險公司應該是富有名氣、家喻戶曉、理賠迅速與站在投保人的一邊。由此可見，「站在顧客的一邊」可能是提高保險公司在顧客心目中形象的主要訴求。世界著名的證券投資公司高盛公司 (Goldman Sachs) 的廣告詞「站在高處，知音難得有幾人」就是一個卓越的形象廣告。2002 年 12 月初美國布希總統為了提振美國的經濟，延聘了該公司二位高級主管作為他主要的財經幕僚，可能和「他們能站在高處，看清美國經濟的癥結有關吧」。

要形成理想的形象，有時需要高度的技巧，要具有引起顧客共鳴的訴求。顧客有一種傾向，就是以現有的品牌說明理想的形象。理想的品牌是由一群顧客所產生，通常是一個居於領導地位的品牌。由此可知，要想建立理想的形象，可能需要模仿領導地位的品牌。

行銷人員除應該決定發展那種形象外，也應決定產品須要具備那些明顯的形象。美國的雪佛蘭汽車的形象是一個中產階級，從事銷售工作，有一個大的家庭，住在郊區。

根據上述的觀念擬定行銷策略時，須要注意市場規模及發展潛力：如果形象愈

特殊，市場區隔愈小，此一區隔的顧客人數就愈少；相反地，形象愈含混，市場區隔愈大，顧客的人數就愈多。

## 象徵性

產品的象徵性是指購買一種產品對購買者所產生的意義。顧客對一種產品的態度，主要是取決於產品對他所產生的象徵性。學生買一支手機，不只是一種連絡通訊的工具，也象徵這個學生在校園內可能相當活躍，樂於參與各種社團等。當一位背著書包的學生邊走邊和同學談論社團活動時，這就是一種形象。很多大專院校的女學生，手上抱著一大本厚厚的英文教科書，肩上背著書包，同樣是一種象徵性。當她搭車或逛街時，不管她這種方式是技巧或笨拙，她是在告訴遇見她的人，她是一位現代的大專女學生，她不是家庭主婦，更不是職業婦女。由此可見，產品可以象徵一個人的身價地位，同時一個人的身價地位也可以影響他（她）所使用的產品的價值。最常見的實例是如果我們在街上看到一輛豪華的黑色轎車，前面有掛國旗的摩托車開道，我們於是就會想到可能是某某大官或外國貴賓到了。這種想法就表示這種汽車的所有人是象徵著權勢與富有。所以我們常聽到說「某某人的車子到了」，「某某人來了」，因為車子或警衛車就象徵這些人物。

現在汽車只是交通工具，並不一定能表示身分地位，但因為只有某些人才能擁有特殊的車種或享有獨占性的路權，所以產生了象徵性。這種現象是產品與乘坐者共同創造的。不過高貴的轎車或手機不是對每個人都具有同樣的象徵性。對某些人而言，這些東西只是「闊綽」的道具，並沒有高貴的意涵。

在今天這種社會，象徵性的觀念很重要。很多人相信貨物與勞務的消費本身就是一種象徵，因此消費行為本身要比僅是貨物與勞務的消費重要。

## 意　向

意向 (intention) 用在購買行為上，可以和打算或計畫等意念相同，係指購買者對未來的決策或意圖，也就是想購買什麼，以及那個品牌。

現在一般的連鎖商店或超級市場，陳列的商品動輒一、二千種，規模大的賣場更是上萬種。在同類產品中，競爭展示空間的大多超過十餘個品牌，購買者面對琳琅滿目的商品，他在現場想選擇那一種，他在購買途中打算購買那一個品牌，就成

了行銷人員研究的重心。

如果能夠預先知道購買者的意向，行銷人員的工作可能會容易很多。產品不同，購買者的意向因而不同。一些耐久性佳、價值大的用品，計畫周密，介入的時間成本與體力成本大，一旦決定，意向明確，比較不容易改變。相反地，一般日用方便品，因為介入的程度低，會因習慣性購買，無所謂意向。因此意向的資訊在預測家計單位購買耐久性物品方面相當有用。因為一旦預測銷貨的能力加強，可改進行銷作業，同時也可以改進生產進程，使製成品，存貨的數量可以更精確的計算出來，以減少在製品 (work in process) 及存貨的數量降低，因而降低生產成本。在 90 年代，日本豐田汽車 (Toyota Motor) 實施零存貨的創新方法，90 年代及 2000 年美國的微電腦大廠如戴爾電腦 (Dell Computer) 也是根據意向的觀念，事先得知潛在顧客需要的特別性能與數量的電腦，然後利用委託相關業者為其生產。近十餘年來，我國高科技產品公司也同樣利用意向的觀念，安排生產進程，以降低因技術突破，新產品替代原先的產品，而導致存貨報廢的風險。

意向的概念具備後，現在再用杜邦公司 (Du Pont) 著名的超級市場商品陳列決策的研究，說明意向在行銷作業上的應用。該研究是將購買的意向區分為四類，即計畫購買特別產品與品牌、一般計畫但無特別品牌、計畫改變及未計畫與臨時購買。這四種意向由於產品不同而呈明顯的差異，參見表 3-1。

假定你是一位咖啡、麵粉等產品的生產者，或你是代理書報雜誌、糖果或玩具的代理商，你看了上表後，會如何擬定你的行銷策略？由上表可以得知糖果、書報雜誌及玩具的購買者 80% 以上是未計畫與臨時購買的，因此需要刺激購買者，如果他們在購買的過程中沒有看到，他們可能不會購買。因此這類產品的體積應該傾向大一點，包裝搶眼，陳列的地方容易被購買者或隨行的小朋友發現等。相反地，既然咖啡、麵粉及新鮮蔬菜等產品大部分的購買者在購買前已經有計畫並且指名品牌，則可以排列在比較偏僻點的地方，購買者會願意花費時間與體力去尋找這些產品及品牌，也就是說，這一類的產品比較不需要重視陳列的位置。

若干食品與日用品的計畫購買程度不但因產品性質而異，如糖果和咖啡，同時也因顧客對該產品熟習的程度而異。由是可知，一種產品在剛上市時，陳列的地方與推廣較比上市很久的產品重要得多。

意向的資訊不但可以提供擬定行銷策略的資訊，在預測各種產品的銷售量，也

表 3-1 十二種商品在超級市場陳列決策研究

| | 計畫購買特別產品與品牌 | 一般計畫但無特別品牌 | 計畫改變 | 未計畫與臨時購買 |
|---|---|---|---|---|
| 88 種產品之總平均 | 29.2 | 21.0 | 1.8 | 48.0 |
| 嬰兒食品 | 23.2 | 42.3 | 0.8 | 33.7 |
| 麵包（白色） | 39.8 | 34.6 | 2.1 | 23.5 |
| 糖 果 | 7.1 | 12.4 | 0.4 | 80.1 |
| 咖啡（一般的） | 54.2 | 13.0 | 2.3 | 30.5 |
| 麵粉（一般用） | 47.2 | 17.7 | 1.5 | 33.6 |
| 家用清潔劑 | 30.7 | 6.0 | 2.1 | 61.2 |
| 冰淇淋 | 21.5 | 18.4 | 2.4 | 57.7 |
| 書報雜誌 | 9.6 | 3.0 | 0.3 | 87.1 |
| 肥 皂 | 44.0 | 5.4 | 1.9 | 48.7 |
| 罐裝湯 | 29.5 | 16.7 | 1.6 | 52.2 |
| 玩 具 | 6.8 | 2.3 | 0.7 | 90.2 |
| 新鮮蔬菜 | 48.8 | 15.0 | 0.3 | 35.9 |

（該資料係根據 5,338 位購買者的問卷）
資料來源：杜邦公司，1955。

頗具價值。意向在預測工業品銷售方面，更是重要。例如一個微電腦公司可以參考微電腦業預期新加入的廠商與生產能量預測未來一年微電腦出貨量的一個主要的根據。如果整個產業預測的準確，則一個企業的生產及銷售量也因而可以推估得相當準確。現在各工業先進的國家都有類似的研究並定期公布，以作為政府機關及企業界參考。

## 人 格

　　每個人都有其獨特的人格 (personality)。人格有時又稱為個性。在因應外界的刺激時，是以一種持久而且前後一致的行為方式為之。一個人的人格變化的幅度很大，在長期觀察後，往往會發現一種一致的特徵，這種特徵不論在什麼時間與什麼地方，都是一致的，不會有很大的變化。例如一個成就慾高的年輕人，在各方面都會表現得積極，有企圖心。

　　人格通常可以從一個人的行為特徵發現。如自信、積極、適應性、合群、悲觀等。人格既然有差異，則人格就可以區隔。如果人格型態與產品或品牌的選擇之間

存在著相當密切的關係，則人格將是分析消費者行為重要的變數。例如假定跑車型汽車廠商發現高級跑車的潛在購買者大多數是個性外向、積極、自主、合群等特徵，則高級跑車的廣告訴求主題就容易選擇了。

人格雖然與先天有關，後天對一個人也具有相當的影響。一個生性比較保守的人在自由社會風氣的薰陶下，其個性也會逐漸的改變，在衣著或對事物的態度方面比較自由開放。因此瞭解一個人的個性與他的購買行為關係以後，對於擬定行銷策略將相當有助益。

根據行銷研究公司的發現，個性差異在很多產品如香煙、汽油、髮膠等產生同樣的作用，同時他們也發現當顧客的個性動機促使他購買一種產品時，他對這個品牌的偏好最高。

目前我們尚不知道品牌偏愛程度多高，假如有一種電視機完全符合一個顧客的個性，則該顧客對此種電視機的偏愛最高，但具有這種特別人格的顧客人數有限，所以電視機的生產量也就很有限，是否應該生產該種特別人格所需的電視機，就值得研究，因此市場大小與品牌偏好程度就應同時加以衡量。

# 習 題

1. 試說明購買行為在現代行銷的地位。
2. 購買者在作購買決策時會受到那些限制。
3. 試說明 S-R 模式的要點。
4. 試說明豪伍－施斯模式的要點。
5. 試說明 EBM 模式的要點。
6. 試說明 7Os 模式的要點。
7. 文化在購買行為的地位如何，試說明之。
8. 何謂意向，試說明之。

# 第四章 購買過程、決策單位與購買動機

## 購買決策過程

　　購買決策過程是自感覺需要開始到購買後以至使用後的行為為止的一連串的決策過程，其間共分為五個階段。這是對購買決策的解剖，至於此一過程所經歷的時間，常因購買者人格特質及要購買的產品而異。茲將五個階段說明如下。

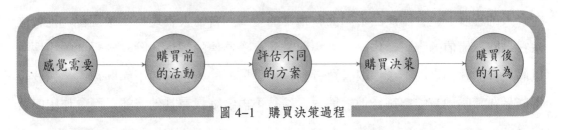

圖 4-1　購買決策過程

## 感覺需要

　　當購買者感覺對某種產品有一種需要或體會到一個問題時，購買的過程就開始了。感覺需要又稱為問題的認知。感覺需要也許是一種具體的產品，如手機；也許是一種含混的快樂感，如上網玩玩。需要可能受外界環境或行銷的刺激，也可能是由於新陳代謝所引發的；需要也可視為一種願望或衝動，它們代表一種緊張不安的情緒狀態，如果需要能夠得到滿足，緊張的情緒則會鬆弛，而趨於安定。如果需要不能得到滿足，會感到緊張不安，直到昇華為止；有時則會變成一種潛在的需求。這種潛在的需求，有時會加強，如烈日下的口渴，有時則會減弱，如購買一輛豪華跑車，要看外界或內在的刺激強弱而定。

## 購買前的活動

　　一個人感覺需求以後，對於周邊很多可以滿足需要的事物顯得比較敏感。假定此一需求是迫切的，則自感覺需要到需要滿足其間的時間很短，不過大多數的需要

並不是迫切的，因此要想使感覺的需要獲得滿足，有賴行銷作業有效的刺激。

購買前的活動最主要為資訊的蒐集，這須視產品而定。日用品只要感覺需要，立刻可以購買，不需要經過資訊蒐集。耐久性消費品及特殊性產品由於不是經常購買，一旦感覺需要，就會有若干購買前的活動，如對於有關的資訊比較敏感，常常注意廣告，和朋友研商，到展示地方參觀，以及在網站上查詢等，每種資訊都有其不同的功能及影響力。一般而論，親朋好友所提供的資訊最具影響力。有些產品的特性、競爭品牌的特點、價格，以及售後服務與保證等最受重視。

至於資訊的來源則以私人提供、商業資訊、政府機構及專業機構發表等最普遍。

很多購買者在他購買某些產品時，帶有神祕感，喜歡強調自己內心的完整性。他會集中整個的精神於一種需求上，因此往往無法容忍使此種需求滿足後延。其次，在介入的程度上也會因產品不同而有相當的差異。有的人表現得比較理智，他會設法找尋關於價值的資料，作自己內心與產品實際價值的評估。除非感覺他的選擇可以滿足其需要，否則不會採取購買行動，但是另一些人也許並不如此慎重，只要覺得產品在某些地方能夠符合他的需要，往往不再繼續找尋其他資訊，而會作出購買決策。

購買前的活動可能是一連串的過程，然後達成購買決策，此一過程可以視為階梯式，由下而上，逐步達成。例如認知、瞭解、喜歡、偏好、相信到最後購買。此一過程的重點在於每一過程都會加速的向購買決策移動。

從行銷的立場看，認知需要的時間較長，一旦購買者獲得充分的資訊，認為具有購買的價值，他就會注意廣告，關心銷貨人員所提供的資訊，而且對朋友提供的意見也比較重視。此時行銷人員可以誘導購買者對有關的產品、品牌、價格等加以考慮，務必使購買者能選擇他的產品。

## 評估不同的方案

購買者在資訊蒐集過程中獲得若干有價值的訊息後，即進行評估。此時若干需要並未達到滿足的階段即已消失，有的則變成夢幻，而逐漸變成潛在的需要。評估方案可能簡化，因此大多數的需要在評估後會逐漸地獲得滿足，這又須視需要的性質及購買者經濟情況而定。

購買者在評估過程中依據的標準或重視的因素對於行銷人員相當重要。一般而

言，產品的核心利益與特性是評估及決定購買的關鍵，當然購買者是為了滿足需要才購買。

任何一個決策，每一次購買都涉及風險，購買者對風險的態度認知是決定購買決策是否能夠順利達成的主要因素。若干購買者的風險意識低，抱有買了再說，用了就知道的態度，因此決策時迅速，不會猶疑。相反地，風險意識高的購買者則會仔細地評估風險。由於風險是在未來才會發生，行銷人員提供的資訊對這類的購買者具有相當的影響。

## 購買決策

購買決策通常包括：一種產品、一個品牌、一種價格、一種數量、一種造型、一個經銷商、一個時間、一種付款方式及售後服務等，購買者所選擇的應該代表他的偏好。

圖 4-2 是購買微電腦的決策過程，其中包括五個不同的決策過程。假設每個決策只限二個不同的選擇方案，則該決策過程共有十六 (1×2×2×2×2) 個不同的方案。決策者最後實際所選擇的一種方案，在決策開始時，很少會知道的。當他移動到另一個新的決策時，他會受到另外一連串新的因素的影響，有些因素是人為的，有些是環境的，有些是屬於社會或經濟的。

## 購買後的行為

購買後的行為可以分為二個階段，一是使用者使用購買產品的行為，二是使用後的反應行為。

行銷人員不僅是設法將產品銷售，為使顧客繼續惠顧，還須瞭解其已經購買的產品是否能夠滿足他的需要，符合他的期望，因此必須注意使用後的各種反應。

從研究使用者的反應可以得到很多寶貴的資訊，例如誰真正在使用該產品？在什麼時間使用？在什麼地方使用？在使用時有沒有和其他的產品搭配？如有，是那些產品等。

在研究使用行為方面，先應瞭解顧客滿意的程度，是非常滿意，相當滿意，還是馬馬虎虎或失望？其次，是產品的什麼屬性讓顧客滿意？顧客能不能明確的指出？如果產品的績效和期望的績效差異越小，表示越接近滿意，差距越大，表示滿意或

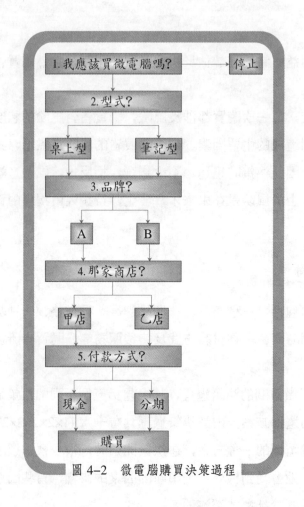

圖 4-2　微電腦購買決策過程

失望越大。

# 決策單位

行銷人員要想滿足購買者的需要，首先要瞭解在購買的過程中有那些人參與購買決策，是一個人還是很多人？如果是幾個人，誰的決策影響力最大？如果行銷人員能夠瞭解決策單位對產品造型、包裝、性能、價格等特點的偏好，行銷作業可能就容易多了。整個的行銷作業也就可以節省人力、時間與金錢等行銷成本。所以，要想提升行銷效率，就需研究決策單位。

## 購買者決策單位

購買者決策單位 (purchase decision making unit) 是一個人或一群人參與購買的決策過程，他們具有一個共同的目標，如購買一輛性能卓越、價格低廉的休旅車，

如果他們的決策正確，可能會幫助他們達到共同的目標，如果他們的決策錯誤，因而引發問題或風險，他們也願意共同分擔之。

## 購買者決策單位的重要性

在研究分析購買者行為方面，決策單位重要的原因計有：

1. 如果購買者決策單位認定錯誤，則行銷作業的效率將受影響。

2. 現在是資訊知識時代，幾乎一切的決策都需要根據資訊。政府或民間研究機構公布與消費行為有關的資訊，大多以近似一種產品的購買者決策單位方式統計發布，如一個人或一個家計單位。既然基本的資訊如此，行銷作業人員的資訊在分析決策單位時，才比較有用。

3. 決策單位參與者的消費行為，彼此間相互影響，共同作出他們能夠接受的決策。在分析整體的消費行為時，只須重視共同的決策，而不須決策單位中每個參與者單獨的行為。

為說明此點，茲再舉一實例說明之。1990 年代臺灣經濟欣欣向榮，富有的家庭多想購買一套屬宗教性精裝書擺列在客廳書櫥，一方面可以靜心，同時兼具裝潢效果。假定一個出版商想推銷每套價值數十萬元的書籍，目標市場已選定一些科技新貴、不動產或股票經銷商的家庭，則在什麼時間去拜訪這類家庭比較合適？如果在週末假期，上午全家都在的機會不多，可能只有老人、家庭主婦及未上學的小孩在。因這套書的體積大、外觀精緻、價值又高，應該是一個共同的決策，至少是老人及年輕夫婦都在場才比較容易形成購買的共識，僅一個家庭主婦可能不會也不能決定。行銷人員瞭解這種情形以後，再擬定行銷策略，始比較有效。

## 決策參與者

決策單位會因產品而異，不是固定不變的。為確定決策單位的構成與作用，行銷人員就須要探討下列各問題。

1. 在購買決策過程中都有誰參與。

2. 在參與者中誰的決策最具有影響力。

3. 隨時間或購買產品的改變，參與者扮演的角色地位會如何變換。

在購買決策的過程中，一個人參加一個或一個以上的意見時，即稱為決策參與

者。例如研究一個家庭在選擇一輛汽車的顏色時，如果知道太太對顏色的偏好能夠增加他預測顏色選擇的能力，則太太就是選擇汽車顏色的參與者，如果知道先生與兒子對顏色的偏好並不能增加對一個家庭購買汽車在選擇顏色方面的判斷力，則先生與兒子不是顏色選擇的參與者。

在工業用品市場上，購買決策過程與決策參與人是同等重要的。工業用品方面，在已知的決策情況下，決定誰是決策參與者要比消費用品重要。

迄目前為止，我們對一個公司的高階主管如董事長，總經理，副總經理及主要作業部門的主管，在購買決策過程中的影響力比對一個家庭中決策過程的影響力，瞭解得少很多。一個公司通常包括更多的人，他們的決策影響力是根據職務還是專業能力？還是其他的因素？在重要機器設備或策略聯盟等決策時，是不是專業人員的決策意見更受重視？這些考慮因素使工業用品決策單位的參與者更為困難。為瞭解不同的決策參與者，理論上應將有關人員的名單列出，然後分析每一個參與者在不同決策因素的影響力，或許可以獲得所要尋找的資訊。事實上，有關人員決策影響力並不是固定不變的，前後一致的，而是經常變動，因而使預測決策影響力的工作相當困難。

既然決策單位中每個成員的消費行為是相互影響，因此只要將決策單位組成分子的共同表現看成是一個決策單位整體的表現，而不須將每個人看成是一個決策單位。也就是說，在他們選擇決策的過程中，我們只需要知道他們最後的決策即可，不需要瞭解每個人的偏好。

為說明決策單位中，參與者相互間的影響，茲根據《時代雜誌》(*Time*) 的研究資料說明在七種主要的家庭用品中，夫婦在購買不同的產品中，相互影響的情形。由表 4–1 可以發現，在購買汽車、冰箱、地氈、沙發及洗衣機等重要的耐久性消費財方面，96% 以上的夫婦永遠事先研商有關的決策因素，偶爾或曾不作研商的比例相當低。而烤麵包機則僅有 45% 事先作研商，偶爾的占 47%。

## 認清行銷的目的

前面曾經說過購買者與消費者可能是同一人，也可能不是，這種觀念同樣可以用於購買單位與消費單位。我們都知道消費行為是生活方式的一部分，而且是重要的一部分，購買行為則是屬於消費者的習慣。一般人購買產品是為了消費，如果不

表 4–1 夫婦在購買產品前相互影響的情形

| 產 品 | 永 遠 | 偶 爾 | 曾 不 |
|---|---|---|---|
| 汽 車 | 96% | 4% | 0% |
| 冰 箱 | 98 | 0 | 2 |
| 地 氈 | 96 | 0 | 4 |
| 沙 發 | 96 | 2 | 2 |
| 電 視 | 89 | 7 | 4 |
| 烤麵包機 | 45 | 47 | 8 |
| 洗衣機 | 96 | 2 | 2 |

資料來源:《時代雜誌》(未註時間)。

是為了消費,可能不會購買。一個人的購買行為可以於一夜之間改變。如原來購買 A 品牌,現在購買 B 品牌,但對生活習慣則沒有任何影響。這個分別對行銷人員相當重要,因為他顯現出一個基本的啟示,那就是行銷人員應該運用策略去影響以至改變購買習慣,不要去影響他們的消費行為。例如一個家庭晚餐所吃的食品及其品牌可能比吃晚餐的時間容易改變。因為晚餐的時間是由社會上大多數人的生活習慣共同形成的,如上班上學的時間等,一個公司或一位行銷人員也無法加以改變;相反地,在同類產品中,如麵包、果汁、蔬菜等,假定品質優異,價格又具競爭力,就很容易為消費者接受;也就是購買者容易受行銷作業的影響,而改變品牌的選擇決策。

決策參與者的影響力,因為產品性質不同,而有差別。有的產品男性影響力較大,有的女性影響力較重要。另外,決策單位組成的分子,也因產品而異。有些決策單位只有男主人一人,有的則包括夫婦兩人,也有的則包括太太與小孩子等。有時決策單位盡管由若干人構成,但決策則往往由一個人主宰,其他成員沒有參與的機會,有時也無法參與。

行銷人員為求提升行銷效率,最好能將產品分類。分類可根據產品構成的因素,決策參與者在不同構成因素的影響力的大小,或構成因素和他(她)關係密切的程度等。如果上述分類適當,有關決策單位參與者的影響力與產品的關係等資訊對於行銷策略的擬定將更有助益。

根據表 4-2 的資料,購買汽車的時間、地方、花多少錢買車,以及汽車製造者

等決策因素，先生的影響力比較重要，而汽車的型式與顏色等因素，先生與太太是同樣的重要，也就是屬於共同決策的因素。當購買傢俱時，所考慮的各個因素，如價值、時間、地方等，太太都較先生重要。兩種產品在購買決策過程中，夫婦分工合作的角色可從表 4-2 清楚地顯示出來。

表 4-2　夫婦在決定購買汽車及傢俱決策的影響力表示意見家庭的百分比

|  | 丈夫比較重要 | 夫婦同樣重要 | 太太比較重要 |
|---|---|---|---|
| 在什麼時候買車 | 68% | 29% | 3% |
| 在什麼地方買車 | 62 | 35 | 3 |
| 要花多少錢買車 | 62 | 37 | 1 |
| 買那個工廠製造的車 | 60 | 32 | 8 |
| 買那種型式的車 | 41 | 50 | 9 |
| 買什麼顏色的車 | 25 | 50 | 25 |
| 準備花多少錢買傢俱 | 22 | 47 | 31 |
| 在什麼時間買傢俱 | 16 | 45 | 39 |
| 在什麼地方買傢俱 | 7 | 53 | 40 |
| 買那一種傢俱 | 3 | 33 | 64 |
| 買那種型式的傢俱 | 2 | 26 | 72 |
| 選擇那種顏色與木料 | 2 | 16 | 82 |

資料來源：《行銷研究學報》，1970 年 5 月。

## 兒童在購買決策中的角色

　　兒童在決策過程中扮演的角色已由沉默的受惠者變成積極活躍的參與者與決策者。教育、家長鼓勵及培養，以及社會演變發展等都是促成此種趨勢的動力。兒童市場所以受重視是因為兒童的支出大幅增加。兒童對許多產品如服裝、鞋類等支出的影響力日增。兒童對許多他們自己使用的產品具較大的影響力，如服裝、鞋類、零食、運動用品及玩具等。當他們要求父母購買特定的產品或品牌時，就會直接影響父母的支出。有時他們的購買會產生間接的影響，如父母主動購買孩子喜愛的玩具或糖果等。

　　一般的父母在教育子女做一個現代化的消費者過程中，所扮演的角色是多重的；有時希望子女共同參加購買決策，讓他們自幼學習俾在日後成為一個聰明的消費者；有時又不希望購買決策受制於子女。

　　臺灣一般家庭的支出近三年來因受全民學習英語風氣的影響，大部分重新作調整：如為雙薪家庭又有小孩，除媬母及外籍女佣的費用外，從托兒所開始就要學英語，幼稚園到小學則將費用交安親班或外國人教的補習班，每人每月動輒以萬元計算，對一般收入的家庭而言，擠壓了若干兒童用產品的市場。兒童用產品與服務市場的轉變，其影響不論是直接或間接的，對於若干產品與服務市場的影響則不容忽視。

　　麥克尼爾 (James McNeal) 根據美國人口統計資料研究 4 歲到 12 歲的兒童對商品及消費支出的影響，如以食物與飲料為例，總支出為 110,320 美元，每位小孩的支出為 3,131 美元，占總支出約為 3%，在全部友出 187,740 美元中，每位小孩的支出共為 5,328 美元，占全部支出也在 3% 左右。但是因為兒童不但影響一般的購買決策，而且也常常直接購買。兒童購買行為之所以受重視是因為他們在早期的購買習慣及品牌偏好會延伸到未來成年或影響他們成年時代的消費行為。因此行銷人員需要注意家中成人對兒童品牌選擇的影響，以便日後產生有利的態度，成為世代的偏愛者。

表 4-3　美國 4 到 12 歲兒童對商品及消費支出的影響

| 商　品 | 總支出 | 每位小孩支出 |
|---|---|---|
| 食物與飲料 | $110,320 | $3,131 |
| 娛　　樂 | 25,620 | 727 |
| 服　　飾 | 17,540 | 498 |
| 汽　　車 | 17,740 | 503 |
| 電　　器 | 6,400 | 182 |
| 健康與美容 | 3,550 | 101 |
| 其　　他 | 5,570 | 158 |
| 總　　計 | $187,740 | $5,328 |

資料來源：James McNeal, "Tapping the Three Kid's Market", *American Demographics*, April 1998, p.39.

## 工業品決策單位

　　工業用品如機器設備、原物料及配件等的購買決策單位，和一個家庭決策單位運作過程相近。如果將決策參與者依次分為高階主管、作業主管、生產主管、設計

與發展工程師，以及採購部門等，則表4-4充分的顯示出不同階層的主管們在購買上述三種產品時各別的影響力。由《科學的美國人》(*Scientific American*) 雜誌的研究資訊可以看出在三種產品中,決策影響力最主要的三個部門或主管依次為採購部、作業主管及設計與發展工程師。具備上述的資訊後,行銷人員在推銷其產品時，就可以毫不猶疑地去拜訪他要拜訪的個人或部門。

表4-4 誰決定應該由那個公司供應

單位：%

| 決策參與者 | 工廠設備 | 原　料 | 配　件 |
|---|---|---|---|
| 高級主管 | 23.7 | 18.4 | 16.5 |
| 作業主管 | 38.7 | 29.8 | 26.7 |
| 生產主管 | 17.1 | 13.2 | 14.7 |
| 設計與發展工程師 | 23.5 | 20.4 | 29.8 |
| 修護工程師 | 8.6 | 2.4 | 5.0 |
| 研究員 | 6.2 | 12.1 | 9.9 |
| 採購部 | 50.9 | 66.7 | 63.5 |

註：百分比總和因多答案之故，超過 100。
資料來源：〈工業界如何購買東西〉，《科學的美國人》，1965 年。

## 女性地位重要

到目前為止，我們所討論的決策單位都是建立在一個穩定不變的假設上，因為生活方式是穩定不變的。事實上，現在是一個多變的時代，很多產品的決策單位都是逐漸在改變。例如，女性教育程度大幅提高，職業婦女人數劇增，很多家庭的購買決策已發生根本的改變，女性在大多數購買決策中占了絕對的地位，甚至連汽車及住屋的購買決策，即使不是主宰的地位，也是與先生平分秋色。行銷人員因此須適應此種改變。

一般家庭分期付款的房屋、汽車、鋼琴等單價高的產品之購買，男人已不再擁有獨立自主的地位。自從自己動手普遍流行在食品、油漆粉刷、傢俱拼裝後，不但促使夫婦在決策單位中居於同等地位，傳統的推銷作業也從專業性人員身上移轉到家庭為中心的決策單位。過去二十多年經濟發展迅速，大專院校學生工讀容易，一般青年學生用的物品，如摩托車、手機、微電腦、運動用品、衣服飾品等，自己購

買的比例日益普遍，決策單位中的主宰者改變後，此類產品的行銷策略也必須隨之改變。強調現代科技產品對於讀書效率之提高與時間的節省，以激發青年學子使用該類新產品，協助他們能夠與科技同步成長，較之僅對家庭決策單位推銷的策略效果可能更為有效。

## 購買行為的分類

一般消費行為的模式是個抽象的理論架構，目的是在用符號或圖形說明消費者在購買的過程中大多數重要的因素與過程。一般人也都知道，在實際的購買決策過程中，這些因素與過程並不一定都會出現。因此研究購買行為的學者將經常發生的購買行為分為下列幾種：

### 一、強制性購買

用誘人的包裝、動人的廣告，使購買者無法抗拒產品或廣告的訴求而購買。購買者在遇到這些情況，似乎變成廣告或產品的「俘虜」，失去理性或知覺，身不由己的就作了購買的決策。事後詢問為什麼要購買，往往以「當時我也不知道」回答。如果再仔細分析，則可能發現當時現場的佈置陳列、產品的鮮明色彩、柔軟的質料、精緻的手工等，對感官產生強烈的刺激作用，如果當時恰巧響起聖誕歌聲，想到聖誕節即將降臨，自己想參加同學舉辦的聚會，因此似乎陶醉在聖誕節的歡樂聲中，情不自禁的就購買了，像這一類型的購買，就是強制性購買。現在刷卡刷爆，可能和這類購買有關。

### 二、習慣性購買

很多產品品牌差異不大，產品性能幾乎相同，消費者也經常使用，對產品的性能相當瞭解，即使不瞭解，也不是影響購買決策的重要因素。因此在購買這類產品時，並不經過正常的過程或步驟，購買者不會花費太多的時間尋找有關產品品牌、品質、性能、價格等資訊，作貨比貨、價比價的比較分析，經過仔細的評估，最後才作購買決定。這些產品的價格並不昂貴，也許不需要花太多工夫去評估。

消費者購買該類產品主要是根據平日看過有關產品的各類廣告，或商品展示，有點熟悉感，他購買該產品不一定是因為他對產品有什麼好的態度或印象。因此，這類的購買過程是透過學習逐漸形成品牌信念，然後才購買，在購買前可能評估過，也可能沒有評估。❶

行銷人員可能會發現品牌差異性比較小的產品，使用價格或促銷可能是誘使消費者購買的有效方法。該類產品的推廣主要依賴廣告。廣告的重點則在視覺感受及印象，標誌需要明顯而且容易記憶，廣告所用的訊息要簡短而有力，且不斷的重複，這樣才能使消費者在購買的過程中和廣告的產品連結在一起，達成購買的決策。

有些產品的品質或特點有顯著的差異，購買者為尋求多元化的口味或特點，常常變換品牌。由於該類產品價格低廉，購買者不在選擇品牌上浪費較多的時間，當他們使用該產品時，則比較會尋找他們所追求的利益，同時也加以評估。這類購買行為是多元化的。

## 三、複雜的購買行為

這類產品的品質具有特點，因此品牌之間有差異，有時且相當明顯。他們的價格昂貴，一般消費者不會經常購買，在購買時消費者會花較多的時間與心力比較產品品質、式樣、流行性、性能、價格，以及消費者是否能夠透過使用該項產品而表現出自己的氣質或社會地位等。如果一旦購買不明智，花冤枉錢外，還會被指為「愚笨的消費者」，對自己的形象及社會地位都會產生負面的影響。

這類產品的供應量有限，花色型式經常變化，以設法避免同業競爭，臺灣名店的衣著首飾多屬此類。為作一個聰明的購買者，此類購買需要經過一個學習過程，從認識、瞭解、偏好，到相信以至最後的購買決策。如果購買者能產生有利的態度，則他可能是一位忠誠的顧客，定期會購買讓他滿意的品牌，因此行銷人員如果要想成功的行銷此類產品，必先瞭解消費者蒐集有關資訊的過程，以及評估時特別注重的因素，當消費者需要協助時，行銷人員要能清楚而完整的解析產品的屬性，甚至明確的指出自己的產品與同業競爭者產品的差異處與卓越處，以誘使其能偏好自己經銷的品牌。

## 四、避免意識不協調的購買行為

意識不協調 (cognitive dissonance) 是由菲斯廷格 (Leon Festinger) 教授提出，他假定在人的身體內部存在著一種力量，這種力量能夠建立一個人意見的內部和諧。因此我們人有一種力量可以驅使一個矛盾的購買者採取一種或二種的途徑。如果一個消費者購買一套價格相當昂貴的套裝後，發現該套裝並不適合她，或價格過於昂貴，或產品有瑕疵等，於是內心就會七上八下，後悔上當。假如她可以將已購買的

---

❶　Philip Kotler, *Marketing Management*, 9th edition., 1998 年版，p. 218，華泰書局。

套裝退回或退換其他套裝，或將該套裝鎖在衣櫃最裡邊而看不見，可能會減輕她意識上的不協調；她也可向服裝專家討教，詢問有關套裝的資訊，以確定她所購買的是否不適合她，以減輕她由於此一購買決策行為而引發的矛盾情緒。

這類購買的產品之間有差異性，但不一定明顯，價格昂貴，一般消費者也不常購買。在某些情況下，他具有象徵使用者身分地位的作用，假設購買不當，會讓購買者對於出售的商店產生負面的態度。為減少此類現象發生，行銷人員應提供詳細而正確的資訊，讓購買者充分的評估比較，以避免意識不協調的購買行為發生。

## 五、解決問題的購買行為

每個人都有很多形式的問題，消費是其中一個主要的問題。當消費者認知問題後，就會設法予以解決，以紓緩對他造成的焦躁或不安。大專院校的學生喜歡購買機車，除了可以解決「行」的問題外，男學生可能是為參與學校的社團活動，破除同學譏笑為「書蟲子」；女學生則可能是為讓同學響為「活躍的新女性」等原因，亦未可知。

有的產品只能解決一個問題，有的則可解決幾個問題。一種產品能解決的問題愈多，對購買者的吸引力就愈大，解決的問題愈嚴重，影響購買者的行為愈直接，在科技已成為主要競爭工具的現在，這些都是對企業的重大挑戰。

表4–5 顧客購買不同產品考慮集合的平均個數

| 產品集合 | 考慮集合的平均數 |
| --- | --- |
| 止痛藥 | 3.5 |
| 胃乳 | 4.4 |
| 空氣芳香劑 | 2.2 |
| 香皂 | 3.7 |
| 啤酒 | 6.9 |
| 漂白水 | 3.9 |
| 咖啡 | 4.0 |
| 餅乾 | 4.9 |
| 調理食品 | 3.3 |
| 殺蟲劑 | 2.7 |
| 洗衣粉 | 4.8 |
| 花生醬 | 3.3 |
| 刮鬍刀 | 2.9 |
| 洗髮精 | 6.1 |
| 優格 | 3.6 |

資料來源：John R. Hauser and Birger Wemerfelt, "An Evaluation Cost Model of Consideration Sets," *Journal of Consumer Research*, Vol. 16, March 1990, pp. 393–408.

所謂產品考慮集合是指顧客在一個商店購買一種產品時所能接觸到的同類產品的總數。例如在表 4–5 中，咖啡的考慮集合平均為 4.0，即表示該店至少有四種咖啡可供購買者選擇，洗衣粉則有四點八種。

## 購買動機研究

### 購買動機

動機 (motivation) 是人類一切活動的源泉，沒有動機，就不會產生行動。因此，動機是購買行為中主要的研究課題。

當行銷人員一再嘗試到產品失敗，而又無法利用現有的知識解釋其原因時，他們漸漸對很多由經驗累積而成的購買行為理論，發生懷疑，因此提出了若干「為什麼、如此、如此」等等問題。由於行為科學的進步，新的研究方法促進了購買行為的研究，專家學者們漸漸發現要想瞭解購買行為，必先從研究「購買動機」開始。

### 購買動機的重要性

人類的行為大半是出於某種動機，雖然推動人類行為的真正動機不一定很明顯或有意義，但人類卻能說出他行為的原因。這些動機有的簡單、有的複雜，它們的存在是毫無疑問的。

行銷人員要想正確地制定行銷策略，必須知道為什麼顧客特別喜歡在某一時間，某個商店購買某種東西。如果是出於價格動機，則行銷策略應在價格上注意；如果是出於社會地位的動機，則應該從產品的外觀，價格與推廣等方面，設法使購買者的動機得到滿足。

在研究動機時，不但要注意到最後購買者的購買動機，而且還得瞭解行銷該產品的中間商的動機，最後消費者可能大半因受到品質或性能的影響而願意購買；中間商則可能出於利潤的動機。

### 理智的購買動機

較早的動機分理智與情感兩種。理智的購買動機係由理性引起的。理智的購買

動機通常是與產品的價格、品質、成本、使用時間長短、服務情形、可靠性與其他能夠影響購買者的長期成本的因素有關。這些理智因素在理論上是存在的，但實際上要想對每一項都加以考慮，然後作出一個理智的決策，似乎不可能。雖然如此，在購買決策過程中，的確有理智的判斷存在。很多人將理智的購買行為認為是購買者對有關的各種事項作較長而仔細的評估，而且這種行為有意義。購買決策的確往往需考慮很久，例如想要買部汽車，在品牌的選擇上會花很大的精神與很長的時間，考慮汽車所能提供的各種社會地位的象徵、自滿的感受、與舒適的感覺等。但很難說這是一個理智的購買決策。當然若干理智的購買是有意義的，不過有時候也可能沒有意義。

在情感方面的購買，有時也很有意義。女性買一件時髦衣服的行為相當有意義。至於購買一輛好的汽車時，往往又會擔心停在路旁被擦撞，似乎又沒有意義。所以我們很難根據意義的有無區分理智或情感的購買動機，因為二者有沒有意義，只有視當時的情況而定。

很多人將長期成本因素作為劃分理智與情感動機的一個主要標準；根據這種觀念，當一個消費者設法確定用那種方法才會達成長期成本最低的目的行為，可以認為是理智的。工商企業在購買時力求達到長期成本最低，但有時也無法完全作到。

## 情感的購買動機

情感的動機包括很多，例如安全感、好奇心、虛榮、舒適、享樂等都是。因為構成情感的因素非常複雜，很少有人將此種動機加以分類。例如兩個家庭買了兩輛汽車，他們共同的動機是「解決行的問題」，但真正的購買動機可能就不一樣了：一家可能是因為鄰居都有汽車，所以不得不買一輛，另外一個家庭則可能是因為他家老大是某夜校的學生，半工半讀，為了上班上學方便，因此為老大買了一輛車，讓他能準時上班上學。雖然兩家都可說是出於解決交通問題，但原因則各不相同。

事實上，在日常的經濟行為中，很難是完全屬於理智的，因為沒有一個人會擁有一套完整的資料，用以決定長期成本的多少，所以很多消費品的購買是出於一個複雜的動機，他們大多數是情感的，不過也要看消費者在這方面資料的多少而定。有時理智的動機較為重要，但有時情感的動機也是相當具有影響力的。例如一個人覺得不應該喝酒完全是對的，但在某些交際場合，這種理智的動機就會因某一特別

的因素影響而減弱，結果情感動機顯得比較重要。一般的消費習慣，例如吸煙，按照理智的基礎，應該很少人吸，但是為了滿足情感上的需要，理智的動機被情感所遮蔽。很多情感方面的動機，可以歸納為一個類別，即自我的滿足，一般的動機如競爭、異性、虛榮、顯貴等，都是為滿足自己的某種願望，我們可以想像得到購買一件商品是為了滿足自己，很少看到某人因為買了某種產品而感到不滿足，這種觀念是自我理論的一個根基。

## 解決問題

人有很多不同形式的問題，經濟是一個主要的問題。消費行為可以視為是解決問題的一種方式，當一個人認知到問題時，他會感到焦躁與不安，設法予以解決，以減輕對他心理或表面的影響。當一個企業家眼睜睜看著同業都將工廠移轉到大陸上海一帶時，他可能寢食難安，經常尋找資訊，並派人前往大陸某些地區考察，以幫助他判斷「究竟應該採取臺灣接單，大陸生產，還是維持原狀」。當一位作業單位的主管發現他的部門作業速度太慢時，他可能申請總公司同意他採取自動化措施，以解決他部門的問題。

很多產品與勞務可以解決不止一個問題，一輛新車子，不但可以解決行的問題，同時也可解決若干心理上的問題。一般而論，一種產品能夠解決的問題愈多，對顧客的吸引力就愈大；解決的問題愈嚴重，影響行銷的效果就愈直接。一個顧客很少購買僅能幫他解決一個小問題的貨物或勞務，他必須運用他有限的錢去解決最迫切的問題。

購買者在評估新產品時，一個很有效的方法是問：(1)這種產品能夠為使用者解決什麼問題？(2)這些問題的嚴重性如何？(3)使用者目前如何處理這些問題？(4)在解決該問題時，他願意花費多大代價等等。

有時因為不瞭解購買動機，有關人員經常懷疑市場的大小，是否有發展之價值。例如很多年以前，美國一般家庭主婦感到很需要一種方便的開罐頭工具，但是因該產品未上市，無法測定市場大小，後來自動開罐器上市，證明相當成功。

## 購買動機其他分類

消費者購買動機，也可以區分為產品和光顧二大類，而每類之中又可按情感的

動機與理智的動機劃分。所謂產品的動機係指消費者何以購買某產品的動機。

## 一、產品的動機

情感的動機計有：優越感、競爭心、創造、炫耀、外表、誇示、舒適、財力誇示、保護自己的動機、保存種族的動機、好奇或神祕的動機等。

理智的動機計有：輕便、容易使用、增加操作效率、經濟、可信賴性、耐久性、所得的提高、清潔、食慾的滿足、勞力的減輕、危險的迴避、保養、娛樂。

## 二、光顧的動機

係指最後消費者何以在某個特別的商店購買，而不在另一個商店購買的動機，約可分為下列幾類：位置上的便利、貨品種類齊全、貨品品質優良、店員禮貌周到、商譽良好、服務提供程度、價格公平、品牌好、有信用等。

光顧的動機也可以分為情感的與理智的動機。從上述各項可以發現理智的動機較多，情感的動機雖然也有，但重要性較小。

## 三、工業用品的購買動機

最後消費者的購買為滿足個人的需要，而工業品消費者的購買則大部分係出於牟利的動機，他們特別注意於價值的分析，例如品質、價格和服務程度的大小等，因此，工業品消費者的購買動機，主要是理智的，理智的動機雖然居於主宰地位，但如果產品相同，這時情感的動機就發生作用。

## 參考群體

人不能獨處，在日常生活中受左右周圍的人和事物的影響。人的態度和行為每天也受到個人或很多人形成的群體直接或間接的影響，這些個人或群體就是參考群體 (reference group)。參考群體的型態有很多種，大小不一，構成也有差異。這些群體可以分為三種：

1.基本的群體 (primary groups) 如家庭中的父母兄弟姐妹、親近的親戚朋友、鄰居與同學同事等。

2.次級的群體 (secondary groups) 如同學、大專院校的兄弟會 (fraternity)、專業性學會或組織等。

3.一些他本人並非是會員的群體的影響，如著名的運動員，像喬丹 (Michael Jordan)，老虎伍茲 (Tiger Woods) 及王貞治等人；電影明星，如成龍、瑪丹娜等。

由此可知，凡是影響一個人態度與行為的群體組織均可稱為參考群體。參考群體的作用可分為三種方式：

1. 現示給一個人不同的行為或生活方式，如老虎伍茲的打球姿勢。

2. 從願意標榜的個人或群體的態度、行為和自我等特徵產生影響力。例如臺灣各黨正在全力「消滅黑金」。

3. 使一個人在使用產品或選擇品牌時，能夠仿效參考群體。

茲將參考群體的層層關係的圖形列示如後。

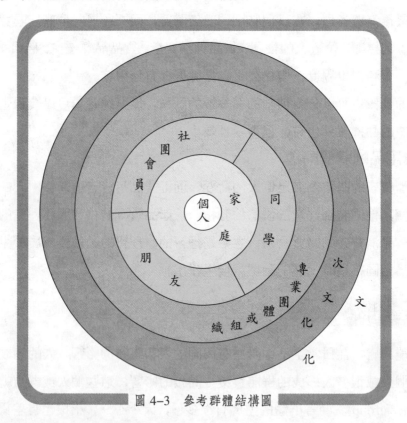

圖 4–3　參考群體結構圖

## 個人為中心的觀念

上面的購買動機困擾了行銷人員若干年，因為它們沒有一個健全的理論基礎，以致將很多問題不加解釋或草率解釋作罷，因此在該方面產生了很多缺點。一個問題，可說是最重要的問題，就是為什麼人們買他所買的東西？行銷學家既然無法得到圓滿的答案，就只有利用研究行為科學的理論「個人為中心」的觀念 (self-concepts)，加以解釋。由於各種條件的限制，在此只能就基本的行銷觀念加以解析。

個人為中心的購買行為與情感的購買動機有密切的關係，它不僅說明顧客購買一種產品是為了滿足私慾，它主要是給消費者的行為下一個具體的解釋，因此又增加「如何才能滿足私慾」一項。很多學者認為此種觀念在今天可能是最完整的一種理論，因為它將理智的與情感的二種理論很有條理的結合為一個理論。同時也可以適用於不是購買者的行為。

這種個人觀念的理論並非是一個簡單的、唯一的心理現象，並非很容易瞭解，而是一個非常複雜的理論體系。在此僅就幾個主要的基本觀念，簡單的加以解析。

1.真實的我：是一個人自己感覺自己，認為自己是一個什麼樣的人，這是一個人對於構成他自己的因素如能力、人格等的感覺。

2.理想的我：指一個人應該如何作才符合理想。這是人生的一種目的。因此其所作所為都是設法使真實的我能夠與理想的我一致，換句話說，有了理想的我，才會驅使真實的我努力奮發向上。例如一個偉大的棒球員可能是成為理想的我的一個因素。但其真實的我則可能僅是一個普通的棒球員，不過理想的他會驅使他加強棒球技術的練習，使他在比賽時沉著應戰，以發揮個人的打擊力與智慧。不過如果一個人理想的我與真實的我相差不大，即其理想平庸，那麼他就不會像上述一樣的加強練習，沉著應戰。因此成為一個偉大棒球員的可能性就小了。

3.真正的他：係指一個人自己感覺別人如何衡量他、如何看待他，以及他的能力與人格。應該注意的是此種感覺與別人實際對他的衡量無關。例如一個人自己可能覺得他是一個很幽默的人，但實際上別人則可能認為他是一個俗不可耐的人物。即一個人真實的他與理想的他相差十萬八千里。

4.理想的他：這是指一個人希望別人如何衡量他、評估他。例如一個女性可能希望別人認為她是個賢妻良母與聰明的家庭主婦，她為了使認識她的人對她產生這種印象，因此她可能買很多有關的東西，幫助別人對她形成該種形象。由此可見，整個「個人中心」的觀念是根據一個人對自己的感覺，以及他認為別人對他的感覺及評價而來的。

一個人的本我觀念並不是固定不變的，它經常隨著經驗、態度、思想與目的的改變而改變。

## 對行為的影響

一般人經常透過他所購買的東西或勞務，或一些不屬於消費性的活動，將自己表達給別人與他們自己。在今日這種高度物質化的經濟社會中，日常生活中絕大多數的活動都與商品或勞務的消費有關，因此一個人經常設法將他真實的我與理想的我盡量的與真實的他與理想的他一致。不過一個人不一定要將理想的我與理想的他在各方面都設法一致，因此有時產品與勞務扮演著一個重要的角色，它們可以象徵或表達使用者的身分、地位等，它有時又不是那麼重要。

根據研究，在一些顯著容易引人注目的產品消費行為上，參考群體的作用最強。有人發現在汽車與香煙方面，參考群體對產品及品牌的選擇均強，對冷氣機、電視與即溶咖啡，在產品的選擇方面強，在品牌選擇方面則比較弱；對傢俱、衣著與浴皂，對品質選擇比較強，產品則比較弱；在洗衣皂、罐頭食品及收音機方面，在產品與品牌二方面影響均小。這都顯示了參考群體的作用與個人為中心的觀念等對購買行為的影響。

參考群體在風尚方面是透過本我觀念以發揮其影響力。一個人有了特別標榜對象，從這些對象中他得到很多啟示，同時設法與該群體的行為一致，因為只有這樣作，該群體的人才會接受他是其中的一分子。當一個人改變他所標榜的對象時，則對其理想的我自然會立刻發生影響。

如果我們將這些觀念應用在購買行為上，會很自然地產生一種障礙，以阻止顧客取得或購買某種產品，通常可以分為下列四點加以解析。

### 一、產品與本我觀念不協調

很多產品的購買與個人的本我觀念不協調，因此產生一種不購買某種產品的障礙。例如成功的企業家大多穿名牌的衣服，以免他的外表為非名牌的衣服貶低，因為這種行為與一個成功的商人不協調。當即溶咖啡 (instant coffee) 上市時，一個研究購買動機的報告發現一般家庭主婦購買此種咖啡最大的障礙是很多人感覺購買這種咖啡與作一個勤儉而擅長烹飪的家庭主婦的本我觀念矛盾。她們認為使用這種咖啡既懶惰又浪費。換言之，凡是那些自認勤儉刻苦的家庭主婦不能讓自己去購買即溶咖啡，因為使用這種咖啡時會發現與本我的觀念不協調。

同樣在銷售若干現成的產品時，廠商發現必須留一點工作讓家庭主婦們作，否

則她們不會買。換言之，必須充分使她們感覺到她們在製造過程中扮演的角色與地位：一是她們作的而不是現成的。盡管她只作了一小部分工作，因為這一小部分的工作，可以幫助她使她成為一個家庭主婦。如果她是由調原料開始到最後製成品止，則她在製造過程中所占的地位不是更重要，那麼她為什麼要買現成的產品？因為這樣不但可以作較好的產品，而且可以多作幾個，多作幾次，使她對她的烹調工作更感興趣。購買這種產品可以從烹調的活動中使她感到更大的滿足。因此一個行銷人員應設法使他的產品與消費者的本我觀念相互協調。

## 二、貶低形象的危險

一個人經常設法使他真實的我與理想的我一致，同時透過購買某些產品的方式幫助他達到這種願望，但如果購買一種產品會貶低購買者個人的形象時，即使他很想購買這種產品，通常他也不會。因為消費者多願意維持現狀，而不願冒改變他地位的危險。

安於現狀的心理可用於解釋何以很多新產品無法成功。動機研究報告顯示，對顧客而言，很多產品都有其個別的性格，每個顧客對於一種產品都有其不同的形象觀感。例如在汽車方面，一個顧客感覺某類汽車過分炫耀，而另一些又太過保守。某些車是商人的工具，而另一些則又是花花公子們的玩具。當一種新車上市時，我們應該瞭解顧客對這種新車產生何種形象？所以，每一個人都可對同一類產品不同的品牌，按照他個人的觀點分成不同的等級，來區別這些產品在他心目中高低的次序，既然如此，剛上市的新產品應排在那個等級，這自然是一個困難的問題，因為它剛上市，在市場上還沒有地位，購買此種新產品的危險是相當大的。

## 三、罪惡感

本我觀念有時並不是相互協調的。一個自以為是的人在觀念矛盾的時候，最後的決定要看那一個選擇對其本人最重要。一個沒有錢的人雖然願意花很多錢買一輛跑車，但他的願望因為有一種罪惡的感覺，而不會實現。因為買一輛跑車的觀念與更重要的觀念相互衝突。對一個有家庭的人而言，買跑車是一種自私的行為，因為除了使他自己上班方便以外，整個家庭並無法享受這種購買，因此一個感覺家庭重要的人會發現購買跑車有困難，而不會這樣作，而且他知道如果花 200 萬到 300 萬元去買一輛進口的跑車，他必須在其他的經濟行為方面使他的家庭受到困窘。

相反的，如果一個人能夠從符合社會理論的觀點出發，使他的購買動機理智化，

則該種購買就很容易作到。在購買運動器材與其他娛樂用品時很容易說出理由，因為這些產品具有維持身心健康與家人同樂的功能。

例如一個很想購買一架數位相機的人，他的動機也是理智的，因為相機可以為可愛的家庭生活留下很多值得回憶的痕跡，雖然一架普通的相機也可以留下很多寶貴的回憶，但他願意花上萬元買一架性能優越的數位相機以便在微電腦上欣賞照片。

由上所知，一個行銷人員必須在他能力所及的範圍內設法將他的產品可能引發的罪惡感完全消除，他必須集中推廣的力量使購買這種產品的動機理智化。因此跑車製造商採分期付款的方法，排除對家庭經濟引起的影響，以減輕因購買他的產品所導致的罪惡感。這種作為能夠使一個嚮往跑車的購買者購買一輛車，而不會有罪惡感。在推銷數位相機時，則可強調闔家團聚的難得與溫馨。在推銷家庭用具時，應該告訴家庭主婦現在她有更多的時間與子女在一起，而不該強調她現在有更多時間聊天、打麻將等。

## 四、缺乏威嚴與自立感

把一件東西賣給一個完全有權決定的人，比賣給一個自己不能作決定的人要容易。一個單身貴族，不對任何人負責，可以買他自己願意買的東西，而不必跟任何人商量。相反地，一個有家庭的人，通常必須先考慮到他的家庭，與妻子商量，妻子又可反對或影響他的購買動機。一個擁有自己的企業與親自負責業務的人，在購買時，很少猶豫。相反地，一個基層人員，沒有此種獨立性，他經常擔心他的上級，對他的採購會作何種感覺。因此，對任何新奇的東西，他都會堅決的反對。一個製造廠商，在訂定推銷策略時，特別是價值高而又新奇的產品，特別應該考慮這些。

## 扮演角色

許多學者認為一個人的行為，是由他當時扮演的角色與對一事件的感覺決定。因為一個人在任何時間都有他所處的地位與扮演的角色。他的舉動，也會用他認為正確的方式表現出來。不過，同一個角色所表現的行為，因為人之不同，而有不同的方式，不同的觀點。因此，對於不正確的地方，他們經常會感覺困難。當然，很多角色的扮演，都需要象徵，以傳達給別人，讓別人明白。一個認真的高爾夫球員，必須穿上他的球衣，特別的鞋子，與某種特別的設備，以免別人將他與假的球員混淆。因此人們購買貨物與勞務，以幫助他表現出在不同場合所扮演的角色。角色的

扮演是本我理論的一部分，因為一個人，在不同環境下，會產生不同的本我觀念，他就不得不扮演不同的角色。當一個人置身於不同的環境時，他也會學習調整他的行為，以表現出不同的角色。一個大學教授在教室的行為，與其在家中的行為可能不是一樣的，因為他的角色變了。假定他在教室與家中的舉動都是一樣，他可能會遭遇到困難。

## 動機研究的困難

上面所說的購買動機，似乎是振振有詞，但要真正確定一個人的購買動機，則是非常的困難，因為：

1.購買者本人對於自己的行為無法加以解釋，不瞭解他作一件事情的真正原因。多少人能說出他購買一輛跑車，所得到的心裡滿足的程度。相反的，他們都喜歡談論一些無意義的名詞，如跑的里程數、可靠性、修護，與大多數跑車購買者所願意談的一些事物。如果這些原因的確是他們購買的動機，則經濟實惠的汽車市場，要比目前大得多。為什麼一個家庭主婦要買一襲新的晚禮服，因為她需要？通常這種解釋是毫無意義的，如果僅從衣服一項而言，沒有疑問的，她一定有很多可以穿著的衣服。她購買新衣服這種行為，的確只有從很多社會性的動機探討，這些動機，她也許最多只能模糊知道而已。因為這個原因，行銷人員，必須瞭解他不能僅憑直接的問話中決定購買動機。用一個直接的方法去研究購買動機，最好是無用，否則會產生錯誤的解釋與結論。行銷人員必須明白：大多數真正的與有力的原因，是隱藏在人們的行為之後，絕非他們的感覺所能道出的。

2.假定一個購買者很幸運的知道他購買一項產品的動機，他又常常不願將此動機告訴別人，因為這會使他感到愚笨。有多少買新車的人會承認他們的舊車，除掉在自我滿足方面是一種負擔外，並沒有其他的不對，一旦購得一輛新車，他們又覺得富有。有多少婦女會承認她們需要一件新衣服的唯一原因是在某些社交場合，她們不願意同一套衣服穿二次。因此，行銷人員不應該假定因為他們知道他們的購買動機，才告訴別人。

3.在購買一件產品的後面，動機通常是非常複雜，而且是交互影響的，要想一項項整理出來，合併為一個整體的原因，說明為什麼購買一件東西，實際上是不可能的。目前在市場上有一種明顯的趨勢，即過分簡化購買過程。例如購買一部新車

的目的，是為了趕得上所標榜的人，可能一半是對的；使朋友有所感覺，僅是其中很多因素中的一項；可能是舊車帶來很多不快。另外，可能這幾年事業很成功，有能力買一輛新車子。其次，他的孩子已經長大，希望有一輛四個門的車子比較方便。實際上，他之所以購買這輛新車，可能是因為汽車經銷商，給他一個特殊的優待。因此引起了購買的動機。對購買人而言，一個特別廠牌的車子也是促成購買的因素之一。銷貨人員的能力、經銷商的名氣、特別優待、他所嚮往的汽車特性、廣告等，在他最後的廠牌抉擇上，都是影響因素。

　　由此可見，要想決定真正的購買動機，就必須要有相當的研究。如果只想設計幾個合乎邏輯的假定，說明購買的原因，然後開始研究動機，這是不夠的。因為，如果所假定的動機是錯誤的，則按照錯誤的動機所訂立的推廣策略也就不會發生效果。

# 習 題

1. 試說明購買決策過程的要點。
2. 從行銷人員的立場分析說明，購買前的活動應該注意那些事項。
3. 試說明決策單位的重要性。
4. 何謂決策單位的參與者？試舉一實例說明之。
5. 詳細說明購買行為的種類。
6. 試說明理性與感性購買動機的差異。
7. 試說明你對「個人為中心觀念」的瞭解。
8. 試說明參考群體對個人購買行為的影響。

# 第三篇
# 策略性行銷

# 第五章 市場區割策略

## 市場區割的概念

在品牌眾多，競爭激烈的市場上，一個公司要想維持長期的成功，就得看他是否有能力瞭解顧客的需要，以及較競爭者更有效的將產品或勞務提供給顧客，以滿足他們的需要。但是顧客人數眾多，市場需求差異性大，企業的資源有限，任何企業都無法滿足廣大市場的需要，一種產品只能滿足部分顧客的需要。因此一個企業如果要想有效的達成企業的目的，只有根據顧客的各種特性，如人口統計、購買行為，以及人格等因素，將市場區割為若干規模小、需要相似的市場，然後針對特定市場的需求，提供他們需要的產品或勞務，顧客的需求才能獲得滿足。

一般市場是由兩類顧客構成：一類是在需求與行銷策略上類似的顧客，如購買鹽與砂糖的顧客，他們需要的品質及售價大致相同，並無顯著的差異。另一種的需要則呈明顯的差異性，如流行服飾、髮型與口味等。為了對不同的顧客提供不同的產品或勞務，因此廣大的市場需要加以區割。

## 市場區割的功能

所謂市場區割 (market segmetation) 是將一個市場根據顧客在產品或價格等方面的差異，將它們區割成幾個有意義的「次市場」(sub markets)，使任何一個次市場具有同質性，可以作為特定行銷組合下爭取的目標市場。此種觀念在具有高度競爭性的廣大市場上，頗具效果，因為個別廠商可以集中全力，專門發展特別市場所需要的產品或勞務，以提升顧客的滿足感。

市場區割可以達到二個目的：第一、和性質相近而居於競爭地位的產品差別，以便為自己的產品創造一個特別的或有利的機會，使偏好該產品的顧客可以購買。第二、在廣泛的市場中，如果不把市場區割，則一般潛在而具有特別嗜好的顧客因不喜歡而不會購買。很多電器廠、食品商、汽車製造商等成功的運用區割策略，其目的主要是建立在二個根本假定上：(1)喜好不同的價格與不同的產品特性是顧客的通性。(2)嗜好相同的顧客人數相當多，讓製造商認為針對這些顧客提供產品或勞務

是有利可圖的。

有效運用市場區割的企業，可能獲得下列三點利益：

1. 容易發掘和比較行銷機會 (marketing opportunities)，在競爭的市場上處於比較有利的地位。

2. 行銷人員可以利用顧客對產品和行銷策略不同的回應，有效的畫分整個行銷的人力物力，顧客回應的差異成為有效畫分資源的依據。

3. 能對各區割市場上顧客的需求，更清楚的瞭解，使行銷人員對產品與有關的訴求 (appeals)，根據顧客的反應，作適時的修正，發展有效的策略，以免只用一種行銷策略服務各種不同的顧客，而使他們的需求無法獲得滿足。

## 區割市場根據的因素

市場區割的基本觀念具備以後，再進一步分析市場區割所根據的一些因素或變數。

區割市場根據的因素通常多分為四大類，即：人文因素 (demographic variables)，又稱社會經濟因素 (socioecomic variables)，為研究社會科學最常用的分類標準，第二為社會心理因素，第三為購買行為因素，第四類為地區因素。

### 人文因素

人文因素包括年齡、性別、祖籍、所得水準、教育程度、職業與生命週期等項目。利用這些因素區割市場，是因為要想研究的購買者沒有其他的資訊，有時因為只有這類資料，所以也只有根據這些資訊。

如果行銷人員只根據這種因素去區割市場，結果不一定可靠，很多其他的因素也可以同時作為區割市場的根據。

### 年　齡

臺灣人口年齡分配資料如表 5–1。

年齡不同，消費的產品也就不同。在二歲以下的小孩子需要很多的尿布，但需要量隨年齡的長大而劇降。在今天的社會中，26–50 歲是所得及購買力最強的一個

年齡層。青少年通常是沒有什麼錢去滿足自己的需要。年齡大而且退休的人，對於一般物品的需求則較低。

表 5-1　臺灣人口年齡區割百分比

| 年別 | 年齡分配 (%) ① | | |
|---|---|---|---|
| | 0-14 歲 | 15-64 歲 | 65 歲以上 |
| 76 年 | 28.39 | 66.06 | 5.54 |
| 77 年 | 27.96 | 66.30 | 5.74 |
| 78 年 | 27.50 | 66.54 | 5.96 |
| 79 年 | 27.08 | 66.70 | 6.22 |
| 80 年 | 26.34 | 67.13 | 6.53 |
| 81 年 | 25.77 | 67.42 | 6.81 |
| 82 年 | 25.15 | 67.75 | 7.10 |
| 83 年 | 24.41 | 68.21 | 7.38 |
| 84 年 | 23.77 | 68.60 | 7.64 |
| 85 年 | 23.15 | 68.99 | 7.86 |
| 86 年 | 22.60 | 69.34 | 8.06 |
| 87 年 | 21.96 | 69.79 | 8.26 |
| 88 年 | 21.43 | 70.13 | 8.44 |
| 89 年 | 21.11 | 70.26 | 8.62 |
| 90 年 | 20.81 | 70.39 | 8.81 |
| 91 年 | 20.42 | 70.56 | 9.02 |
| 92 年 | 19.83 | 70.94 | 9.24 |

說明：本表為臺閩地區資料。

附註：①為年底資料。

資料來源：《中華民國統計月報》，2004 年 10 月。

　　根據年齡之結構，可區割為許多不同的消費品市場。如嬰兒市場、兒童市場、少男市場、少女市場、青年市場、成年市場、婦女市場與老年市場等。

　　近年來，退休市場及青少年市場對於一些特別產品的需求，日漸增加。目前臺灣地區 10 歲以上 24 歲以下的人口約五百八十萬人，令人注目，由於支付能力增加，青少年市場已逐漸擴大，對於若干特殊的產品，如光碟與衣服、旅行運動、手機、娛樂等產品，形成一個新的市場，需要的本質也與一般市場不同。剛結婚的，需要房屋、電冰箱、電視機、傢俱、衣服與若干新家庭所需的東西。相對的退休的老年

人已經有房子與傢俱，對於衣服的需求相對的降低。老年人吃、穿的比青年人少，但在另一方面，如醫院、醫療設備、藥品，與老年人娛樂方面用品，如弈棋、飲茶等，則比青少年需要的多。81 年初我國 65 歲以上的人口共約一百二十七萬，93 年增加為二百二十萬人，此一市場正在迅速地擴大中。

有些產品的需要往往直接由在某個年齡的人數決定，一般大專院校教科書直接與大專院校註冊的學生有關，這些人數，又直接與 18-24 歲的青年人數有關。在 92 年 18-24 歲的人口共為二百三十萬人。在一年中結婚的人數，經常用來估計很多產品的市場，也與某一個年齡的人數有關。已經大量興建的各種住宅，主要是供應很多青年人成立新家庭。專供老年人居住的住宅也在逐漸興起，此種人口統計資料對於退休市場也有相當價值，如表 5-2。

從市場作業的觀點看，很多市場人員對發展青少年的市場特別注意，因為發展的潛力大，如果一個青年人對某一品牌特別感到興趣，而且能夠繼續的偏好這個品牌，則該品牌的產品銷量一定會大。

表 5-2　臺灣結／離婚對數及占千分比

| 年（月）別 | 結婚 | | 離婚 | |
|---|---|---|---|---|
| | 對數（對） | 結婚率（對／千人） | 對數（對） | 離婚率（對／千人） |
| 83 年 | 170,864 | 8.10 | 31,899 | 1.51 |
| 84 年 | 160,249 | 7.53 | 33,358 | 1.57 |
| 85 年 | 169,424 | 7.90 | 35,875 | 1.67 |
| 86 年 | 166,216 | 7.68 | 38,986 | 1.80 |
| 87 年 | 145,976 | 6.69 | 43,603 | 2.00 |
| 88 年 | 173,209 | 7.87 | 49,003 | 2.23 |
| 89 年 | 181,642 | 8.19 | 52,670 | 2.37 |
| 90 年 | 170,515 | 7.63 | 56,538 | 2.53 |
| 91 年 | 172,655 | 7.69 | 61,213 | 2.53 |
| 92 年 | 171,483 | 7.60 | 64,866 | 2.87 |

資料來源：同表 5-1。

15 歲以上人口的婚姻狀況，對於消費市場有深遠的影響。76 年臺灣 15 歲以上的人口共約一千四百一十二萬人，到 92 年共約一千八百萬人，十五年間約增加四百

萬。在這個年齡階層中，就婚姻狀況而言，又可區割為未婚、有偶、離婚與喪偶四大類，其中有偶人口最多，92 年為 55.4%。

表 5–3　臺灣十五歲以上人口之婚姻狀況

| 年別 | 十五歲以上人口 (千人) | 未婚 (%) | 有偶 (%) | 離婚 (%) | 喪偶 (%) |
|---|---|---|---|---|---|
| 76 年 | 14,124 | 34.6 | 59.1 | 1.8 | 4.6 |
| 77 年 | 14,376 | 34.4 | 59.1 | 1.9 | 4.6 |
| 78 年 | 14,613 | 34.0 | 59.3 | 2.1 | 4.6 |
| 79 年 | 14,876 | 33.9 | 59.2 | 2.2 | 4.7 |
| 80 年 | 15,179 | 33.9 | 59.0 | 2.4 | 4.7 |
| 81 年 | 15,441 | 33.8 | 59.0 | 2.5 | 4.7 |
| 82 年 | 15,716 | 33.8 | 58.8 | 2.6 | 4.7 |
| 83 年 | 16,008 | 34.3 | 58.2 | 2.7 | 4.7 |
| 84 年 | 16,281 | 34.3 | 57.9 | 3.0 | 4.8 |
| 85 年 | 16,543 | 34.2 | 57.6 | 3.2 | 4.9 |
| 86 年 | 16,829 | 34.2 | 57.3 | 3.5 | 5.0 |
| 87 年 | 17,113 | 34.3 | 56.8 | 3.7 | 5.1 |
| 88 年 | 17,358 | 34.3 | 56.6 | 4.0 | 5.2 |
| 89 年 | 17,574 | 34.1 | 56.4 | 4.2 | 5.3 |
| 90 年 | 17,744 | 34.0 | 56.1 | 4.5 | 5.4 |
| 91 年 | 17,922 | 33.9 | 55.8 | 4.8 | 5.5 |
| 92 年 | 18,123 | 33.9 | 55.4 | 5.1 | 5.5 |

資料來源：《中華民國統計月報》，2004 年 10 月。

## 性　別

　　一種產品的需要與性別人數的多少有密切的關係。男鞋的銷量要看該市場男性人數；女性的化妝品銷售量又受女性人數與年齡等因素的影響。據我國的人口統計資料顯示，在年老的人數中，女性占的人數愈來愈多，但在 24 歲以前，男性人數超過女性，此後女性人數逐漸增加到 75 歲時，女性人數占絕大多數。

　　男性的購買習慣與動機和女性的相差甚遠。向女性推銷的方式與向男性推銷的方式也幾乎完全不同。性別不同，市場作業計畫也就不同。女性買東西的地方男士似乎不願進去，向家庭主婦推銷時，需用廣告媒體、各種贈獎或摸彩等方法，向她

們的先生推銷時，方法可能就要改變了。

女性在市場上地位重要是因為近二十年來婦女就業人口日增。茲將男女勞動力人口統計資料表列如後。日本在 80 年代以後，女性就業人口大幅成長，因此日本女性自此以後對日本消費市場產生了決定性的影響。

表 5-4　臺灣男女勞動力

單位：千人

| 年度 | 十五歲以上民間人口 | | 勞動力 | | 就業人數 | |
|---|---|---|---|---|---|---|
| | 男 | 女 | 男 | 女 | 男 | 女 |
| 83 年 | 7,724 | 7,677 | 5,595 | 3,485 | 5,511 | 3,428 |
| 84 年 | 7,856 | 7,832 | 5,659 | 3,551 | 5,558 | 3,487 |
| 85 年 | 7,960 | 7,972 | 5,662 | 3,648 | 5,508 | 3,560 |
| 86 年 | 8,062 | 8,109 | 5,731 | 3,701 | 5,562 | 3,613 |
| 87 年 | 8,188 | 8,260 | 5,780 | 3,767 | 5,610 | 3,679 |
| 88 年 | 8,311 | 8,376 | 5,812 | 3,856 | 5,624 | 3,761 |
| 89 年 | 8,452 | 8,511 | 5,867 | 3,917 | 5,670 | 3,821 |
| 90 年 | 8,551 | 8,628 | 5,855 | 3,977 | 5,553 | 3,830 |
| 91 年 | 8,667 | 8,777 | 5,894 | 4,087 | 5,548 | 3,903 |
| 92 年 | 8,766 | 8,902 | 5,921 | 4,227 | 5,620 | 4,063 |

資料來源：《中華民國統計月報》，2004 年 10 月。

男女兩性在購買行為上的表現差別很多，其中重要的計有：

一、男　性

1. 成年男性講究權威，注重男性氣概。

2. 除非是貴重的東西，價格高昂，否則不願講價格，但重視品質。

3. 產品要適合心意，要能表現個性。

4. 購買如同投資，購買金額大；推銷時需強調具體事實與資料。

5. 男性比較大方。據統計男性贈送禮品的價值比女性高 3 倍。

6. 品牌的偏好性高。年輕時偏好的品牌，可能會延續到中老年。

7. 在推廣重要男性產品時，應強調「已接受過相當的教育；已經成熟，而且能夠獨立，不需要別人幫助」等觀念。

8. 喜歡透過職業或運動等方式，結交朋友，追求社會地位與認同。

表 5–5　臺灣勞動力及就業人口占人口百分比

| 年　別 | 勞動力 | | | | 就業人口占總人口之比率 (%) | 就業人口占十五歲以上民間人口之比率 (%) |
|---|---|---|---|---|---|---|
| | 就業人口占勞動力之比率 (%) | 失業率 (%) | 男 | 女 | | |
| 83 年 | 98.44 | 1.56 | 1.51 | 1.65 | 42.49 | 58.04 |
| 84 年 | 98.21 | 1.79 | 1.79 | 1.80 | 42.63 | 57.66 |
| 85 年 | 97.40 | 2.60 | 2.72 | 2.42 | 42.41 | 56.92 |
| 86 年 | 97.28 | 2.72 | 2.94 | 2.37 | 42.54 | 56.74 |
| 87 年 | 97.31 | 2.69 | 2.93 | 2.33 | 42.64 | 56.48 |
| 88 年 | 97.08 | 2.92 | 3.23 | 2.46 | 42.74 | 56.24 |
| 89 年 | 97.01 | 2.99 | 3.36 | 2.44 | 42.90 | 55.95 |
| 90 年 | 95.43 | 4.57 | 5.16 | 3.71 | 42.11 | 54.62 |
| 91 年 | 94.69 | 5.31 | 5.87 | 4.50 | 42.14 | 54.18 |
| 92 年 | 95.41 | 4.58 | 5.08 | 3.87 | 42.83 | 54.81 |

資料來源：《中華民國統計月報》，2004 年 10 月。

## 二、女　性

1.經濟上比從前獨立且較富有，一般支出也比較多，對若干消費性產品，具有決定性影響。

2.教育程度高的家庭主婦，不願被人稱為「家庭主婦」，因此類稱呼含有令人看不起的意味，而願作一個「現代化的女性」，有能力，而且具「女性美」。

3.重視家庭及家庭安全，有意願承擔她們的「新使命」。一般女性不願作一個「富有權威」的「母親型家庭主婦」。她們願意接受專家的意見或男士的勸告。

4.在購買重要物品時，通常將「五官」全部用在購買決策上。「感覺」是購買決策的主要依據。

5.在購買過程中，對細節特別留心，對聲音感覺特別敏感，有噪音的商店，可能不願惠顧。

6.推廣女性用品時，應注意時髦、新鮮，但時髦程度不能與社會傳統脫節。

7.女性對顏色敏感，對包裝顏色有一定的反應，且易受顏色的影響。

8.女性對「購買」很認真，高貴的東西用幽默的方法推銷可能是一大錯誤。如將購買視為開玩笑，則會被解釋為銷售人員缺乏同情心或不莊重。女性常將自己與

因購買而引起的問題看得很嚴重。

9.女性喜歡幻想與羅曼史，透過強調兩性均在而產生的溫馨與愉悅，使女性感覺或意識到，可能相當有效。

10.購買女性時裝時，最注意：第一，是否適合身材、面孔與個性；第二，是否符合潮流；第三，丈夫與朋友是否喜歡。

## 祖　籍

祖籍是指上（前）一代的出生地，祖籍會透過家庭生活影響生活習慣，對產品的需求因而有差異。例如西方人喜歡起士 (cheese)，印度人喜歡咖哩等。國際行銷常從廣泛的文化面探究此點。行銷人員應該從不同祖籍群集在消費方面的差異加以研究。例如客家與閩南祖籍的購買者在一般生活習慣方面的差異。有些地區人口稠密，互動頻繁，通婚與教育等原因，群集間的消費型態幾乎難以區割。

一個社會通常包含若干不同祖籍的群集，每一群集都能形成一個區隔的市場，有其獨特的嗜好與習慣，這種現象，特別是在第一、二代，表現最為明顯，所帶的家鄉味道也最重。行銷人員如果能夠將祖籍相同的群集人數正確的加以統計，對於行銷作業將會有相當正面的助益。

臺灣自引進菲律賓及泰國的勞工後，泰國口味的飯店明顯增加。客家飯店近年來在臺北市相當流行，使「吃」的市場區隔增加了一個新的選擇口味。這些顧客並不一定是客家族群，但卻由於祖籍而將市場進一步區隔。

雖然這種小而至於省縣，大而至於國籍的差異對市場區割是一個重要的因素。由於客觀環境的變遷與時間的影響，年輕的一代逐漸遺忘故鄉習俗，認識新的朋友，接受新的觀念與培植新的興趣嗜好，因此很多傳統的消費習慣對於消費者與購買者的影響逐漸衰弱，代之而起的為一種一致的、協調的文化、習俗與購買習慣，「新臺灣人」就是最好的證明。其次若干風俗習慣為很多不同國籍、省籍的人所接受，例如中國菜在世界各地成為一種普遍的口味，因為富有的民族在消費方面亟力尋求其他民族的觀念與風味，致使富有特別風味的市場逐漸減少，代之而起的是一個較大而一致的市場。這是近代市場發展一個新的趨勢。

## 教育程度

若干研究顯示教育程度與所得水準有密切的關係，因此很多有關所得的發現也可以適用於教育程度上。教育本身的確產生很多差別，大學畢業甚至研究所畢業的人在閱讀習慣方面確實與未讀完高中的人有相當的差異。通常一個人所購買的東西大半與他在一起的人或想在一起的人相近或相同。大學畢業的人所交往的大半都是水準相同的，其所涉足的地方大半也與高中畢業程度的人不同。

臺灣自九年國民義務教育實施以來，教育程度的普及，對於社會文化水準與生活藝術的提高，自不待言。從行銷學的觀點，這些水準的提高將會導致很多新的市場機會。例如書籍、旅行與其他附帶有關的活動，都會因為教育程度的提高而增加。在另一方面，知識水準低的人數所占比例日漸降低，特別在科學知識技術日漸提高的情形下，很多東西如萬靈祕方、星象占卜、低級趣味的出版物等的普遍性將逐漸降低。教育程度的提高對於行銷策略方面也有重要的啟示。例如在計畫廣告策略方面，作業人員可能會把招徠顧客所用的方法水準提高。在廣告推銷方法上，也希望用較多的真實資料，因為有能力體會到偷工減料、製作差與荒謬無意義的廣告的消費者人數逐漸增加。

教育費用支出的增加也為市場製造很多良好的機會。我國線上購物的逐漸流行，一部分原因是因為受過良好教育的人願意接受新的觀念與事物，而且可以自己作決策。商譽良好的折扣商店以往能使受過教育的人相信他們的作業成本低才能使他們商品的價格低廉。另一方面，很多傢俱與電器商集中於高價格、好品質的市場，情形相當良好，也是因為教育水準提高，一般消費者瞭解品質與價格的關係所致。

## 職　業

職業是一個人維持生計的工作，也是表現一個人最主要的方法之一。社會愈自由，愈多元化，職業的種類愈多。臺灣現行職業分類多以軍、公、教與民營企業人員兩大類，然後再分軍、公、教、經理人、職員工、農、工等類。

一個人的職業對於他的行為有很大的影響，因為職業與所得有關，而所得又影響支付的能力，因此職業的差別會產生消費支出方式的不同。職業本身也會引起某些差別，很多推銷員，因工作的關係不得不購買汽、機車，而所得和他相同，工作

性質不同的人，也許會感覺根本不需要汽、機車。西藥推銷員和各種招攬業務的人員需要較多的白襯衣與西裝，在工廠工作的人員則需要藍、灰色工作服；工商界主管為應酬，不得不把自己的住宅修建漂亮，而在政府機關的中階層主管就沒有必要。大學教授的研究室，多半擺滿了各種專業的書籍及研究報告。除此以外，職業也決定一個人休閒的方式，以及社會活動與嗜好等。凡此均可說明職業不同，對消費型態的影響。茲將近年主要行業就業人數表列如下。

表 5-6　就業者之主要行業就業人數

單位：千人

| 年度＼行業 | 工　業 | 製造業 | 營造業 | 服務業 |
|---|---|---|---|---|
| 88 | 2,920 | 2,411 | 462 | 2,905 |
| 89 | 2,952 | 2,461 | 445 | 2,973 |
| 90 | 2,802 | 2,348 | 409 | 2,903 |
| 91 | 2,740 | 2,307 | 390 | 2,859 |
| 92 | 2,803 | 2,381 | 380 | 2,946 |

資料來源：《中華民國統計月報》，2004 年 10 月。

## 所得水準

　　所得可能是引起對產品與勞務需求不同的一個最主要的因素。一個家庭的所得不但會決定在每種產品上所花費的金額多少，而且也會決定購買那些性質的東西。例如，富有的家庭傾向於購買價格高的商品；貧窮的往往購買價格低的。事實上，所得對於消費的影響，遠比這些要複雜。

　　富有的人往往花很多錢在汽車、冷暖氣機、珠寶、鑽石等上面；貧困的人對這些東西則沒有需要。相反的，對於工作用衣服與手套，一般基本食品等的需要量相當大。在衣著方面，特別是富有的女性，消費量更是大的驚人。

　　行銷人員應該注意的是根據所得水準預測顧客對某種產品的購買時，所得水準不一定具有很強的預測能力。根據寇曼 (Richard Coleman) 對美國不同所得水準工人購買汽車的行為發現：最便宜的汽車不是被那些真正貧窮的人所購買，而是被那些自認為和他同階層的同事比較起來，如果要想購買和同所得的人相同的衣服、傢俱、房屋等用品，便沒有能力去購買較昂貴汽車的人所購買。由此可見，所得水準是一

種相對的標準，並不是絕對的。

## 生命週期

在人生的路上，不同的生命週期，導致不同的消費型態，關心不同的事件，其中有些事件，就會將一個人的生命週期區割。在我國，最主要是立業，然後成家，養育子女，購買自用住宅，最小的子女大專畢業以後，作家長的責任大致已經完成，然後就要開始照顧年長的雙親，以及準備退休養老，將舞臺讓給年輕的一代。在歐美的社會，他們在人生的路上，經歷的重要事件可能和我們不盡相同。例如離婚，再婚，照顧自己的子女，照顧自己的雙親等。在此過程轉換工作是重要的一環，對產品的需求也會發生改變，因此會給相關的企業創造一些商機。因為生命週期不同，需要的產品就有差別。

家庭組成形式不一，不論中外，都會影響家庭消費方式，如果家庭所得相同，而人口不同，購買方式也會有相當的差異，此種情形在生活水準高，教育費用負擔較重的社會更為明顯。臺灣近年來一般家庭人口有逐漸減少之趨勢，兒童衣、食支出在質量方面也均呈現相當大的變化，食品加工業包裝的大小，也將隨家庭組成人數的變化作適當調整。

家庭的消費型態可以從其生命週期加以區割。假定把家庭或家計單位看成一個消費支出單位，則該單位不但受構成人數的影響，而且也受組成個人年齡的影響。根據這種觀念，消費單位可以分成若干種形式：

1. 成年，單身。
2. 成年，已婚，無子女。
3. 成年，已婚，最小的孩子在 6 歲以下。
4. 成年，已婚，最小的孩子在 6 歲以上。
5. 老年，已婚，子女都在 18 歲以上。
6. 老年，單身。

成年係指年齡在 18 歲以上 50 歲以下，老年係指 50 歲以上。如以我國目前情形而言，成年人為 20 歲甚至 23 歲以上 50 歲以下，據最近資料顯示，目前男女結婚年齡有明顯增高，對於消費方式有顯著之影響，很多公司的行銷策略因之亦須加以適當的調整。在家庭生命週期的第 6 階段，歐美與我國習慣不同，大多數美國老年人，

特別是 65 歲以上者，多與配偶分居，因此老年而單身。而我國在晚年多與子女同住一起，享天倫之樂。不過隨著社會的改變，老年人生活也有歐美化的趨勢了。

## 社會心理因素

是根據顧客的人格 (personality)、生活型態 (life style)，與價值 (value) 等因素將顧客區割為不同的群體。不同群體的顧客，在消費行為的表現會有差異。

## 人　格

人格是指人的整體心理系統的動態組合，是決定個人適應外界環境的一種獨特的方式。人格不僅代表個人而已，而是指人的整體，他比一個人各部分加起來的總和要複雜、要豐富。對一個人的行為具有重要的影響。

人格是一種持久的與穩定的狀態，人格是人的反應以及和他人互動的所有行為方式。現在人類的行為大多屬經濟消費行為，因此在行銷領域內相當重要。

人格對某些產品需要的影響迄今似無一致結論，很多研究報告，特別是有關人格與選擇汽車廠牌方面尚無定論。但一般學者似乎承認人格是影響某些產品與品牌的一個基本的潛在因素。近年很多學者又從血型方面研究人格與血型的關係，由於意見分歧，亦未獲致一般性結論。購買行為是很多因素共同形成的，受若干因素的影響，人格往往是一個潛在的因素，因此要測定其真正作用，在目前的技術上仍相當困難。後來有人將品牌人格 (brand personality) 與購買者品牌 (consumer personality) 連結，嘗試區割汽車市場。

美國人經常懷疑一個人的人格是否與他所買的汽車廠牌有關，因此很多研究都由此而生。他們在意見調查中說購買福特汽車的人格特徵為獨立性，積極有衝勁，富男性氣概，對於事物改變很機警，而且有信心。擁有雪佛蘭汽車的人格特徵則保守、節儉、注重名聲、缺乏男性氣質、設法迴避極端等。艾苑斯 (Franklin Evans) 曾利用 146 個汽車主人的心理測驗資料與人文因素研究此點。他先測定每個人對於事業成就、服從、外表、獨立、交遊、對人觀點、優越感、升貶態度、改變、進取心與異性愛等的需要程度再加上其他因素作分析，他發現福特與雪佛蘭二種汽車的所有人對上述各種心理需要的差別，只有優越感一項比較明顯（福特汽車所有人表現較強的需要）。其他各種需要的分配次數非常接近，以致無法加以分辨。很多人對艾

氏的結論曾提出抨擊，尤其是廣告公司，因為他們特別相信人格因素在選擇品牌時的作用，但是這種結論不能憑空推測，而需要有具體的統計資料證明始能成立。其後艾氏又用若干其他的產品作類似的研究，有時偶爾發現有差異，但大多數情況下，並未呈顯人格與選擇品牌有何明顯的相關。

後來魏斯福 (Ralph Westfall) 把艾氏所用方法加以修正，結果發現福特與雪佛蘭汽車主人在人格上並沒有明顯的差異。不過他發現活動車篷與固定車篷二種汽車的主人在性格上有明顯的差異。活動車篷汽車的主人比較活躍、積極，善於交際。

由此可見，要想瞭解人格在購買一件產品的影響力，必須分別對每一件產品加以研究，即使已經發現人格與購買產品有關係，對於擬定行銷策略仍無明確助益。假定福特汽車的確吸引很多的「獨立、積極、富有男性氣概」顧客，福特是否應該對這種典型的顧客加強推銷？在那種情形下對這些顧客才會發生較大效果，福特是否應該對「較保守、關心名聲、男性氣概少的」顧客加強作業？以使他們轉變成福特的顧客。

## 生活型態

人類的生活型態會受消費行為的影響，生活型態也可以由購買過程中所表現的行為，購買產品的種類，以及品牌的選擇等表現出來。我國常根據一個人的穿著，喜好的運動，與休閒活動等作為區割市場的因素。美國在這方面的研究相當多，例如酒類，化妝品，以及傢俱等的廠商，常根據生活型態區割市場，但有的不一定成功。

有的產品似乎不像是根據生活型態區割市場的因素，但卻是有效的區割因素，例如根據 1997 年的《進步的銷貨員》(*Progressive Grocer*) 的報導，有的商店根據不同的生活型態區割超級市場的肉品，結果發現效果不錯。

牛仔裝的廠商多根據下列幾種生活型態，設計不同的牛仔裝，以及訂價格及廣告等。

1. 追求自我享受型。
2. 企業界領袖型。
3. 積極成就型。
4. 成功的傳統型。
5. 戶外工作的藍領階級。

　　史丹福研究中心 (Stanford Research Institute, SRI) 將人口統計及生活型態兩種變數混合在一起，建構出九種社會心理與人口統計九種類型，描繪美國人的特徵。該研究樣本為一千六百位成年人。該研究將美國人分為四大類，即：追求需要、外向、內向，以及結合內外向兩類。根據這四類區割成九種不同的生活型態，每一種都有獨特的價值觀、需求、信念、驅動、夢想，以及特殊的觀點。茲僅選擇其中年齡在 25 歲以下、30 歲上下，以及 35 至 40 歲的消費者五種生活型態的特點加以說明，以饗讀者。

表 5-7　美國人的九種生活型態 (VALS)

| 型　態 | 特　點 | 消費行為 |
|---|---|---|
| 自我為中心者 | 刻意引人注意，展現年輕傲氣；活躍；肯嘗試。<br>94% 在 25 歲以下；52% 為男性；三分之一是大學生，有的仍在學。 | 購買二手或特別的汽車；露營設備與單車、音響；絕大多數穿牛仔裝；嗜啤酒、紅酒、點心。 |
| 追求經驗者 | 年輕有為，注重自我成長，追求親身經驗，與人、事件及意念互動。<br>年齡在 28 歲上下；55% 為女性；37% 為大學畢業。 | 買新而特別的車，尤其進口的；垃圾處理設備、露營設備與單車、音響；嗜啤酒、紅酒、香檳。 |
| 具競爭心者 | 力爭上游者，設法追求被認為富有及成功；有企圖心；競爭心；求變；喜歡作秀；強壯有力。<br>年齡在 30 歲上下；53% 為男性；75% 為高中畢業。 | 購買外國製汽車、家用電器、立體音響；非常多的人喜歡酒類飲料。 |
| 生活過得去 | 生活在貧窮邊緣，憤怒，不滿，常涉及不法交易，不愉快。<br>67% 在 35 歲以下；57% 為女性；約 65% 高中未畢業。 | 比追求需要者買較多的汽車、家用電器產品。前者則消費較多的香煙、糕餅原料、洋芋片、口香糖、糖果、罐裝高湯等。 |
| 事業成功者 | 前途似錦；有能力的領導人；有自信；重物質；辛勤工作；快樂。多為醫生、律師、企業主管等。<br>年齡在 40 歲左右；58% 為男性；25% 大學畢業。 | 擁有豪華轎車、洗碗機、垃圾處理設備；嗜酒與香檳。 |

資料來源：取材自 Arnold Mitchell, *The Nine American Lifestyles: Who We Are and Where We Are Going.* New York: Macmillan, 1983, The VALS Program. SRI International, Menlo Park, Calif.

　　艾克夫 (Ackoff) 等在 1968-74 年的研究中，發展出四種不同飲酒者的人格型態，因而幫助廣告公司發展出廣告訊息與媒體出現型態，結果能夠有效地傳達給不同的飲酒者。四種飲酒的型態為社交型、補償型、解脫型及沉溺型。艾克夫又根據

人格型態及飲酒的行為更深一層探討各種特徵。該研究的結果要點如表 5–8。

表 5–8　四種飲酒型態

| 飲酒者型態 | 人格型態 | 飲酒型態 |
|---|---|---|
| 社交型 | 基於自己需要，特別是為達成某種目的，或企圖利用他人達到自己的目的，飲酒是為了實現上述計畫，多半是年輕人。 | 能自制，有時量很大或醉酒但不會嗜酒成性。大半在週末假期帶有社交氣味的飲酒。飲酒是達到目的的一種方法。 |
| 補償型 | 對他人的需求敏感，常是犧牲自己適應他人，通常是中年人。 | 能自制，偶爾飲用過量或醉酒。多半在工作完畢後飲酒，與少數好友共飲，認為是對好友的一種犧牲。 |
| 解脫型 | 對他人的需求敏感，遭遇挫折後，埋怨自己沒有成就。 | 常飲過量，特別當受到壓力去完成某種工作時。有時失去控制飲用過量或醉酒，有的嗜酒成性，飲酒是自己解脫的一種方法。 |
| 沉溺型 | 對他人的需求不敏感，將自己的失敗歸罪於他人不體諒或沒有同情心。 | 飲用過量，常酗酒以至嗜酒成性，飲酒是一種解脫的方法。 |

資料來源：參閱 Russell L. Ackoff and James R. Emshoff, "Advertising Research at Anheuser-Busch, Inc. (1968–74)," *Sloan Management Review*, 16, 3, Spring 1975, pp. 1–15.

也有的研究發現某些生活型態與一些特殊產品的消費有關。例如有些日用藥品的使用者可以分成下列四種生活型態，即：

1.現實型：不認為健康是命中注定的，也不過分強調保護措施，他們認為治療有效，需要一些方便而有效的藥，但不需醫師推介。

2.權威追求型：聽從醫師處方，對健康不持宿命論，也不克制自己的情感，但對於自己所使用的藥品希望出自權威人士之手。

3.懷疑型：對自己的健康並不關心，最不喜歡用藥，對很多藥品的功效表示懷疑。

4.憂鬱型：對健康非常關心，認為自己很容易為流行病感染，因此一有病象，立即用藥。他們服藥並非為增強體力，而是需要心理上的保證。❶

也有的研究發現部分的女性用品，如化妝品、香煙、保險與酒類等可以根據人格因素，發展出有效的市場分割策略。

---

❶ Ruth Ziff, "Psychographics for Market Segmentation," *Journal of Advertising Research*, April 1971, pp. 3–9.

### 價值觀

價值觀 (value) 是一種基本的信念，認為某種特定行為模式或事物最終的狀態比相反或對立的行為模式或事物要好。價值觀帶有判斷的意味，說明了當事人認為某種事物或行為的表現方式是重要的以及多重要。

價值觀是相當穩定而持久的，除非對價值觀產生質疑，否則不大會改變。價值觀有時和信念 (belief)，態度 (attitude) 的意義相近或交換使用。價值觀是瞭解人類行為的基礎，在很多層面對行銷人員相當有用。

行銷人員通常根據顧客主要的價值觀或信念區割市場。根據價值觀區割市場主要是建立在一個基本的假設上，即對顧客內心深處作訴求，可能會影響他們外在的自我，也就是他們的購買行為。

表現價值觀的方法很多，彼此間也有差別。1997 年羅普 (Roper) 報導在三十五個國家作的全球性價值觀研究，發現六個全球性的區割，不過他們彼此間有差別。有趣的是物質享受與實現專業目標是全球最大的價值觀區割，其中男性稍多於女性；其次則是心靈方面的追求，如忠於傳統美德、忠於自己的職責等。在這個區割中，女性多於男性。根據羅普的研究，在亞洲開發中的國家，上述二個價值觀區割的人數比例最大，每三個人中就有一個重視物質享受、忠於職責、尊重傳統的人在六個區割中是最常見的一個。

第三是捨己為人、關心別人，尤以與社會福祉有關的議題方面，女性較男性稍多，年齡則屬較大的一個區割。第四個區割則係重視人際關係與家庭關係。

第五個為追求享樂者，亞洲已開發國家中年輕一代的人數最多，男性較女性稍多。最後一個區割則重視創意，他們對於教育、知識與科技具有強烈的追求意願。拉丁美洲及西歐兩個地區表現得最為明顯。❷

有的學者將美國的價值觀分成傳統、現有及新興三類，然後分為物質與非物質二種，並列出不同的價值觀因素。

在物質方面，如延後滿足、感官滿足、辛勤工作、冒險及競爭等。在非物質方面則分為立即滿足、禁慾、休閒、安全與合作等。也有的將價值分成目標性價值，

---

❷ 取材自 Tom Miller, "Global Segment From Strivers to Creatives," *Marketing News*, July 20, 1998, p. 11.

也就是期望的最終情況，與行為方式價值兩類。目標性價值又可分為舒適的生活、成就感、美麗的世界及家庭安全等；行為方式價值則包括寬闊的胸懷、有能力、愉快的、想像力豐富等。

此類研究多半將個人價值與品牌選擇、產品使用及創新等行銷行為連結，希望能有助於瞭解消費者的購買行為。最近，行銷分析人員將價值觀相同的人歸類為同質群體。

## 購買行為因素

這是根據購買者對產品的認識、態度、使用或對產品的反應等，將市場加以區割。很多行銷人員相信這種方法是區割市場最好的出發點。利用購買者行為區割市場的因素主要為時機、追求利益、使用情形、使用率、品牌偏愛、對產品瞭解的階段，以及態度。

## 時　機

購買者可以根據他們發展對產品的需求、購買產品、使用產品的時機等，區割成為幾種市場或顧客，然後決定適當的廣告時間。例如搭乘飛機的旅客可以分為業（公）務出差、渡假或家庭旅遊等三大類，定期班機因此可以協助渡假的旅客從一個地方迅速的飛行到另一個地方，以充實他們的旅遊內容。

利用時機區割市場，可以幫助建立產品的形象，促進銷售。例如臺灣四季如春，水果產量大，但新鮮果汁的飲料多在比較重要的場合才飲用，一般多認為是比較高級的飲料。如果強調新鮮果汁的營養價值及健康功能，將它推廣到三餐都可以飲用，以取代其它的飲料，這就是利用時機區割市場。製造牙膏的廠商強調每天應該刷三次牙齒，是不是為牙膏創造了更大的市場？

## 追求利益

利益是指產品的優點或好處。核心利益是指重要的或關鍵性的好處。任何產品如果不具備利益，甚至核心利益，顧客就不會偏好，顧客也就不會購買。購買一種產品，不是購買一些化學料，也不是一個塑膠盒，而是購買它的利益，如「希望」或「懷念」，這就是核心利益。

追求的利益 (benefits sought) 是要根據顧客所追求的利益而異。80 年代購買手錶時所追求的利益，根據研究，為：

表 5–9　根據追求利益區割手錶市場

| 追求利益 | 次數分配百分比 |
|---|---|
| 廉　價 | 23% |
| 耐久性 | 46% |
| 象徵性 | 31% |
| 合　計 | 100% |

資料來源: 參閱 Daniel Yankelovich, "New Criteria for Market Segmentation," *Harvard Business Review*, March–April 1985, p. 185.

使用利益區割時，需要決定：

1. 購買者追求什麼樣的利益?

2. 不同的購買者是否追求不同的利益?

3. 在特定的產品中，追求那種核心利益?

4. 那些品牌能夠提供特殊的利益?

運用產品利益區割市場最成功的要算是海利 (Haley) 研究牙膏的案例。他將牙膏的利益分成：價格便宜、保護牙齒、化妝品功能與味道芳香四種，如表 5–10。

由於追求的利益不同，每個群體的人文、購買行為與社會心理因素因而有明顯的差別。例如追求防蛀利益的購買者，他們的家庭較大，用的牙膏多，而且保守，每個利益群都偏好某種品牌。一個牙膏廠商因此可以根據此一發現集中在某個特殊的市場推廣其產品的特性。同時也可以尋找一種新的產品，發展一種新產品以提供此種利益。

## 使用情形

行銷人員可以將顧客根據使用情形分為非使用者 (non-users)、曾使用過 (ex-users)、潛在的使用者 (potential users)、第一次使用者、經常使用者等。

非使用者又可分為非潛在使用者 (non-potential users) 與潛在的使用者 (potential users) 二類。一個人在一個小的群體中，他的消費行為可能因受群體的影響而改變。

表 5–10　根據利益區割牙膏市場

| 追求利益 | 人文因素 | 購買行為 | 社會心理因素 |
|---|---|---|---|
| 經　濟<br>（價格低廉） | 男　性 | 重使用者 | 自主性高<br>重視價值觀 |
| 醫　藥<br>（防　蛀） | 大家庭 | 重使用者 | 憂鬱型、保守型 |
| 化妝品<br>（牙齒潔白） | 未成年<br>年輕人 | 吸煙者 | 善於社交<br>活躍型 |
| 味　道<br>（味道芳香） | 兒　童 | 喜愛薄荷味 | 積極參與<br>享樂主義者 |

資料來源：參閱 Russell Haley, "Benefit Segmentation: A Decision-Oriented Research Tool," *Journal of Marketing*, July 1963, pp. 30–35.

如平常不喝酒吸煙的人，和朋友在一起時往往會被感染而吸煙喝酒。另外，一個小群體慢慢的也會改變，如從不吸煙慢慢的變成吸煙。最後，不用產品的人卻可能是購買此種產品的人，如送禮的人。

至於潛在使用者是說他現在不使用該產品，但並沒有任何原因在未來不讓他使用，例如成年以後吸煙，有錢以後買汽車等，有時因為對某種產品之存在不知情才不用，這時應該加倍留心。因為不知道而不用，應該加強有關產品資料的傳播，如果是因惰性而引起，則須透過廣告反覆刺激。如是因為心理抗拒而不用，則需要用技巧的方法加以克服。

市場占有率高的公司對於潛在的使用者甚感興趣；規模小的公司則設法吸引經常性使用者。當然要想吸引潛在的與經常性顧客要用不同的策略。

## 使用率

根據顧客使用產品分量的多少而分為輕使用者 (light users)，中使用者 (medium users)，與重使用者 (heavy users) 三種。此法又可稱為量的區割法 (volume segmentation)。1974 年華倫泰德 (Dik Warren Twedt) 的研究最知名，他們的研究是有關日用消費品使用量的說明。由檸檬汁銷售圖上可以看出，42% 的消費者不飲用這種飲料，58% 的消費者飲用這種飲料。左起第一個 29% 表示使用量輕的消費人數，他們僅為總銷貨量的 9%。使用量重的 29% 消費者，其數量占總銷貨的 91%。其他產品的情

形大概是使用量重特別產品的比率，將使用者分為二組，一組為輕使用者，一組為重使用者。以肥皂與非肥皂為例，在接受訪問者中，有 98% 使用該類產品；其中重使用者占總使用量的 81%，輕使用者僅占 19%，使用量為 4 對 1。由此可知，一個肥皂公司寧願設法去吸引一個重使用者，而不願去吸引四個輕使用者。

根據研究，二種產品的重使用者通常均具有相同的人文特徵、心理因素與媒體的習慣。以飲啤酒為例，重使用者大多數為工人階級，年齡在 25 到 50 歲之間，每天看電視超過三個半小時，而且喜歡觀賞運動節目。諸如此類的特點均可幫助有關廠商發展價格、廣告訊息與媒體使用的策略。

表 5-11　不同使用程度與產品（十種）銷貨所占的百分比

| | 非使用者 | 輕使用者 | 重使用者 |
|---|---|---|---|
| | 42% | 29% | 29% |
| 檸檬汁 | 0　volume | 9% | 91% |
| | 22 | 39 | 39 |
| 可樂飲料 | 0 | 10 | 90 |
| | 28 | 36 | 36 |
| 啤　酒 | 0 | 11 | 89 |
| | 59 | 20 | 21 |
| 狗飼料 | 0 | 11 | 89 |
| | 54 | 23 | 23 |
| 髮　膠 | 0 | 12 | 88 |
| | 67 | 16 | 17 |
| 早點食品 | 0 | 12 | 88 |
| | 18 | 41 | 41 |
| 洗髮精 | 0 | 19 | 81 |
| | 2 | 49 | 49 |
| 肥皂與非肥皂 | 0 | 19 | 81 |
| | 2 | 49 | 49 |
| 衛生紙 | 0 | 26 | 74 |

資料來源: Warren Twedt, "How Important to Marketing Strategy Is the Heavy User," *Journal of Marketing*, January 1974, p.72.

## 品牌偏愛

行銷人員也可根據顧客對品牌偏愛程度區割市場。市場作業的目的一方面在於維持現有顧客，同時設法從競爭者爭取合適的新顧客。如果一個競爭者的顧客大半是對他的品牌非常忠實，則以他的顧客作為爭取的對象，是相當困難的。

顧客對品牌的偏愛程度可以分為四種：

1. 死硬型：永遠忠於一種品牌，也只購買一種品牌。

2. 忠誠型：偏愛二、三種不同品牌的產品。

3. 搖擺型：在二個品牌間，從一個品牌變換成另一個品牌。

4. 變換型：對任何一個品牌都不偏愛。

一個市場上均由四種不同的品牌偏愛顧客所構成。如果一種產品在市場上表現很高的品牌偏愛，表示該品牌的死硬型顧客可能較多。其他各種型態依此類推。

既然瞭解不同的偏愛型態，公司當局就要仔細研究有關產品及市場的偏愛型態，然後針對此種型態，擬定有效的推廣策略。

在另一方面，品牌偏愛性有若干地方值得進一步討論，有時一個問題看起來似乎和品牌有關，實際則可能與另一些問題有關。例如一個家庭主婦過去連續買了五次 A 品牌的非肥皂，則購買的方式為 AAAAA，這樣看起來，她對 A 品牌特別偏好。事實上則可能是由於購買習慣、無差異性、價格低或除此之外別無其他品牌代替等因素促成。因此顧客連續不斷的購買同一品牌的產品，不一定是出於品牌偏愛原因。另外，當一個公司顧客減少時，他的品牌偏愛性可能增高，因為較不忠實的已經先離開，所以高的品牌偏愛性不一定是好現象，同時品牌偏愛性隨產品與品牌而異。當同種產品有很多品牌，購買一次花費較高，價格比較容易變化或消費者同時可以用幾種不同的品牌時，品牌的偏愛性很低。

## 對產品瞭解階段

在任何時間，人們對於即將購買的產品均處於不同的瞭解程度。有的人對於產品毫無所知；有的已經認知；有的則已經瞭解相當多的資料；有的已發生興趣；有的喜歡；也有的正要去購買。由於瞭解的程度有很大的差別，所以在設計行銷作業時，就應採不同的策略。

此點可以拿陶聲洋防癌基金會的活動作個實例。在開始時，一般人對大腸抹片檢查的作法一無所知。此時就需要大量廣告，簡單的介紹此種檢查法，如果成效不錯，則進一步透過廣告說明作此種檢查的優點和不作此種檢查的危險，以便誘使更多的人去接受此種檢查。此時在設備方面要增添，以便大量的人前來接受檢查。總之，行銷人員應該適當的調整行銷計畫，以配合不同的瞭解階段。

## 態　度

顧客對產品熱心的程度也可以作為區割市場的根據。態度通常可以分成五類，即熱心支持、有利的態度、無差異、不利的態度，以及不友善。

在推銷時，特別是在競爭激烈的市場，推銷人員可以根據上述分類以決定應該在一個特定的個人或企業花多少時間。他們感謝熱心的愛用者，請他們繼續惠顧；他們不會花費時間以設法改變持不友善態度的個人；他們會對有利態度的個人或企業加強推廣，也會設法說服無差異態度的個人，希望他們能改變態度，嘗試一下我們的產品。

在很多情形下，態度與人口統計變數有密切的關係。因此可以根據人口統計變數的特點，以找到最有希望的顧客。

若干社會行銷機構面臨了一種在使用率方面所謂的重使用者的難題 (heavy-users-dilemma)。家庭計畫中心的服務人員主要服務的對象是小孩多的家庭，但這些家庭往往是抗拒家庭計畫最激烈的。吸煙過多的人對於戒煙的廣告訊息也同樣存有很強的抗拒心理。

寇克 (Cook) 與閔代克 (Mindak) 在 1984 年發表的使用率研究，簡單易懂，茲將主要幾種產品的使用率列出，供作參考。由表 5–12 的資料可以發現在九種產品中，重使用者使用的數量除衛生紙外，均超過總使用量的四分之三，地位非常重要。如果你是該類產品的經銷商，你應該選擇那一類的顧客區割作為你的主要目標市場？這正是市場區割的難題與目的。

## 地區因素

根據地區區割市場是將市場區割成不同的地區，在不同的地區採用不同的行銷策略。這種區割所根據的因素可以是自然形成的，如臺灣的中央山脈將臺灣區割為

表 5-12　不同產品使用者使用量

| 產　品<br>（使用該產品人數占 %） | 重使用者使用量占<br>百分比 | 輕使用者使用量占<br>百分比 |
|---|---|---|
| 清潔劑 (94%) | 75% | 25% |
| 衛生紙 (95%) | 71% | 29% |
| 洗髮精 (94%) | 79% | 21% |
| 紙　巾 (90%) | 75% | 25% |
| 點　心 (74%) | 83% | 17% |
| 可　樂 (67%) | 83% | 17% |
| 啤　酒 (41%) | 87% | 13% |
| 狗飼料 (30%) | 81% | 19% |
| 威士忌 (20%) | 95% | 5% |

資料來源: Victor J. Cook and Willian Mindak, "A Search of Constants: The Heavy User Revisited," *Journey of Consumer Marketing*, Spring 1984, p.80.

東西兩部，淡水河將臺北市縣區割，長江將中國大陸區割為江南江北。這些天然的區割界限，不但形成地理上的差異，也影響了經濟文化及消費型態。臺灣面積雖然不大，通常仍分為北、中、南及東部四個地區。由於自然環境的差異，農產品甚至都受影響。在西部平原的臺北、臺中及高雄三個城市工商業發展，所得水準較其他地區高，花東一帶山地多，地震及颱風頻繁，容易蒙受天然災害，加上交通不便，發展較西部緩慢。

地理範圍廣大的市場，如中國與美國大陸，氣候及物產均呈明顯的差別，對行銷策略的擬定，影響就更明顯了。

臺北市人口約三百萬，區割為十二個行政區，每個行政區均有其特點，有的是古早的臺北，有的地區是屬新興的臺北；有的是以文教為主，也有的是以商業及辦公大樓為主，各有千秋。因為地區不同，房價及生活費也有差別，如果兩個家庭的所得水準大致相同，不過住的地區不同，他們的消費型態可能會產生明顯的差異。

在臺灣較大的城市，如臺北、臺中及高雄，除以行政區作為區割的標準外，根據社會經濟因素區割較大城市，如住宅區、文教區、商業區、工業區等對行銷人員更具意義。

## 全球性地區區割

現在是國際化時代，我們再以愛滋病患人數的分布，看看醫藥專家如何區割全球市場。羅珍 (Sydney Rosen) 等在《哈佛商業評論》(*Harvard Business Review*) 中將全球 2001 年各地區愛滋病的帶原者人數列出，提出警告，要世界各國關心，她的地區區割如表 5–13。

表 5–13　2001 年世界各大洲愛滋病帶原者人數統計

| 地區別 | 人　數 |
|---|---|
| 北美洲 | 950,000 |
| 加勒比海一帶 | 420,000 |
| 拉丁美洲 | 1,500,000 |
| 西歐 | 550,000 |
| 北非及中東地區 | 500,000 |
| 撒哈拉非洲 | 28,500,000 |
| 東歐及中亞地區 | 1,000,000 |
| 南亞及東南亞地區 | 5,600,000 |
| 東亞及太平洋地區 | 1,000,000 |
| 澳洲及紐西蘭 | 15,000 |

資料來源：Sydney Rosen, etal., "AIDS Is Your Business," *Harvard Business Review*, Feb. 2003, pp. 80–87.

## 根據市場型態區割市場

## 廣大市場與區割市場

我們通常所說的市場可以根據其型態或層次分成所謂廣大的市場與區割的市場，以及利基 (niche) 市場。所謂廣大市場是指未加區割的市場，在直覺上規模比較大，因為未加區割，社會大眾會購買同一種產品，因此採取大量生產與大量銷售的推廣策略。這種作法的基本思維是一種產品可以滿足所有消費者的需要。因此產生了需求未能獲得滿足的消費者。

區割市場的消費嗜好是相同或相近的，所以「物以類聚」最能說明區割市場的

特性。在區割市場，行銷人員的工作是要指出有那些區割，他們的特性如何，以及要以那些區割作為目標市場。消費者的嗜好既然屬同質，能夠明確的界定，就能夠有效的運用 4P，提供最能符合需求的產品、最適當的價格水準、最有效的通路與廣告，滿足顧客的需求，這就是區割市場的原因與目的。

## 利基行銷

利基 (niche) 是指範圍比較小，顧客群可以根據他們獨特的偏好，或追求產品特殊的屬性等，明確的加以指認。他們的需求可能尚未獲得有效的滿足。為了尋找這類的顧客，行銷人員可以將一個區割的市場進一步再區割成幾個小的區割市場，以便能夠正確的瞭解究竟是那些顧客喜歡或選擇有關公司的產品。

一個有吸引力的利基（市場），具有下列數個特性：

1.顧客具有特殊的需求，假定市場上某種產品能夠提供他們最大的滿足，他們就願意支付額外的價格。

2.由於區割的市場規模小，顧客偏好的或供應者提供的產品屬性或利益具獨特性，因此不大可能吸引競爭者加入市場。

3.透過產品特別的規格或屬性，利基市場可以獲得一些經濟上的利益。

4.如果利基市場的確具備某種利益或特性，則其規模、獲利，以及成長等均具有發展潛力。如果利基市場規模相當大，則會吸引競爭者加入；相反的，如果規模小，看起來又無利潤可言，或科技差距大，則可能吸引少數競爭者加入。❸

利基市場既然競爭比較少，一旦進入，可能獲利，因此若干高科技的電子、資訊及生技公司，近年來採用此種策略者日多。2000 年以前，企業競爭策略的基本思維是大的企業應該在發展潛力大的市場區割競爭發展，自 1990 年代中期以後，若干小型企業依賴其在科技方面的突破與創新，狙擊了大企業的市場，獲得豐厚的利潤，如果成長迅速，以小吃大，威脅到大企業在若干尖端科技方面的優勢，逼使大企業為了專利權或新科技的取得，不得不付高價購併中小型的科技公司或專利權，有些大公司為因應這種變局，一方面透過收購以取得在利基市場的競爭地位，一方面將收購的或內部發展的技術成立事業部門，創造利基市場。有的公司則利用交叉持股等方式，打進利基市場。近年台積電、聯電等公司的若干投資即屬出於此種動機。

---

❸　Philip Kotler, *Marketing Management*. Upper Saddle River, NJ: Prentice Hall, 2003, p. 280.

美國著名的嬌生公司擁有一百七十餘個事業單位,分別在不同的利基市場發展競爭,創造嬌生公司在 2001 年 291 億美元及 2002 年 330 億美元的銷貨。世界上經營最成功,績效最優異的奇異公司 (General Electric) 在 2003 年的營業額高達 1,341.8 億美元,名列全美營業額最大的第五位。❹奇異如此巨大的營業收入中,有相當重要的一部分是在利基市場創造的,只是他的規模龐大,分散在美國各州以及世界各國,不為外人所注意而已,而且奇異所創造的每一個利基,其規模比一般的市場都要大得多。由於經營的策略成功,化整為零,只知道奇異公司高科技產品如波音飛機的發動機、F–14、F–15 及 F–16 等世界上性能最優越的戰鬥機的發動機、核能電廠的反應爐、最精密的醫療電機產品等都是奇異製作的,並未留意若干重要的利基市場也是奇異的事業單位或控股公司所經營的。

例如奇異擁有 900 架民航客貨飛機,比任何現有的航空公司規模都大;188,000 節火車車廂,比任何火車公司都大,750,000 輛大小客用汽車,120,000 輛貨車,11 枚衛星,再保險公司的規模在美國居第三大。在金融服務方面,奇異在各種利基市場上的規模與影響力更是令人咋舌。❺

市場中有市場,利基中有利基。在採取利基策略時,要注意在利基的地位,避免被「邊緣化」。也就是林利曼 (Linneman) 與斯坦頓 (Stanton) 所說的「要主動的尋找利基,否則就要被排斥到不利的地位。」❻形成所謂「別人吃肉,我們喝清湯」的窘境。布萊伯格 (Blattberg) 與德頓 (Deighton) 則激勵在利基市場的企業「過去無利可圖可能是因為利基過小,隨著行銷效率的提高,無利可圖的利基,可能變得非常重要。」❼

## 市場區割的策略

區割市場的各種因素與方法瞭解以後,最後再說明市場區割採用的三種策略及

---

❹ *Fortune*, April 5, 2004. p. F–1.

❺ "GE Capital: Jack Welch Secret Weapon," *Fortune*, November 17, 1997, pp. 82–98.

❻ R. Linneman and J. Stanton, *Marketing Niche Market Work: How to Grow Bigger by Acting Small*. New York: McGraw-Hill, 1991.

❼ R. Blattberg and J. Deighton, "Interactive Marketing: Exploring the Age of Appressibility," *Sloan Management Review*, Vol. 33, No. 1, 1991, pp. 5–14.

運用之道。

## 一、不區割的策略

這種策略是一種產品只有一種形式，而且用一種方法推銷給全部的顧客。很多公司都傾向於採用此種方法，應用這種策略的公司，只注意相同之處，而不考慮不同之處，他們不考慮行銷作業是由不同的需要與供給構成，而把市場當成一個整體。其所採用的策略與銷售的產品是以吸引最多的顧客為原則，因此應用深入的銷售通路，大量的廣告媒體，與通用的廣告話題畫面。可口可樂與香煙是二個採用此種策略的產品，若干年來可口可樂自己一直認為是只有一種味道與一種瓶型的飲料，廣告所用的話題也是一致的。香煙的品牌雖然很多，但長度一樣，規格包裝相同，由菸酒公賣局製造，由零售店銷售，廣告的話題也都強調吸煙的快樂。

採用此種策略的主要理由是大量生產標準化的產品，可以使生產成本低廉，產品品質一致，存貨量可以減少，存貨成本低，運輸成本連帶降低，採用一致而且大量的廣告媒體，可以得到折扣優待，行銷計畫與研究等作業因為劃一而減少，成本也會減低。

但是很多人對此種策略是否有效產生質疑。因為我們一再強調消費者，由於各種因素的影響，嗜好並不一致，採用這種策略的公司其目的在設法使其產品適合大多數的人。如果在一個行業中有幾個公司運用這種方法，只會注意到大多數人所構成的區割市場，而置少數人的嗜好於不顧。把市場作業重點放在注意大多數顧客的策略也許是錯誤的，因為市場一致，競爭劇烈，反而使利潤降低。因此行銷人員不但注意到大的市場，也應該強調市場的區割。

## 二、區割的策略

這種策略為每一個區割的市場設計所需要的產品，同時採用不同的推銷策略。利用產品與價格等的差異，以使在每個市場能夠得到較高的銷貨量與穩固的地位。在區割市場的地位鞏固以後，就可以加強顧客對公司名稱的熟悉，品牌忠誠程度因而可以提高，終至達到重複購買的目的。

近年來很多公司採用多元化的策略，不同的銷售方式與廣告媒體。例如可口可樂現在有大小不同的瓶子，香煙也有濾嘴，不帶濾嘴，特長等等種類。工業用品方面，也有同樣趨勢。這種策略既然建立在滿足各種不同的需要上，銷貨量就會比不分化的策略大。由於銷貨量的增加是建立在高的作業成本上，因此在沒有比較利益

與成本之前，不能確定是否適合。一般學者認為在劇烈競爭的市場上，這種策略也許是接近最佳策略的一種。

### 三、集中策略

不區割與區割的策略均以整個市場為主。很多公司，由於財力人力的限制，乃集中力量於一個特殊的市場部分。換言之，專門爭取某一類或某幾類顧客，一地或數地作為其市場。例如各地區的網咖店主要是為一般在學的青年朋友開設的，學校周圍的餐廳主要是為學生而開設的。

利用這種策略，一個公司在該市場的地位會相當鞏固，因對顧客的需要與特點都會有相當的瞭解，同時，在生產、銷售與推廣方面都採用針對這個市場的方法，成本可以節省。假定選擇的市場正確，可能會得到很高的報酬率。不過採用這種策略的公司，將其的前途孤注在一個特別的小市場，風險自然增加。因為其他公司會逐漸發現這個市場機會而設法加入，其次市場情況好壞對公司的報酬率變動影響明顯，採用其他二種策略，因市場範圍比較廣泛，消長互見，報酬率容易正常而穩定。

## 正確選擇區割策略

一個公司可能發現三種市場區割策略中的一種甚為適合他的需要，而不須考慮其他二種。也可能感覺僅採用一種是不夠的，因此須要其他策略輔助。

公司的財力、產品的性質、產品生命週期、市場性質與市場競爭情況等為選擇區割策略的主要考慮因素。

1. 如果一個公司的財力人力有限，則只有選擇集中的策略。

2. 產品性質係指產品性質差異程度，大多數的顧客對於基本的產品如鹽、鋼鐵、汽油等無法區別其性質，因此宜採用無差異不區割的策略。在另一方面，產品性質差別很大的產品如電視機、音響、相機等，則宜採用區割策略。產品生命週期係指產品自研究發展至衰退所經過的各種過程。

3. 當一種新的產品被引進市場時，主要目的在於發展基本需要，因此宜採不區割的策略。當產品生命在市場上逐漸接近飽和階段，則宜採用區割策略。

4. 市場性質係指顧客對產品的需要與偏好等接近之程度，有時用不區割策略可以發掘性質相近的顧客，有時則需設法多元化顧客嗜好。如果能把市場劃成若干層，則可用集中或區割策略。

5.最後市場競爭情況係指競爭者的戰略，如果競爭者正在採用積極的區割市場策略，則不區割的策略推行起來相當困難。相反地，如果競爭者採用不區割的策略，則採取區割的策略往往可以獲益，特別是上述各因素都有幫助之時。❽

## 工業市場區割的因素

工業市場區割的因素與上述消費市場大致相同。工業市場可以根據地理，購買者行為等因素區割。

工業市場區割常用的一種標準是根據最後使用者 (end users)。由於最後使用者不同，他們所追求的利益及需要的行銷策略因而有差別。例如服裝的市場可以區割成軍事、工業與公教三種。

顧客規模是工業市場另一種區割的標準。例如主要顧客與經銷商兩類。

## 結　語

以上各點主要在於說明個人與家庭的基本特點，對於幫助行銷人員瞭解誰是他的產品與勞務的顧客，是很重要的。這些資料主要是屬於人文方面，其次為心理與行為因素。人文項目大半是原始資料，對研究行銷作業是很有價值的。若干資料都可自官方發表的統計資料中獲得，因此成本低廉，時間節省，比應用其他的資料方便可靠，行銷人員應特別注意此點。

## 習　題

1.試說明市場區割的概念。

2.試說明人文因素在市場區割策略的重要性。

3.如何根據生活型態區割市場，試說明之。

4.何謂利益追求？試用 Haley 的研究說明之。

---

❽　Philip Kotler, *Marketing Management*, 1976, p. 61.

5. 試用 Warren Twedt 的研究說明不同使用程度與產品銷貨所占百分比的關係。

6. 生命週期在市場區割策略有何價值，試說明之。

7. 市場區割策略有幾種，試說明之。

8. 在選擇區割策略時，應根據那些原則，試說明之。

# 第六章　市場分類

市場通常可分為消費市場、工業市場、政府市場、服務市場及農產品市場等，本章僅就前三者加以介紹，服務市場則由專章討論。

## 消費市場

消費市場涵蓋的範圍很廣，為一般市場的通稱。消費者可以分為工業產品的使用者和消費品使用者兩類。前者所消費的產品大都是工業原料和半成品，即使成品，在業界看來，也是屬於原料或零配件，這些產品消費的目的在於加工或裝配成成品，然後銷售牟利。消費品是最後的製品，不需再加工，消費者直接可以使用，其目的在滿足個人最後的需要，而不是為了出售牟利。

由於消費者型態的不同，因而產生兩種不同的市場，即工業品市場 (the market for industrial goods) 或工業市場 (the industrial market) 與消費市場 (consumer market)。

### 消費市場的特性

#### 一、人數眾多

消費市場包括每一個國民，因此範圍廣，人數眾多。如果將臺灣看成一個消費市場，則這個市場的消費者有二千三百多萬人。不過在消費市場的真正購買者就不會如此多，因為消費者不一定就是購買者。

#### 二、購買者地理集中

消費市場的購買者，都呈現地理集中的現象，例如臺灣地區主要消費市場集中在大臺北地區、臺中、臺南及高雄等地，其中臺北市消費者占全臺人口的 20% 左右，如以消費者購買力計算，臺北市所占的比例或將更高。其他如日本的消費者人口 10% 以上集中於東京，英國消費者人口也有 10% 集中於倫敦，美國消費者約有四分之一集中在十個大的城市區域。

### 三、購買者移動率大

消費者有兩種明顯的移轉趨勢：第一、從農村轉移到城市或工業區。近年來，臺灣經濟結構已自農業轉向工商業，大量人口流向都市及新開發區。第二、從城市移至市郊或新開發區。由於城市人口過於擁擠、空氣污染、吵雜、房租昂貴，以及交通工具日漸便利等因素，近年郊區住宅大量興建，住宅區既然大量移至市郊，消費市場亦隨之移轉。此種消費市場隨人口之移動而轉移已成為普遍的現象。

### 四、購買量小而次數多

典型的消費購買量每次僅足一日的需要，最多也不過二、三日。家庭人數的縮減與住宅的小家庭化，消費者購買量也有日漸變小之勢，所以消費品包裝有日漸變小的傾向，以適應顧客的需要。這種情形，以食品業尤為明顯。

由於購買量少，購買次數因而增加，而且，在消費市場中，消費者購買數量愈少，購買次數可能就愈多。

### 五、非績效購買

典型的消費者因為購買的次數多，購買的數量少，所以沒有充裕的時間一一比較所購買的產品，也沒有興趣與時間作仔細的分析比較。他們的購買，除品質與價格外，還受其他因素的影響，如廣告、宣傳與推銷技術等。因此購買的商品價格不一定與品質有關。

表 6-1 為美國民意測驗公司發表的消費者每一次購買所走的商店數，這些商品都可以算為消費者用品。由這個資料可以看出消費市場的特點。

表 6-1 是說明在購買某些產品時，走訪商店的家數會因性別而有明顯的差異。婦女用衣著平均走訪二點二個商店，男士用衣著平均則走訪一點七個商店。另外女性用大衣外套平均為三點六個商店，男用服飾僅一點六個，相差二個。由此可知女性在購買該類產品時所花的時間心力比男性要多。

## 影響消費的因素

消費者和購買力是構成市場的二個主要因素，人口之多寡，可以決定一國市場之大小、國民所得之高低，則可決定購買力之大小。

表 6-1　每購買一件商品所走的商店數

| 商　品 | 商店數 | 商　品 | 商店數 |
|---|---|---|---|
| 婦女用衣著 | 2.2 | 男孩衣著 | 1.6 |
| 大衣外套 | 3.6 | 男孩用服飾品 | 1.4 |
| 普通衣服 | 3.1 | 外衣與雨衣 | 2.5 |
| 襯衫裙子與運動衣 | 2.2 | 運動衣、夾克 | 2.5 |
| 鞋襪 | 2.2 | 長褲、工作服 | 1.6 |
| 內衣褲 | 1.4 | 襯衫 | 2.1 |
| 零用配件 | 1.7 | 鞋襪 | 1.6 |
| 少女與幼兒用品 | 1.8 | 其他 | 1.8 |
| 大衣、外衣 | 3.1 | 家用桌布 | 2.0 |
| 普通衣服 | 2.2 | 小的器皿 | 1.4 |
| 襯衫短褲與運動衣 | 1.8 | 傢俱裝潢等 | 2.3 |
| 鞋襪 | 1.6 | 傢俱與床 | 3.5 |
| 內衣褲 | 1.4 | 地板地氈 | 2.8 |
| 零用配件 | 1.4 | 窗簾類 | 2.7 |
| 其他什物 | 1.7 | 瓷器玻璃器皿 | 1.6 |
| 幼兒什物 | 1.7 | 大的器具 | 2.7 |
| 男士用衣著 | 1.7 | 餐具 | 1.7 |
| 男用服飾品 | 1.6 | 小的器具 | 1.9 |
| 長褲、工作服 | 1.4 | 電視、收音機、唱機類 | 2.3 |
| 鞋襪 | 1.4 | 清潔用具 | 1.5 |
| 其他 | 1.8 | | |

資料來源：美國民意測驗公司（未註研究調查時間）。

## 一、總人口

　　一國的總人口數與人口增加趨勢，再加上生活水準等可以決定市場之大小與購買之潛力。自二次大戰結束後，世界各國人口均迅速增加，對消費市場具有極大刺激。臺灣地區在 35 年的人口只有六百零九萬餘，至 54 年已增至一千二百六十二萬，二十年間人口增加一倍。到 92 年 12 月發表之統計，臺灣地區人口總數已超過二千二百萬人。人口急遽增加，受惠的就是消費市場。

## 二、年齡結構

　　人口總數固然是影響消費的一個重要因素，人口年齡結構之分布也與所得水準有密切關係。一國人口如老少所占比例小，成年人口所占比例則大，生之者眾，食

之者少，生產力可能高，消費水準因之亦高。如老、少年所占比例大，情況相反，所得與消費水準將均低。這種關係又稱為扶養率。通常係以 14 歲以下，65 歲以上，包括 14 歲及 65 歲，兩個年齡人口之和在總人口中所占的百分比被 15 歲至 64 歲的人口在總人口所占的百分比除，所得的數值就是扶養率，扶養率愈低，表示有工作能力的人口就愈多，因此其所得可能就愈高，在比較地區性的所得或購買力時，扶養率也是一個相當有效的指標。

表 6-2　近年來臺灣地區扶養率

| 年別 | 年齡分配 (%) ① | | | 年齡中位數（歲） | 扶養比①（%） |
|---|---|---|---|---|---|
| | 0–14 歲 | 15–64 歲 | 65 歲以上 | | |
| 77 年 | 27.96 | 66.30 | 5.74 | 26.3 | 51 |
| 78 年 | 27.50 | 66.54 | 5.96 | 26.8 | 50 |
| 79 年 | 27.08 | 66.70 | 6.22 | 27.2 | 50 |
| 80 年 | 26.34 | 67.13 | 6.53 | 27.7 | 49 |
| 81 年 | 25.77 | 67.42 | 6.81 | 28.2 | 48 |
| 82 年 | 25.15 | 67.75 | 7.10 | 28.7 | 48 |
| 83 年 | 24.41 | 68.21 | 7.38 | 29.1 | 47 |
| 84 年 | 23.77 | 68.60 | 7.64 | 29.6 | 46 |
| 85 年 | 23.15 | 68.99 | 7.86 | 30.1 | 45 |
| 86 年 | 22.60 | 69.34 | 8.06 | 30.5 | 44 |
| 87 年 | 21.96 | 69.79 | 8.26 | 31.2 | 43 |
| 88 年 | 21.43 | 70.13 | 8.44 | 31.6 | 43 |
| 89 年 | 21.11 | 70.26 | 8.62 | 32.1 | 42 |
| 90 年 | 20.81 | 70.39 | 8.81 | 32.6 | 42 |
| 91 年 | 20.42 | 70.56 | 9.02 | 33.1 | 42 |
| 92 年 | 19.83 | 70.94 | 9.24 | 33.6 | 41 |

說明：本表為臺閩地區資料。
附註：①為年底資料。
資料來源：《中華民國統計月報》，2004 年 10 月。

　　近十五年來臺灣扶養率明顯逐年降低，並不是一種有利的發展，相反地，是一種不利的發展。因為導致扶養率下降主要原因是由於 15 歲以下的人口大幅下降，減輕扶養者的負擔，對於經濟以及國家整體而長遠的成長發展，是相當不利的，因為他們是經濟發展的動力，象徵國家希望與未來的年輕人口減少，國家的前途與希望

自然受到影響。由表中可以發現，在過去十五年間，14 歲以下的人口占總人口的 27.96%，下降到 92 年的 19.83%。

在 65 歲以上的人口占的比重，則呈相反趨勢：十五年間上升 3.3%，對扶養率有增加負擔的效果，臺灣地區 65 歲以上人口增加的相當迅速。值得慶幸的是負責承擔扶養的人口，占總人口的比例則在十五年間成長了 4.40%，因此使扶養率呈下降的趨勢。臺灣地區人口逐漸老化的趨勢從年齡中位數也可得知，在 78 年為 26.8 歲，到 92 年則增加為 33.6 歲，十五年間增加 6.8 歲，幾乎二年老化 1 歲，速度相當驚人，不但影響臺灣整體經濟實力，當然也影響消費市場。

根據報導，臺灣地區十年以後，每四個 15~64 歲的人就要扶養一位 65 歲以上的老人，負擔沉重由此可知，現在臺灣老化的指數為 46%，十年前則為 26%，如與義大利 (129.6%)、日本 (125%)、德國 (106.6%) 及法國 (85.7%) 相比較，並不算高。老化指數是以 65 歲以上老年人口數除以 14 歲以下幼年人口數所得的數值，是表現人口老化的程度。

## 三、所 得

一般而言，國民所得或個人平均所得高，購買力即強；國民所得增加，市場活動就會活躍。不過國民所得之增加，並不是完全用於消費，一部分或將用於儲蓄，所得增加到一定程度後，消費隨所得增加之比例將逐漸減低，儲蓄隨所得增加之比例逐漸提高。此種表示所得與消費的關係稱為消費傾向。

一個國民所得原來很低的國家，當國民所得增加時，其增加之所得大部分，或甚至全部會用於消費；反之，一個國民所得原來很高的國家，當國民所得有所增加時，其用於消費可能就僅占其中一小部分，乃至全部留作儲蓄。此一原理同樣可適用於個人或家計單位。

雖然國民所得對於消費具有重大影響，但從事市場作業者則較重視消費者之可處分所得與可任意支配所得，尤其後者，對許多消費品發生直接影響。可處分所得與可任意支配所得增加後，對於消費型式引起多方面的改變。恩格爾定律 (Engel's Law) 發現當一個家庭所得增加時，用在食物方面的百分比會下降，而用於衣著、房租、汽油與房屋修護方面的百分比大致不變，用於其他方面的百分比將會增加，充分說明了所得與消費的關係。表 6-3 將各類產品消費與所得的彈性係數列出，以為參考。

表 6-3　各類產品消費與所得的關係

| 產　品 | 所得彈性係數 |
|---|---|
| 家庭伙食 | 0.86 |
| 餐　館 | 0.32 |
| 婦女孩童衣著 | 0.92 |
| 男仕男孩衣著 | 0.57 |
| 鞋　襪 | 0.31 |
| 鑽石手錶 | 1.46 |
| 房　屋 | 1.44 |
| 家庭修護服務 | 1.34 |
| 傢　俱 | 0.95 |
| 一般家用電器 | 1.34 |
| 電視收音機 | 2.13 |
| 廚房用具 | 0.59 |
| 家庭用品 | 0.83 |
| 個人勞務 | 1.25 |
| 洗澡用品 | 1.84 |
| 醫藥服務 | 1.29 |
| 藥　品 | 1.63 |
| 汽　車 | 1.40 |
| 輪胎、零配件 | 1.51 |
| 運動用品、玩具 | 2.01 |
| 國外旅遊 | 2.11 |
| 教育（高等） | 1.52 |

# 工業市場

消費市場是以個人或家計單位為消費單位。工業市場則是以企業單位為消費單位，兩者性質截然不同。基於此點本節簡要說明工業市場之特性、工業市場分析、購買過程與動機之分析，以及分析工業品購買者在購買決策過程中所依據的標準。

## 工業市場特性

### 一、顧客少

顧客數的懸殊是消費市場與工業市場的最大差異，消費市場係以百萬甚至千萬

計算，而工業市場則是以萬或千百計算。例如臺灣地區 90 年工商普查資料顯示：截至 90 年度工商企業單位共有 582,537 家，其中製造業為 153,898 家，而同年全省人口約二千二百餘萬，如以每個人為消費單位，則有二千二百餘萬個顧客，家計單位人數如以三點二四人為準，共有約七百萬個家計單位，數目也相當驚人。

## 二、顧客規模大

工業市場的第二個特點是顧客的大小。美國行銷學者常採用 25：75 的比例說明工業市場的結構情形，25% 的公司占 75% 的營業額。這個比例按行業而有差別，大概可以從 40：60 到 20：80，不過 25：75 是比較普遍的。除此之外，又有所謂「三大」或「四大」的現象，一個行業銷貨量的一半往往為 3、4 家大公司所寡占。此種一個產業僅由數家大公司組成，或只依賴幾個顧客的情形下，顧客的移轉不但對銷貨發生重大影響，而且會直接影響某些企業的生存。市場作業因此更加困難，更趨向顧客間關係的維持，而不是整個市場業務的推動。

## 三、地區性集中

工業市場集中於某些特別工業區域，這就好比消費市場集中在人口眾多的城市一樣。臺灣地區的電子、資訊產業主要集中在臺北南港及新竹科學園區。臺北市的公司行號辦公室主要集中在所謂的商業區，都說明了集中性。

地區性集中原因很多，運送距離短，可以直接供應需要者，這是所謂市場導向，在原料產地製造，或在大學附近，專業研究及技術人員等的供應都可促成工業市場的集中，如新竹科學園區等。

## 四、專家購買

購買工業品大半由專業人員主持。而專業的程度又隨公司規模大小及產品科技水準及類別而有差別。據研究發現一公司的年購量需要達到一定金額以後，始應該設立一個專門的採購部門，由專人負責，這並不是說小規模的公司反對由專人負責購買。在若干規模小的公司中，一個人除負責採購外，尚須負責其他事務，比較缺乏專業性。

採購專業人員通常具有高度的專門技術與經驗。大公司的人員更可搜集有關產品與市場資料，加以分析，試驗產品品質，作價值與製造者的分析，並要預測公司與所屬產業的供需趨勢與價格變動等，以降低生產成本。採購專業化的主要意義在於使用在消費品的推銷方法與技術不適用於工業品，凡激起情感的廣告、誇大的宣

傳、無法實現的諾言等，不但對於增加銷貨沒有幫助反會影響銷貨，顧客對產品的信心是工業市場無價的資產，這種資產唯有透過產品的績效才能建立起來，採購物原料的品質及價格因而扮演著重要的地位。

## 五、需要缺乏彈性

工業品之需要是基於消費品的需要而來，例如工業市場對於鋼的需要乃是由於消費者需要汽車、冰箱等而來，因此稱為引伸的需要。工業品中所包含的零件與原料之價值通常僅占產品的一部分，其中所含原料的部分價格上漲不會很大，工廠也不會因為鋼價上漲而停止生產。消費市場對於價格比較敏感，價格上漲，可以暫緩購買或取消購買動機，工業市場則不會。

## 六、需要變動影響範圍廣

消費市場之需要發生變動時，影響比較有限，而工業市場需要發生變動時，其所影響的範圍則甚廣大，對於一個公司的行銷策略也有深遠的影響。例如中國鋼鐵的價格調升，中下游廠商均受影響。當一個公司發現其所製造的產品需要縮減時，其產品之生產計畫可能發生改變，由工業品改為製造消費品或者改變銷售通路，採用加強批發與零售商的推銷，或減低人員推銷之作業等，這僅限於一家公司。中鋼調漲價格，不但影響全臺灣鋼鐵中下游公司，還可能影響其國外的顧客，而且只要使用鋼鐵的產品，價格可能均受影響。

## 工業市場的分析與採購行為

產品品質及價格既然和採購關係密切，因此尋找價廉而品質優異的物原料及組配件益顯得具關鍵性，尤其是高科技產業。採購部門應該具備一份齊全的供應商名單，再根據過去往來的經驗及同業的評價，清楚註明，客觀公正的評等，俾在採購時參考。我國的晶圓雙雄，華碩及廣達等公司均透過他們提供顧客的產品、服務及相關的專業資訊讓工業顧客瞭解而相信他們以及他們所提供的產品及設計等，因而能在競爭激烈的電子、資訊界勝出。

工業購買決策和消費者購買決策一樣，他們重視價值分析，對於和價值有關的各種因素，如品質、價格和服務等，均會詳細加以研究，以期獲得最大的利潤。在分析的過程以及決定是否購買所依據的因素計有下列幾項。

## 一、品　質

係指產品的耐久程度、可信賴度、使用年限、純度、規格精確度與不需服務的程度。品質的高低係依顧客需要情形而定，而不是預先訂定的自然標準。如果一種產品的品質並不需要很好，則雖然不必付出額外代價即可獲得較優品質之產品，工業市場上對此較優之品質並不太重視。例如電視機的製造商估計電視的正常使用年限為八年，如果有一個供應商提供的組件壽命可用十二年，則他對多花 1、2 元去買這樣好的組件不會感到很大的興趣。品質的高低也因顧客而異，高價格手機所要求的品質水準，要比低價格的手機所要求的水準高。工業產品的可靠性與品質有關，例如品質一致、發貨準時、服務優良、供應不斷等都是可靠性。臺灣主機板供應商向他們的客戶保證 100 萬臺中都不會有一臺是不良的產品，由此可知其產品的可靠性。

## 二、服　務

提供服務的性質與品質是一有效的市場策略。例如很多工廠提供顧客技術指導服務，同時幫助解決生產、工程、修護等方面的問題。這種服務可以透過銷貨員、零售批發商或電子信箱達成之。市場資料之提供與分析就是一種服務。服務的形式與方法有若干不同種類。總之，是設法在產品本身以外，另加上一些項目以與競爭的產品區別。例如「隨叫隨到」、「日夜服務」會增加顧客對產品的可靠性的認識。

如果將廣告作為消費市場一種有力的武器，則服務是工業市場的推銷武器，前者如飲料、化妝品，後者如電腦、電梯等公司都派有技術人員駐在本地專為他的顧客服務。

## 三、經濟性

此一標準可以分為幾個不同的因素，價格是一個主要的因素。如果其他條件相同，價格差異自然為一個明顯的決策標準，但品質與服務很少相同。成本節省是一個重要的考慮因素，如果決策正確，則會收到節省成本之目的，此等節省通常比價格差異，特別是關於使用年限長的主要機器設備，尤為重要。在節省方面又可分為很多種，例如時間、人力、原料、運輸、存貨量、安全性與管理技術等。一個設計良好的機器往往可以使購買者得到上面所述的各種經濟效果。

經濟性是一個重要而難以完全評估的標準，很多因素難以用數量表示出來，同時必須體認到關於經濟性的分析必須從長期與短期二方面考慮。經濟性分析的工具

很多，最常用的一種是價值分析法。這種方法是研究分析購買一件產品，如機器，對於生產的產品之成本所發生的影響。例如車床的分析是關於購買車床所發生的成本，對於它所生產的每件產品的成本所發生的影響。製造廠商必須從購買者的立場衡量他的產品與服務，才能體會到經濟標準的重要。

## 四、商　譽

公司的商譽對於工業品購買者很重要，上面所說的各項均與商譽有關，商譽可與一個人的人格，也可與產品的可靠性或契約之履行有關。不斷的在產品研究發展與改進上努力，或從事有效的市場研究調查均可提高商譽。2002 年美國的財金公司高盛 (Goldman Sachs) 的高階主管二人出任美國布希政府的財經要職，令人刮目相看，自然提升其商譽。

## 五、相互購買約定

這是商業上一種通用的慣例，所謂「假如你買我的東西，我就會買你的東西」，相互購買的利益很明顯，利用這種方法，可以費很少的力量達到銷貨增加的目標，同時也可建立良好的商業關係。

## 六、多方面採購

很多公司採用同種貨物自多方面購進的政策。這樣可以避免為少數一、二個供應商控制原料或產品的供應，在價格與服務等項施加壓力，大的公司多採此政策。

總之，工業市場的購買決策標準與消費市場相同，可以歸納為三類，即產品標準、惠顧標準與個人因素，產品標準是有關產品內在與外在的特性；惠顧標準則是與供應商的商譽、規格大小有關；個人因素則是個人在購買決策中所表現的各種行為。

## 政府市場

政府市場是一個新的課題，因此首先應該有個基本的認識。政府市場分類有三：即一般市場之延伸、政府占重要地位之市場與特別政府市場，另外也可以合同階層或技術水準分類。由於性質特別，採購規定與一般市場不同，欲在政府市場發展，須作詳盡分析。

## 基本認識

　　一般人通常都將政府看成為市場法令的制定者，而很少將他看成為顧客，而且認為政府市場所需要的貨物與勞務是一致的，是在一個不屬於行銷氣氛的情形下達成交易，盡管如此，由於各國政府所需的大量貨物與勞務，企業界對於政府市場仍頗感興趣，尤其最近各國政府為繁榮經濟，減少失業率，利用赤字預算從事各類計畫，所需貨物與勞務大量增加，有關採購事項也多授權各級政府直接辦理，因此形成一個特別具有發展潛力的市場。

　　政府購買若干不同的產品與勞務，其目的不是為了滿足個人的消費，也不是牟取利潤，而是為了謀求國家社會的永續發展與繁榮。

　　政府市場，特別是在先進國家，每年需要千百億美元的貨物與勞務，政府在編列的預算中，因受各方面的壓力，在對貨物與勞務之需要上，都編列較大的預算，而在各種新機構的設立方面則為數甚少，私人與政府共同設立的工業正在不斷地增加，政府已逐漸採取私人企業所應用的成本和利潤分析法，作為採購決策之依據。

　　不斷地設法迎合技術的改變與新增加政府市場機會的私人企業，可能將會獲得相當的利潤，因為技術革新已經成為政府市場競爭的一個主要的項目。自第二次世界大戰以後，若干政府已成為資助與領導民營企業研究發展的主要推動者。過去我政府推動的研究發展重點在於防禦武器、基本建設與傳產方面，最近十幾年又致力於資訊、交通、教育、治安、光電與生技等方面，從事新技術研究發展的專家與企業，在新發展的工業與消費市場，會居於領導地位，同時若干新的採購方法也逐漸為其他的企業採用。

## 市場分類

　　政府市場所採購之貨物與勞務幾乎無所不包，從基本的食品、文具紙張，到原子反應爐、愛國者飛彈及潛水艇等。在勞務方面從守衛人員到最高級的工程師，均包括在內。

　　政府市場可以按照各種不同等級與機構分類，另外也可以按照採購的貨物與勞務種類分類，迄今尚未訂定一個共同採用的分類法。

　　整個政府市場可以根據各種不同的需要與各種貨物勞務分成三類：

第一、一般工業與消費市場之延伸。第二、傳統與常用之貨物及勞務市場，政府處於重要地位者。第三、特別的政府市場，因政府的需要特別，產品與勞務也特殊。茲再將該三類市場簡要加以介紹。

## 一、一般市場之延伸

此一市場通常包括提供非政府市場的貨物與勞務，有時也將一般貨物加以修改，以適合政府特殊的需要，重要的一點是在政府市場上，不同的顧客應該分別加以研究，例如中央政府、省、縣等政府對文具紙張、汽車等的需要都和私人企業相同。在購買型式上，也與大小不等、地理分布不同之公司相當。不過在另一方面，就不一定相同。例如政府在為三軍官兵訂製鞋子時，可能特別規定橡膠中某種成分之含量，使得該製造廠不得不採用特殊的生產過程與不同的成分等，這種情形，對某些企業而言，可能很好，對另外一些企業而言，則又不見得。

至於政府的消費行為與一般顧客消費行為之間的差異，並無明顯規則，因為在政府市場，主持採購的人多表現其與私人企業相同之行為。因此在零售店購貨之政府採購小組，他的觀點與行為可能大半與在私人企業者相同。為三軍訂製服裝與糧食的規格雖有不同，但會和在遠東、崇光百貨公司採購人員所要求的一樣仔細、深入。從事重大工程時採購的各種設備、使用之標準與購買之方式和民營事業的標準與方式也不會相差多少。但是，也有不同之處，如目前我國在採購上述物品與設備時多採招標制，而且由有關單位如各國立大學與台灣電力公司等政府機構辦理。投標的公司，首先需符合政府規定標準，在投標之程序、資料、規格、計畫與證件等方面要求比較嚴格。而在廣告、推銷等成本方面則相對地少，因此，不論品牌與過去在該行業之地位，只要價格最低，而又符合規格即可得標。

## 二、政府占重要地位之市場

在這個市場上，政府的地位比較重要，因此都採用政府規定的標準，民間影響力比較小。例如軍械、彈藥、飛機、建築等，這些行業有時與政府規定或所使用之規格有密切的關係。具體言之，各級政府的需要左右這個市場，而且為所需要的貨物與勞務建立一定之型式。

在民主國家，此類市場之決策過程多受政治之影響，如選民們感覺某一計畫不符合地方需要，可以在選舉時加以壓力，以便變更或取消之。如選民們反對發行地方政府公債建立一個警察局，或在住宅區附近建一座焚化爐，因此，在這一類之市

場上，要注意，雖然在推銷方面付出相當代價，例如為政府設計與分析，但此一計畫可能會變成無用或改變計畫，核四廠就是一個實例。

### 三、特別的政府市場

這個市場所需要的貨品與勞務都是非常特殊的，而且需要高度技術或錯綜複雜的作業系統，或高度管理技術及控制技術的革新。在我國高級軍事裝備的製造者、高速鐵路的各項建設均屬於此類型。美國國防部、太空發展中心與原子能委員會等所控制之市場尤為明顯。近幾年來，台電核能發電、工業區廠房之建築，國民住宅與國中教室之興建，公教福利中心制度之建立等均為特別的政府市場，這類市場上，買方不容易把他的需要列舉得很具體。相反地，他會要求供應商或有關之企業界指出問題的關鍵，尋求解決之途徑，如果有必要，有關企業，還得提供財力與勞力，以便協助計畫之順利完成。美國在 2003 年使用的阿布蘭姆戰車 (Abrams M1 Tank)，可以從事地面作戰，也可指揮海空軍進行整體作戰，就是由製造商提供構想與系統。

這類市場對於廠家的價格、交貨日程、使用方法與組織能力甚為重視，因此，創新性之建議、公司作業能力與實現計畫之特別措施等，在決定得標時會與價格同時考慮。正在進行中的高鐵計畫就是此類市場。

### 四、區割政府市場的其他方法

政府市場也可自原始系統設計者到配件供應商，依訂約廠家的性質而分。另外一種係按技術水準分割，此種分割在新技術引起市場或工業轉變，或創造新市場機會時，特別具有價值。茲以篇幅有限，不擬詳細介紹。

## 採購規定

政府之採購主要採用招標及議價兩種方式。投標公司通常需註明旨趣、能力、與過去紀錄。在招標時，政府都要求 3、4 家以上的投標者，藉以說明政府如何支出公共稅收等款項。此種作法之主要目的在於得到成本較低之投標者，如果有時特別注重品質與技術，在價格與規格上又無法訂明，則往往會找一個價格高、品質好的廠家，採議價法，然後由專門選擇投標的委員會決定之。

因為政府採購者是代表整個社會大眾，民主國家都將進行情節公告大眾，因此各方面的資料更正式、更詳盡，以使公眾能夠有所瞭解。

若干重大工程，政府往往提供一部分資金作為用於研究發展的設備投資之用。

有時政府會全部負擔機器設備所需的資金。在另一方面政府則不負擔此等費用，以使得標者之報酬率不致過高。此等行業既以政府為主要對象，因此政府方面對其報酬率特別關心，而時常設法予以控管，政府方面定時審查供應者之營業紀錄。美國政府在過去幾年，因受刪減預算與通貨膨脹之壓力，經常與供應廠家在工程進行中重新議價，以避免過低之報酬率與人民之指責。在伊拉克軍事行動中，美國國防部將大部分的補給、後勤等非戰鬥性任務轉包民間，觀念創新，屬另類的政府市場。

政府機構在很多方面均擁有特權性之決策。例如在訂定契約時，政府往往先要求保障公平就業機會。很多政府合同都特別規定，在合同下任何新的技術或發明均應屬於政府所有，有的時候，政府的合同並要求合同公司中某一個重要的人應該負責此一計畫，同時並規定，移轉招標時投標廠家的資格等條件，另在投標時也往往要求政府保留查核並決定工資水準或增加工資、加班工資率、設備購買與就業情形等權利。

因為政府採購規定之性質，通常廣告對購買決策人沒有像一般市場之效果，若干專對政府市場做廣告的公司，直接強調在某一方面的實力與能力，因此一個公司至少可以獲得一個投標的機會。

政府市場之採購手續，使人覺得政府是一個客觀而又獨斷的購買者，與普通的購買者不同。就理論上講，政府市場上的每項購買，都是根據在當時最低的價格與最好的計畫，並非是根據歷史關係如品牌的影響力，不過政府採購的決策，與一般企業者相同，因為決策是人做的，仍然會受到某種品牌或推銷方法或關係的影響。

賣方的分析者也應該明白政府採購的決策可能有些因素比低的價格更重要，如政治因素方面，預定將某一採購分配到一個特定的地區，政府往往利用不同的時機，運用其採購的力量，達成其他目標，例如社區的建築、市場價格的控制與鼓勵革新等。另外政府為達到輔助某一行業，也可指定某一類公司可以參加投標。雖然上述現象在政府市場上頗為明顯，在一般市場上，類似一舉多得、私人或政治因素的市場策略，也是非常的普遍與重要。

## 市場分析

政府市場日漸為人注意，為求在政府市場上有效地作業，應該特別注意行銷計畫與研究。如果真正願意在政府市場投資，市場資料是可以得到的，因它是社會大

眾的財產。同時因為政府機構之決策者比私人企業容易見到，因他們都是為人民服務的。而且想和政府交易的都是納稅人與主要貨物供給人，同時有用的市場資料均可自預算與長期計畫與需要得知。

## 未來的展望

近年來，政府採購急劇增加，我國官方採購似漸採取分權制，而歐美各國則漸採由各級政府負責，趨勢大致相同。美國過去注重太空研究發展與國防費用。我國採購項目雖不同，但改變趨勢則大致相同。此種轉變，對於政府市場具有重大影響，市場作業人員如能及時獲得有關資料，加以分析研究，則不難發現政府市場之機會與改變趨勢，以採取有效措施。

其次，臺灣經常傳聞民意代表或與政府高層關係密切的廠商參與重大工程的圍標、綁標，或以輪流得標方式，承攬工程。得標後，轉包同業，影響施工品質，危害社會大眾安全與福祉。921 地震後，損毀嚴重以及倒塌的各級學校教室絕大多數屬於公立學校，足以印證。建立立場超然公正的檢控機制，或為今後政府市場刻不容緩的要務。

## 習題

1. 說明消費市場的特性
2. 年齡結構為什麼影響消費市場，試分析說明之。
3. 說明工業市場的特性
4. 說明工業市場採購決策依據的因素有那些。
5. 說明政府市場的分類。

# 第七章　行銷策略

## 改變中的環境

　　現在是一個變動的時代，也是一個競爭的年代，它充滿了大好時機，也佈滿了威脅與陷阱。企業經營者在面臨多變的經營環境，需要擁有一套有效的資訊系統，以便繼續不斷的偵測、蒐集與分析有關環境變化發展方面重要的訊息，以作為擬定行銷策略的依據，避免因為環境變遷而迷失方向，而錯失發展時機。

　　在此過程，企業主管對於新的發展必須要保持高度敏感與警覺。每一種發展的分析應該從其對公司規劃與行銷決策的影響著手。有的發展會對公司造成威脅；也有的代表大好的發展機會；更有的是可能二者都有。

　　在作這類分析時，最重要的是負責各部門、各種產品或不同市場的主管，不但要重視前述的機會與威脅，更重要的是要採取有效的行動，以達成企業成長發展的目標。

### 一、全球經濟情勢的回顧與展望

　　二十世紀即將結束的片刻，人類歷史上發生了兩件大事：一是中國大陸和臺灣都加入了世界貿易組織 (World Trade Organization, WTO)，讓中國大陸承擔了帶動二十一世紀初期世界經濟發展的重任。此一轉變可能連倡導 WTO 的專家都始料未及。另外，就是回教激進分子於 2001 年 9 月 11 日劫持美國兩架客機撞毀象徵美國國力的紐約雙子星貿易大樓，震驚全球，據統計共有三千餘人罹難，財產損失約 3,600 億美元。二十一世紀就在以美國為首的獵捕回教恐怖分子行動中揭開序幕。

　　二十世紀下半葉的前二十年，先是重建二次大戰後的歐洲、日本的崛起，以及包括臺灣在內的亞洲四小龍的成就。70 年代生產技術與方法的改進，提升了生產效率及產品多樣化，現代行銷於是負起了銷售推廣的責任。80 年代品質優異的日本產品席捲了歐美市場，刺激了歐美企業聚焦於產品品質改良與再造工程，90 年代微電腦普遍應用，繼續建構企業組織系統及人性管理，二十世紀最後的十年則掀起了高科技電子產業及網路公司的曇花一現，新知識經濟時代則在二十世紀末二十一世紀初降臨人間。現在，行銷環境變動的速度，越來越快，競爭越來越激烈，發展方向

越來越難以預測。

## 二、中國大陸經濟迅速發展

自 1950 年開始，臺灣由於地理位置特殊，以自由民主的燈塔聞名於世。70 年代以後，經濟發展迅速，社會安定，成為「亞洲四小龍」之首。

自 1987 年大陸採取開放政策以後，臺灣企業即陸續赴大陸投資，初期多屬中小企業，係投機性或試探性，此後大陸積極推行現代化政策，提供優惠條件，鼓勵臺、港企業前往投資。當時前往投資的多為規模小、勞力密集的傳統產業，投資的目的是因為勞工成本低廉，可以提高價格競爭力。臺灣當時的領導人低估大陸經濟發展的潛力，未能及時從長期發展規劃有效的策略，就產業別、地區性及階段性等作有系統的研究，擬定策略，協助臺灣企業有組織、有計畫的投資大陸，並予以輔導與支援。不幸的是兩岸敵對近半個世紀，雙方領導人的意識型態一時無法調整，而且此時正值臺灣電子電機產業蓬勃發展之際，領導人多沾沾自喜，未曾全面評估大陸投資所產生的長遠影響，因此開始時置之不理，90 年後期始採登記報備措施。中、大型傳統產業始公開地向大陸移轉。大陸也制訂若干優惠辦法，吸引前往投資設廠的企業，至此政府才發覺情況之嚴重性，因採登記方式，對鉅額投資案則要求減緩或分期進行，以期降低對臺灣經濟的衝擊。

大陸目睹國際化的潮流，積極開發沿海地區省市，一方面詳細的規劃產業發展政策，一方面加強基礎建設，同時改進各種法令，以迎合擬前往投資者的需求，奠定了大陸邁向二十一世紀發展的基礎。

中國大陸為了提升國際形象以吸引國外投資及觀光客，積極爭取主辦重要國際性活動：2008 年的奧運會在北京一帶舉行，接著又成功的爭取到 2010 年在上海舉辦的世界博覽會。這些重要的國際性活動，不但為大陸的城市建設注入了動力，也為大陸帶進數以億萬計的商機，加速大陸的經濟發展，更提升了大陸在國際政治經濟舞臺的地位。

自 2000 年以來，美、歐等國主要媒體如《財星雜誌》(*Fortune*)、《商業周刊》(*Business Week*)、《時代》(*Times*)、英國《經濟學人》(*The Economist*) 與美國電視網 (CNN) 等，經常大幅報導中國大陸經濟進步的情況，並不時讚響其遠見及成就，使大陸工商業的發展已成為世界關注的焦點。自 2002 年以後，大陸被公認為世界製造中心。2002 年外國投資高達 527 億美元，較 2001 年成長 12.5%，2001 年則較 2000

年成長 14.9%。2003 年大陸出進口貿易總額高達 8,500 餘億美元，已成為世界第四大貿易國。據預測十年之內大陸 GDP 值將超越歐洲。❶

## 三、進退兩難的臺灣

臺灣企業的領導人，目睹大陸迅速的進步、廉價的勞動力，以及市場的潛力，從企業長期發展目標考量，西進幾乎是唯一的選擇。因此自 90 年代中葉開始，大型電子產業也紛紛在沿海一帶投資設廠。少數企業在政府道德的勸說與優惠條件的安撫下，的確暫時放慢出走腳步，繼續以臺灣投資為優先，但就商言商，企業終究是以利潤為最優先的目標，長期而言，那裡有錢賺就在那裡投資。

政府為避免企業迅速西移，加速臺灣經濟空洞化及泡沫化，早在 1980 年代中期以後，即提出南向計畫，但終究無法與大陸市場比擬，部分南向的企業後來仍然移轉至大陸。

自 2000 年大陸加入 WTO 後，歐美的大企業，鑑於大陸市場發展潛力，為迅速打進大陸市場，獲得投資優惠，他們將計就計，陸續將相關的研發及生產部門設在大陸。在此情況，原先委託臺灣設計及代工的臺灣企業也必須在大陸設立生產工廠，供應當地所需要的零組件及配件等，否則就無法生存。如果為了爭取大陸市場，必須和大陸的高科技公司合作，該等企業多係大陸國營企業，合作條件就是要在大陸投資設廠。因此近年來，不但臺灣傳統產業經理人赴大陸工作者日多，高科技產業經理人也急劇增加，為了替臺商服務，臺灣的服務業也早已悄悄地開始在大陸佈局後營業。

根據《財星雜誌》報導，迄 2002 年底，約有四十萬臺灣的企業家長期在大陸工作。❷另外約有五十萬人經常來往兩岸。❸據報導這些人員不但所得水準高，也是臺灣消費能力最強的一群。由於此一原因對於臺灣消費市場產生重大的衝擊。

臺灣企業在大陸投資，據非官方估計，累積金額約在 1,000 億美元左右，陸委會登記者約在 600 億美元上下。自 2001 年 9 月 11 日事件後，原擬在本國或在臺灣，韓國等地投資的歐美科技公司，有鑑於大陸市場規模及發展潛力，且勞工成本低廉，治安良好，因此改變原本計畫，而前往大陸投資。根據《財星雜誌》，美國五百大企

---

❶ 《中國時報》2003 年 1 月 26 日。

❷ *Fortune*, Jan. 20, 2003, pp. 46–52.

❸ *Buessiness Week*, Dec. 9, 2002, pp, 20–27.

業中，已有三十三個大企業在大陸投資，又自 2000 年起，每年湧入的資金約 500 億美元，在世界經濟一片不景氣聲中，只有大陸一直維持在 7% 以上的成長率。❹

現在臺灣不但傳統產業已大部分移轉至大陸，連世界級的晶圓大廠台積電超過 8 億美元的大陸投資晶圓廠案也已於 2003 年 1 月 22 日原則性通過。94 年春節臺胞返臺歡渡春節包機案兩岸政府也均點頭同意，對於談論已久的三通，無疑又向前邁進了一步。

正當台積電上海松江廠的投資案如火如荼的進行之際，這位世界晶圓龍頭突然於 2003 年 12 月 22 日宣布已於美國洛杉磯時間 12 月 19 日在美國北加州聯邦法院遞狀，控告上海中芯國際及其美國子公司侵害多項台積電專利權，竊取台積電營業祕密及不公平競爭，訴請對中芯禁制令處分及相關財務賠償。❺此一國際訴訟案件顯示了臺灣高科技業者面臨的困境；守法的企業眼睜睜地讓覬覦大陸市場的業者假合資之名成立新的公司，以市場潛力與高薪為餌，吸引臺灣競爭者的員工，然後以同質產品但低價策略爭取臺灣企業的顧客。誠如全國工業總會在 2003 年 11 月公布的「2003 年大陸臺商調查報告」所言，中國大陸加入世界貿易組織後，大陸當地企業已成了臺商主要競爭對手。❻大陸的合資企業如中芯國際者將日益增多，尤其在尖端高科技產業。居領導地位的台積電固然可以在美國遞狀控告中芯，臺灣的企業有幾家有能力而又敢控告如中芯般的企業？

現在政府正陷入進退兩難之中：如果繼續限制那些願意接受政府勸說的大企業前往大陸投資，則這些企業將坐失良機，不但影響有關企業發展成長與長遠競爭優勢，也影響臺灣經濟發展及競爭力。如果政府採取開放政策，則「錢進大陸，債留臺灣」的案件毫無疑問將會增加，也就是開放政策，可能危害臺灣經濟的發展。因此現在正採取總量管制的政策，也就是為了積極爭取大陸的市場，財務健全，又可以運用國外資金的投資比較容易為政府接受；財務情況不健全，或經營不善者，政府可能會設法加以勸阻，至少在銀行融資上會受到影響。

臺灣企業在面臨兩岸及世界經濟環境如此重大變動之際，必須作出有效的對應策略，以應付這種變局，使企業在變動的環境中能夠繼續成長發展，策略規劃的觀

❹ 同❷。

❺ 《工商時報》，2003 年 12 月 22 日。

❻ 《經濟日報》，2003 年 11 月 3 日。

念與實務因而受到各界重視。

## 環境分析

　　環境分析在策略規劃中特別重要。企業是環境的產物。一種策略是否成功，主要決定在企業所屬的產業競爭情勢，以及是否符合組織的特性。前者就是競爭環境。由此可知，一種有效的策略必須與環境密切的結合。因此每一位管理人必須仔細地分析他所在的環境。可惜一般的分析多重視大環境的因素，如經濟環境、科技環境，以及競爭情形等，甚少認真深入分析對企業經營的產品或市場，甚至一種製作原物料技術改變對公司有關的市場或產品或同業競爭者的影響。

　　當管理者能對於外界環境發生的事情正確的掌控，而且也大概瞭解對公司會發生什麼影響，環境分析的工作就告完成。現在是國際化、網際網路時代，資訊隨時在交流，環境隨時隨地在改變，因此環境分析是持續不斷的工作，絕對不能夠間斷。

　　自 1980 年代開始，企業營業範圍擴大，各市場未來的發展也不相同，各別部門根據過去的資料評估未來績效的作法已變得不可靠。最重要的是對未來不同環境下不同的發展情勢，無法提供較正確的預測。因此需要一反過去由內而外的作法，而改為由外而內，先對公司發展有直接影響的機會或威脅，以及各地區的發展趨勢等仔細加以分析。

## 分析威脅與機會

　　在分析環境以後，行銷人員會發現需要發掘的機會與面臨的威脅。每個企業有其特殊的專業才幹與資源，雖然企業面臨的環境相同，甚至屬於同一個產業，有時環境改變對某個公司而言可能是機會，而對另一個公司則可能是威脅。因此在競爭的市場環境上，有所謂危機就是轉機，至於是危機還是轉機，就要看公司因應環境的策略了。

## 威脅與機會分析

　　環境的威脅是外界環境一種不利的或特殊的發展趨勢所導致的挑戰，在缺乏有效行銷作業的情況下，它將會導致一個企業、一種產品或一種品牌的停滯或失敗。

　　應該注意的是：在作分析時，不需要關心每一種環境威脅，而設法加以應付，

主管人員應該依據下面二個方向分析每種威脅：

　1.如果此一威脅不幸成真，則對本公司可能會造成多少的財務損失？

　2.此一威脅發生的機率有多大？

為簡化分析方法，主管人員至少可以採用 2×2 的矩陣，即如果環境不利時，則矩陣為：

　　　威脅事件發生的機率×事件潛在的嚴重性（財務損失金額）

此一矩陣所得的結果應該用銷貨或利潤加以衡量。也就是說在作環境威脅矩陣分析時，應該評估威脅所造成的損失。

如果是機會分析矩陣，則矩陣為：

　　　事件成功的機率×潛在的利益

評估機會矩陣時，同樣也須用銷貨或利潤的結果加以衡量。

不論是機會或威脅矩陣，決策者對事件發生機率的評估高低大小，也就是決策者是樂觀、悲觀或中性的行為會影響此類分析。

當然不是每一個行銷機會都具有同樣的吸引力；不是每種威脅都是同樣地可怕。兩種矩陣的圖形如下：

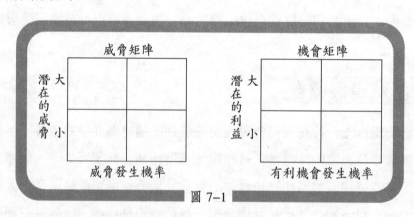

圖 7-1

在作機會分析時，應從二個基本的方向著手：

　1.如果實現，則對本公司會創造多少的利潤或銷貨？

　2.本公司能超越同業競爭者而使有關計畫實現的機率有多大？

在選擇行銷機會時，一方面要視主管人員的判斷力而定，一方面也得考慮環境因素。如果在銷貨或收益方面雖然相當具有誘惑力，但該計畫有違社會大眾的利益時，則不應僅從利益方面考慮。

　　一個理想的計畫，當然應該是有利的機會大於因威脅而導致的損失。如果成功的機率與失敗的機率二者都相當大，則此一事業就屬於投機性。一個艱苦的事業所遭遇的風險與威脅均大，其成功的機會可能有限。近年來若干「夕陽工業」與「傳統產業」都相當成功，倒是新興的產業反而遭遇困難，可見不論是「夕陽」或「傳統」產業，只要有發展機會，就可以生存，相反地，如果缺乏發展機會，或競爭激烈，就是新興產業同樣也會遭遇問題而失敗。

## 認清情勢

　　朝著有利的機會發展，盡量設法避免環境的威脅，以使企業邁向有利的情勢，是每個企業的目標。在決定選擇機會以前，主管人員必須謹慎而仔細的評估機會的品質，這正如李維特 (T. Levitt) 教授警告企業主管要謹慎的判斷機會所說的：「有時有需求，但卻無銷售該產品的市場；有時有銷售產品的機會，卻又沒有需求該產品的顧客。一個行銷人員如果能瞭解此種觀念，他一定會即時把握機會。」❼

　　即使在追尋行銷機會時，企業主管仍可控制他的風險程度，例如一個公司在行銷研究及研究發展方面，可以先作象徵性的投資，以免因對於市場情勢瞭解不夠，而使經營的主要業務發生偏差；或作適度的投資，以便在一個行業中變成一個領袖；或大幅度的投資，改變經營方向，而涉及比較大的風險。

　　一個公司在面臨環境威脅時，可以採取對抗環境不利的策略，改變環境中不利的發展。另外，也可以設法降低不利環境的威脅。如果大環境的確無法改變時，則應設法改變主要的業務，或尋找生產成本低的地點或方法，採國際化策略，以提升競爭力。

　　由此可見一個經營有效的企業，必須注意市場的演變發展及策略的適切性等主要觀念。同時還要注意公司本身的人力、財力等因素，因為顧客的嗜好、技術、競爭者、銷售通路、政府法令等環境因素都在不停的改變。企業應該以策略性的眼光，密切注意上述的發展，並且要知道如果要想成功的因應，需要具備那些條件。

　　在決定如何作才比較適合一個特別的市場，以及公司是否具備成功所需的條件之際，時間往往相當短促，要想在短促的時間達到一個最有利的決策，是相當不容

---

❼　Theodore Levitt, "Marketing Myopia," *Harvard Business Review*, July–August 1960, pp. 45–56.

易的。這也就是高層管理人的一項挑戰。

此時資訊的蒐集非常重要。其中主要包括國內外總體經濟情勢的發展、社會大眾消費嗜好的轉變及傾向、競爭情勢及目標市場等。

資訊蒐集後，便在公司及部門開始策略規劃作業，高級主管應先確定公司的整體規劃、目標、成長策略，以及投資計畫等，再擬訂各種進度。各部門的主管也應採取同樣的措施，因為每個部門也有其自己的使命，目標與成長策略等。

## 記取教訓

2000 年春美國高科技公司及網際網路公司泡沫化發生後，相關公司破產倒閉的家數難以估計，令人咋舌，特別一些國際知名的大公司涉及不法，令人難以置信。根據研究，美國 25 家大公司最貪婪的董事長或執行長，他們在股價最高峰時出售股票，最少為 4 億美元，最高達 20～30 億美元之多。[8]

從 1999 年 1 月到 2002 年 5 月，股價自高峰下跌 90% 以上。有的已經變成「分文股票」(Penny Stocks)[9] 或雞蛋水餃股票。

從 1997 年起，美國股票上市的公司有 723 家被迫不得不重新評估資產價值並調降財測。有的證券投資公司為了獲得不法的暴利，公司股票分析人員在公司的授意下，故意誇大利多的資訊，以拉抬某些特定股價，使投資人蒙受極大的損失，投資公司及工作人員則中飽私囊。[10]

我國的情形，大致相同，傳統產業的股票從百元以上掉落到只有幾塊錢，有的則已下市，大公司高層主管出脫持股，在大陸找到第二春，爛攤子則留在臺灣。也有的由於將大筆資金投入不動產，而陷於財務危機。

為什麼這些大企業會陷入如此悲慘的境況，究其原因，不外下列幾個：

1.環境變動快速，一旦發生不幸，將責任推諉，將失敗歸咎於環境。

2.企業倫理道德淪喪，高階主管貪婪無度，為了私利，置社會大眾及投資人的權益於不顧。

3.競爭造成，為達成利潤或成長的目的，往往不擇手段。

---

[8] "You Bought They Sold, The Greedy Bunch", *Fortune*, Sep. 9, 2002, pp. 64–70.

[9] "Can You Trust Anybody Anymore", *Business Week*, Jan. 28, 2002, pp. 39–40.

[10] "Inside The Telecom Game", *Business Week*, Aug. 5, 2002, pp. 34–43.

4.大公司的高階主管多具專業才能，致使投資人愈來愈不容易知道公司到底賺多少錢？他們的股票究竟值多少錢。一旦發生事故，則為時已晚。

為避免發生不幸的情況，因此主管要保持警覺，認清所處的環境。

## 策略行銷規劃的過程

策略規劃既然是為了避免企業在成長發展過程中受環境改變的影響，隨波漂流，迷失方向，因此須繼續不斷的蒐集資訊，並發布有關環境變化發展方面重要的資訊，企業主管們對於新的發展更要保持高度的敏感與警覺。每一種發展的分析應該從公司規劃與行銷決策的實際影響著手。有的發展會對公司造成威脅，也有的則代表大好的發展時機，也有的二者兼有。在另一方面，要分析企業的各種資源，檢討自己的優點與短處，尤其在關鍵性的專業技術知識上。根據對環境分析所得的結果，衡量企業本身的資源與長短處，於是形成策略，也就是行銷策略，最後執行策略並評估結果。此一過程如下：

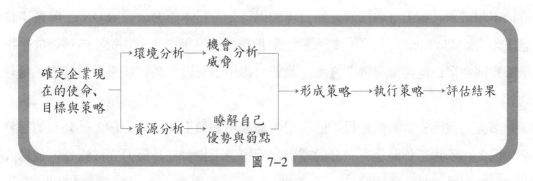

圖 7-2

### 一、確定企業使命

每一個企業的成立，都有一個使命，都要設法去達成。因為企業的使命攸關企業未來的發展方向，所以應該有一個使命說明書，說明一個企業的目的，同時可以說明一個企業能夠存活的原因。公司的使命說明書一旦確定，就可以給有關的主管方向感，讓他們認真的確定以後要在那個領域發展他們的產品或服務。

一般公司在一開始時，由於規模小，業務單純，公司目標與任務通常相當明確，當公司規模逐漸成長、新產品增加、新的市場開發以後，公司的目標變得漸漸不像開始那樣明確。有時目標或使命雖然清楚，由於環境改變，部分主管對它已不發生興趣；或由於行銷環境的演變，使命已失去其適應性，而不再符合實際需求。

　　當管理者體認到公司在隨行銷環境的變遷，漫無目的，隨波漂流時，此時就是企業尋求新方向，新目標的時機，也是追求下列各問題答案的時候：

　　1. 誰是我們的顧客？他們在那裡？

　　2. 他們正在追求什麼樣的利益？

　　3. 我們能提供顧客什麼樣的利益？

　　4. 我們的利基在那裡？和競爭者的比較如何？

　　5. 我們的企業現在在做什麼？未來應該如何發展？ ❶

上述的問題，看起來似乎很簡單，實際上卻很難回答。

　　一個企業要繼續不斷的提出這些問題，而且要仔細地加以研究分析，才能獲得正確的答案，作到有效的經營。

　　現在，若干現代化的企業，逐漸發展出一套公司成長發展的說明書，以回答上述各問題。一份好的說明書，能夠具有下列的作用：

　　1. 確定企業將來經營的方向，而經營方向又可以根據產品類別、技術性、顧客群、市場需求，或上述各因素之組合等加以確定。日本新力公司 (SONY) 前董事長盛田昭夫 (Akio Morita) 發現年輕人歡唱時攜帶的收音機很笨重，很不方便，於是指示部屬研究可以隨身攜帶的收音機，為新力指出了發展方向，後來果然發明了隨身聽。

　　2. 好的說明書具有激勵員工的作用，能讓每個員工都感覺到個人是公司的一分子，因此在承擔工作時也有一分的感覺，而願意承擔責任，努力完成責任，使個人有成就感與重要性。美國飛遞公司 (Fed Express) 的創辦人史密斯 (Fred Smith) 為了要加強對顧客的服務，決定在第一天下午五點以前收回的包裹，在美國本土的顧客應該在第二天上午十點半以前收到，就是飛遞公司員工努力的目標。這正印證了成功的大企業家，其有洞察趨勢的能力。

　　3. 具有整合的作用，能使遍布在各地區，各部門的員工在未來十年或二十年公司整體發展方向有所瞭解，有所依據，可以使公司中的員工、部門，以至全公司，上下一致，同心協力，為達成公司的目標而努力。不但可以收到整合的效果，讓各主管有一種壓力感，努力設法克服困難，達成單位的目標，以至公司整體的目標，藉以使企業整體的潛在力量可以發揮。

❶　方世榮譯，Philip Kotler 原著，《行銷管理學》，東華書局，1996 年，p. 83.

4.說明書必須說明公司主要的競爭範圍。其中主要包括產業範圍、產品及其應用範圍、競爭範圍，以及地區及市場範圍等。❶❷

一個公司擬訂出發展說明書，其目的在於希望和他的經理人、員工，甚至顧客和社會大眾由共同瞭解而達到共同承擔的目的，好的發展說明書能夠與公司上下全體員工共享其目的、發展方向與成長機會。好的發展說明書應該將公司的目的集中在少數幾個，不應該涵蓋太廣太多。像「我們要生產最好的產品、提供最優良的服務、達成普遍銷售與以最低價格出售」等無疑說得太多了。當管理者一旦遭遇困難，它無法提供決策的指南。

很多企業，在傳統上都是根據產品以確定其經營方向，例如肥料公司經營肥料；或根據技術，例如化學品加工等。數年前李維特教授認為依據市場較根據產品或技術確定經營方向要好。因產品或技術早晚會因為環境的改變而被淘汰，變成陳舊。相反地，根據市場需求則會隨市場需求的改變而適應、改變。例如經營電影的逐漸為電視及影音光碟播放機取代，傳統的電話為手機取代。如果以市場為主，則前者是在提供方便而經濟的娛樂節目，後者則只是從有線變成無線而已，都屬於通訊業。產品與技術雖然改變了，市場卻仍然存在。❶❸

在發展行銷導向的目標說明書時，盡量避免將使命定得太狹義或太廣泛。如果，一個居於領導地位的鉛筆製造商將他的目標定為「生產意見溝通的設備」，可能太過廣泛。現在以美國聯邦監獄管理局 (the Federal Bureau of Prisons) 的使命說明政府機構服務的主旨：

保障社會的安全，將犯人限制在一個控制的監獄環境中，他們的設施和一般社區相當；安全與人道，而且適當的加以保護，獄方提供他們工作與自我成長的機會，以協助他們日後成為一個守法的國民。❶❹

美國聯邦監獄管理局的目標雖然不是營利事業，但其使命表達得清楚而動人，充滿了人性與愛心，不但將犯人在監獄中的生活說得很清楚，讓社會大眾及家屬親

❶❷ Philip Kotler, *Marketing Management*. Upper Saddle River, NJ: Prentice Hall, 2003, pp. 91–93.

❶❸ Theodore Levitt, "Marketing Myopia," *Harvard Business Review*, July–August 1960, pp. 45–56.

❶❹ F. David, *Strategic Management*. Upper Saddle River, NJ: Prentice Hall, 2001, pp. 65–66.

友放心安心，而且也為他們日後的生活與尊嚴等計畫得相當周詳，是一個多層面的使命說明，具有非常強的廣告效果。

美國有線電視公司 (CNN) 的使命是「第一個知道發生了什麼事件的人」(be the first to know)。另外國際健身公司的使命是「奉獻給追求社會與環境改變的人」。為讓讀者瞭解更多知名企業的使命，茲再列出下列幾個，供作參考。

表 7-1

| 公司名稱 | 使命說明 |
| --- | --- |
| 露華濃化妝品公司 | 銷售希望。 |
| 嬌生公司 | 對醫生、護士、病人、母親，以及其他使用嬌生產品及服務的人負責任。 |
| 電視公司 | 提供經濟方便的娛樂節目。 |
| 瑪莉凱（化妝品公司） | 本著分享與關懷的心情，人們愉悅地將時間、知識與經驗奉獻的地方。 |
| 道瓊化學公司 (Dow Chemical) | 為了保護地球的環境，讓我們共同承擔這個責任。 |
| 皇冠則勒巴赫公司 | 在 1,000 天內讓員工都能爆發出具建設性及創意的才幹與力量——主要的競爭優勢和核心信念。 |

根據大衛 (F. David) 的研究，一個公司的使命說明書大致包括以下的因素。

表 7-2

| 構成因素 | 明確說明 |
| --- | --- |
| 1. 顧　客 | 誰是本公司的顧客？ |
| 2. 提供的產品或服務 | 公司主要的產品或服務是那些？ |
| 3. 市　場 | 在那些地區競爭？ |
| 4. 科　技 | 在科技水準方面，現在的地位如何？ |
| 5. 對生存、成長與利潤關注的情形 | 是否下定決心要成長與財務穩定？ |
| 6. 經營哲學 | 基本的信念，價值觀，激勵與企業倫理如何？ |
| 7. 自我認知 | 重要的競爭優勢與專業才幹有那些？ |
| 8. 公眾形象的關注 | 對社會及環境有關的事物回應的情形？ |
| 9. 對員工關心情形 | 是否將員工視為重要的資產？ |

資料來源：根據 F. David, *Strategic Management*, 8th edition. Upper Saddle River, NJ: Prentice Hall, 2001, pp. 65-66 整理。

## 二、檢視資源與專業才能

成功的策略規劃是將潛在的市場機會和公司的能力結合在一起，此時策略效果

最好。如果公司的能力，如資本需求、技術經驗及管理人才等均具備，但潛在的市場機會並未來臨，或潛在的市場機會來臨，公司的能力卻並未配置妥當，在此情況，就不會達到預期的策略效果。

有時管理者僅將潛在的市場機會指出，是不夠的，即使進一步指出應該採取什麼策略，仍然不夠。當一個公司具備了技術能力與所需的資源時，市場機會是否仍然存在，可以有效的加以運用，則需視市場環境變動的速度與競爭情勢而定。

現在將焦點集中在檢視公司內部問題，評估本公司擁有那些專業才能？擁有那些關鍵性資源？這些才能曾經用在那些地方？創新過那些產品？公司的財務情況如何？顧客認為公司產品或服務的品質如何？此一過程也逼使主管們體認到不管企業的規模多大，財力多雄厚，在資源方面總是有限制，無法漫無標準的花費。

內部檢視能提供一些重要的決策資訊，作為擬定行銷策略的依據，其中尤其有關重要的科技才能，特別的資源，對於規劃公司何去何從，更是重要。這些獨特的專業才能，通常稱為核心才能 (core competence)，它能決定一個企業的生存發展或淘汰出局。臺灣大型電腦生產廠商至少有幾百家之多，為什麼只有少數幾家的知名度較高？因為這些公司電腦的品質優異，不良率幾乎為零，免維修期限較長。由於他們在電腦製造的競爭優勢和核心利益，國際知名的電腦大廠如 IBM，戴爾 (Dell)，惠普 (Hewlett-Packard)，及日本的電腦大廠均委託他們代工。

## 三、知己知彼

大多數的行銷策略專家，與戰略戰術專家一樣，都非常注意同業競爭者所處的相對戰略地位。尤其應該注意的是在比較分析時，必須要精確。許多研究發現，在一個產業投資過高的公司，其利潤率往往低於投資率低的公司。如果用於比較分析的公司，相差懸殊，則其他地方一定也會有差別。

在同行同業比較分析時，必須注意到產品生命週期的階段，如果主要產品的生命週期階段不同，不應加以比較。即使比較，所得的資料也不一定會準確可靠，因此參考價值可能不大。

在研究分析時，企業的每一個機能都要注意，在此僅將行銷、財務會計及生產三個主要部門提出，每一部門再列出數項作參考。

(一)在行銷方面：

1.市場競爭情況如何？在整個市場或局部市場是否已經建立了相當穩固的地位？

2.產品品質與服務如何？

3.消費者對於本公司的形象如何？

4.產品與勞務的完整性、新產品的地位、產品組合、主要產品的生命週期階段等，情況如何？

5.專利權的保護情況如何？

㈡在財務會計方面：

1.整體的財務力量如何？

2.財務的規劃，營運資金的籌措，以及資本預算的各種細節，是否有效？

3.與同業比較起來，是否能以較低的成本獲得所需的資金。

4.資本結構情形如何，當需要資金時，是否可以設法籌措資金？

幾乎任何的策略都需要資金,健全有效的財務會計是行銷策略成功的最大保障。因此一個企業在擬定任何行銷策略，採取任何行動以前，均先對以上的各點加以研究分析。

㈢在生產方面：

1.生產設備性能如何？生產能量是否可以擴充？

2.單位生產成本是否具競爭力？

3.研究發展績效如何？

4.主要零組件及原物料供應是否穩定？價格是否有競爭力？

很多企業在自我評估時，盡管認真的逐項檢討，卻仍然無法找出真正的缺失，因為自己看不到自己的缺失，所以在 1970 年代能源危機發生以後，很多企業知道已面臨關鍵時刻，於是延聘知名的管理顧問公司為自己的企業把脈診斷。當時管理顧問公司確也提出若干寶貴的建議，尤其在發展方向及資源劃分等方面，有的企業立刻加以改進，並根據建議的方向目標，擬定發展策略，結果非常成功。有的企業則因未認清環境變動的本質，僅在分析資料，注重作事的方法，而未分析應不應該作，結果錯失時機，以致不是因為無法適應環境的衝擊而逐漸被淘汰，就是被先前的競爭者超越。

因為變動太快，大部分的決策者不知所措。由於傳統的思考方式已經無法解決當前面臨的問題，過去成功的經驗與優勢反而成了障礙。於是企業決策者只有求助管理顧問。當時以 Bruce Henderson 等的波士頓管理顧問群（Boston Consulting

Group，簡稱 BCG)、麥肯錫公司 (Mckinsey Company)、奇異公司 (General Electric) 等最有名。

企業成長的策略種類眾多，根據柯特勒、霍夫爾及孫岱爾，大致可分為三大類，即深入、整合及多角化成長策略。將在第八章詳加介紹。❶

## 四、確認公司優勢與缺點

前個階段的檢視會讓主管人員對於公司的財務、研究發展、專業科技人力、行銷效率等具有相當清楚的瞭解。對於各主要作業部門，如行銷、研發及生產等是否有能力完成相關的作業，也應明確的指出。這些專長或技術如果確實超越同業，具競爭力，則表示本公司具有競爭優勢。

相反地，如果不具備上述的優勢，沒有能力執行相關的業務，則為本公司的弱點。公司的文化或組織氣候雖不具體，對應變能力可能會有負面效果，過去的優勢可能成為未來成長發展的阻力，在評估時很容易被忽略。一個強勢文化的企業在產品品質或顧客服務等相當成功，成為標竿公司，但因環境改變，不得不採取適當的改變時，就會遭遇困難。在強調專業的時代，此種情形相當普遍，很容易成為環境改變下的犧牲品。因此在這個階段要特別注意不具體的與容易忽略的弱點。

確認企業內在優勢與弱點的分析法也叫 SWOT 分析法，是對公司的優勢 (strengths)、弱點 (weaknesses)、機會 (opportunities)，與威脅 (threats) 作分析。SWOT 的分析法可以協助發現企業的利基 (niche) 並設法加以開發，SWOT 分析法是相對的，要和同業競爭者的 SWOT 分析作比較。利用這種分析法，可以知道採用什麼樣的策略比較適合，能夠達成公司的使命與目標。一個目標的達成可能有數種策略或途徑，不僅只有一種策略。如果只有一種策略，則這種策略可能是錯誤的。至於應該選擇那一種，就須視那種策略會導致最具有競爭優勢。

在確認優勢與缺點時，不能僅根據主管自己的認知，應該放眼整個產業，甚至國際市場。傳統的分析法重點在於公司內部的組織，根據企業本身的各種條件擬定對外發展策略，是採取「攘外必先安內」的觀念。也就是企業未來的發展是要從企

---

❶ C. Hofer and D. Schendel, *Strategy Formulation: Analytical Concepts.* West Publishing, 1978, pp. 30–33, and G. Day, "Diagnosing the Product Portfolio," *Journal of Marketing*, April 1979, pp. 29–38, and *G.E. Growth Plans Outline* by Jones, Bridgeport, Telegram, November 8, 1974.

業內各部門與各種產品開始，加以檢視分析。對未來的發展，在基本上是依據企業內各事業部門的績效加以推估。自從 1980 年代以降，外界環境、技術革新、社會改變及競爭加劇，外部環境的改變已足以使一個大如國產汽車、東帝士與聯合航空等公司在短時間內改變競爭情勢，導致破產或歇業的命運。所以，在確認企業優勢與短處的同時，也要注意外界環境改變造成的影響。

## SWOT 分析

如果將威脅與機會分析和企業的優勢和缺點結合，則建構出另一個模式，即 SWOT，或 TOWS。

過去作環境分析時，未將機會與威脅，優勢與缺點結合起來。SWOT 分析法是將四個因素結合，將 SW 視為內在因素，OT 視為外在因素，則 SWOT 的組合如下表。

表 7–3　SWOT 分析

| 企業內部因素<br><br>環境因素 | 企業內在的優勢 (S)<br>4P's 的優勢 | 企業內部的缺點 (W)<br>4P's 的弱點 |
|---|---|---|
| 環境有利的機會 (O)<br>人口統計因素、經濟、科技、政治法律、社會文化、競爭者、顧客、配銷商 | SO 策略<br>有效運用企業的優勢，充分利用有利的機會。 | WO 策略<br>發展策略以克服弱點，以便把握有利的機會。 |
| 不利環境的威脅 (T)<br>人口統計因素、經濟、科技、政治法律、社會文化、競爭者、顧客、配銷商、供應商 | ST 策略<br>有效運用企業的優勢，以應付外在威脅，避免威脅。 | WT 策略<br>採取精簡，清算或與其他企業合資。 |

上表係根據外在環境與內部優缺點組合而成。例如 SO 策略是最理想的情況，公司可以充分運用現有的優勢，把握有利的機會，創造業績。當然一般的企業都很希望能夠移動到此一位置，因此會想盡辦法，克服困難，將企業的缺點轉變成優勢。如果一旦遭遇不利環境的威脅，會設法克服不利的威脅，達成化險為夷的目的。

ST 策略是依據公司的優勢去處理環境的威脅。目的是使優勢加大，同時設法使威脅減低到最低的程度。一個公司可能會利用他的行銷資源如品質優異的產品，有競爭能力的價格，有效的通路，以及有效的推廣等以對抗競爭者最近上市的新產品。

WO 策略則是設法降低自身的缺點，以便充分利用環境的機會，創造業績。所

以當一個企業知道自己在某些地方有缺點而需加強時，他可以努力發展這些不足的地方，如和新產品有關的研究發展部門，或銷售人員的效率等，或透過收購或合併其他公司以取得需要的技術或行銷通路，俾使在有利的機會存在時發展業務。

WT 策略則是設法降低自己本身的缺點與環境帶來的威脅。如果自己財力人力不足，則可以利用合資或策略聯盟等方法，鞏固原有的市場占有率或市場優勢。如果情勢不利，則可以採取精簡策略，處理部分生產設備，將焦點集中在公司本身有利基的市場區隔。除 SWOT 策略，也可以根據市場發展情況，運用其他的策略，以加強競爭力，例如：

1.利用網路訂購所需產品，並利用有效的物流公司及時將貨物送達，以增加顧客購買過程的方便。

2.為提升顧客滿意度，設法提升量身訂作的比例，以替代標準化產品的策略。

3.設立較多的發貨站，提升發貨效率，或以具競爭性的價格出售品質優異的產品。

為作到利用市場機會分析決定，有關的市場是否真的具有吸引力，也可以從下列幾點檢視。

1.是否能夠明確的指出目標市場，且以有效的策略介入。

2.是否能夠有效的說服特定市場區隔的顧客，讓他們偏好願意接受為該一市場所提供的特別利益。

3.是否有能力與足夠的資源，以傳送顧客所需求的利益。

4.公司的投資報酬率是否可以達到公司所期望的水準。

5.在傳送顧客所需要的利益時，是否較現在的或潛在的競爭者有效。[16]

當這些問題都有了明確的答案後，公司就可以更進一步的作出策略性的選擇。

## 策略性利益的分析

自 2000 年春全球經濟逐漸步入不景氣以來，企業界的高層管理者，尤其是高科技業，為因應突如其來的變局，均深入研究下列幾個基本的問題，以期能及時調整公司的整體策略，作出最能符合需要的決策。

1.應該繼續那些業務？應該積極開發那些新業務？

2.應該裁撤那些業務？組織結構應如何調整？

---

[16] Philip Kotler, *Marketing Management*. Upper Saddle River, NJ: Prentice Hall, 2003, p. 102.

3. 應該和那些業者建立各種聯盟的關係？為什麼？

此一工作的主要目的在於撤銷比較缺乏發展潛力的事業，重新開發比較具有發展潛力的事業，以增強各事業的發展活力，這就是策略性利益的分析診斷。

策略利益的分析與診斷，可以深入研究公司內部的財務、行銷或銷售通路、生產或作業，以及公司的資源等項目，以決定公司本身在那一方面比較具有實力，在那一方面比較脆弱而應該加強，以便能最有效地拓展有利的機會，應付外來環境導致的威脅。

幾乎每一個公司都有其優點，同樣每一個公司也都有其缺點。有的公司以擁有健全的銷售通路著稱；有的則以廣告聞名；也有的則以服務周到著稱。

在一個公司裡，每個部門也有不同的長處與短處，高級主管必須有「自知之明」，也就是巴納德 (Chester Barnard) 所稱的「策略性因素」(the strategic factors)，除非高級主管明確的瞭解他們的策略性優勢，他們將不可能在一個特定時間內，從若干行銷機會中，選擇最可能使其獲致最大利益的機會。除非他們經常分析其缺點，否則絕不可能面對以至有效的應付環境帶來的威脅。

一個規模大的企業，在財務方面，勢力可能相當強勁，但其應變能力及滿足特殊市場的能力，可能不如規模小的企業。

由此可見，行銷的策略規劃，應該先由每一個策略事業單位主管分析診斷。在公司方面則對每一個策略事業單位加以比較分析。

所以行銷的策略性利益分析診斷是要明確的指出當前公司的長處與短處。管理者也要研究不久的將來，公司的長處與短處。

一個企業在確定其目標與使命時，根據研究，應先從當前生產的產品作為出發點，然後逐漸推演到比較抽象的層次，最後再根據公司現有的貨源與能力，決定最可行的途徑。例如一個生產清潔劑的企業，可以將自己看成是一個非肥皂工廠、化工廠、衛生工廠、促進人類健與美的工廠。不論他是那一個使命，每個使命都提供一個新的機會，同時也可將其企業引到一個超越其能力可及，而不切實際的投資計畫。因此在作策略規劃時，應該特別注意此點。

一個企業可以依據下列三個層面確定其經營方向：(1)服務的顧客群。(2)顧客所需要的產品。(3)利用那種技術可以滿足顧客的需求。例如一家兒童刊物公司，專門編印及出版兒童藝文讀物，則其顧客群為兒童，顧客需要為藝文讀物，其技術則為

一般印刷，如果該公司想擴增其事業，則可從顧客群、書報畫刊，及較進步的彩色印刷技術等方面發展。

## 評估投資組合

管理者一旦將上列各問題的結果評估分析後，第一步是要確認公司是由那些主要的事業或產品構成，它們當前的情勢如何。有的企業由於規模太大，問題複雜，因此將公司的每一個主要事業部門組成一個單位，其單位主管就變成高層主管，美國的奇異電器公司 (G. E.) 稱這些主要的事業單位，為策略性事業單位 (strategic business unit，簡稱 SBU)。

## 確定策略性事業單位

一個策略性事業單位具有下列的特性：

1. 是一個單一的事業。
2. 有一個明確的使命。
3. 有其自己的競爭者。
4. 有一個管理者負責。
5. 控制某種（些）資源。
6. 能自策略規劃中受益。
7. 可以單獨作計畫，不須考慮公司中其他的事業。❼

大多數的公司都經營若干種事業，不過有的事業可能並不明顯。例如設有五個事業部門的公司不一定就有五種產品。其中一個事業部門又可能有三種產品與服務不同的顧客。一般企業多根據他們生產的產品研究他們的事業。

評估策略性事業單位最有名的方法有兩種，一是波士頓顧問公司 (Boston Consulting Group，簡稱 BCG) 法，一為奇異電器公司法 (General Electric Approach)。茲將兩種分析法說明如下。

## 波士頓顧問公司分析法 (BCG)

BCG 是美國一個有名的顧問公司，他建議一個公司，檢討全部的 SBUs，而且

---

❼ Philip Kotler, *Marketing Management*, 1980, p. 80.

將他們依據成長占有率矩陣 (growth-share matrix)，安排在該矩陣中，如圖 7–3。

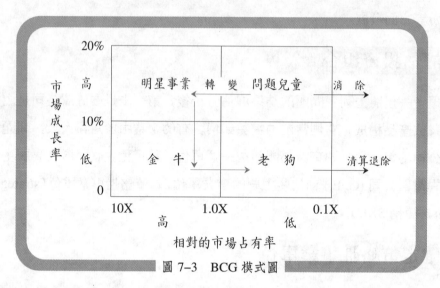

圖 7–3　BCG 模式圖

　　成長占有率矩陣，包括兩個主要事業指標；縱坐標是市場成長率，表示有關產品所在市場的年成長率。由上圖可以得知，市場成長率由 0 成長到 20%，當然可以更高。為表示方便，此處以 10% 作為分界，係為簡單容易，並無特殊意義。

　　橫坐標表示相對的市場占有率，是指 SBU 的占有率與同業中規模最大的競爭者相比較。如果相對市場占有率為 0.1，則表示該公司的 SBU 是同業中領袖企業市場占有率的 10%；如果是 10 則表示該公司的 SBU 的占有率是同業企業的十倍，即與在同一市場第二個最大的企業比較，市場占有率等於他的十倍。相對的市場占有率分為高低二段，用 1.0 作分界，是根據對數尺度。根據以上的指標，可以將成長占有率矩陣，分成四種不同類型的 SBU，茲將圖上各符號說明如下：

一、明星事業

　　代表高成長、高占有率的 SBU。此種 SBU 在初期需要大量資金支持，它是資金的耗用者，換言之，高速成長是要依賴大量的資金始能達成目標。它們的成長會逐漸變的緩慢，以至變成創造現金的金牛，以支助其它的 SBU 成長，因此可稱為「明日之星」。

二、金　牛

　　表示成長緩慢、占有率高的 SBU。它創造大量的資金，一方面供自己需要，同時也支助公司中其它主要的 SBU 成長的需要，尤其是明日之星。

### 三、問題事業

又稱為「問題兒童」(problem children) 或「野貓」，是指在成長率高的市場上占有率比較低的 SBU。為了維持其成長，它需要大量的資金，管理者必須仔細的考慮，是否應該在它身上投入較大的資金，以便使其成為業界的領袖，作為本公司的主流產品，如果決定不如此作，則它的發展就會逐漸的減緩，以至停止生產。

### 四、老　狗

又稱為「現金陷阱」(cash traps)，指成長率低、占有率低的 SBU。它們可以創造足夠的資金，以供自己使用，但不必期望它們變成大量資金的供應者。

有關公司投資規劃的工作分析到此就要決定公司中每一個 SBU，在未來應該承擔什麼樣的角色，根據 BCG，有四個不同的目標應該追求：

1.建立市場：此一目標是在設法增加 SBU 的市場占有率，為達到此一目標，即使放棄短期的獲利率也是應該的。對問題事業而言，建立市場特別重要，因為如此可以使其成為明星事業。

2.堅守原有地位：在設法使 SBU 維持原有的市場占有率。如果要使強大的金牛繼續創造大量的資金，則此一目標特別重要。

3.短期的收穫：此一目標在設法增加 SBU 短期的現金收益，而不考慮長期的效果，對於未來希望微弱，地位比較衰退，而又需要他創造大量資金的金牛，此種策略特別適當。

4.剔除：此一目的在出售或清算某些事業，因為用在這些事業上的資源，如果轉移到其它的 SBU 將會更有效果。此一策略不但對於那些用老狗所代表的 SBU 特別適合，同時對於那些公司當局決定無法以財力支助其成長的問題事業的 SBU 同樣也適當。

當時間更替之際，SBU 會在成長與占有率矩陣上改變它們的地位。由此可見，每一個 SBU 都有一個生命週期。很多 SBU 開始時的地位是問題事業，如果它們成功，便轉移到明星事業的地位，此後當它們的成長率下降時，就變成金牛，最後又變成老狗而到達生命週期最後的階段。

此一演變的過程說明了一般的公司，為什麼要繼續不斷地增加新產品，以及再投資，重要的原因是希望有朝一日，它們能轉變成為明日之星，以至最後成為金牛，創造資金支助其他 SBU 的發展。

因此一個公司不但應該注意檢查其產品或事業在矩陣圖中現在的地位，而且也要注意他們未來將向那個位置移動。每個產品或事業都應從前年、去年、現在，以至明年可能向那移動分析，同時應該要求負責的經理人提出一種新的策略與可能產生的結果。

根據上述的研究可以得知，一個公司的市場占有率愈大，則一種產品線的利潤率愈高。

BCG 分析的主要目的是在設法發展出一套使企業內產品或部門平衡發展的技術，俾使一個企業能夠達到：

1. 目前擁有創造利潤豐厚的產品，以便有能力培養「明日之星」。

2. 能夠明確的判定那些產品屬於明日之星，那些產品又需要逐漸的加以淘汰。

3. 一個管理良好的企業，不會有很多問題事業，即屬於明日之星的產品與將行淘汰的產品，其間能夠分得清清楚楚，絕不至發生魚目混珠的情形。

## 奇異分析法

奇異分析法 (General Electric Approach) 的分析法較 BCG 的分析法深入，它是使用一種更深入的投資規劃方法：策略性事業規劃格局法 (strategic business planning grid)。這種分析法的目的在表示一個 SBU 不能完全根據它在成長—占有率矩陣上的地位就確定它一個適當的發展目標。如果將 BCG 的模式再加上一些其它的因素，則變成一個多因素的組合模式，這就是奇異公司首先發展出來的模式。

根據奇異模式每一個事業是根據兩個因素加以評估，即：

1. 市場吸引力 (market attractiveness)。

2. 競爭的優勢 (competitive position)。

根據此一分析法，最好的企業是：

1. 所在的市場具有很大的吸引力。

2. 具有很強的競爭優勢。

如果缺少其中一個因素，則該公司將不會產生卓越的結果。一個競爭力優越的公司如果在一個缺乏吸引力的市場上也不會有卓越的成果，同樣一個競爭力較差的公司盡管在一個具有吸引力的市場上營運，也不會有良好的成果。

因此這個模式的真正問題是怎麼樣衡量這兩個因素。為解決此點，策略規劃者

必須確定在每個因素下的其它變數，而且要設法衡量它們編製成一個指標表，這些變數共同構成產業吸引力與企業優勢兩個層面。在實際應用本模式時，各公司可以選擇自己的變數與加權分數。是故市場吸引力就隨著市場規模的大小、年成長率、過去幾年的毛利率等而不同。公司競爭優勢則隨著市場占有率、占有率的成長率、以及產品品質等變數而定。奇異模式雖然採取了 BCG 模式的兩個因素，但是這個模式能讓策略規劃者在評估一個真實的與潛在的事業或產品時，較 BCG 模式可以依據更多的因素作更深入的分析。

表 7-4　市場吸引力與企業競爭地位構成因素表

| 市場吸引力 | 企業競爭地位 |
| --- | --- |
| 整體市場規模 | 市場占有率 |
| 年市場成長率 | 占有率的成長 |
| 傳統的利潤率 | 產品品質 |
| 競爭情形 | 品牌知名度 |
| 技術需要程度 | 銷售通路 |
| 受通貨膨脹影響程度 | 推廣效率 |
| 能源依存情形 | 生產能量 |
| 對環境衝擊 | 生產效率 |
| 社會／政治／法律等 | 單位成本 |
|  | 原料供應 |
|  | 研究發展績效 |
|  | 管理人員質與量 |

## 對組合模型之評估

除了 BCG 與 G. E. 的模型外，產品組合的模型比較有名的還有阿瑟李桃 (Arthur D. Little) 與殼牌石油公司 (Shell) 等模型。利用這些模型有很多好處：這些模型可以幫助管理者從未來的與策略的觀點思考問題，可以從經濟的立場更清楚的瞭解他的事業，提高計畫的品質，促進各事業單位與公司管理當局的溝通，明確的指出重要事件與資訊間的差距，剔除較差的事業單位與加強有希望產業的投資。

產品組合模型雖然有很多功能，但在應用時必須要謹慎。它們可能過於強調市場占有率的成長與打進高成長率的產業，以致疏忽了對現有產業有效的經營管理，

所得的結果可能受前面所說的變數值及加權數的影響，甚至可以運作，刻意的使一個事業或產品安排在組合矩陣中一個有利的地位。另外，既然計算的過程是採用加權平均法，二或二個以上的事業可能會落在同一個區位，但使用的數值與權數相差可能很大。因為很多事業各種變數的數值是管理者相互妥協而設定的，因此最後各事業都集中在矩陣的中間地區，彼此差異不大，致無法確定管理者應該採取什麼策略較佳。最後，該類模型因為是競爭性的，換句話說，兩個 SBU 之間是相互競爭的，因此無法收到綜益的效果，因為每次只為一個事業作決策，而不能同時考慮數個事業，可能會有相當的風險。但就整體而言，瑕不掩瑜，上述的組合模型已經改進了管理者的分析與策略性能力，能讓他們在作重要決策時，不要只靠感覺，應該依據更多的資料，與周詳的思考。

## 發展新事業計畫

管理者對現有事業的計畫是要預測其總的銷貨量與利潤。但是預測的銷貨與利潤經常比管理當局要求達成的要低。是故組合的策略通常包括剔除一些虧損的事業，增加一些新的事業。如果未來希望的銷貨量與預測的銷貨量之間有差距，管理當局應該設法發展或購併新的事業，以便彌補策略性規劃的差距 (strategic planning gap)。

## 習　題

1. 試從三個方向說明改變中的臺灣行銷環境。
2. 試用一個實例，解析環境變動所產生的威脅與機會。
3. 企業經營者為避免企業隨環境的變動而隨波漂流，迷失方向，經常需要提出若干問題，並尋找答案，是那些問題？試說明之。
4. 企業在作知己知彼檢測時，應檢測那些，試說明之。
5. 試說明策略性利益分析的主要內容。
6. 詳細說明 BCG 模式的內涵。
7. 詳細說明 G. E. 模式的內涵。

# 第八章　策略管理與行銷

## 策略管理

　　策略管理 (strategic planning) 是一組管理決策與行動，它決定一個企業長期成長發展的績效；它包含了各種管理的功能，如計畫、組織、領導與控制等；它的目的是給員工們一個清楚的目標與一個共同一致的遠景，可以減少重疊與浪費，因此能夠提高企業的財務收益，改變企業的經營策略。

　　現在策略管理涵蓋的範圍擴大，不再僅限於營利事業，包括政府機關、學校、醫院、鄉鎮公所、慈善機構等非營利事業均需要有策略規劃，以便讓他們所提供的產品或服務能夠適合變動社會中顧客的需求。

## 策略規劃與韓德遜

　　1963 年前後，原在美國西屋公司任職的一位主管韓德遜 (Bruce D. Henderson) 與 Arthur D. Little Inc. 共同創立了 Boston Consulting Group。當時規模很小，他們的思考與觀點並未受到重視，自 1973 年能源危機發生，每桶原油的價格由 2.95 美元飛漲至 36 美元，其他原物料價格也跟著大幅上漲，各大企業過去擬定的十年、二十年長期發展計畫一夜之間完全失效，過去累積的經驗也不再適用於解決當前的問題，過去的企業優勢反而成為因應變動環境的障礙。韓德遜目睹時機來臨，於是開始與其他的學者專家共同推廣策略管理。

　　韓德遜在其《公司策略》(*Henderson on Corporate Strategy*) 一書中提到：

　　在競爭激烈的環境中，企業面對的不是生存就是淘汰，只有最具競爭力的企業，才能生存，只有具有強烈改變意願，以及有能力因應多變環境的企業，才會擁有競爭的優勢，才能成長發展。❶

　　該書中特別提到下列幾點：

　　1.一位有效的主管具備那些特質。

　　2.多角化策略的優、缺點。

---

　　❶　Bruce D. Henderson, *Henderson on Corporate Strategy*. Cambridge, Mass.: Abt Books, 1979.

3.一個產業中規模大的前 3 家為什麼非常重要。

4.對抗企業「大」與「老化」的危險。

5.日本企業成功的祕訣是什麼，他們會繼續下去嗎？

6.惡性殺價競爭的極限等。

在今天這些問題已經是司空見慣，在 1970 年代卻是非常少見，特別從企業策略的觀點分析研究與追尋解決方案。

## 策略規劃應用於行銷

應用在行銷活動的策略規劃就是柯特勒所稱的行銷導向的策略規劃 (marketing-oriented strategic planning)，❷或愛克 (David A. Aaker) 所說的策略行銷管理 (strategic market management)。❸本書簡稱策略行銷 (strategic marketing)。行銷策略的成功與否既然取決於是否能夠有效的因應行銷環境的變動，因此策略行銷是盱衡持續改變的市場機會與威脅，根據企業自己的專業技術能力、人力財力資源、生產及行銷等實際情況，有效地加以配置與運用，成功的達成企業的目標，並設法維持與發展之。

## 企業承諾是建立在策略行銷上

企業必須瞭解，在競爭激烈的市場上，企業要永續成功，必須要重視對顧客的承諾，而且一定要兌現對顧客的承諾。創造與提供最優異的產品或服務，並且有效的傳送給顧客，是每一個企業的承諾。現在每一個企業都會作承諾，關鍵是真正能夠實現承諾的企業則並不多，因為企業的承諾是建立在卓越的專業技術能力、健全的財務，以及有遠見的領導與規劃上，並不是一些空洞的口號，或畫餅充飢的手法，尤其當行銷環境急速改變時，面對的都是一些新的問題，過去的計畫或經驗不足作為借鏡，只有能夠正確預測環境變化，根據企業本身的資源與專業技術，擬定有效的策略，始能兌現承諾。

近幾年來，國內外無法兌現承諾的企業不計其數，在國內最知名的有國產汽車、東帝士、東隆五金、博達科技等企業，這些大企業有的負債高達 1,000 億之巨，有的則掏空公司的資產，他們先是失信於股東，然後危害國家社會。在國外，則以美

---

❷ Philip Kotler, *Marketing Management*. Upper Saddle River, NJ: Prentice Hall, 2003, p.89.

❸ David Aaker, *Strategic Market Management*. New York: John Wiley & Sons, 1984, pp. 17–18.

國的恩龍 (Enron)，世界通訊 (WorldCom.) 等公司最為有名。

這些不幸發生問題的企業，大致可以歸納為下列幾種原因：

1. 根本沒有應變的策略或計畫。

2. 策略或計畫作得很好，但是缺乏足夠的專業技術及資源。

3. 策略或計畫具備，但因環境改變的太快太大，原有策略或計畫失效。

4. 企業領導人缺乏應變能力或迷失經營的方向。

二十一世紀是新知識、新經濟和新技術的時代，我們可以預料得到的是將來企業經營環境變動的速度將會更快，變動的幅度將會更大，為有效的因應這種情勢，企業界應該未雨綢繆，先作好策略規劃，至少要懂得策略規劃的基本概念。

## 公司能力與市場機會結合

一種策略是否有效，在執行後是否發揮預期的作用，最主要是看策略和當時環境的搭配。如果搭配適當，策略就會成功。俗語說「天時、地利、人和」，重大決策真的是缺一不可。又說「成事在天」，如果環境不對，再好的策略也不一定產生預期的效果。

尤其，行銷最易受環境的影響，因此策略行銷重視潛在的市場機會和公司能力結合與運用的情形。公司能力是指資本需求、技術經驗、公司資源及管理人才。如果潛在的市場機會不存在，即使公司能力俱備，也是枉然。相反地，如果潛在市場機會存在，公司能力不足，仍無法達成策略效果。三國演義中孔明借箭、借東風等故事，都是策略行銷最寶貴的案例。

## 策略規劃的種類

策略規劃通常分為三個層次，即：

總公司層級的策略、事業部門的策略、作業部門的策略。行銷導向的策略則需再加一個層次，即產品發展的策略。在此將就總公司層級的策略加以說明，事業及作業部門的策略則從有關產品及市場發展策略加以解析，較少涉及管理面的問題。

### 一、總公司層級的策略

這個層級的策略主要在說明公司將來發展的大方向，也就是朝那個領域發展。總公司層級的策略主要是決定朝那個方向發展，以及在邁向已知方向的過程中，每

個事業部門應該扮演什麼樣的角色。總公司層級的策略最常稱為總策略架構 (grand strategies framework)。國內各銀行為提升競爭力以因應國際化,自 2001 年開始合併,以擴大規模,降低經營成本,和那家或那幾家合併,以及合併後業務發展方向的策略,就是總策略架構。有的企業自 2000 年下半年以後,因經濟不景氣,營業衰退,於是調整經營的事業部門,有的出售和企業核心產品無關的工廠,有的則縮減,同時並在大陸布局,這些都是總公司的策略架構。

總公司的策略架構和 SWOT 分析有密切的關係,已在前一章介紹過。

一個有規模的公司,最重要的策略目標應該是穩定,如果總公司不能穩定,其他的目標如利潤和成長都將難以達成,尤其在市場環境急劇動盪的時期,如果不能採取周延穩健的策略,不是蒙受財務損失,就是拱手將辛苦開發的市場讓給競爭者。回顧臺灣 40 餘年經濟發展歷史,每當市場環境經過大幅震盪之後,產業結構便開始重整,有的企業自市場上消失,有的市場占有率擴大。究其原因,多與其總公司的策略有關。近一年多來,金融電子及零售業合併整合,層出不窮,都顯示總公司的策略。

穩健的策略並不是保守不前,而是在沒有對市場變動認識清楚,擬定有效的因應策略以前,不貿然作重要的決策,例如可以採取利用原有產品提供給本來的顧客,或設法維持原先的市場占有率,以便使投資報酬率可以繼續維持原先的水準,而不推出新產品等方法。

追求成長對企業固然很有吸引力,尤其當新上任或急於求表現的主管,更是如此。當環境改變明顯,同業競爭者醞釀推出新產品以爭取新的市場機會時,只有少數高階主管真正知道公司是不是仍將穩健策略排在優先順位,一般員工並不瞭解。

在什麼時機公司才應該採取穩健策略?策略學者如安索夫 (H. Ansoff) 及杜拉克 (P. Drucker) 等均認為今後環境改變的速度及幅度絕非以往所能比擬,因此採取穩健策略的機會將日益減少。實際上,當一個公司對他的績效感到滿意,認為面對的環境穩定與沒有明顯的改變時,就可以採取此種策略,換句話說,當公司對繼續當前的策略還覺得滿意時,就沒有改變的必要。主張追求穩健的主管也常被指責對現況滿意或安於現狀不求改進等。俗語常說「一動不如一靜」,若干中小型企業常秉持穩健作法,不求改進。他們可能認為他們的企業已經相當成功,不需要勉強追求不切實際的目標。臺灣中大型企業中採取此種策略的很多,台灣水泥與中國信託他們是採取「穩定中求發展、求進步」的典型大企業,雖然也採取像「點子銀行」,和信超

媒體等創新的作法，基本上仍是採取穩健的策略。另外像台積電、裕隆汽車集團、統一集團等，均採專注於具有利基的產業，逐步擴充市場占有率，以達到成長與利潤的目標。台積電自 1987 年設立迄今已有二十五年的歷史，其主要的業務就是晶圓代工及顧客服務。在過去的二十五年中，為了達成目標，雖然成立過新公司，也收購過新公司，在技術上力求創新，人事及作業等也經常調整，不過台積電的主要業務就是晶圓代工，因此所採取的策略是穩健的。

## 二、成長發展策略

成長發展已成為當前企業的主要目標，有時甚至是唯一的目標，在若干新興的國家更是如此。一個公司要想創造成長機會，從行銷的觀點，應該根據行銷的核心作業，然後再進行分析檢討，逐漸達成成長的目標。

此一策略的目的在增加公司各種作業的數量，例如透過擴充增加公司家數或事業單位數；增加員工人數；增加機器設備進而提高產出量；銷售量與市場占有率等。

成長策略可以分為內部成長與外部合併收購兩大類。近幾年來很多企業又利用策略聯盟的方法達成成長目標。自 2000 年起，凡參加 WTO 的國家，在會員國投資就如同在本國投資是一樣的受歡迎。早期貿易無障礙，投資無國界的理想終於在二十一世紀實現。國際行銷學家所倡導的「工廠設在原料與勞工成本低廉地區」的夢想也已成真。這些發展，都是激勵具國際競爭力的企業成長發展的動力。

歸納言之，成長發展策略可以分成三種不同的選擇，即(1)深入或稱密集成長發展策略。(2)整合成長發展策略。(3)多角化成長發展策略。茲再詳細說明如後。

## 密集成長發展策略

這種策略又稱為深入成長發展策略。在什麼情況下應用最適合？如果現有的產品或市場的發展尚未飽和，還有成長空間，再加上利用現有的產品積極的推廣最有效。密集發展策略又可以細分為三種不同的策略。

## 一、積極滲透策略

是指在既有的市場上，利用現有的產品，以積極的策略加以推廣，以增加銷售量。此一策略又可分成三種方法：

1.設法刺激顧客增加現在產品的使用率：例如增加購買的數量，增加產品改良的速度，或加速產品老化的速度，發掘新的用途；或對大量購買的顧客給予優待，

以刺激銷貨。例如推銷牙膏的廣告強調每天刷三次牙才能保持牙齒健康，而不是一次；領帶由寬變狹窄，或由花色變成平光面，以主動的帶領使用者更換花色或式樣，以加速更換，刺激銷售。

2.加強行銷作業，以爭取同業競爭者的顧客：例如採取改良品牌差異，或加強推廣活動。台塑牛排，麻辣店等，他們經常舉辦名人演講，名畫解說欣賞等活動，吸引顧客。麥當勞每到學校放假，就推出特價早餐，鼓勵學生顧客享用豐富廉價的早餐，都相當成功。

3.加強行銷作業，以吸收非使者 (nonuser)：例如設法透過提供樣品以增加產品的嘗試，或增加展示，或提高、降低價格，或透過廣告以傳播新的用途，吸收本來不使用該產品的顧客。近年來日本的煙、酒大舉在臺灣銷售。他們採取雙管齊下的策略：一方面在青少年看的電視節目，運動及休閒雜誌密集地作廣告，以提升其在青少年市場區隔的品牌形象，同時，將酒類分裝在各種不同形狀的容器，一方面爭取零售商寶貴的攤位；一方面藉以吸引顧客；有的更設計便於隨身攜帶的包裝，以刺激購買。

## 二、市場發展

是將現在的產品推廣到新的市場，以增加產品的銷售。所謂新市場也許是對該類產品而言；也許是對本公司而言未曾銷售過。此種策略又可包括下列三種：

1.開拓國際性市場：如臺灣的臺南擔仔麵赴中國大陸開店，鼎泰豐小籠包至日本東京開店。

2.擴充地區性市場：臺灣大學原本只在臺北市，現在新竹及斗六一帶各設一所分校，擴大學術市場。

3.改良及加強產品的外型、包裝等特點：以吸引其他市場的顧客，或打進新的通路，或利用其他的媒體推廣。牙刷的造型近年變化多，品質也有改進，由於一般人喜歡嘗試新造型及延伸的新功能，雖然尚未到更換的時間，即希望使用新造型，因而刺激銷售量。女性鞋類也出現同樣現象，均屬成功的市場發展策略。

## 三、產品發展

運用研究發展或設法改良產品的功能或利益，以增加產品的銷售。其中包括下列各方法：

1.改進現有產品的特點、設計、性能、尺寸、顏色等：使產品具新鮮獨特感；或因體積改變，占的面積小，或攜帶方便，或運送便捷等。例如現在流行的液晶體

微電腦，較傳統桌上型體積小，讓使用者桌面有較大空間，而且光線比較柔和；筆記型微電腦，掌上型微電腦使現代化科技產品變成了人類親近、聰明而又可靠的伴侶，擴大了使用的領域，也創造了數以億萬計的銷售量。

2.發展品質不同，造型不同的產品：例如數位相機，可以沖洗傳統的照片，也可以作成光碟，便於保存；手機的性能增加，體積卻縮小，由單純的無線電話機改良成多功能的資訊提供與傳送設備，老少咸宜，成為居家出門不可或缺的資訊小天使。

## 整合成長發展策略

這種策略在那些情況下比較有效。如果，產業的將來具有相當的發展成長潛力時，最真實而且大家都是見證人的就是臺灣的電子產業。臺灣電子業自1980年初開始發展後成長迅速，規模大的公司在80年代後期即開始採取整合策略，當時以聯華電子最知名，隨後台積電也採整合策略。由於成功的整合，始有「晶圓雙雄」的美譽，帶領臺灣電子產業肩負起發展臺灣經濟的使命。

相反地，如果產業發展已接近飽和，競爭劇烈，此時則不宜採取此種策略。臺灣70年代初期的電動玩具廠商，90年代下半葉的電子產業以及網路咖啡業均可採取橫向整合成長策略。

整合成長可分為前向、後向及橫向三種策略，在選擇採取那種策略時，應該分析確認。整合成長可以增加利潤、效率或控制原料或市場。茲詳細說明如後。

### 一、後向整合 (backward integration)

是設法尋找增加產品生產時所需要的物料原料系統的控制權或所有權。例如電子公司為確保關鍵性零組件的供應能夠無虞，可以收購或合併有關的供應廠商。鴻海公司，奇異公司等高技術性公司為取得一項重要的技術或製程，乾脆就將製作此類技術的公司收購，以確保自己能夠有效的控制，同時可以防止外流給同業競爭者。造紙業的紙漿是主要原料，不但攸關日後擴充潛力，也左右紙張的品質，為此大的紙廠多擁有產能龐大的紙漿工廠或闊葉樹林地。

### 二、前向整合

是對接近市場與顧客的銷售系統設法增加控制或增加所有權。大同公司在臺灣最早採用服務站制度，讓他們的產品直接在重要的地區和顧客接觸，讓大同奠定家電基礎的關鍵策略。現在大陸產品的生產技術及價格相當具競爭優勢，但由於缺乏

國際市場的專業知識及關係，因此希望和臺商合作，特別希望借重臺商國際貿易的專長，這就是前向整合。

## 三、橫向整合

是指作平行或橫向的合併或收購，以擴大規模，減少同業競爭者，以收經濟規模的利益。自 2000 年以來，政府為加強我金融業界在加入 WTO 後的國際競爭力，積極鼓勵金融界從事橫向整合，即使是不友善的合併。有線電視業者也有同樣趨勢，以降低設備重複、投資浪費、管理費用節省等目的。

## 多角化成長發展策略

在下列情況下，多角化對一個企業的成長發展相當有效。多角化策略有時和原來經營的產業相關，有時性質也許不相關，並不表示企業發展已經到了窮途末路，或飢不擇食的境地。此一策略主要在尋找可以發揮專長的機會，並協助解決企業內部或外部某些特殊的問題。有時多角化並非基於企業傳統的目標，如利潤或成長，而是為了紓解豪門子弟內鬥的壓力，為了安排子女的出路，或「別人能，我們為什麼不能」的虛榮心等。臺灣在過去的年代，多角化策略的動機係以後者居多。現在世界性經濟不景氣，採取多角化策略的企業較少。一般而言，多角化成長可分為下列三種。

## 一、同型成長

也可稱為同心成長策略，是指以利用現有產品有關的技術、設備或市場為原則，增加新產品，增加銷售機會。新的產品通常是可以吸引新的顧客。例如一般微電腦生產廠可以利用現有的機器設備生產 PDA，液晶微電腦，也可以增加少許設備，製作手機。同型成長策略可以增加產品的生產，不必投下鉅額資金在購置設備或人力上。

## 二、橫向多角化

設法增加新產品以吸引新的顧客。這類產品在生產技術或設備上，也許與原先的產品線沒有直接關聯。咖啡店為了彌補不景氣下營業收入下滑，均推出經濟快餐，在交通繁忙地區者，並在門外走廊附近展示若干衣服、飾品，以增加收入，兼或吸引喝咖啡的顧客。臺灣晶圓代工的廠家近三年來兼營軟體設計工作，甚至有的公司有副業收入超過主業收入的現象。有些企業為增加綜益 (synergy)，採橫向多角化，如美國的花旗集團 (Citi Group)，由於規模過於龐大，經營管理有其極限，結果在 2002 年發生不少的問題。國內企業早期的國泰集團，最近的東帝士等，均因採此類策略，

因規模龐雜，管理不易，而問題層生。

## 三、集團多角化成長

此一策略主要為新的顧客增加新的產品，其目的在於：

(1)公司中部分產品因生命週期或本身性能原因，績效欠佳，開發新事業可以補充之。

(2)新的、有利的市場發展機會來臨。

(3)實現整體發展及提升綜益。

(4)象徵技術改進，自低階逐步多角化。

企業界為達到「肥水不流他人田」的目的，在原產業獲利後投資成立新的公司，發展新產業，或在原產業採多角化，此種發展形同擴散狀或成串型態。產業或產品性質具相關性，如果市場區隔有利，利用此種策略將其中一塊 (block, slice) 據為己有，以搶先占據有利的市場，或抵消競爭者的優勢。由於此種策略涉及多家公司，多項事業與產品，必須詳細規劃，否則一旦產業情勢變化或新技術新產品出現，投資不利所引發的財務損失難以估計。所以採此策略者多為規模大、財務情況良好的集團企業。

臺灣在 70 年代的國泰集團即曾採此策略，近年來台積電、聯電等高科技大公司正在謹慎的運用此一策略維持其在高科技業界的地位。當一個企業作集團多角化成長時，通常分成數個階段，每一階段再分成幾個年度為之。茲以台積電成長為例以圖 8-1 說明之。

台積電總公司組織結構瞭解後，再進一步剖析其實際作業情況。台積電既為世界性主要晶圓設計及代工公司，則在美國的公司會和美國電子電機業有密切的關係，如邀請其產品長期契約客戶投資台積電，共享成長利潤，也可以透過 6 家投資公司投資美國相關的企業，以加強其對市場的接觸及控制。每種關係都有成串的公司。此種發展策略即係集團多角化成長。

由以上的分析可知，一個公司可以根據行銷系統及策略，先研究現有產品及市場機會，然後再研究現有的產品及市場以外有無有利的發展機會；最後再研究本公司行銷系統以外，有無有利的機會存在，以達到成長發展的機會，如此逐步分析，有系統的增加發展成長的機會。

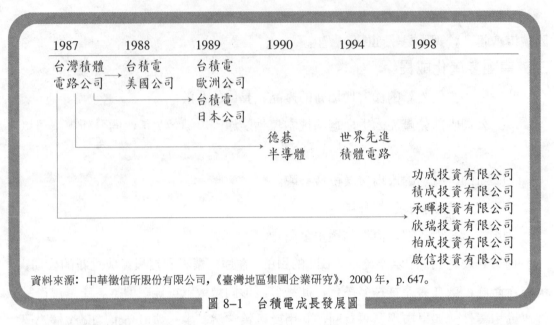

資料來源：中華徵信所股份有限公司，《臺灣地區集團企業研究》，2000 年，p. 647。

圖 8-1　台積電成長發展圖

多角化成長策略也可以從相關性的有無加以分類，如相關多角化成長與不相關多角化成長兩類。收購或合併不同產業但相關性質的產業，則屬於相關多角化策略，如食品公司收購鋁製品公司，雖然不同產業，但可透過此一合併案加強罐裝食品的品質或流通。如果食品公司開發觀光休閒中心，就屬於不相關多角化策略。

## 精簡策略

一個企業成長發展到某個階段，或發展至某種程度，有關的產品或事業或公司績效便呈現衰退以至下降現象。導致衰退的原因可能因為產品生命週期已屆衰退，顧客不再偏好，或由於收購或合併，科技方面重大突破，或由於顧客嗜好改變，不再偏好；或由於競爭激烈；或由於市場環境改變。銷售既然下降，為降低成本或減少損失，此時就是採取精簡策略的時候。

精簡策略 (retrenchment) 直到 1980 年代，在很多工商業進步的國家很不受歡迎。沒有公司願意承認自己公司正在採取此一策略，以減少營運的規模及市場範圍。

精簡策略大多先從員工人數裁減開始，然後才出售閒置的機器設備與廠房。規模大的公司如果發現其某個事業單位或部門的業務與公司核心業務相關性不高，或經營不善，長期出現虧損狀況，為了減少長期的虧損，將整個事業或工廠出售也時有所聞。自 1995 年左右世界性高科技產業空前繁榮，很多企業於是大量投資於網路公司，高科技研發部門，盛況空前，惜好景不常，自 2000 年春季開始，科技公司便

開始泡沫化，加上 2001 年 9 月 11 日美國恐怖攻擊事件，震驚全世界，世界經濟突然陷入蕭條，於是各國企業紛紛採取精簡策略，其中尤以美國的大公司，動輒裁員數以千計。有的則採裁員與撤銷部門同時進行，精簡幅度空前。臺灣企業採取此一策略又與國外有差別。第一類是將工廠移往大陸，財務情況健全而又有周詳規劃者，精簡相當成功；相反地仍有若干公司的員工因在毫無預警的情況下被裁員，未獲妥善安置，仍在持續抗爭。第二類則係 2000 年以後高科技產業精簡政策下的受害者，他們大多為白領階級的幕僚、助理人員，或年資較高、薪津較高的主管階層，由於競爭激烈，利潤下滑，為降低成本，不得不裁員。

由以上的分析可知，一個公司可以根據行銷的系統及方法，首先研究現有的產品與市場機會；然後再研究現有的產品與市場以外，有無比較有利的機會；最後再研究在本公司行銷系統以外，有無有利的機會存在。如此逐步分析，有系統的增加機會集合，以達成成長的目標。

## 競爭策略

波特教授主張有三種一般性的競爭策略，這是作策略思考時一個好的開始。三種策略為：❹

### 一、全面的成本領導地位

企業界為了提升競爭力，需要用盡了心力去降低產品的成本與配銷成本，否則市場占有率不可能增加，競爭也會失敗。要使生產成本低的企業必須在工業工程、採購、製造及配銷等成本也很低，他們需要行銷技巧的地方比較少。採用此一策略最大的問題是競爭者會將他的成本壓的更低，因此會使自己在業界的地位受負面的影響。

此一策略又包括：

1. 大小適當的設施，常說「大而無當」就是要設法使設備或廠房規模大小適中，以免過大或過小，造成浪費或不足的情形。

2. 有效的控制生產成本及管理費用，以使總成本降低。

3. 繼續不斷的創新，使用新的科技以降低生產及管理成本。

低的成本可以有效的防禦競爭者的低價滲透策略。採用低成本的策略需要大量

---

❹ Michael E. Porter, *Competitive Strategy*: *Techniques for Analyzing Industries and Competitors*. New York: The Free Press, 1980, chapter 2.

的投資，利用性能優異的現代化設備，始能達到成本低、品質優異的目標，進而擴大市場占有率，以達成成本領導地位。

沃爾瑪 (Wal-Mart)，世界最大的零售商，在 1990 年代中期重整以後，營業額迅速成長，成為世界上營業額最大的企業，就是建立在成本低、售價低的策略，為了達成上述的目標，他們利用高科技現代化的通訊技術收集各種資訊，以低價大量採購品質優異的產品，再根據各分公司即時報告各種產品需要運補的數量，因而能夠在業界居於領導地位。

服務業和製造業不同，他們達成成本領導地位的方法計有：

1.找出成本低的顧客，如保險業，在汽車保險方面，可以尋找遵守交通規則，在過去發生交通事故少的顧客。

2.採標準化服務，減少人員服務的工作，以降低人工成本，代之以現代化的設備與設計有系統、有效率的作業流程。

3.減少服務傳送的網路成本，將公司本身與顧客往來的網路設法減少，或根據科學化的方法，安排最經濟的網路流程，服務顧客。

4.在不同時間採差別費率法，以降低尖峰時段服務的顧客人數。

## 二、差異化策略

差異化策略 (differentiation) 主要是設法在特別重視品質或服務的市場提供獨特的品質或服務或技術能力，以滿足特定顧客群的需求。公司可以刻意加強這些特殊品質因素，以吸引追求這些因素的顧客。為作到此點，所使用的原料、零組件、配件等必須是品質最優異的，或最受顧客喜好的，製作的過程中，品質管理嚴格，運送過程處理細心，售後服務系統由專人負責等。臺灣微電腦生產業者特別強調主要的配組件是由名廠供應：品質優、性能超強等。飯店業每逢假期即推出總統套房，世界著名的服飾品牌如 LV、GUCCI 等，亦復如此。這些差異化的策略，如果作的和推廣的內容一致，甚至超過推廣的品質或特點，使顧客感到驚喜與意外的滿意，除他們將會繼續惠顧外，口碑是最有效的推廣策略。近年臺灣經濟雖然不景氣，各業蕭條，但是部分汽車業者即採用差異化策略，在產品用途、造型、廣告、形象等各方面均作到盡善盡美，售價則相當具競爭性，因而甚受顧客歡迎，銷售與獲利均超越景氣時期。

根據波特的說法，差異化的策略計有以下幾種：

1.將無形、不具體的因素具體化，尤其在若干難以具體化的情況，以便讓顧客能夠迅速的記憶與指出產品或服務的特點，減少顧客認知上的差異，或風險意識。進口豪華汽車及手錶的維修，如果服務人員能夠讓顧客確信換裝的零配件是原廠進口的，遠比僅是口頭保證有說服力，同時也消除了顧客在此類情況所產生的疑慮。

2.利用量身訂作取代標準化以提高顧客的滿意度，盡量使產品具備特點，以和競爭者有所差別。

3.加強品質管理，不但在製作過程中對於原物料及零組件的品質、製程等應該注意，產品的運送過程也應該要求服務人員服務的品質，如準時、將產品特點解說清楚及正確的使用方法等。因此應重視作業人員的訓練與發展，提高服務品質，創造競爭者無法複製的競爭優勢。

高科技產業中的微軟 (Microsoft)，英特爾 (Intel)，IBM，及台積電等公司，除了在員工甄選時要求嚴格，錄用者均為業界精英，在訓練與培養過程嚴格，以及他們研發的產品確實具備競爭者無法取代的優勢外，在專業知識及解決問題的能力等方面，他們給予顧客的形象與信心，高人一等的差異等，均是重要的差異化因素。

差異化的策略除了強調產品和服務的品質優異，設計具創新性，技術能力，或品牌形象等外，最主要是要強調這些特性和競爭者的差別。

波特的差異化策略是從成本、差異化及市場焦點三方面解析。柯特勒教授將差異化策略分成五個要素，即產品、服務、人員、行銷通路與形象。然後再將每個項目分成若干細項，提示行銷主管應重視每個因素的差異化策略。

產品再分為型式、性能、特性、一致性、耐用性、可靠性等。

服務：包括訂貨方便、交貨準時、安裝服務、教育訓練顧客、諮詢服務、修理等。

人員包括：勝任能力、謙恭有禮、可靠性、敏銳性、溝通能力等。

行銷通路包括：市場包涵範圍，專業技術及通路績效等。

形象則包括：使用符號、媒體、氣氛及重要事件等。

## 三、市場焦點

市場焦點策略 (market focus) 是指針對一個特定的目標市場，提供特別的產品或服務，以滿足他們的偏好。此一策略是針對一個特別的市場區隔、顧客群或特定顧客等的需求非常瞭解，可以明確的指出他們的喜好，並且提供確實可以滿足他們需求的產品。該策略的重點不在市場規模的大小，而是集中在一個規模小，具有市場

利基的區隔，因而可以採取全面成本領導地位或差異化的策略，更有效的提供顧客所需要的產品或服務。例如臺灣有一家規模排名前三大的金控公司為了加強 2003 年的營業量，公開表示要選擇三十個顧客，為他們提供理財服務。假定此一區隔之營業額占該金控公司總營業額的十分之一，約新臺幣 300 億元，則每一個的平均營業額約在 10 億元上下。這個市場區隔當然是有錢的個人或機關，提供給這些顧客的服務自然不是「泛泛之談」，應該是相當有內容，否則他們絕不會將如此龐大的資金交由金控公司管理。

為達成成功的市場焦點策略，因此應該慎重的選擇顧客。為微軟公司代工的科技公司或委託微軟公司專門設計某種軟體的公司，他們所需要的技術水準或軟體複雜性，就是屬於此類的市場。

根據波特的觀點，一個產業通常有很多公司，如果他們對同一個市場採取同樣策略，這些公司就構成一個所謂的策略群體 (strategic group)。在這個策略群體中，那個公司策略執行得最成功，那個公司的利潤就最大。如果一個公司並沒有一個明確的策略，又想面面俱到，則這個公司的績效將最差。此處所指的「面面俱到」乃是指全面成本最低、差異化，以及市場焦點等策略。因此波特認為策略和作業執行的效率之間是有差別的，不能混為一談。❺

上述的三個策略在基本上，不容易維持較久的競爭優勢，因為它們並不像科技創新需要時間才能追上，或專利權的保護，誰領先誰就擁有獨占的優勢。很多公司認為在從事同樣的作業時，誰作得有效率，在競爭激烈的市場上，誰就會獲勝。不過即使獲勝也是短暫的，因為競爭者可以很快的模仿有效的作業方法，或改良使用的生產設備，以提升效率；差異性會因競爭者的急起直追而逐漸縮小而失去優勢，最後又是站在同一個立足點上。台積電和聯電的主要業務都是晶圓代工，台積電自 2002 年開始積極籌備在大陸上海投資設立 8 吋晶圓廠，聯電則宣稱將採取策略聯盟的策略，不再走晶圓代工的傳統方法。充分說明了科技大廠的競爭策略。

由此可知，一個聰明的管理者應該將策略與作業性效率分辨清楚，在競爭激烈的市場上始會獲勝。

市場焦點策略的目的是在開發一個市場上較小的區隔，這些區隔可以依據產品很多的種類，不同的購買者、配銷通路或不同地區的顧客等因素。例如南美智利有

❺ Michael Porter, "What is Strategy," *HBR*, (11–12, 1996) pp. 61–78.

一家木製品公司的副總經理，設計了一種市場焦點策略去開發日本的筷子市場。他的同業競爭者都認為他有點瘋狂，但是當他集中在這個小的區隔時，他的策略強調他們是用幼樹的材質作的筷子，結果引起日本人的好奇，創造了大量的銷貨，遠超過用一般木材製作的筷子，讓這家公司開發了一個新的筷子市場，獲得不少的利潤。

市場焦點策略是否能夠成功，端視有關市場區隔的規模以及公司當局是否能夠支持因採用此種策略所引發的額外成本。有關的研究發現市場焦點策略對小型企業特別有效，因為小型企業本來就無法獲得大量經濟的利益或內部資源，因此不易成功的達成全面成本領導地位及差異化策略。

## 策略形成

對那些規模較大的公司而言，策略大致可分成三類，即對總公司的策略、事業部門的策略，以及作業部門的策略。每個部門的主管都應該發展與評估不同的策略方案，然後選擇那些能夠產生互補作用，以使公司的優勢發揮最大的效用，並將弱點所產生的負面作用降到最低的程度。策略形成時也須考慮能夠符合環境，所以波特特別重視正確的策略選擇，而正確的策略選擇乃是指符合組織及組織所屬產業競爭態勢的策略。❻由此可知成功的策略必須與環境配合。

另外，當市場持續地在變動而又充滿不確定時，各種重要資源也許會達到最佳的配置狀況，但是時間可能非常短暫。因此如何使市場主要行銷條件與公司特有的資源配合達到最佳情況是策略擬定的一大挑戰。❼

## 執行與評估策略

策略形成以後，必須執行。盡管擬定的策略很有效，如果不能徹底地執行，仍不算成功。是故策略規劃最後的關鍵在公司有關的部門是否擁有執行規劃的能力與資源。

為求策略執行能夠成功，通常需要僱用新的人員，擁有不同的專業技術或知識，將現有的人力配置到需要的部門，甚至因技術改變，需要解僱一些人員，處理一些

❻ Michael Porter, *Competitive Strategy*. New York: Free Press, 1980. and *Competitive Advantage*. New York: Free Press, 1985.

❼ 哈佛大學的 Derek Abell 教授將此一觀念發揚光大，可參閱其 *Defining the Business*: *The Starting Point of Strategic Planning*, 1980。

機器設備等，在所難免，也會給公司管理當局製造一些問題。重大的策略，多由一個團隊共同執行，不是少數一二個人能夠勝任。有效的團隊領導人常是決定策略成敗的關鍵，高階管理人的激勵作用更是重大困難策略能夠順利達成的催化劑。

評估是在驗收執行的情形。執行的策略效果如何？如果須要調整，是那一部分？是什麼原因？是由於環境突然改變？還是假設錯誤？很多公司在評估策略後，發現必須加以修改，例如，自從中國大陸在 2001 年底加入世界貿易組織以後，積極修正各種法律，以吸引外國人赴大陸投資。歐美等國大公司為爭取大陸廣大的市場，被迫修正他們對大陸投資的策略，至於投資大陸的策略將會有什麼結果，則需要經過一段時間始能顯現。

## 決定市場長期吸引力的模式

波特教授指出，市場或市場區隔是否具有內在的長期獲利吸引力，主要由五種力量決定。這五種力量為現在產業競爭者、潛在的進入者、替代產品、購買者及供應商。他們所帶來的威脅為：

### 一、市場區隔內激烈競爭的威脅

如果市場區隔內存在眾多、強大的或野心勃勃的競爭者，則此一區隔便不具有吸引力。此外，下列各情況也代表市場區隔不具吸引力：市場區隔穩定飽和或衰退、工廠產能大量地遞增、固定成本很高、退出障礙很高、留在此區隔內的競爭者彼此有很密切的利害關係。上述這些情形可能會引發經常性的價格戰、廣告戰、及新產品的導入，即使公司想要對抗亦須付出昂貴的代價。

### 二、新進入者的威脅

一市場區隔的吸引力隨進入與退出障礙的高低不同，而有差異。最具吸引力的是進入障礙很高而退出障礙很低的市場區隔，因為他意謂著新公司很少會進入此產業，且績效不佳的公司很容易退出。當進入與退出障礙皆很高時，獲利潛力很高，但公司可能要面對更高的風險，因為績效差的公司仍可能留在市場且掙扎到底。當進入與退出障礙很低時，意謂公司很容易進入與離開該產業，此時公司的營收呈平穩且低水準的情況。最壞的情形是，進入低而退出障礙卻很高，在此情況可能會在良好時機進入，但如後來發現想在時機不佳時退出則相當困難，結果將造成產能過剩與利潤衰竭的困境。

### 三、替代性產品的威脅

當市場區隔存在實際的或潛在的替代產品時，其吸引力會相對地降低。替代品的存在會影響原區隔內產品的訂價與利潤，因此公司必須嚴密監視替代品訂價的走向。如果替代品產業的科技進步或競爭逐漸激烈，則區隔內的產品售價與利潤亦可能同時下降。

### 四、購買者談判籌碼逐漸加強的威脅

市場區隔內的購買者如果擁有很強或逐漸增強的談判籌碼，則該區隔逐漸不具有吸引力。此時購買者會迫使廠商降低價格、要求更高的品質或服務，且會造成某些競爭者對抗其他競爭者的情勢，凡此種種皆會導致銷售者的利潤下降。當購買者愈來愈集中或愈有組織，其談判籌碼將隨之增加；此外，當產品占購買者成本的比重顯著、產品未差異化、由於低利潤的原因使購買者對價格敏感、或購買者可以整合上游的力量等，銷售者利潤也會下降。為了保護自己，銷售者可能會選擇具有最低議價力量或最不可能轉換供應商的購買者，作為目標市場。在這種威脅下，較佳的防禦作法是發展優越的產品或服務，令強勢的購買者難以拒絕。

### 五、供應商談判籌碼逐漸加強的威脅

如果公司的供應商有能力抬高價格或減少供應量,則該市場區隔較不具吸引力。在下列的各種情況下，供應商具有較大的力量：供應商力量集中或有組織、替代品數目不多、供應的產品是公司的重要投入、轉換供應商成本相當高、供應商有能力向下游整合。❽

此一模型的前三種力量很明確地就是競爭者；很顯然，競爭者不僅是愈來愈多，且其競爭的強度逐年增加。這就是現代行銷決策者的挑戰。

 **實務焦點**

**那裡有水就朝那裡走──韓國三星成功之道**

當大多數的人在煩惱半導體事業的不景氣時，韓國三星卻反其道而行的擴大投資計畫，投資 20 億美元興建新的半導體工廠生產電腦、手機及電子遊樂器等相關電子設備的記憶體，三星電子事業記憶體晶片部總經理黃長裕 (Hwang Chang Gyu) 驕傲的說：「我們是與眾不同的！我們過的是游牧生活，當別人趕上時，我們就前進。」

---

❽ Michael Porter, *Competitive Strategy*. New York: Free Press, 1980, pp. 22–23.

　　三星預期 2002 年記憶體晶片銷售額約 71 億美元，這個數目大於美光 (Micron Technology)、韓尼克 (Hynix Semiconductor) 與英飛凌 (Infineon Technologies)3 家公司銷售額的總和。根據韓國現代證券預估，三星記憶體事業約有 20 億美元的盈餘，而其他 3 家則是虧損。三星成功的秘訣是將焦點放在利基產品，並且採取高利潤高價格策略。三星約有 70% 的記憶體銷售是由特殊規格的產品所創造的，例如遊戲器的繪圖晶片、超強伺服器所使用的高密度記憶體、與快閃記憶體。

　　三星的總經理表示三星目前最大的賭注是在快閃記憶體，這種記憶體的特性是即使電源切斷，資料仍然可以保存下來。快閃記憶體晶片，在 2001 年僅銷售 350 百萬美元，但在 2002 年可望有 12 億美元的銷售額。新工廠將在 2003 年開始營運，三星希望提升這種晶片的銷售，初步預估 2005 年銷售量可達 42 億美元。

　　三星現在的競爭優勢是他們投入大量的資金在研發費用上與購入新的設備。目前其他的競爭對手對三星的影響很有限，但分析專家認為成本效益優異的台積電一旦決定生產記憶體產品，將是三星一個強有力的競爭對手。三星資深經理表示就長期而言中國大陸的確是一大威脅，特別是如果台積電和中國大陸策略聯盟。但在目前的情形下，那裡有水就朝那裡走的游牧策略看起來似乎是一條正確的路。❾

# 習 題

1. 何謂策略管理？在現代行銷管理中它的地位如何，試說明之。
2. 總公司層級的策略從前重視穩健，何以現在不一定適當，試舉例說明之。
3. 說明波特差異化策略的內涵。
4. 說明全面成本領導地位的內涵。
5. 說明積極成長策略的內涵。
6. 在那些情況下，比較適合採取整合成長策略，試說明之。
7. 說明決定市場長期吸引力的模式。

---

❾ 參考 *Business Week*, Dec. 16, 2002, pp. 20–21.

# 第九章　行銷環境

## 行銷環境的重要性

　　一個有效的行銷計畫必先自行銷環境的分析開始。行銷環境不停的在演變，新的機運與威脅也不斷的出現。環境的改變有時是緩慢及可以預測的，有時則是快速，出其不意的與震撼的。強大的蘇俄帝國在東西德統一，華沙公約解體之後不久便在 1991 年冬季崩潰，誰曾預測竟會發生如此迅速與重大的變化。

　　1980 年代中國大陸開放初期，一貧如洗，後經港臺中小企業前往沿海一帶投資，開始發展，有誰想到二十年後的今天，大陸進出口貿易總額已超過 8,000 億美元，2002 年對美國的貿易順差高達 1,032 億美元，成為當今世界第三大進口國，全球第六大經濟國。現在大陸不但成為一般產品的世界製造工廠，也已經成為電子、資訊及家電等產品世界主要的供應中心，連臺灣的晶圓雙雄都已感受到大陸的競爭壓力。又有誰想到 2001 年的 911 事件及 2003 年的 SARS 會對世界欣欣向榮的經濟造成毀滅性的影響？這不就是杜拉克 (Drucker) 的《斷代》(*Age of discontinuity*) 與杜福爾 (Toffler) 的《未來震撼》(*Future shock*) 所描述的環境變遷。

　　一個企業是否能夠在競爭激烈的市場上存活，主要視其是否能夠有效的因應環境。所以每一個企業都需要建立一套系統，有效的偵測與預測環境的改變，以作為其決策的主要依據。我國稍具規模的企業，近年來有鑑於環境急劇的變遷，逐漸設有專人負責蒐集、分析與預測有關的環境，作為決策的參考，始有現在的成就。

　　行銷環境包含層面甚廣，本章將集中在人文、經濟、技術進步、消費者保護運動，以及政府角色日漸重要等項目，加以簡單說明。

## 人文環境

　　行銷人員對於人文因素最感興趣，因為市場是由人構成的，行銷環境是受人的影響，而且有關的資料完整，容易蒐集。人文環境因素包括頗多，茲將重要各點，說明如下。

## 一、人 口

人口是決定市場發展潛力的關鍵因素。人多勢眾，吃的多，喝的多，消費的也多。有需求才會刺激生產，市場潛力才大。這說明了為什麼世界強國多數是人口眾多，物產豐富。蕞爾小國，人口少，市場發展潛力就有限了。

總人口外，人口年齡結構、素質及成長趨勢與經濟面關係密切。生之者眾，食之者寡，表示勞動人口眾多，勞力充沛；人口素質是指教育程度及科技水準，和發展科技產業有關；人口成長如能符合經濟發展需要是理想的成長趨勢，但經濟愈發展人口成長反而愈緩慢，因而美國每年吸收近一百萬移民，臺灣則賴外勞支持成長。民國 35 年，臺灣地區總人口共六百零九萬八千人，55 年一千三百萬人，70 年一千八百餘萬，80 年共二千零五十萬人，92 年增加為二千二百六十萬人。我國人口成長可分為三個階段，54 年以前，平均成長率為千分之三十六點六，54 至 71 年平均成長率則維持在千分之二十以上。72 年以後，年成長率平均僅千分之十二，近十年已不足千分之十。

人口成長率緩慢下降，固然說明了臺灣地區實施家庭計畫的成功，但是自 70 年代末期，人口逐漸老化，勞力缺乏等現象逐漸明顯，對於我國今後的經濟及社會的發展將會具有深遠的影響。

表 9-1　臺灣地區人口統計

單位：千人

| 年　度 | 年底總人口 | 男 | 女 |
|---|---|---|---|
| 41 | 8,438 | 4,156 | 3,972 |
| 50 | 11,149 | 5,715 | 5,434 |
| 60 | 14,995 | 7,895 | 7,100 |
| 70 | 18,136 | 9,449 | 8,687 |
| 80 | 20,536 | 10,604 | 9,932 |
| 90 | 22,414 | 11,442 | 10,964 |
| 92 | 22,605 | 11,488 | 11,040 |
| 93（8 月） | 22,653 | 11,529 | 11,124 |

資料來源：《中華民國內政部統計月板》，內政部編印，93 年 8 月。

## 二、晚婚及離婚率增加

68 年以前，結婚率一直維持在千分之七到九之間。80 年代，每年結婚人口在十

六萬對間，90 年代則增加為十七萬對。近年來，由於教育水準的提高及工作需要的影響，結婚年齡已顯著的提高，因而形成若干所謂「單身貴族」。這種發展一方面降低了適齡人口的結婚率，對人口的成長也有長遠的影響。

由於工作環境、教育程度、接觸面、社會風氣及獨立性等因素，臺灣地區近年來分居及離婚等情形日漸增加，離婚率也由早期的千分之一點五增加為千分之二點七左右。80 年代的前五年離婚人數每年在三萬五千對左右，後五年忽然增為四萬多對，92 年已跳升為五萬一千對。

結婚人口增加，對傢俱、家電等產品創造了有利的機會；遲婚使青年男女在旅遊、運動及服飾等方面的消費傾向較高，為青年市場創造了有利的機會；離婚與分居率增加，對建築業及房屋的設計也具有新的啟示。

## 三、外籍的女主人激增

家庭是消費行為的基本單位，是形成與影響消費行為的基本因素，也是社會國家的核心。而女主人又是核心中的核心，影響國家社會深遠，各國均如是。但是據統計，臺灣現在約有二十五至二十六萬家庭的女主人是來自外國，不屬於臺灣文化社會孕育的，其中尤以大陸來的占大多數，她們雖是同族同文，但是半個世紀以上的分離與隔閡，不同社會經濟環境下成長的女性，在生活方式和消費行為等方面是否能夠適應？復以臺灣意識型態的強烈對比，她們能否獲得應有的地位，令人置疑。這些女主人自己及她們教養長大的下一代，對臺灣將具有廣泛而久遠的影響。對一般企業的行銷策略也將產生一定的影響。

## 四、平均壽命年有增加

近三十年來，由於營養改善與醫療水準迅速的進步等，臺灣地區平均壽命 70 年為 72 歲，65 歲以上的人口共八十萬，80 年增加為一百二十七萬，90 年已超過一百九十六萬人，92 年二百零九萬人。90 年度國人的平均壽命男性為 72 歲，女性為 78 歲。

2002 年臺灣每年的醫療健保費已高達 3,232 億元，占當年 GDP 的 3.3%，較同年教育支出 1,907 億多 70%，自 2003 年起個人負擔部分增加，或可穩定。所以有人認為醫療健保是財政的怪物。美國每年已經支付 1.4 兆美元在醫療保健費，占美國 GDP 的 14%，約二倍於花費在資訊產品的金額。根據預測，再過十年，該項支出可能接近 3 兆美元，約為美國 GDP 的 17%，如果這種趨勢繼續下去，到 2050 年，美

國醫療保健費將要吸收其 GDP 的三分之一。❶臺灣存在同樣危機。

美國勞工部預測，在未來十年，除資料處理外，醫療保健工作需要增加的人員比任何其他工作都要多，平均壽命延長也創造了就業機會。

人口日漸老化，心臟病、高血壓、關節炎及背部毛病等，費用占健保費的比率將提高。再過幾年這個年齡的人口將急劇增加。不過醫療技術的進步及創新，不但可以減少手術的危險，也可節省治療成本。因此醫療健保產業的投資，將是繼 1990 到 2000 年資訊科技投資後，另一波推動世界迅速成長的動力。

據估計，生物科技產品的世界市場價值每年約為 600 億美元，美國人單是花在治療偏頭痛的費用至少在 10 億美元。美國有三百萬人需要心律調整器，其他國家需要的人數將會超過此數。這些都是新的市場機會，消費者絕大多數為老人。

## 五、青年人數激增

不同年齡的群集，在人口增加速度方面固然不同，其對市場需求也有明顯的差異。到 90 年，臺灣地區在 20 歲到 30 歲之間的人口將高達五百萬人左右，是人口結構中最大的一個群集。由於該一群集的出現，經營運動用品、旅遊、娛樂、教育用品、食品等的廠商，將會獲得比較有利的行銷機會。同時因為升學與就業等的競爭，補習班、教育訓練機構的需求將日形迫切。政府在該方面的投資將遠較目前水準為高。

## 六、家庭結構改變

多子多孫是福的傳統觀念，將因現實生活水準的限制而逐漸改變，平均每一居住單位的人口數將會繼續下降。這種趨勢在寸土寸金的幾個主要城市，尤將明顯。根據統計，臺灣地區在 55 年平均每居住單位居住人口為五點八人，65 年為五點二五，75 年已降到四點二三，80 年更降到三點九四，85 年為三點五七，90 年再降為三點二七人。每戶平均人數急速的下降對於消費性產品的包裝固然有影響，對於建築的設計等也有深遠的影響。

## 七、教育程度逐漸提高

教育程度的普遍提高，是臺灣地區行銷環境的另一個轉變。民國 40 年，臺灣只有七所大專院校，共招收六千六百六十五名學生，當時全部的人口為七百五十萬人。2003 年大專院校增加為 160 餘所，招收學生約十二萬人。迅速的經濟成長與所得的

---

❶ Howard Gleckman, "Welcome to the Health Care Economy", *Business Week*, Aug. 26, 2002, pp. 144–148.

增加，以及對專業及技術人員的大量需求，使臺灣地區具有大專院校教育程度的人數在過去四十年間迅速的增加，迄 91 年共有八十五萬人申請助學貸款，經濟能力比較差的同樣可以上大學；文盲人數占總人口的比例也逐年大幅下降。此可自下表觀之。

表 9–2　近十五年來主要教育指標

單位：%

| 學年度 | 每千人口高等教育學生數 | 15 歲以上人口識字率 | 高中畢業生升學率 | 高等教育（18–21 歲） | |
|---|---|---|---|---|---|
| | | | | 淨在學率 | 粗在學率 |
| 1989 | 23.0 | 92.01 | 44.40 | 17.18 | 26.74 |
| 1990 | 24.8 | 92.42 | 48.58 | 19.36 | 29.65 |
| 1991 | 26.8 | 92.85 | 51.94 | 20.98 | 32.37 |
| 1992 | 28.9 | 93.17 | 59.13 | 23.47 | 35.56 |
| 1993 | 30.5 | 93.41 | 61.32 | 25.61 | 37.93 |
| 1994 | 31.7 | 93.74 | 57.38 | 26.26 | 38.32 |
| 1995 | 32.7 | 94.01 | 56.58 | 27.79 | 39.44 |
| 1996 | 34.3 | 94.33 | 58.88 | 20.97 | 40.90 |
| 1997 | 37.6 | 94.66 | 61.95 | 31.09 | 43.08 |
| 1998 | 40.7 | 94.92 | 67.43 | 33.32 | 46.98 |
| 1999 | 44.6 | 95.28 | 66.64 | 35.42 | 50.52 |
| 2000 | 49.4 | 95.55 | 68.74 | 38.70 | 56.14 |
| 2001 | 54.1 | 95.79 | 70.73 | 42.51 | 62.96 |
| 2002 | 56.8 | 96.03 | 69.01 | 45.68 | 67.56 |
| 2003 | 58.3 | 96.97 | 74.85 | 49.05 | 72.37 |

資料來源：《中華民國統計月報》，2005 年 1 月。

自 1980 年代開始，臺灣在教育方面的投資與人力資源素質的提升，不遺餘力，尤其在電子、資訊等科技專業人才的培養上。在此同時，臺灣的電子電機、資訊及通訊等產業成長發展迅速，專業人力需求殷切，各級教育機構為滿足企業的需要，因此能在國防與社福預算膨脹之際，爭取到大量的經費，創設若干新的大學系所，增添價值昂貴的實驗設備，不但奠定了 90 年代以降臺灣科技產業能夠在競爭激烈的國際市場上保持優勢，與美、日、德等科技強國並駕齊驅的基礎，而且能在二十一世紀初期世界科技業泡沫化中繼續成長發展。

由表 9–2 可以得知下列各點：

1. 1989 至 2002 年間，高等教育學生人數增加迅速，在 1989 年淨在學率僅為 17.18，1993 年增加為 25.61，2002 年再成長為 45.68。十五年間成長約三倍。如以每千人口高等教育學生數同樣也成長近三倍。1989 年僅二十三人，1993 年提高為三十點五人，2003 年則增加為五十八點三人。高等教育人數快速地增加固然良莠不齊，素質也相當低落，但對整體發展，應具正面影響。

2. 教育經費，教育需要投資，尤其是高等專業科技教育，成本更高。教育經費支出占 GNP 的百分比在過去十五年中，雖然只增加 0.58%，但在此期間，我國 GNP 迅速成長擴大，因此教育經費實際支出成長金額相當可觀。自 2000 年以降，新政府又明顯削減教育經費支出，回復到 1990 年的水準，影響教育素質，因此臺大校長憂

表 9–3　近十五年來教育經費支出占 GNP 比率

單位：%

| 學年度別 | 教育經費支出占 GNP 比率 | 政府部門教育經費 | |
|---|---|---|---|
| | | 占 GNP 比率 | 占政府支出比率 |
| 1988 年 | 4.89 | 3.95 | 17.27 |
| 1989 年 | 5.28 | 4.29 | 17.39 |
| 1990 年 | 5.80 | 4.79 | 17.47 |
| 1991 年 | 6.49 | 5.34 | 17.77 |
| 1992 年 | 6.75 | 5.58 | 17.86 |
| 1993 年 | 6.98 | 5.79 | 18.43 |
| 1994 年 | 6.80 | 5.56 | 18.58 |
| 1995 年 | 6.57 | 5.36 | 19.36 |
| 1996 年 | 6.72 | 5.47 | 19.50 |
| 1997 年 | 6.61 | 5.21 | 18.91 |
| 1998 年 | 6.29 | 4.92 | 18.54 |
| 1999 年 | 6.31 | 4.92 | 18.80 |
| 2000 年 | 5.50 | 4.13 | 19.18 |
| 2001 年 | 5.89 | 4.22 | 18.02 |
| 2002 年 | 6.09 | 4.39 | 19.76 |
| 2003 年 | 5.87 | 4.15 | 18.52 |

資料來源：《中華民國統計月報》，行政院主計處，2004 年 9 月。

心的呼籲,「政府若無作為,十年後無可用之才。」❷

　　政府部門教育經費增加的百分比自 1990 年代下半葉有下降趨勢,不過在占政府支出的百分比則仍上漲 1.1%,難能可貴。

　　3.高中高職學生升學率大幅提升,在 1980 年代初期,高中高職學生升學率尚不到二分之一,高職學生畢業後大多就業,甚少繼續升學,但自 1990 年代開始,教育政策改變,政府及企業界有鑑於發展高科技需要受過專業高等教育的人才,於是採雙管齊下政策,高職畢業生可就讀技術學院及科技大學,高中高職學生升學率突然提升,由 1988 年的 45% 增加到 1992 年的 59%,2003 年已增加到 75%,高等教育粗在學率也由 1988 年的 28% 提升到 2003 年的 90% 以上。

## 八、人口移動加速

　　交通郵電的進步,工作需要等因素,促成現代人口高度的流動性。這種情形,在美國估計約有四分之一的人每年變更一次地址,其中又有三分之一改變其所在的城鎮。臺灣近年來大量人力集中與流動在臺北、臺中與高雄等三個地區及其附近的工業區,對臺灣若干產品市場也構成明顯的影響。

　　人口高度流動性對於市場也提供若干機會,例如,企業界在科學園區設立需要大量人力的研發中心,同時也在新設立的工業區開設商店,都會引起人口流動,在距離上雖不足道,但從一個生活園地移到另一個園地,可以引起個人生活方式明顯的改變,同時這種改變多半含有工作的改變與社會環境的改變,因此可能會連帶引起消費方式的改變。

## 九、職業婦女人數日增

　　女性就業人口逐年增加。到 2002 年底止,女性就業人口已占臺北市就業總人口的 45.3%。職業婦女最關心自己的工作、自己和小孩。因此有 72% 的女性贊成夫婦感情不合則離婚。❸單身貴族的職業女性似乎愈來愈多。

　　職業女性人數的增長與她們可支配的所得增加,在消費方式與金額方面將會引起重大影響。兼差式家庭主婦在若干家務上所花費的時間減少。作飯時間少,對於包裝現成的食品需求量增加,冷凍食品與罐頭類食品近年來已明顯增加。重要商業地區餐館林立,點心類食品增加迅速。其次,對小孩子照顧時間少,因之對托兒所、

---

❷　《聯合晚報》,93 年 11 月 15 日。

❸　*ELLE*《她雜誌》調查,《中時晚報》轉載,1999 年 1 月 26 日。

幼稚園的需要增加。一般婦女在洗濯衣服、裁縫與其他家務照料上的時間減少，因此需僱用傭人或用洗衣機等代替人力。另一方面，女性職業人數多，化妝品衣著等奢侈性物品消耗增加，一般受過良好教育的女性，在最小的孩子進入小學以後，不再擔心家務，而願開始在外面工作，她們是願意工作，而不是基於生活的需要，非工作不可，因此，在服裝上往往比年輕的婦女更講究。相反地，年輕女性工作則又出於需要。

## 十、退休人數日增

自從退休制度在世界各地普遍實施以來，很多身體健康可以工作的人有了更多的休閒時間參加各種活動，因此對於釣魚、攝影、爬山、看書、音樂、旅遊等活動所需要之用品形成了一個「退休」市場，而且此一市場將因退休人數之日漸增多而擴大，退休的市場將不是一個高所得的市場。通常積蓄、保險及退休金不會很高，尤其是當一般生活水準提高而積蓄、退休金不再增加之時，更為明顯，從行銷學的觀點看，這個市場可能適於中等價格甚至低價格產品的銷售。

現在麥當勞，大型商場及休閒中心，由於設備完善，人潮不斷，已成為退休人員經常光顧之場所。若干旅遊公司專在淡季組織觀光旅遊團，招徠特定退休人員前往遊覽，創造了不少的特殊市場及商機。

## 經濟環境因素

現代人的生活中大部分為經濟行為，經濟情勢是行銷環境中最主要的因素。經濟發展中的「奇蹟」是我國過去三十多年來全國上下共同努力所贏取的美譽。經濟快速的成長、購買能力的增加等因素，使國內市場環境發生了新的變化，創造了新的行銷機會。

經濟環境包括的因素很多，在此僅就國民生產毛額、國民所得、民間消費典型、觀光與旅遊，以及通貨膨脹對市場環境的影響，加以說明。

## 一、平均每人國民所得急增

國民生產毛額為一國之常住居民在一定期間內生產能力總的表現，不過總生產能力之大小與人口之多寡有密切關係，如果其他條件相同，人口多的國家其總生產力將大，人口少的其總生產力小。因此要比較一國在同一期間內或不同期間內各國平均每人生產力，便得以平均每人國民生產毛額測定之。

臺灣地區近三十年來的經濟發展，已使平均每人國民生產毛額大幅提高：從 40 年的 137 美元增加到 70 年的 2,443 美元，1991 年我國平均國民所得已超過 10,000 美元，使我國自新興工業國家轉變為已開發國家之林。2002 年我國平均國民所得已高達 12,916 美元，2003 年為 13,156 美元，2004 年初估為 13,925 美元。

表 9-4　我國平均每人國民所得與消費支出（按當年價格計算）

單位：臺幣元

| 年　度 | 平均每人國民所得 | 平均每人消費支出 |
|---|---|---|
| 40 | 1,407 | 1,082 |
| 62 | 24,564 | 13,413 |
| 65 | 39,559 | 22,579 |
| 70 | 89,868 | 51,316 |
| 75 | 137,992 | 70,593 |
| 80 | 219,637 | 128,842 |
| 85 | 333,948 | 212,267 |
| 90 | 393,447 | 271,238 |
| 91 | 402,077 | 274,575 |
| 92 | 407,434 | 275,086 |
| 93 | 424,827 | 283,245 |

資料來源：《國民所得統計摘要》，行政院主計處，93 年 3 月。
92 與 93 年為初步統計及預測數。

## 二、民間消費型態改變

國民所得快速的增加，使民間消費支出型態也產生了明顯的變化。在食品消費方面，40 年占總支出的 55.80%，50 年則下降為 51.02%；到 62 年下降為 40.94%，70 年為 33.55%，80 年為 23.34%，92 年更降為 21.02%，每十年平均下降 7%。在醫療及保健費用方面，則從 40 年的 2.58% 上升到 62 年的 4.28%，以及 70 年的 5.07%，80 年升為 6.64%，90 年更高達 8.90%。92 年再升到 9.50%，五十年間成長二點七倍。在娛樂、教育及文化服務方面之支出，五十年間也增加了近三倍。民間消費型態的改變，對於有關產品及其市場，不是機運就是威脅，可自表 9-5 見之。

## 三、觀光與旅遊需求急速增加

經濟環境的改變，對於觀光、旅遊等的需求，增加迅速。出國觀光或來我國觀光，均具有示範與模仿作用，可以購買外國的產品、學習外國的消費習慣；我國的

商品與習慣同樣可以出口，影響外國人的消費習慣，由是影響市場消費型態。

表 9–5　臺灣地區民間消費型態

（選擇性年度與支出項目）　　　　　單位：%

| 年　　度 | 食品費 | 衣著鞋襪及服務用品類 | 醫療及保健費 | 娛樂消遣教育及文化費 | 運輸交通及通勤費 |
|---|---|---|---|---|---|
| 40 | 55.80 | 5.43 | 2.58 | 6.09 | 1.72 |
| 61 | 41.63 | 5.18 | 4.23 | 8.00 | 3.78 |
| 65 | 41.54 | 5.30 | 4.64 | 8.78 | 4.77 |
| 70 | 33.55 | 5.05 | 5.07 | 12.80 | 7.58 |
| 75 | 29.52 | 4.79 | 5.17 | 14.27 | 10.56 |
| 80 | 23.34 | 4.83 | 6.64 | 16.26 | 13.16 |
| 85 | 21.61 | 4.65 | 7.87 | 17.27 | 11.34 |
| 90 | 20.87 | 4.10 | 8.90 | 19.23 | 11.90 |
| 91 | 20.75 | 4.04 | 9.20 | 19.17 | 11.88 |
| 92 | 21.02 | 3.92 | 9.50 | 18.71 | 12.17 |

資料來源：《中華民國國民所得統計摘要》，行政院主計處，93 年 3 月。

92 年為預測數。

自從政府於 68 年開放觀光護照以後，出國觀光及探親人數劇增，71 年持觀光護照出國的人數為三十萬人，85 年共五百七十萬人，89 年首次超過七百萬人，93 年預計出國觀光的高達七百八十萬人次，平均每三個人中就有一個。現在觀光旅遊對大多數人而言，幾乎已成為生活中主要的一部分。80 年代我國觀光客在日本平均停留的時間為十六天，每天消費較其他國家觀光客消費高約十分之一，觀光客在日本最喜歡購買的產品為相機、電鍋、錄放影機、熱水瓶及藥品。此一鉅額的支出，從國內移至日本，從消費與儲蓄移轉到航空旅行，對於國內的奢侈品、一般消費品、餐飲業等商品的需求，自將會產生明顯的衝擊。90 年代以後，觀光旅遊不再以購物為主，而以休閒為主，但次數及人數則明顯增加。

## 消費者保護運動

### 一、理由與目的

消費行為已成為現代生活最主要的一部分。在消費者市場上，消費者與銷售者的利害關係應該是相互協調的，而不是相互衝突的。消費者是希望最合理的價格，

獲得最大的滿足，銷售者則希望以最有效的方法達到滿足消費者需要的願望，但最後消費者畢竟是脆弱的，尤其自企業規模及經營形式改變以後。為了維護自己的利益，因而近二十餘年來，掀起了消費者自衛運動，他們的理由是：

1. 最後消費者所負擔的市場成本過高。

2. 工商企業忽視消費者利益。

3. 宣傳過分誇張而不實。

因之，消費者自衛運動的目的在於：

1. 消除欺騙與虛偽宣傳。

2. 希望獲得優良品質的貨品。

3. 減低市場作業成本。

4. 推廣消費者教育。

為響應消費者保護運動，政府機關和工商團體也紛紛組織團體響應並予以推廣。這些組織多半透過發行刊物的方式，以達到教育消費者的目的。例如美國的《消費者報告》(*Consumer Reports*) 與《良好家庭管理雜誌》(*Good House Keeping*)。他們有專門人員及試驗室，對各種產品試驗的結果，登在刊物上發表，以備消費者購買時參考之用。其次又有消費合作社的成立，以避免中間商的剝削。最近我國民間及政府，對於保護消費者的利益，逐漸注意，令人鼓舞。

## 二、臺灣地區消費者保護運動之發展

近年來臺灣地區消費者保護運動之發展，相當令人鼓舞，尤其自中部地區不幸發生一千八百多人多氯聯苯中毒事件以後，政府有關機構及民間團體，對於保護消費大眾的利益，益感殷切，消費者文教基金會乃於 69 年 11 月 1 日成立，其主要目的在為消費大眾爭取權益。該會自成立以來，由於廣大消費者的贊助，大眾傳播媒體的鼓吹支持、企業界在觀念上的迅速改變，以及學術界及立法部門對於消費者利益的重視，發展相當順利。

該會在成立的前十個月中，據統計共接獲電話、書面或本人親自到該會申訴及請求服務的案件共 4,500 餘件。基金會雖然為一民間團體，但大部分廠商或生產者在接獲申訴後，均能主動去函向消費者致歉，並以新產品調換有問題的產品，或提供消費者有關使用或保存等知識，以免因誤用而導致損傷。由上述資料可見消費者已逐漸覺醒，而且也注意到為了保護自己的權利，免受無謂的損失。在購買行為上，

也會拒絕購買來源不明及標示不完整的產品，一旦發現有問題的產品，也會主動的向有關機構檢舉。

由於消費者具體的保護運動最近幾年才開始，部分社會人士及生產廠商並不能立刻接受這種觀念與行動，因此對於自衛運動及基金會，可能發生誤會，認為消費者運動是製造問題，是在打擊生產者或經銷商。政府有關機構因為未能發揮其應有的功能，而認為消費者自衛運動可能會損害政府的威信。現在正面臨企業大量出走的情況下，政府深恐企業假藉各種理由將工廠外移，又遑論要求他們基於社會倫理責任，守法守分，善盡企業責任，以保護消費者的利益，因此消基會的功能益形重要。

由於消費者教育水準的提高，及對權益意識的重視，與世界潮流之影響，消費者保護運動在推行的過程中盡管遭遇若干困難，相信在競爭激烈的行銷環境，企業界為爭取顧客，會重視顧客的權益，保護顧客的權益。企業界也深深地瞭解，如果消費者購買的產品不能如預期滿足他們的需求，消費者又如何會接受他們的產品？企業又如何能永續經營？

## 三、消基會的功能

主要可以分成兩大類：一類是協助消費者或代表受害人向政府或有關機構爭取公正合理的權益，尤其在重大的事件發生時，個別消費者投訴無門時，他們提供的協助與解決方案對當事人雙方具有一定的貢獻。如 1999 年 9 月 21 日臺灣大地震，若干住宅大樓倒塌，住戶不幸罹難，消基會出面代表住戶與營建商協商、解決賠償問題，最後雙方達成協議；華航日本空難事件，受難家屬在家破人亡的情況下，不知如何要求賠償，有的更無心要求賠償，在消基會的協助及壓力下，最後華航終於接受折衷條件等。近二年來，消基會召開記者會約 300 場次，代表消費大眾向國內外廠商提出建議與指控，連微軟及寶路等知名大公司都得低頭認錯。❹

第二類則是借助專家學者的專業知識技術，協助對飲料、食品、化妝品等品質作檢驗，以提醒社會大眾提高警覺，避免購買那些過期、變質或品質不良的產品，同時也可以客觀公正的立場說明那些品牌是沒有問題的，以消除社會大眾的疑慮，恢復消費者的信心。例如過期奶粉、藥品、飲料及月餅等含菌量的檢測，消基會均扮演重要的角色。

❹ 《聯合晚報》，93 年 11 月 5 日。

**實務焦點**

### 假高纖真高鈉高脂食品

很多從事研究及教書的人，因為活動量少，坐的時間過久，導致胃口不佳，但一想到吃的太少，恐怕體力不支，影響工作效率，於是就會想到吃點現代化的零嘴，以補充體力，高纖類餅乾因此成了炙手可熱的食品。只要注意老闆的女祕書及老師的研究助理，她們的周圍，常常可以發現這類零嘴。

但是根據消基會在 2004 年 10 月 5 日指出，市面上流行號稱「高纖」的包裝食品，經過檢驗的結果，發現是「假高纖」，不僅如此，甚至部分包裝食品被檢測出「高鈉」又「高脂肪」。因此呼籲消費者要留意，否則消費者很難吃得安心又健康。

根據「市售包裝食品營養標示」規範，建議每日每人鈉的攝取量為 2,400 毫克，相當於 6 公克的鹽，但根據消基會的測試結果，所有測試的樣本鈉含量從 1 到 1,040 毫克不等，其中每 100 公克食品鈉含量大於 500 毫克者，除統一糙米活力餐外，還有義美、掬水軒、日式等 6 件。

消基會將樣本食品的鈉成分標示與實際測試結果比對，發現高達 50% 的標示值與實際測試值出現誤差，分別超過公告允許的正負 20% 範圍。其中標示超出 20% 者，計有雀巢天然纖麥棒、家樂氏什錦果麥，以及掬水軒高纖蘇打、日式麥香蘇打餅等 6 件。

消基會同時指出，在「脂肪量」測試部分，近 58% 的標示值與實際測試值有「很大誤差」。統計所有樣品的脂肪量，其中餅乾類樣品的脂肪類含量「不低」，平均每 100 公克約為 20.3 公克，為每日建議攝取量 55 公克的 37%，經過換算後，每 100 公克餅乾由脂肪提供的熱量達 182.7 大卡。

針對消基會點名的業者，他們有的表示如果高纖餅乾每 100 公克含 20 公克的高纖「口感絕對變得很硬而咬不動」。也有的表示，如果含鈉量高，以後將會調整，不管業者對於消基會的檢測結果滿不滿意，令人安心的是業者都表示願意調整改進。消基會真的發揮了保護消費者的功能。❺

### 寶路狗飼料事件

2004 年 6 月初臺灣天氣尚未開始悶熱，新聞媒體卻突然大篇幅報導美國寶路 (Pedig) 狗飼料涉及圖利謀殺狗兒，炒熱了臺灣狗兒飼主，引起社會大眾嘩然。

根據新聞報導，若干使用寶路牌飼料的狗兒死亡，其中不乏知名之犬。因受害飼主人數眾多，於是消基會等出面，一方面為死去的狗申冤，同時也希望能夠集體向飼料代理商求償，以免業者採取各個擊破，讓民眾受損，狗兒枉死。

根據動物保護團體的說法，寶路牌飼料任理商先讓狗兒吃出毛病，罹患腎衰竭，然後

---

❺ 資料來源：參考《聯合晚報》及《中時晚報》，2004 年 10 月 5 日。

再推出狗兒抗腎衰竭的飼料，目的在推銷其產品。因此有所謂「謀殺論」流傳。

此一事件發生已有一段時日，受害的狗兒不在少數。截至 2004 年 6 月 4 日為止，代理商艾汾公司表示共和解了 4,000 餘件。飼主求償的方法有很多種，有的要求實路再賠一隻原先品系的狗，有的則要現金，還有的只要代理公司多作公益，提出具體的方案，改善流浪狗的環境，給予狗兒更多的關懷也就夠了等。

消基會表示，實路飼料事件受害的飼主約有一百多位向該會投訴，消基會希望實路代理商能提出具體的賠償標準，不要實施差別待遇。否則他們就要將實路列入該會網路黑牛牧場名單。❻

## 科技迅速進步

美國在 1972 年發射的先驅十號 (Pioneer 10)，在飛行了五十六億公里以後，自 1983 年 6 月 13 日起，飛越海王星軌道，脫離太陽系的範圍，向著無窮的遙遠，繼續飛行，科學家並且將他未來八十六萬二千零六十四年內飛行的路線及途中最接近的特定星球名稱繪出——簡直不可思議。

2003 年 11 月 5 日美國航空及太空總署發布新聞，震驚世界：原來在 1977 年 11 月 5 日發射的航海家一號，距今已二十六年，已飛行了一百三十五億公里，等於地球到太陽距離的九十倍，是人類所創造的距離地球最遠的飛行器具。航海家一號已到達太陽系的邊緣，且繼續以每天一百六十萬公里的速度朝著人類從未探測過的太空區域直飛而去。❼上面這二個人類智慧的結晶的科技設備，充分代表了現代的科技水準。2004 年 1 月初美國航空及太空總署將火星表面的照片第一次清晰地讓世人欣賞，此後陸續傳回更多精彩的圖片，人類征服火星的時代已正式揭開序幕。

近三十年來，影響人類生活方式與習慣最重要的力量莫過於科技進步。科技帶給人類的禮物不勝枚舉，其中以盤尼西林、家庭計畫的產品、開心手術、人類器官的移植與取代，以及電器等最具代表性。但是也帶來了恐怖的核子彈、潛水艇及大砲火箭。

我們人類的生活因為科技進步而變得充實，顯得緊張。飛機、火車與汽車等現代化的交通工具加快了我們的腳步，節省了走路的時間。

---

❻ 資料來源：參考《中時晚報》及《聯合晚報》，2004 年 6 月 4 日。

❼ 《中國時報》，2003 年 11 月 5 日。

電信的發展，不但加速國內訊息的傳遞，國際間商務與情感的連繫也大幅度強化，使天涯咫尺的夢境得以實現。

自 1981 年 12 月 18 日起，臺灣地區的電話已全部自動化，使國人可以「自動」的談話。1993 年臺灣向國外打出的國際長途電話共 153 百萬次，共 442 百萬分鐘，2002 年增加到 568 百萬次，共 2,153 百萬分鐘，成長近五倍，由此可見國際間事務之頻繁。自從行動電話流行以來，國內使用人數急劇增長。根據交通部 2003 年 10 月資料，該年 8 月底止，我國行動電話用戶數已達 2,529 萬戶，每百人有 110 戶水準，普及率為世界第一，平均每月收入 150 億元以上。

每一種新科技的發展都深切的影響相關的產業。複印機、電子計算機、微電腦、錄放影機、手機、石英錶等，幾乎改變了人的生活方式。這些產業不但具有創新性，更具有破壞性。無怪名經濟學家熊彼特 (Schumpeter) 認為科技革新是一種「創新性的破壞」(creative destruction) 力量。因此每一個企業必須密切注意那些產品在當前的環境是新的，因為新的此後可能會遭到毀滅或淘汰，由於更新的產品往往接踵而至。

由此可知，臺灣地區經濟成長率的快慢與未來主要相關科技的發現與使用有密切的關係。不幸的是科技的發展並不平均分配在一個期間，往往是累積在同一個時間，因而產生競爭與淘汰，例如正當收音機產生了大量投資之際，電視機便開始上市，音響、相機、閉路電視、錄放影機等產品也莫不如是。科技革新，競爭與淘汰固然輪轉不停，但是如果沒有科技革新、打開市場機會，一國的經濟就會停滯不前，企業就會遭遇困難。

總之，新的科技創造了若干新的而且事先無法預知的結果。例如家庭計畫的用品使家庭人數下降，因而導致較多的職業婦女，較多的可任意支配所得，一般家庭用於旅遊、觀光等項目的支出增加。研究發展家庭計畫用品的企業在當時可能並未料想到他們會替航空、汽車及觀光旅遊等公司創造業務，同時也製造了交通事故，以及噪音及空氣污染等不良後果，旅館、飯店、救護醫院及防止污染等產品的市場卻因而產生。由此可知，單獨產業的科技進步不但改變產品本身的效能，同時會引發連鎖效果，終至創造市場機會或威脅。

## 政府扮演之角色

政府不但擬定政策制定法令，影響經濟行為，而且也購買大量的商品與勞務，影響國內經濟情勢的發展。「六年國建」工程費用數以兆億計，就是具體的明證。

行政院公平交易委員會於 1992 年 2 月正式作業，對於獨占性事業及多層傳銷等有違公平交易法的商業活動，均將擬定適當的法律予以規範，政府在現在工商業社會所扮演的積極角色益形彰顯。

政府在歷年收入及支出所占國民生產毛額約為四分之一上下，近二十年來一直相當穩定，自 1976 年以降，支出總額稍有增加，由於收入之增加，每年仍保有相當的盈餘。唯自 1992 年度起出現少許赤字預算，2002 會計年度收入約為 13,001 億元，該年除舉債 2,450 億元外，動支歷年累積結餘 1,010 億元，支出共約 15,907 億元，另償債支出 554 億元，預算赤字為 2,905 億元，2003 年政府赤字 2,972 億元，2004 年為 2,478 億元，2005 年為 2,329 億元，近年已設法控制在 3,000 億元以內。到 2004 年底為止，累積負債已高達 3 兆 4,000 億元。

政府每年支出既然如此之鉅大，其支出之劃分對於國內市場之興衰有相當的影響。換言之，政府是各種產品最大的購買者，其購買的項目從麵包、點心到核能發電廠、飛機、防禦飛彈及潛水艇等。如果用於國內產品之購置，則對國內相關產業將具正面作用，相反則具負面影響，這正是政府非常重視支出結構的原因。

## 臺灣研發成效

臺灣經濟發展自 1980 年代初發生了重大的改變；一方面由於大陸開放，勞工成本低廉，臺灣傳統產業為追求成長發展，不得不登陸投資，他們也趁機將肩負經濟發展二十多年的重任交付給新興的電子資訊產業。電子資訊產業是資本、技術及研究發展密集的產業。於是自 1980 年代中期以後，研究發展成了競爭的主要工具。政府及企業界為了提升競爭力，積極而具體的獎勵從事研究發展，於是研究發展蔚為成風。

為說明過去近二十年的研究發展成果，本書根據政府公布的統計資料，分成研究發展經費、研究發展人力及研究發展成果加以說明。

表 9–6　歷年研究發展經費

| 年　別 | 金　額<br>（新臺幣百萬元） | 占 GDP 比率<br>(%) | 政府投入經費<br>所占比率<br>(%) | 研究人員平均一<br>年使用經費<br>（新臺幣百萬元） |
|---|---|---|---|---|
| 75 年 | 28,702 | 1.01 | 60.1 | 1.03 |
| 77 年 | 43,839 | 1.24 | 56.6 | 1.24 |
| 79 年 | 71,546 | 1.66 | 45.8 | 1.35 |
| 80 年 | 81,768 | 1.70 | 52.1 | 1.77 |
| 82 年 | 103,517 | 1.75 | 49.0 | 1.89 |
| 84 年 | 125,031 | 1.78 | 43.7 | 1.88 |
| 85 年 | 137,955 | 1.80 | 41.6 | 1.91 |
| 86 年 | 156,321 | 1.88 | 40.2 | 2.04 |
| 87 年 | 176,453 | 1.97 | 38.3 | 2.12 |
| 88 年 | 196,520 | 2.05 | 37.9 | 2.18 |
| 89 年 | 197,631 | 2.05 | 37.5 | 2.26 |
| 90 年 | 204,974 | 2.16 | 37.0 | 2.30 |
| 91 年 | 224,428 | 2.30 | 38.1 | 2.35 |

資料來源：《中華民國統計月報》，行政院主計處，93 年 9 月。

表 9–7　歷年研發投入人力及產生績效

| 年　度 | 研究發展人力投入 | | | | SCI 論文發表篇數及名次 | |
|---|---|---|---|---|---|---|
| | 總　計 | 研究人員 | 技術人員 | 支援人員 | 篇　數 | 名　次 |
| 75 年 | 47,633 | 27,747 | 14,166 | 5,720 | 1,177 | 35 |
| 77 年 | 63,903 | 35,437 | 16,659 | 11,807 | 1,832 | 28 |
| 79 年 | 75,231 | 46,071 | 19,511 | 9,651 | 2,676 | 27 |
| 80 年 | 82,436 | 46,073 | 22,844 | 13,419 | 3,199 | 25 |
| 82 年 | 90,918 | 54,905 | 23,720 | 12,293 | 4,746 | 22 |
| 84 年 | 105,822 | 66,478 | 25,635 | 13,709 | 6,665 | 19 |
| 85 年 | 116,853 | 71,611 | 28,987 | 16,253 | 7,490 | 18 |
| 86 年 | 129,165 | 76,588 | 34,021 | 18,556 | 7,755 | 19 |
| 87 年 | 129,305 | 83,209 | 30,535 | 15,561 | 8,605 | 19 |
| 88 年 | 134,845 | 87,454 | 31,465 | 15,926 | 8,946 | 19 |
| 89 年 | 137,622 | 87,945 | 33,713 | 16,657 | 9,703 | 19 |
| 90 年 | 138,407 | 89,118 | 33,007 | 16,283 | 10,635 | 17 |
| 91 年 | 150,200 | 95,421 | 37,448 | 17,331 | 10,831 | 18 |

資料來源：同表 9–6。

從表 9–6 可以看出政府投入研發經費的比例從 75 年的 60% 逐年降低，私人及企業界投入的比例則逐年提高，如此一來，企業界可以視實際需要投入那些方向，以及如何調整等，使研發經費的運用更有效率。投入金額在 75 年為 287 億元，90 年度則增加為 2,049 億元，十五年間增加約七倍。每一研究人員平均每年使用經費也增加一倍。

# 習 題

1. 試說明行銷環境的重要性。
2. 試概述臺灣地區人口成長的趨勢。
3. 說明職業婦女對行銷的影響。
4. 說明退休人口對行銷的影響。
5. 說明臺灣民間消費型態五十年來發展的趨勢。
6. 說明消費者保護運動在臺灣的發展。

# 第四篇
# 產品策略

Marketing Management

Marketing Management

Marketing Management

Marketing Man

# 第十章　行銷組合

## 行銷組合的意義

　　企業界常說商場如戰場，充分的說明商場競爭激烈的情形，在競爭的商場上，一個企業如果希望能夠勝利成功，就需要依賴一些競爭的武器。這些武器在行銷學中稱為行銷組合 (marketing mix)，其中主要包括：產品 (product)、價格 (price)、銷售通路 (place) 與推廣 (promotion)。這四種組合因為每一種都是英文字母的 P 開頭，所以稱為 4P。根據英文文法，多數要加 s，故通常稱為 4Ps。實際上，並不一定限為四個 P，應該還有其他的因素，例如在推廣方面可以包括廣告、人員推銷、促銷等項，因為便於記憶，所以通稱為 4Ps。

　　4Ps 既然是行銷作業的主要武器，因此也可以稱為行銷資產 (marketing assets)，如果在商場上缺少這些資產，企業界的管理人就會變成「巧婦難為無米之炊」，又拿什麼和同業競爭呢？如果從這個角度看，4Ps 是現代行銷主管成功必備的武器。

　　行銷組合就字面而言，是指產品、價格、銷售通路，以及推廣等。事實上，更重要的是如何運用這些行銷資產，以便達成企業的目標。因此，如何運用行銷組合成為行銷管理中最重要的課題。現在先簡要說明行銷組合的運用。

## 4Ps 組合策略

　　首先我們可以將四個 P 當作四邊形的四個邊，其中 $P_1$ 代表產品，$P_2$ 代表價格，$P_3$ 代表銷售通路，$P_4$ 代表推廣。如果 P 的長短代表它們各別的重要性，所謂重要性是指在行銷作業中，經理人為了達成他的目標，依賴 P 的程度，或對各別的 P 重視的程度。由此可知，這四個邊構成的四邊形形狀變化很多。

　　如果四個邊的長度相同，則表示各種行銷作業的重要性相同，此種情形下的圖形是正方形，如圖 10–1 (a)。如果有二個 P 的重要性在行銷作業中地位相同，而另外二個 P 的地位比較次要，而且也相同，此時該四個 P 構成的圖形則是一個長方形，如圖 10–1 (b)。如果四個 P 的地位各不相同，則這四個 P 所構成的四邊形是一個任意四邊形，如圖 10–1 (c)。

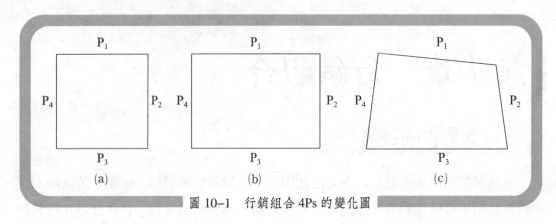

圖 10–1　行銷組合 4Ps 的變化圖

　　至於在什麼情形下，是屬於圖 10–1 (a)所代表的情況，那種情形又是屬於圖 10–1 (b)或圖 10–1 (c)所代表的情形，就要視各別的情況而定。

　　上面這種簡單的分析，在理論上是存在的。實際上，企業界很難衡量這四個 P 的重要性。因為這四個 P 代表著不同的作業，這些作業又不容易用一個同樣的標準加以衡量，因為產品和價格是差別相當大的二個 P，推廣和通路也是性質不同的，因此，我們所說的四個 P 相同，是表示在行銷人員心目中重要性相同的意思。

　　一般而言，我們平常所用的化妝品、飲料、服飾等產品，幾乎每個人都是推廣的對象，市場分散範圍廣大，無法採用人員推銷等方法，因此需要大量的宣傳廣告，廣告支出大，所以代表推廣的 $P_4$ 地位特別重要。

　　相反地，鋼筋、水泥、砂糖、棉紗等工業品，產品的品質相當接近，品質差異不大，在競爭時主要是看價格的高低而定。規模比較大的公司，每年採購的數量都以萬噸計算，如果每一公斤價格高或低一角，在成本的負擔或銷貨利潤方面就差別很大。在此情形，價格是一個重要的因素。有的產品，如飛機上所用的各種組件、儀器和設備，汽車的剎車，以及重要的藥品，品質和性能非常重要，否則安全將受到威脅。因此產品品質本身的可靠性、耐久性、安全性等特別重要。在此情形下，代表產品的 $P_1$ 重要地位增加，在價格與推廣等方面地位就比較次要。

　　很多成功的企業，往往是占了地理位置上的優勢，因為位置適中，交通便利等原因，業務發展迅速。在臺灣這方面的實例很多，例如過去臺北市忠孝東路四段的頂好市場，四段一帶的百貨公司，以及信義區以 New-York-New-York 為中心的商場及百貨公司，他們的成功，都應該感謝地段適中，因此代表地區或通路的 $P_3$ 就變得重要了。

　　由此可見，行銷組合運用策略是千變萬化。至於那個 P 的地位特別重要，就得

看行銷環境，同業過去的慣例，以及主管人員主觀的判斷而定，並沒有一定的規則。

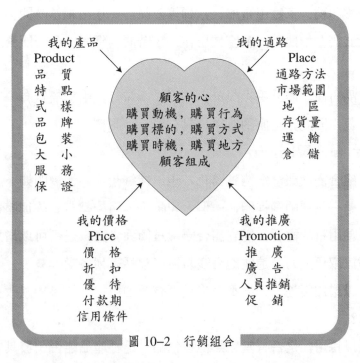

我的產品
Product
品質
特點
式樣
品牌
品包裝
大服小務
保證

我的通路
Place
通路方法
市場範圍
地區
存貨數量
運輸
倉儲

顧客的心
購買動機，購買行為
購買標的，購買方式
購買時機，購買地方
顧客組成

我的價格
Price
價格
折扣
優待
付款期
信用條件

我的推廣
Promotion
推廣
廣告
人員推銷
促銷

圖 10-2　行銷組合

上面概略的說明了行銷組合的構成以及運用的策略。現再就產品組合、價格組合、通路組合與推廣組合的變數等加以說明。

## 產品組合

### 一、產品組合變數

產品組合 (product mix) 是指在行銷作業中如何運用和產品有關的各種變數，以達成行銷的目標。產品變數是由若干其他的變數結合而成，其中主要的計為：品質、特點、式樣、品牌、顏色、包裝、規格、產品服務、產品保證等變數。

這些變數又由若干其他的因素組合而成，例如就產品品質而言，又可分為：可靠性、耐久性、精準度、抗張力、耐熱度、純度、使用時不需要服務的程度等。

其次我們經常說一種產品的特性，也包含了若干變數或因素，例如通常所說的 EER、經濟性或節省能源或汽油的程度、造型新穎、典雅大方等，都可以表示產品的特點。

構成產品的各因素瞭解以後，我們就可以在行銷過程中，根據不同的情況或需要，利用不同的組合，以滿足顧客的需要。例如現在流行的手機特別強調輕、薄、

短、小及功能等特點，為了達到這個目標，有關產品設計人員在這方面就應該特別注意。另外像複印機、家庭用電器、電梯等產品，在使用相當時間後，常常需要修護保養，因此我們在推廣時，就應該用在一定時間內保固或免費服務等作為推廣的策略。

在流行產品方面，產品重視設計、流行、獨特等，由於流行有一定的時間，而且時間往往短暫，因此，推廣的密集性具有決定性影響。

## 二、產品組合變數實例

為使產品組合變數觀念能夠實務化，現以螺絲起子為例說明如下。

它的特性是一個圓的鋼桿體，一個木製把手，用旋轉方式施加壓力。為使該把起子能更符合使用者的需要，從它組合變數技術面考慮，是否可以增加它的把手或利用電力操作以取代人力。這些組合變數可以包括下列各點：❶

1.是否可以增加用途：如果不改良是否有新的用途？如果加以改良，是否又有更多新的用途？

2.是否可以採用：是否有其它類似替代品？這種產品能否引發其它的構想？過去是否有類似產品？如形式改變，又可倣效，那種產品是主要競爭對手？

3.是否可以修改：新的組合如何？是否可以改變意義、顏色、動作、聲音、味道、外型？有無其他改變？

4.是否可以擴大：增加什麼？更長的時間？更高的頻率？額外價值？增加內容？可否複製？

5.是否可以縮小：減少什麼？更小些？濃縮？刪掉部分？

6.是否可以替代：誰能取代？什麼可取代？其他原料？其他製程？其他動力？其他地方？其他方法？其他聲調？

7.可否重新排列：互換零件？其他型式？其他布局？他種順序？因果調換？改變速度？改變時程？

8.可否調轉：是否可以正反互調？上下顛倒？對換角色？改變布局？

9.是否可以合併：是否可用合金？各種貨色組合？組合全體？組合單位？組合目的？組合訴求？

從這九個主要組合變數可以知道任何一種產品的組合都是由很多因素或變數構

成。要想使產品能符合顧客需求，在技術面，至少要考慮上述各種組合。

## 三、產品組合策略

現在再從產品組合的策略面，也就是從產品的利潤、銷貨與成長三個因素加以說明。

產品既是一個公司為達成其目的的重要資產，因此公司的目標可以決定應該發展那一項或那幾項產品，以及如何有效的推展這些產品。如果一個企業的產品組合已經達到相當有利的情形，主管人員仍須經常檢討產品組合中的廣度與深度，以確保銷貨、利潤及穩定等目標繼續不斷而又均衡的成長發展。

由於消費者嗜好不斷地在改變；競爭者不斷地加入市場和改變他們的產品組合；外界環境也在不停的改變，因此有的公司與產品受益，有的則受害。產品新陳代謝，後浪推前浪，使產品的組合不但要達成企業當前的目標，更要規劃未來目標的實現。

1.利潤：一個公司利潤的大小，主要是看他的產品銷售如何？產品的銷售又要看各種產品組合的情形而定，因此，產品組合與行銷策略二者直接影響利潤的高低。

一種產品銷貨量的多少，不一定就會正確的反映該產品對利潤所作貢獻的大小，因為銷貨量多的產品單位利潤往往比較低，一種產品對利潤的貢獻應該以每種產品所產生的利潤與所發生的總成本的差額來衡量。

為達到長期利潤的目標，一方面要避免將企業的成長發展委諸少數幾種產品的手中，在維持現有產品利潤的同時，應該開發那些新產品，俾能繁衍綿延。但不幸的是一個公司絕大部分的利潤係由少數幾項產品創造的，其他的產品對於公司的貢獻則很少。

2.穩定銷貨：很多企業採取穩定銷貨量的作法，他們認為銷貨量變動幅度大，對公司的業務影響大。如果要想適應一種產品旺季的需要，則必須有較大的生產設備才能生產足夠的產品，供應一時的大量需要，否則就得擁有較高的存貨，應付旺季的需要。但是，這二種作法都需要巨大的投資，都得負擔較大的利息，同樣也意味著較大的風險，因為新產品一旦推出，原有的產品將悉數報廢淘汰。巨額的存貨，需要負擔巨額的利息，一旦旺季過去，淡季的存貨不易消化，恐無力負擔利息費用；何況預測銷貨非常困難，此時往往會產生很多錯誤的決策。

基於上述原因，一個公司在調整其產品的組合時，必先考慮到對銷貨收入的影響。

3.銷貨成長：另外一個目標是希望銷貨逐漸成長，一個公司銷貨的成長，主要是看他當前各種產品各別所在的生命週期，以及增減產品的計畫。

如果一個公司的產品，是由屬於「成熟」或衰退期中的產品所構成，盡管目前的銷貨量達到很高的水準，銷貨可能不會有成長的希望。整個公司的業務也將隨產品的老化而衰退。

4.最有利的產品組合：一個公司的目標對產品政策既有如是大的影響，那種產品的配合最有利呢？如果一個公司其他的產品組合都不能增進其公司的目標時，則該一配合為最有利的組合；如果一個公司的目標是在尋求最大利潤，假定透過產品的增、減、修正都不能改善其利潤時，此時之組合為最有利；如果一個公司的基本目標在使銷貨成長，當其他的產品組合所引起的銷貨增加沒有利潤時，此時之配合即為最有利。因為一個公司的目標不同，所以確定最有利產品組合的決策非常複雜。

事實上，要診斷一個公司的產品組合未能達到產品最有利比較容易，要明確說出產品最有利組合的各項特點則相當困難。下面幾個徵候可能說明產品組合未達到最利的情況。

　　(1)經常發生長期或季節性生產設備滯呆現象。

　　(2)數種產品占總利潤的絕大百分比。

　　(3)銷貨或利潤長期下降。

為達到產品組合整體的目標，高級主管還應該注意下列各點：

　　(1)主產品與副產品。

　　(2)長、中、短期的發展。

　　(3)人力資源與生產設備之充分有效地運用，值此科技迅速進步，產品革新普遍受重視之際，尤其重要。

## 價格組合

價格組合 (price mix) 是指價格策略是由若干其他的價格變數構成。通常所說的價格實際上包含了和價格有關的若干決策，因此在訂定價格策略時，可以根據市場上的實際情況，加以運用，以便達成行銷的目標。

價格策略包含的變數計有折扣價格、優待價格、付款期限之長短，以及信用條件等。這些變數又包括若干不同的實際策略，例如折扣價格中，又可按照市場上競

爭情形，根據市價的七折或八折出售；另外也可以根據購買的數量，給購買量大的顧客一個比較大的折扣，以鼓勵大量採購；有時為了鼓勵購買者早日支付現金，因此約定在一定時間內支付現金，可以享受 5% 或 10% 的折扣優待，都屬於折扣價格方法的運用。

付款期限之長短，也是價格策略之一種，例如在購買重要的機器設備或廠房時，多採十年或五年分期付款方式，以便讓購買者有能力逐期償還，有的甚至更長，供應方面也可以利用這種方法達成銷售的目標。如果都靠現金或短期內清償，很多購買者或將無力購買。這種交易，由於金額大，賣方多要求買方透過其往來銀行擔保付款，始才成交。諸如此類作法，都是價格策略之運用。

一般所說的價格是指自由競爭的價格，即任何一個企業沒有能力影響價格水準。但自企業購併成為成長主要策略後，少數大型化企業實際上已提升對價格的影響力。尤其自世界貿易組織成立以後，各國美其名為因應國際化的情勢，紛紛鼓勵企業合併，以加強競爭力。實際上則是在劫掠經濟發展落後國家的市場占有率，進一步達到寡占世界市場的目的。金融業的花旗集團與摩根集團；高科技業的微軟、英特爾；國內如晶圓代工的台積電及聯電；石化業的台塑集團；以及醫療界的長庚等，對於其所在產業價格均有舉足輕重的地位，因此價格組合的因素需要重新評估。

工商業發達的國家，政府為促進市場上的自由競爭，對於價格的訂定仍然加以某種程度的限制。例如像美國的各種反托拉斯法律 (Antitrust Laws)，基本目的即在禁止規模大又處於競爭地位的企業聯合訂定價格與控制市場。在另一方面，各國政府又多採取對某種產品的批發零售價格給予最低保證的措施，由於受國際化的衝擊，這些措施的作用已有今不如昔的感覺。

目前我國已有相關法律保障一般消費者。近年來，大企業透過合併迅速的擴大其規模，政府也已制訂類似法令，不過政府為鼓勵與促進工商業的發展，各種政策雖非置消費者之利益於不顧，偏袒工商業之措施在所難免。近年來，消費者文教基金會在這方面已經發揮了相當明顯的制衡作用。81 年春行政院公平交易委員會成立後，其主要任務雖在確保自由市場上的公平交易，仍無法抵擋企業大型化的趨勢。其他的變數如一般慣例，工資和稅率等對於價格組合都有相當的影響力。

## 銷售通路組合

銷售通路組合 (channel of distribution mix) 也可以稱為區位組合 (place mix)，也有人稱為實體運輸，主要是指經銷商店區位之選擇，倉儲位置之決定，以及運輸系統之建立等。這些都和地理位置有關係，所以在行銷作業方面稱為銷售通路，事實上這些決策都和地區有關。

銷售通路組合包含了通路方法、市場範圍、地區、存貨量、運輸，以及倉儲等決策。在通路方法方面，可以分為自己直接銷售，或授權一家公司作總經銷，由他獨家代理銷售，例如國產汽車和裕隆汽車在 77 年以前一直就是維持這種關係。也就是說，裕隆的汽車只交給國產汽車一家代理，要買裕隆汽車就得到國產汽車公司或其分支公司，可以說是標準的產銷分工制度。也有的是在每一個地區找一個代理商幫忙銷售，大家自由競爭。一般消費品的銷售方法也是一樣，有的強調僅此一家，別無分店，例如臺中太陽堂的太陽餅，也有的到處有售，例如香煙等，這都是屬於銷售通路策略的運用。

其次，市場範圍可以包含國內市場與國際市場二大類。國內市場在同一貨幣法令規定及語言下作業，國際市場情形就不相同。

最後，存貨量、運輸與倉儲等也是當前行銷作業中一些重要的工作。現在，郵電交通業雖然發達，各種商情的傳遞迅速，不過在實際作業上，仍然需要周詳的加以研究，才能發揮效率。尤其，臺灣地區的交通情形日益擁擠，地區雖然狹小，運輸與倉儲等工作仍需要仔細加以研究，始能提高工作效率。例如統一麵包的工廠設在中壢市附近的工業區，他們如何將新鮮的麵包於一般家庭用早餐以前準時送到每一個經銷店，實在是一個非常複雜的問題。因為新鮮的麵包必須在清晨七點以前送到經銷商的手中才能讓顧客們吃到新鮮的麵包，而此時正是交通擁擠的時刻。試問統一麵包應該在什麼地方設一個發貨中心，這個中心距離他的每一個經銷店就時間上來說最方便，在大清早最容易將他的麵包送到。而且送貨的先後次序應該如何安排，在路上被塞車浪費的時間最少？其次，為了能在預定的時間內將麵包送到每一個經銷店，應該在幾點開始出發最好？因為太早商店尚未開門，太晚需要麵包的顧客都已經上班或上學。像此類問題與決策，都是銷售通路決策，也是達成有效通路決策應該考慮的問題。

## 影響銷售通路組合的因素

### 一、顧客的特性

　　顧客的人數、地理上的分布、購買一種產品的頻率、平均購買量與購買方式等，都影響一個銷售通路的作業。如果顧客為廣泛的消費大眾，人數多，在這種情形下，不妨利用較多的銷售點，這樣才可達到便利顧客的目的，如冷飲、糖果、煙酒等銷售的家數愈多，銷售量可能就愈大。顧客人數又受地理分布的影響，如果顧客集中在某一地區，則其銷售自較散佈若干地區為易。但顧客人數與地理分佈又因購買方式之不同而異：購買量少而次數多時銷售點可以多；如果數量大而次數少，則可以少。

　　消費者購買的動機也影響銷售通路的決策。消費品須有刺激，才會引起購買，否則就須積極推銷。同時，消費者又往往比價比貨，在此情形，就需要有零售商的作用，而且愈多愈好。工業用品的購買者之動機則又多偏重於理智，因此在銷售通路上與消費者所表現的不同。

### 二、產品的特性

　　有些產品的本質容易腐敗，不適於長途長期的運送與重複處理，銷售通路因此短，採取產銷合一的制度較好。如臺灣香蕉、洋菇等。很多時髦品，因風行一時，性質如同易壞商品，通常也是採用製作者與顧客或是百貨公司直接往來的方式。非標準化的產品，特別是訂製的產品，多為製造者與使用者直接發生關係。價值大的產品，多半由製造公司直接派人推銷，而不透過中間商之手，如電腦等。又體積小、價值大的產品，如珠寶等，則多用零售商作通路。反之，價值小的商品，如磚瓦等，運輸不便、運費高、儲存不易，因此有時借重批發商的作用，鼓勵大量購買。有時因為體積大運輸不便，一種產品的性質往往又可以確定一個工廠的位置，兼而決定了銷售通路，如磚瓦、汽水工廠等。有很多產品，需要特別的服務或技術，有時品質管制與產品服務為專利或特權的主要目的。批發或零售商因能力不夠，或不願提供服務，只有生產者直接銷售，或用特殊的零售商，如電梯公司代理。

### 三、公司的特性

　　公司規模的大小、財務能力、產品的數量種類、過去在該行業的情況及其在銷售通路的經驗，均影響銷售通路的選擇。一個公司或商店在一個行業中的規模，決

定他的市場與主要顧客，同時也會決定中間商合作的程度。財務力量能決定那些市場業務自己能夠做，那些可以交給中間商。財務狀況比較差的公司，往往採用提高佣金的方式，設法使批發零售商樂於多吸收點存貨，以及負擔過度期間財務上的壓力。

一個公司的產品類別愈多，他與消費者直接接觸的能力就愈大，因此就愈傾向於採用獨家代理或選擇好的中間商。一個新的公司在開始時，大半先在當地市場從事推銷，此時市場是有限的，因此利用現有之通路。新的公司一旦成功，則可能很快的擴充市場。打入新的市場，因經驗、關係的限制，通常也都利用現存之中間商。

四、競爭情況

競爭的性質與程度對於通路組合的選擇具有重要的影響。當若干廠商提供性質相近的產品時，他們會設法利用同一條通路，於是發生同類產品爭取同一個貨架的現象。特別是一般食品、飲料與藥品等。有很多廠家也願意以貨比貨、價比價的方式在市場上競銷，因此將自己的產品與競爭者的產品放在一起，採用其他公司已經利用的通路。但也有很多公司不願利用這種方法，而單獨建立一條屬於自己的銷售通路。

五、政府法令

因為廠商、批發、零售與顧客間的關係代表經濟活動中重要的一環，法令規章的某些限制是很自然的。美國方面，有關法令規定很多，我國目前似尚無特別法令限制。

## 推廣組合

推廣組合 (promotional mix) 是指在推廣企業的產品、形象、品牌與商譽等所採取的一些策略。其主要目的在刺激或誘發顧客的偏好或喜愛，以便在購買過程中選擇推廣的產品或勞務。

推廣組合主要包括廣告、人員推銷及促銷等決策與方法。換句話說，推廣組合主要在研究決定在推銷一種產品時，應該花多少錢在作廣告方面？多少錢用在業務員的培養、訓練上？以及多少錢花在商展、贈送樣品或獎品、張貼海報等活動上？

在一般消費品，現在多採大量而密集廣告的方式，以便讓顧客知道產品的存在、價格，或在什麼地方可以購買等，工商企業品所用的機器設備、工業原料，以及零

配組件等，則多半採人員推銷方式，以便讓採購者瞭解產品的性能、規格，以及特點等。重要的機器設備，有時只有業務人員才瞭解，往往與使用廠商經過多次交換意見後，始能決定規格及性能。現在流行各種商品的展示會，是推廣的另一種形式。這都要根據實際情況決定採取那一種策略或方式比較有效。

## 影響推廣組合的因素

推廣組合既然由公共關係、各種廣告、人員推銷、及促銷四種，如何運用不同的策略以使推廣組合的效果最大，是行銷管理最困難的決策之一。因為管理人員無法確定每種策略能夠達到銷售目標的程度，下面僅就影響推廣組合的因素分析如下：

### 一、資　金

可供運用於推廣的資金是一個決定性的因素，資金充足的廣告較不足的廣告效果應該大，規模小、資金不足的企業可能採用人員推銷、零售商展示等方法，僅用人員推銷的效果可能不如在雜誌與報紙上登廣告。

### 二、市場性質

此又決定於三個因素，第一、如果市場範圍大，則應用廣告，否則用人員推銷。第二、市場的集中性，此處是指潛在購買者地區的分散，如果人數少而集中，則採人員推銷法，人數多又分散，則用廣告。其次是顧客的人數，如顧客只有少數幾個，則採人員推銷，如果人數多，在人員推銷之外，尚需運用廣告。第三、顧客型態，如果主要顧客為工業用戶，人員推銷較有效，如為一般家庭用戶，則採其他的方法。

### 三、產品性質

除工業品與消費品分類外，又可分日用品、特殊品，此均可依顧客人數多少而決定採用何種組合。

一般而言，消費品適合採用廣告，工業品又比較重視人與人的關係，因此人員推銷與服務是有力的推廣方法。

## 瞭解顧客與市場

行銷人員對於行銷組合瞭解以後，下一步就要針對市場與顧客的特性加以研究，以便有效地運用四個 P。如果業界對於他們要服務的市場或顧客並不瞭解，即使具備了 4Ps，但不知道如何運用，也難以滿足顧客的需求，達到企業的目標。所以研究

瞭解市場與顧客是在運用 4Ps 以前的必要工作。

行銷人員在研究一個問題時，應注意分析與該市場有關的各個 W，即何人 (who and whom)、何事 (what)、何時 (when)、何地 (where)、如何 (how) 及為何 (why)，如將上述的 W 簡化，也就是第三章所說的 7Os：

1. 購買何物 (what)?　　購買標的 (objects)
2. 購買動機 (why)?　　購買目的 (objectives)
3. 購買者 (who)?　　　購買行為 (organizations)
4. 顧客構成 (whom)?　參與購買 (occupants)
5. 購買行為 (how)?　　購買方式 (operations)
6. 購買時間 (when)?　　購買時機 (occasions)
7. 購買區位 (where)?　購買通路 (outlets)

行銷人員一旦瞭解在這個市場上由那些顧客構成，他們要購買什麼，為什麼要購買這些產品等以後，就應該設法運用行銷組合，滿足這些需要。這是圖 10-3 中第一個圓和第二個圓所代表的意義。行銷主管為了能夠有效地應付經濟、社會、技術、競爭、政府法令等外界環境的影響，換句話說，行銷組合的各種策略應該注意行銷環境的變動，這樣提供的產品，訂定的價格，擬定的銷售通路決策，以及推廣策略才能符合市場的需要。

行銷組合的概念最早是由美國密西根州立大學的麥卡錫 (E. J. McCarthy) 教授提出。他確認行銷的目的在於滿足顧客的需求。為達成此一目標，麥教授提出 4Ps 的觀念，即滿足顧客需求的因素。雖然每個企業都擁有 4Ps，組合的技巧與策略則是決勝的關鍵，同時也要考慮環境的影響。這種觀念可以用圖 10-3 表示之。❶

## 整合行銷組合

由圖 10-3 可見，行銷組合是由若干不同的層面構成，最內一層是顧客 7Os，其次是四個 P 的層面，在產品層面中則包括了產品品質、產品特點、品牌、式樣、包裝、顏色、大小等不同的因素。這些因素又隨著顧客的需求與嗜好等等因素變化調整；其他的 P 同樣也由若干因素構成，作適當的調整，以符合顧客的需要與企業的目標。

❶ E. Jerome McCarthy, *Basic Marketing A Managerial Approach*. Homewood, IL: Richard D. Irwin, 1981.

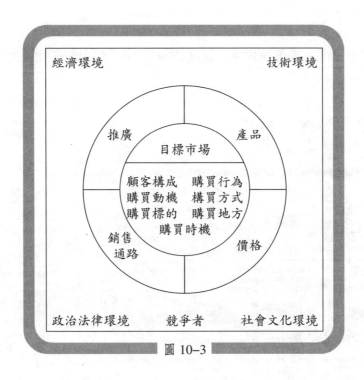

圖 10-3

在調整各個 P 因素的同時，行銷人員也要注意到各個 P 之間的協調與配合，以作到整合行銷組合的目的。例如在設法提升產品品質與精確度的同時，行銷人員當然希望生產成本不會因而改變，售價也不致失去競爭性。在推廣方面，同樣也希望不但產品包裝高雅大方，價格具有競爭性，在廣告及其他推廣費用，也能達到相當的水準，以便具有足夠的推廣效果。

應該注意的是 4Ps 的運用是否妥當，是否有效，幾乎完全控制在企業本身，不受外界環境的影響。例如產品品質是否優良，價格是否具有競爭力，廣告設計及吸引力是否符合預定標準，以及經銷商位置的選擇是否恰當等決策，都是屬於行銷部門可以控制的，如果效果達不到預定的水準，應該設法改善、提升。所以我們應該把這些因素看成是可以控制的 (controllable)，是屬於公司的決策變數。因此，如何有效地加以運用，是行銷人員的責任。

第三層則是行銷環境因素，這些因素包括經濟環境、技術環境、競爭者、政府法律環境、社會文化環境等因素。這些因素公司是無能為力，難以改變的。公司的一切作業與決策，應該設法順應環境的變動，不能違背環境的發展趨勢。我們可以稱環境因素為不能控制的因素。

行銷人員有了上面的瞭解以後，就應該知道如何運用他的 4Ps，達成目標。以下各章將就 4Ps 詳細加以介紹。

# 習 題

1. 說明行銷組合的內涵。

2. 行銷組合的目的為何，試說明之。

3. 舉例說明產品組合的內涵。

4. 價格組合包括那些變數，試說明之。

5. 銷售通路包括那些變數，試說明之。

6. 那些因素影響推廣組合，試說明之。

7. 7Os 模式的內涵如何，試說明之。

# 第十一章 產品的基本觀念及其生命週期

　　一個企業要想生存，必須要具有能夠滿足顧客需求與獲得利潤的產品或服務，否則將無法在競爭激烈的市場上成長發展，所以產品政策的成功與否是決定企業成敗的關鍵。

## 產品的基本觀念

### 產品的定義

　　什麼是產品？過去一般人認為產品是一個實際物品，如汽車、建築物等，凡不具有實物性質的產品，如補習班、美容等，都不能成為產品。

　　從上述定義明顯的可以看出此一定義過於狹隘，因此後來逐漸擴大，將產品定義為：可以滿足人類需要的任何東西，均可稱之為產品。

　　從上述定義可知手機、汽車、機器設備、電視機等，固然是產品，美容、修理電視、補習班，也是產品，只是形式不同而已。由此可知，產品包括了具體的實物產品，也包含了不具體的服務項目。

　　由於產品種類繁多，功能分歧，近年來又有下列的分類：

　　功能性與象徵性：一個顧客購買一件產品，是希望自該產品獲得某種利益、滿足或效用等。因此，產品的範圍擴大，凡是能增加消費者滿足的一切因素，均可稱為產品。根據此一定義，產品不但應該是獲取利潤的東西，而且帶有象徵性的作用，所以若干學者認為產品是一種預期的滿足。這種滿足可以分成二個基本類型，即功能性 (instrumental) 與象徵性 (symbolic)。所謂功能性的因素是一個產品能提供效用上的利益，而不需要包含象徵性的意味在內。例如固定車輪的暗板，它並沒有讓人體會到重要性、權威感等的感覺。象徵性的因素含有可以為顧客評價的意義，它對顧客所造成的價值遠超過實物的本身。例如一枚訂婚戒指，一輛豪華轎車等。

　　產品雖有上面二種的分類，在複雜的消費行為中，很多產品事實上均含有功能與象徵二種意義。行銷人員能否體認到這二個因素，足以影響一種產品的成敗。

## 產品的五個層面

　　在分析產品構成層次方面，說法很多，其中以柯特勒的五個層次最詳盡，即核心產品、基本的產品、期望的產品、附加的產品和潛在的產品。事實上，一般的產品很少具備五個層次，而且層次又很難分明。例如柯氏將旅館的房間、床、桌子、衛生設備等視為一般的產品，如果產品是一般的飲料或服務業的產品，如教育、顧問服務等，又應該如何分辨？

　　因此如果將產品構成的層次分為：核心產品、真實的產品及潛在的產品三類，可能更為實用。

### 一、核心產品 (core product)

　　是賣方所提供的，或買方所尋求的主要效用與利益。所謂利益是指產品的優點或特性，如果一種產品缺乏它應有的利益或特性，則它不能成為產品，而被摒棄。當購買者在購買一種產品時，他會尋找產品的利益，如協助他完成一件工作，或幫助他解決問題，或在佩帶或使用後增加榮耀感。例如一把美工刀可以雕刻，汽車可以解決炎夏行的問題，而一輛名貴的汽車讓乘客感到榮耀。如果美工刀刀鋒不利，可能影響雕刻；如果是一輛「老牛破車」，則無助於解決行的問題，乘客又怎麼會產生榮耀感？所以核心產品是構成產品的核心，就像樹的根一樣，沒有根就不能成為樹！

　　富有創意的公司在推廣其核心產品方面，發揮的淋漓盡致。婦女在選購口紅時不僅是購買真實的化學品，她們真正要購買的是「希望」(hope)。相機不單是個機器匣子，它能提供給購買者或使用者的利益是娛樂、懷念，以及永恆不朽。由此可知實體產品是實現核心產品利益的工具或方法，它是具體的。行銷的目的在於銷售利益，讓購買者知道產品的利益。

### 二、真實的產品

　　所謂真實的產品是可以看得到，摸得到的實體產品。例如可口可樂的廣告詞：「它 (Coke) 是一種真實的東西 (it is a real thing)」，就是在強調 Coke 除了核心利益──清涼解渴，產生歡愉以外，它是可真正感受到的東西──冰冰的、涼涼的等。

另外手機也可以分為三個層次，它的核心產品是隨時隨地可以溝通，縮短了人與人之間的距離；是由高科技電子零組件組合而成用於通訊的真實的產品。

### 三、真實產品的蛻變

真實的產品在使用一段時間後，由於供應商為了加強服務或強化競爭優勢，或消費者基於使用的經驗，在真實產品以外，主動的提供或被要求增加維修服務或保證等措施，如 IBM 租售計算機時都協助使用者訓練人員，定期維修保養等。這就是所謂的延伸的或附加的產品，因為它是附屬在真實產品上，如果沒有計算機或冷氣機等產品，延伸的產品根本就不存在。自從 1990 年代開始，服務品質及服務態度已成為企業界競爭優勢的關鍵因素。IBM 在 1994 年以後逐漸的恢復在計算機界的雄風，就是因為自 1993 年 3 月新的領導人蓋士寧 (Gerstner) 上任後，一改過去的經營理念，特別重視對顧客的服務。很明顯地，在此之前，服務是 IBM 的延伸產品，蓋士寧一反過去，將服務改為 IBM 的核心產品，不但解救了 IBM 的困境，也喚醒了若干處境相同卻百思不得其解的企業。

### 四、小菜變主菜

我們經常看到小樹苗變成大樹等生動的廣告，也常聽到「只要我長大」的歌聲。這都在說明現在雖然不受重視，卻具有潛力，在未來會成為重要的產品，由小菜變主菜，是很多飯店的夢，的確有若干成功的實例，韓國的泡菜在世界各地廣受歡迎，已成為桌上的主菜。國內各飯店的菜單中若干主廚推薦的名菜中，很多是從前為招徠顧客免費贈送的小菜。因深受喜好，如今已變成了主菜。另外，也有若干企業將現有的產品品質或造型加以改良，變成顧客期望的產品，是企業創新的基本目的。

### 五、潛在產品

不論是實體產品還是不具實體性的服務，現在雖然不是主要產品，但因具有在將來轉變成主要產品的潛力，就是潛在產品。前面所說的附加的與轉化物產品，在未來總有一天會成為一種產品，都屬潛在產品。美國萊特兄弟在 1903 年試飛的飛行物體後來終於演變發展成為現代化的飛機，就是一個實例。現在各大科技公司正在日以繼夜的研究開發的若干產品，就是潛在的產品。

## 產品的基本概念

產品類別眾多，為便於研究，我們先介紹一些基本名詞：

1.產品項目 (product item)：指具有一個特別的樣子，在發票上能單獨列出。

2.產品線 (product line)：一組產品彼此的關係非常密切，此種密切的關係可能是因為它們可以滿足同類的需要，或在同時同地使用，或賣給同一類顧客，或透過同一種銷售通路或彼此價格相仿，例如電視機可分為 30、26、20、19 吋等規格，而又有彩色與黑白之分，但其功能則相同──提供娛樂節目，因此是一個產品線。

3.產品組合 (product mix)：一個公司既然銷售許多不同類別的產品，因此就需要進一步討論如何將產品作有效的組合，以發揮相輔相成，達到最大利潤的目的，這種組合的策略在第十章已詳細說明。

4.產品面 (product width)：指一個公司生產或銷售產品線的類別，通常稱為廣度。這種產品線的面表示產品類別的多少。例如大同公司的家用電器有冰箱、電視、電扇、電鍋等。

5.產品深度 (product depth)：指一類產品線中平均不同規格的數量。例如，彩色電視機的產品線中有 30、26、19、17、13 吋等不同的規格。

6.產品一致性 (product consistency)：是說明每個產品線在最後使用時，銷售通路等方面彼此間的關係相當密切。例如大同的產品雖然有很多種類，每類又有若干規格，但是，他的產品總是與「電」有關係，而且產品又可以利用同一類的通路銷售。像統一的產品雖然很多，但總是離不開「吃、喝」，所以是食品業。

上述的基本觀念可以用下圖表示出來。

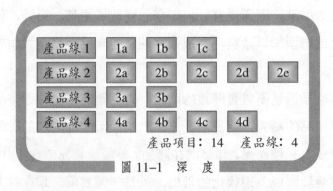

圖 11-1　深　度

上圖表示該公司有四個不同的產品線，在每個產品線平均又有三、五種規格不同的產品。

不過產品一致的觀念，近年來因受不景氣的影響，已逐漸在改變之中，取而代之的是多元化發展策略，致常有所謂「撈過界」的情事發生，如聯電、統一超商等，

為了維持高度的成長，與擺脫飽和產品的壓力，因此都設法發展與原來的產業不同的產品。

　　上面這三個觀念在研究產品方面有很重要的意義。例如一個公司可以透過增加產品廣度，而加強其在目前市場的聲望或占有率。同時，也可以發揮其在產品方面優越的技術。同樣，一個公司可以透過增加同類產品的規格，而吸引嗜好不同的購買者，以吸引較多的顧客。如果能夠增加性質相近的產品，則在某一特別的產品方面可以得到競爭者無法得到的聲望。例如很多糕餅店不但在糕餅方面很有名聲，當他們製作糖果時，也非常受顧客喜好。

## 產品的分類

　　具備了基本的觀念後，再討論一下產品的種類。在本書第一章曾經將產品分類為工業品與消費品二大類，有時有些產品可能屬於工業品，但從另一個角度看，又屬於消費品。例如一盒粉筆，如果學生自己使用則是消費品，如果補習班使用，則是工業品。現在根據上面的分類法，說明如下：

### 一、工業品和消費品

　　工業品 (industrial goods)：所謂工業品就是可以用來生產其他貨品或達成商業目的，或者加以勞務後再銷售給最後消費者的貨品。它包括以商業為目的的土地、建築物、設備、修護品、供應品、原料及製成品等。

　　消費品 (consumer goods)：所謂消費品是家庭或最後消費者所使用，並且最後消費者使用時不再含有商業目的的貨品。**消費品可區分為以下數種:**

㈠日用品 (convenience goods)

　　日用品又稱便利品，是由一般消費者經常直接購買，不需要費時間與精力選擇與衡量。這些物品，一般的單價都較低，消費者對它們很熟悉，一旦有需要，就想立刻予以滿足，而且如果同一種產品有很多品牌，則每種品牌所能提供的滿足程度均相仿。日用品的範圍甚廣，如一般的飲料、廉價糖果、書報雜誌、牙膏、香皂等都是。這些貨品購買的次數多，每次購買的數量少，消費者對同一類產品不同品牌的特點一般都比較瞭解，因此購買時不需要銷貨人員的協助，適用於自助商店市場。

㈡選購品 (shopping goods)

　　選購品與便利品剛好相反，消費者對於該種產品比較缺乏充分的認識，消費者

在購買這類商品前，往往會發現不同的商店或不同的品牌在價格、品質與式樣等方面均有明顯的差別，對他的滿足因而亦有差別，所以要花較長的時間與較大的精力，實際對商店或品牌加以比較。換言之，購買者認為在價格與品質上差異相當明顯，值得花時間與精力去比較，因選購品購買的次數比日用品要少。女人飾物、服裝、傢俱及耐用品、珠寶等均屬選購品。

㈢特殊品 (specialty goods)

除價格外，這種產品有獨特之點，致對購買者或消費者有特別的吸引力，使消費者願意花費相當的時間與精力去購買。消費者在購買前對該產品可能已有相當之認識或有特別偏好，因此寧願光顧出售這種商品的商店，而不願就近購買種類相同品牌不同的代替品，形成一種不可取代性。

特殊品與日用品不同之處在於這種購買相當重要，對一個消費者而言，如果他所需求的商品或品牌沒有，他寧可到很遠的地方購買，或暫緩購買，直到所偏好的商品到貨後再行購買。此類商品如較有名氣的西裝店、主要的電器設備如音響、照相機與名貴的手錶等皆是。

## 二、耐久性、非耐久性的產品

耐久性產品可以使用相當長的時間，而不會折耗或消失的，例如冰箱、電視機等。非耐久性產品是一次或數次即可用完的產品，如肥皂、牙膏等。

這種分類法一方面是按照消費的速率，一方面是看產品的具體情形。消耗快而又需時常購買的產品，可能需要在很多地方排列出售，例如糖果、飲料類等，到處都有雜貨店，每個雜貨店都有得買，因此利潤少。又因種類多，所以需要設法建立顧客對品牌的偏愛；相反的，耐久性產品方面，應該作為特殊品出售，應多用銷貨人員推銷，利潤應該高，服務方面應該加強。

## 三、紅色、橘色與黃色產品

上面這種分類產品法只注意到產品的少數特點，例如使用時間或可消失性。事實上每種產品有其特殊性質與不同的特點，根據這種見解，愛斯本奧 (Aspinwall) 建議為訂定產品有效的推廣與銷售政策，應該根據下列五個產品的特點分類：

1.重置的速率：指一種產品的使用者購買與使用該產品的速率。例如冰箱約每十年需要更換一次。

2.毛利率：購買該產品所花的成本與最後銷售價格之差額。此處價格係指零售

批發商之購進價格。

3.勞務需要：為適應消費者的真正需要，應該在該產品上花的勞務量。

4.消費時間：一種產品可供使用時間的長短，例如一般食品一次可以用完。

5.購買難易：購買一件產品所花的時間與所走的距離或所光顧的銷售者家數。

愛斯本奧根據上述五個特點，選了三種顏色作為產品分類的標準：

1.紅色產品 (red goods)：這種產品的特性是重置速率高，利潤率低，需要勞務少，消費的時間短，尋找以至購買這種產品所花的時間少，代價低。一般用食品、日用雜貨都可列入這種貨物。

2.橘色產品 (orange goods)：這種產品的特色是介於紅色產品與黃色產品之間。例如一般的外衣、大衣之類。

3.黃色產品 (yellow goods)：這種產品的重置速率低，利潤高，需要服務機會大，使用時間長，購買時所花的時間與精力大，價值高。例如冰箱、電視、汽車之類的耐久性產品。

愛氏建議根據這種分類時，可以採用一種點數分等法，按照各種產品個別的特性，分別給予一個點數，然後再將五個特性的點數合計起來。一般而言，紅色產品的總點數最低，黃色產品的總點數最高，橘色產品則介於二者之間。

他認為一個行銷人員可以根據產品的點數制定在銷售通路方面的決策，例如直接由自己銷售抑或由代理商：產品的點數愈高，愈應該由自己直接推銷。

這種產品分類法對制定市場策略的貢獻至為明顯，因此學者們又根據上述五個產品特點作更進一步的分類，主要者計有：

1.單價。

2.每次購買對消費者之意義。

3.花在購買該產品的時間與精力。

4.技術或式樣革新之速度。

5.技術性難易。

6.勞務需要情形。

7.購買頻率。

8.消耗速度。

9.使用範圍。

根據上述九個特點作產品的分類時，紅色產品應該是 1. 至 6. 個特點低， 7. 至 9. 三個特點高。這種產品可以包括糖果、煙、一般冷飲、點心類。又像特別訂製的機器之類的產品，可以算是黃色產品，其 1. 至 6. 個特點點數很高， 7. 至 9. 三個的點數則很低。

瞭解這種分類法以後，就不難想到在訂定紅色產品的行銷策略時，應該採用的策略了。最後消費者用品種類繁多，最需要作業技巧，因此再就幾個基本的觀念簡要的加以討論。

## 產品差異

產品差異係指對每一種產品具有的個性與特點，使其與具有同效用的競爭品有所差異，此種差異之利益希望能在需要過程中引起選擇性的需要，以滿足消費者因使用該產品而與他人有所區別的心理需要。若產品差異化之實施係基於滿足上述的需要，則稱為顧客本位型的產品差異化政策。實際上，大部分的企業在實施差異化時均設法使需要配合生產，使從生產本位下發展出來的產品，經由各種行銷作業，如產品設計、廣告、人員推銷等，強調其差異性以引起消費者的偏愛。由此可見，這種自生產開始到滿足消費者需要為止的一連串過程中，企業是站在主動的地位。是故，一種產品在市場上為顧客所接受以至偏愛的程度，主要是看企業的行銷戰略是否能夠針對顧客的需要，引起顧客的偏愛，有效的予以滿足，而不應推諉於其它的因素，因為消費者採取主動或被動的地位，全賴行銷戰略而定。

## 產品定位

產品定位 (product positioning) 是指透過產品本身的或實質上的特徵 (attribute)，或透過有效的推廣而在顧客心理上創造的差異或形象，而吸引一個特別的顧客群。因此在一般消費者的心目中臺灣製作的汽車屬於「經濟」型，美國的凱德拉克 (Cadilac) 及德國的朋馳車 (Benz) 則是屬「豪華」型轎車。

每種產品都具有很多特徵，例如大小、結構、材料、味道、製程、價格、品牌等，都是導致產品差異的因素，這些因素應縮減到最能引起顧客反應或注意的一二個項目。

當產品的重要特徵確認後，可以將它們結合成一個產品空間 (product space)，不

同產品在市場上的定位 (positioning) 因而可以表現出來，以便比較。例如在美國有人研究一些喝啤酒的人，請他們列出不同牌子的特徵。他們分別品嘗各品牌，比較其味道之甜度及濃度。再讓他們對甜度及濃度之尺度加以評價。將個別品牌之分數算出平均值後，再繪於平面圖上，其兩軸分別表示甜度及濃淡程度，則結果如圖 11–2 所示。該圖顯示出每一品牌在產品空間的位置，通常位置愈接近平均值的品牌愈好，給與消費者的感覺也愈接近。因此如果台灣啤酒與百威啤酒是相當接近，兩個品牌都較甜，又有點濃。反之麒麟啤酒與台灣啤酒則大不相同，特別是在甜度方面。

　　一般顧客對品牌的印象是否真正如圖 11–2 顯示的那樣明顯? 此可以從啤酒品牌個別反應點之分散情形，分析其是否正確。如果消費者對於台灣啤酒的個別形象，即甜度與濃度之位置緊靠平均反應點，則可以說台灣啤酒是在大多數消費者的心目中具有相當明顯而一致的形象。應該注意的是有些品牌確實能給人一個明顯的形象，有的則不能。如果一種品牌不能給人一個明確的形象時，則必須藉廣告活動等，設法建立該品牌一致的形象。

　　品牌地位的認知並不能表示市場上真正的偏好。如果要獲得偏好指標，必須訪問一些喝啤酒的人，請他們點出「理想品牌」(ideal brand) 的甜度及濃度之位置。

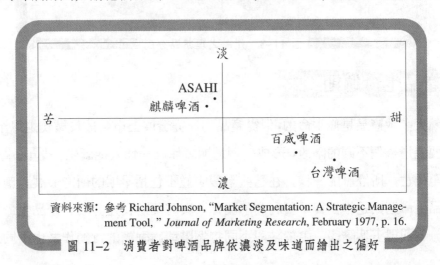

資料來源: 參考 Richard Johnson, "Market Segmentation: A Strategic Management Tool, " *Journal of Marketing Research*, February 1977, p. 16.

圖 11–2 　消費者對啤酒品牌依濃淡及味道而繪出之偏好

當這些理想的點畫在圖 11–3 後，根據美國啤酒的例子，可以發現三點:

　1. 這些理想點 (ideal points) 的分布相當平均，表示喝啤酒人的偏好具有相當的差異。

　2. 若各理想點集中在一起，則指出真有一個理想之點。不同品牌在實際上給予

顧客的滿足程度，則視其與理想點距離的遠近而定。因此可以得知，當其他條件如價格、銷售、通路及供應等相同時，愈靠近理想點的品牌，其市場占有率就愈大。

3.如各理想點在圖上明顯的形成幾個群或部落分布，則表示有幾個不同的偏好群存在。

圖 11-3 就是說明理想偏好的分布情形，圓圈愈大表示偏好的強度愈高，最大的二個圈子 1 與 2 靠近最暢銷的品牌。假定其中心是最受喜愛的位置，則 1 號圈指出喝啤酒的人喜歡稍濃的台灣啤酒及稍苦點的百威啤酒，其他遠離現有品牌的理想點，表示其他新品牌有進入市場之機會，如 #6 及 #7。左邊的幾個品牌，他們雖不靠近理想點，卻仍可以存在，可能是得力於價格比較便宜或其他原因所致。

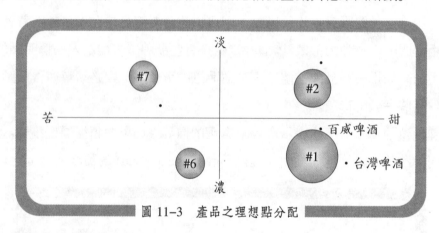

圖 11-3　產品之理想點分配

## 產品生命週期

雖然大多數產品是無生命的，但從產品的研究發展上市到成長與衰退以至下市，大致都要經過幾個不同的階段，形成一個週期就如同一個人從誕生、少年、青壯年、老年以至死亡，所經歷的一樣。在這些階段中並不包括早期的研究發展。應該注意的是產品生命週期是指銷貨量與利潤的關係，與時間的長短無關。產品生命週期通常可以分為四或五個階段，由於階段不同每個階段應強調的行銷作業也不同。茲說明如下：

### 一、產品介入期

在此階段，產品剛上市，顧客對該產品的瞭解程度低，採用的人數少，行銷作業的重點必須設法加強推廣該產品基本的功能。推廣的基本策略是設法使顧客嘗試該產品。此時不必強調個別品牌，競爭者也許僅有幾位，因大家對市場之存在與否、

規模大小、發展潛力都不能確定，各種市場成本高，銷售量有限。

　　在這個階段行銷作業的重點應設法建立一套有效的銷售系統，與讓消費大眾接受這個新的產品。很多產品因為一般消費者未能接受，而無法通過此一階段而失敗。有些公司由於財力雄厚，往往以強勁的推廣，將其產品快速的推過此一階段。例如早期的電視和現在的手機剛上市時，是投入了相當大的資金，很快的通過這個階段。若干學者認為，如果當時沒有雄厚的資本與在電器界的地位，彩色電視及手機也許不見得就會很快的被一般的美國家庭接受。

## 二、成長期

　　介入期全力的推廣，在這階段已發生相當的作用。產品開始為消費者接受，銷貨迅速的成長，利潤也開始增高，而且二者增加比率都相當的快。如果利潤相當高，新的競爭者在此時開始加入。行銷作業的重點轉向尋找選擇性的需要者，銷售者開始設法在顧客的心目中建立自己的品牌，以與競爭者品牌分開。銷售通路迅速增加後，通常當新的競爭者加入時，價格便開始變動。生產技術的熟練與進步，及大量經濟的效果，均可承擔價格下降的壓力。這個階段的發展，是在奠定基礎，而且是決定一個公司及其產品能否在以後的各階段維持下去的關鍵。在此時期，如果能建立一套健全的銷售通路，而且能使消費者對這種品牌發生偏好，同時再加上良好的財務基礎，則這個公司可能就會成功。

## 三、成熟與飽和期

　　產品成長的態勢仍然繼續，或許由於他們不知道這種產品的潛在顧客人數逐漸減少，或他們雖然知道，仍不採取行動等原因，產品在市場上成長的速度漸呈緩慢之勢。於是，利潤下降，競爭加劇，市場推廣加強，此時，對製造者增加利潤的目的，可能加上很大的限制。

　　為彌補產品漸近成熟階段之危機與鞏固自己在市場上之地位，增加產品線之廣度與深度是經常採用的策略。此一策略主要目的在於採行市場區割的策略，針對特殊的市場加強作業以期減輕競爭者所造成的壓力。市場作業成本加高，利潤方面所受之壓力更大。

　　在此時期，一些競爭力差的公司，將處於進退維谷的困境。只有根基堅強的公司才能免於被淘汰的厄運，他們大多數是有健全銷售通路，產品政策完善與財務情況良好。降低價格往往是此時最後的武器。

　　飽和期的特點為產品銷貨量已達飽和階段，銷貨量是出於更換舊的產品，而不是出於潛在購買者所產生，產品的成本已經緊縮到無法再低的地步，價格也降到無法再降的水準。

## 四、衰退與死亡期

　　當新產品或優良產品逐漸取代原有產品後，原有產品開始逐漸消失。產品在衰退期求生存的祕訣是要仔細的設法控制產品的各項成本，銷貨既然下降，有關該產品的各項支出應隨而減縮，廣告支出更必須縮減。如果管理得當，在產品的衰退期中仍然可以獲得些微的利潤。不過，一般管理人員通常均體認不到他的產品已經到了衰退的階段，反而以為銷貨量下降是由於推廣活動作的不夠，因此乃採取大量廣告、經常贈獎的策略，勉強設法維持銷貨。此種策略由於推廣費用支出龐大，往往會加速該產品的死亡。管理人員如果能體會到維持該產品，對其利潤毫無幫助時，此時就會放棄該產品。

　　上述產品生命週期的觀念，可以圖 11-4 表示之。

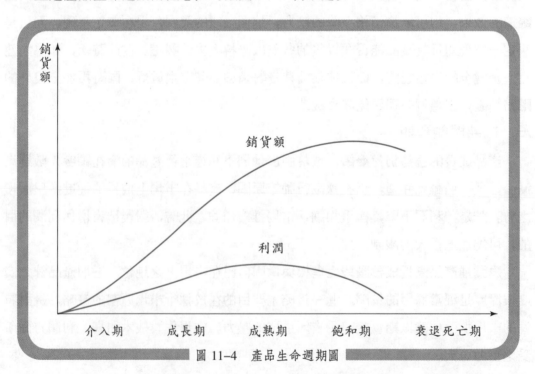

圖 11-4　產品生命週期圖

　　圖 11-4 是就一種產品的生命週期按不同的階段加以說明。如果我們將一個經濟體內重要產品的生命週期利用此一理論表示之，則可以發現經濟發展實際上就是

若干產品或產業成長、發展與衰退交替所形成的一種軌跡；新舊生產技術改進的一個過程。各種產品的生命週期雖然會因若干生產技術、市場發展階段及產品性質而有差異，不過如果將產品的價格、獲利等情況作為主要變數，排列在產品生命週期圖上，每個階段以半年或三個月作為計算基礎，則各產品發展階段，如好轉、成長、停滯、衰退、減緩等可能就如同圖 11–5 所顯示的產業景氣相對位置圖。❶

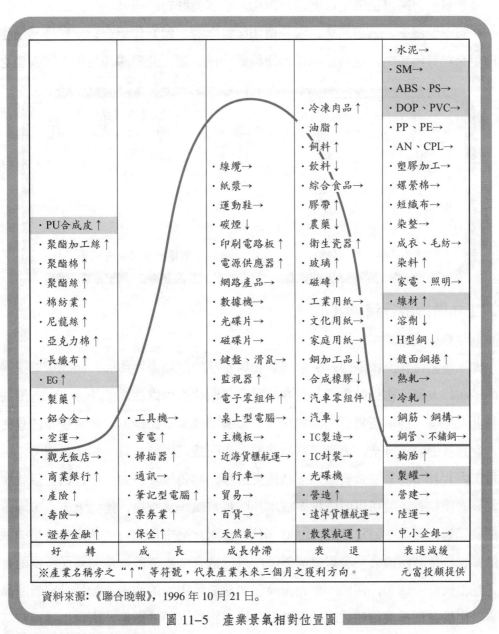

| 好轉 | 成長 | 成長停滯 | 衰退 | 衰退減緩 |
|---|---|---|---|---|
| | | | | 水泥→ |
| | | | | SM→ |
| | | | | ABS、PS→ |
| | | | | DOP、PVC→ |
| | | 冷凍肉品↑ | | PP、PE→ |
| | | 油脂↑ | | AN、CPL→ |
| | | 飼料↑ | | 塑膠加工→ |
| | 線纜→ | 飲料↓ | | 螺縈棉→ |
| | 紙漿→ | 綜合食品→ | | 短纖布→ |
| | 運動鞋→ | 膠帶→ | | 染整→ |
| PU合成皮↑ | 碳煙↓ | 農藥↓ | | 成衣、毛紡→ |
| 聚酯加工絲↑ | 印刷電路板↑ | 衛生瓷器↑ | | 染料↑ |
| 聚酯棉↑ | 電源供應器↑ | 玻璃↑ | | 家電、照明→ |
| 聚酯絲↑ | 網路產品→ | 磁磚↑ | | 線材↑ |
| 棉紡業↑ | 數據機→ | 工業用紙→ | | 溶劑↓ |
| 尼龍絲↑ | 光碟片→ | 文化用紙→ | | H型鋼↓ |
| 亞克力棉↑ | 磁碟片→ | 家庭用紙→ | | 鍍面鋼捲↑ |
| 長纖布↑ | 鍵盤、滑鼠→ | 銅加工品→ | | 熱軋→ |
| EG↑ | 監視器↑ | 合成橡膠↓ | | 冷軋↑ |
| 製藥↑ | 電子零組件↑ | 汽車零組件↓ | | 鋼筋、鋼構→ |
| 鋁合金→ | 工具機→ | 桌上型電腦→ | 汽車↓ | 鋼管、不鏽鋼→ |
| 空運→ | 重電↑ | 主機板→ | IC製造→ | |
| 觀光飯店→ | 掃描器↑ | 近海貨櫃航運→ | IC封裝→ | 輪胎↑ |
| 商業銀行↑ | 通訊→ | 自行車→ | 光碟機 | 製罐→ |
| 產險↑ | 筆記型電腦↑ | 貿易→ | 營造↑ | 營建→ |
| 壽險→ | 票券業↑ | 百貨→ | 遠洋貨櫃航運→ | 陸運→ |
| 證券金融↑ | 保全↑ | 天然氣→ | 散裝航運↑ | 中小企銀→ |

※產業名稱旁之"↑"等符號，代表產業未來三個月之獲利方向。　　元富投顧提供

資料來源：《聯合晚報》，1996 年 10 月 21 日。

圖 11–5　產業景氣相對位置圖

❶　《聯合晚報》，1996 年 10 月 21 日。

# 產品生命週期與行銷策略

各別產品不同生命週期階段應採取的策略瞭解後。下面再介紹如何運用行銷組合的 4Ps 以達成行銷的目的。根據波特教授的觀念，策略的選擇是決定一個企業成功的關鍵。❷正確的策略選擇主要是應符合組織及所屬產業競爭態勢的策略。關鍵是決策者對於有關產品的生命週期及市場競爭情勢瞭解的程度。

在策略選擇上，為了簡化，可任選 4Ps 當中的二個 P 作組合。例如產品價格和推廣組合成一組策略，或產品品質和價格組合成一組。此類關係可用下圖表現之。

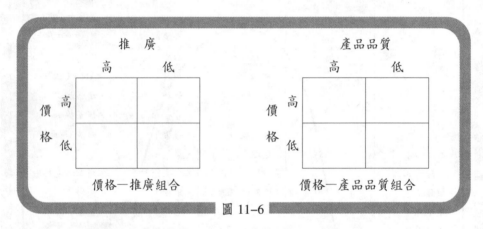

圖 11-6

## 一、上市階段的行銷策略

### ㈠高價格高推廣策略

如果產品是在上市階段，一般消費者對產品的認知需要加強，因此可以採高推廣的策略，大量而密集的作廣告及商品展示，價格則可以採高價法或中、低價法。在採此策略時，應該衡量公司財務情況。推廣的成本是昂貴的。如果是新成立的公司，財務基礎並不健全，尤其是當同業競爭者已捷足先登，具有相當基礎時，更應慎重以對。若干企業決策者的態度積極而樂觀，認為只要努力打拼，銷售量就會增加，只要價格高，就可以收回推廣成本。而且推廣一旦密集，搶先上市，市場占有率成長迅速，利潤將相當可觀。1970 年代，臺灣食品市場流行的歐斯麥就是一個成功的案例。當時南僑公司發現臺灣餅乾市場已邁入成熟階段，當時國民所得隨著經濟迅速的成長而增加，傳統的餅乾產品已無法滿足市場的需求，於是推出新產品歐斯麥。由於各種推廣策略成功，不數日歐斯麥獲得空前的歡迎，南僑也獲得空前的

---

❷　Michael Porter, *Competitive Strategy*. New York: Free Press, 1985, pp. 4–8 and pp.234–236.

利潤。這一類的策略通常稱為高姿態策略。在經濟景氣時此類策略是相當有效。

在選擇此種策略時，決策者必須確實瞭解市場態勢，作出一些假設。如果假設正確，選擇的策略正確，結果應該會如預期。在假設方面設有：

1.對多數人而言，是一種新產品，大家並不知道，如果知道，就會樂意購買。

2.希望搶先上市，以建立品牌的偏好與知名度。

㈡低價格低推廣策略

這是採用低價格低推廣所作的策略組合，適於競爭激烈的市場或經濟不景氣的年代。低價格可以使消費者迅速地接受產品，而少量的推廣則可以節省推廣費用，尤其在產品邁入衰退階段或面臨不景氣的年代，是一種比較穩健的作法。自 2000 年代開始，世界高科技產品大廠如英特爾及戴爾等公司，他們是為了迅速將新功能的產品或主要的組件推銷給使用者，新產品一上市就採低價法，這些產品的性能通常比原先的產品性能要優異，但是為配合他們推出新產品的時程，加速技術突破的速度，而採用此類策略。

採用此類策略的原因是價格一旦降低幅度大，需求量就會大量增加，其目的當然是在打擊競爭者，特別是為了使競爭者的顧客基於產品成本的考慮，改採低價的零組件，以替代原先的供應者，由於新一代產品性能提升。這種情形特別是當競爭者在有關產品的開發在時間上落後時，相當有用。如果重要的顧客已經改採其他供應者的產品，一旦其產品上市，銷售量將受重大衝擊，因為使用者的製程或設計一旦採用技術突破的新組件，就不可能改變製程，恢復使用原先供應商的產品。這也說明了現在科技界經常控告同業競爭者侵犯智慧財產權而打國際性訴訟案件的原因，目的是在延展被告者產品上市的時程。

採用此種策略的假設是：

1.市場發展潛力大，價格低可以創造較大的市場。

2.產品性能改進，簡化製程，或降低生產成本，以承受低價競爭。

3.在消費品方面，消費者對產品熟悉而且對價格敏感。

4.有潛在的競爭者存在。

㈢低價格高推廣策略

此種策略的重點在於大量促銷以便推廣低價產品，其目的是迅速的打進市場，在短期內搶占較大的市場占有率。採用此種策略的假設是市場潛力大，消費者對價

格比較敏感，而且對產品的知悉度不高。其次，市場內現有的競爭者競爭非常激烈。

## 二、成長階段的行銷策略

擴展市場占有率，以期望居於領導地位，達成上述目標的方法仍須自產品、通路、推展及價格等方法作起。

1.加強改良產品品質，提升產品性能，或改進造型。

2.尋找新的通路，增加產品展示機會，並設法打進新的市場區隔，以促進銷售。

3.將廣告及促銷的重點放在使顧客相信產品性能，採取行動購買產品，以及刺激顧客購買。

4.為誘使對價格敏感的顧客購買，在適當時機採取降價策略。

採用此種策略，可增加其競爭力，然而會使成本增加，因此需評估此一策略之績效。

## 三、成熟階段的行銷策略

臺灣的產品在傳統上多屬成熟階段的產品，消費品如此，科技產品絕大多數也是如此。近二十年來，電子電機產品空前發展，國人創新的產品漸多。但是這些原創者為防止國內仿冒，在訴訟過程中，大企業及有錢有勢的人介入，司法不公，由告訴人變成被告人，因此他們寧願在國外註冊登記，在國外投資設廠生產，然後透過經銷商引進國內市場。若干大企業的研發部門在過去也多設在美國加州矽谷或德州奧斯汀一帶，似乎新產品不適合在國內誕生，因此國內的產品大多屬成熟產品。

此一階段產品已進入成熟階段，公司不以擁有現有占有率為足，因此採取「攻擊是最好的防禦」策略，運用市場改良、產品改良與行銷組合改良三種策略，以作為對抗成熟階段的策略。

㈠市場改良

先尋找機會開發新的購買者，約有下列數種可能：

1.尋找尚未使用過此種產品的消費者。

2.促使現有消費者增加使用率。

3.利用品牌再定位，改變產品的形象或實質性能，以增加銷貨。

㈡產品改良

改變產品特性，使其對新顧客更具吸引力，或使現有顧客提高使用率，以突破銷貨量停滯不前的情況。這種作法，可以稱為產品的再衝鋒 (relaunch)，其可經由下

列諸法達成之。

　　1.品質改良：注重於產品功能的改進，如耐久性、可靠性、速度、味道、精準、純度、彈性、抗壓力等。

　　2.功能特徵改進：設法增加產品的新特徵，以便使產品在變化性 (versatility)，安全性及方便性等方面增加功能。例如傳統的相機需要調對焦距，後來改採傻瓜相機，不必調光對焦距，畫面卻一樣清晰。近年數位相機問世，可以和微電腦及電視機連接觀賞影像。

　　此種策略的主要缺點是因為改進容易而被模仿，除非一上市就能獲得很大的利潤，否則在功能特徵上創新的投資不一定能有效益。

　　3.式樣改進：側重於美學上的訴求，和功能上的改進訴求恰恰相反，汽車週期性的推出新型轎車，穿著注重流行款式即是實例。

㈢行銷組合改良

　　這是當產品在成熟階段可採用的最後一種戰略。其法是改變行銷組合中一個或數個因子以刺激銷貨量，削價求售是最常用的方法之一，使用新穎耀眼的廣告訴求，以吸引顧客的注意及愛好，或透過積極的促銷活動，均為有效的策略。❸

　　採用行銷組合改良的最大缺點是很容易為競爭者模仿，而使預期的成效下降。

四、衰退階段的行銷策略

　　大部分的產品早晚終會達到實質銷貨量下降的階段，此種衰落可能是緩慢的，也可能是快速的，也可能使銷貨量凍結在很低的水準而苟延殘喘數年。

　　當銷貨量下降時，有的廠商會撤離市場，以便將資源投於更有利的地方。不過大部分的廠商並未發展一套有效的政策以處理已經老化的產品，而將注意力集中在新的及成熟產品的身上。

　　在此時期應採取的策略計有：

　　1.辨別獲利不佳的產品：建立一套情報系統，以便辨認出產品線上真正處於衰退階段的產品。

　　2.決定行銷戰略：有的廠商一旦發現某種產品的銷貨量下降，便會較其他競爭者早些放棄該市場；有的則又堅持到底，但無論如何，須要作成決定。

---

❸　Philip Kotler, *Marketing Management.* Upper Saddle Piver, NJ: Prentice Hall, 2000, pp.310–313.

哈瑞根 (Harrigan) 在研究屬於夕陽產業中公司的策略後，提出了五個策略： ❹

(1)增加投資以加強競爭的地位。

(2)維持原有的投資水準，直到不確定的因素已經相當明朗。

(3)採取選擇性的策略，降低沒有利潤產品的投資，同時對利潤高的產品加強投資。

(4)出售部分投資，以增加公司的現金量。

(5)在有利的時機，盡快將衰退產品的資產出售。

衰退時期所採取的策略是否適當，主要看公司相對的競爭地位以及產業的吸引力。例如在一個缺乏競爭力的產業，競爭地位雖相當占優勢，也需要採取選擇性的策略，將部分衰退的產品剔除。

3.剔除決策 (drop decision) 如果已經決定剔除一項產品，廠商仍須作進一步的決策。第一、是將產品出賣轉移給他人或完全剔除。第二、決定何時停止生產這項產品。

為說明企業界為透過推出新產品以達成成長目標，茲再利用美國吉利公司 (Gillette Co.,) 刮鬍刀片產品線的擴充為例，闡明產品生命週期理論。吉利公司早在 1903 年首次推出第一片刮鬍刀片，原創吉利刀片 (Original Gillette Blade)。使用了三十年，直到 1932 年才推出第二片刀片，Blue Blande。因經過了三十年的時間，所以有人開玩笑說美國當時因忙於第一次大戰及經濟不景氣的復甦工作，沒有心情與時間修面，所以吉利公司也不急著推出新刀片。自 30 年代起，美國國勢強大，經濟情勢好轉，社會繁榮，大家講求儀容，於是刮鬍刀片暢銷。60 年代開始，刀片同業競爭加劇，吉利公司為因應競爭，在隨後的二十年中推出八種新刀片，從 1980 年到 2004 年的二十五年中，推出的新產品不計其數。茲將吉利公司各年推出新刀片列表如表 11–1。

---

❹ Kathryn Ruelie Harrigan, "Strategies for Declining Industies," *Journal of Business Strategy*, Fall 1980, p. 27.

表 11-1

| 刀片名稱 | 推出年度 |
|---|---|
| Original Gillette Blade | 1903 |
| Blue Blade | 1932 |
| Thin Blade | 1938 |
| Super Blue Blade | 1960 |
| Stainless Steel Blade | 1963 |
| Super Stainless Steel Blade | 1965 |
| Platinum Plus Blade | 1969 |
| Trac 11 | 1971 |
| Good Newsl | 1976 |
| Atra | 1977 |
| Swivel | 1981 |

## 產品生命週期觀念

1. 產品生命週期與時間的長短無關。這個觀念所注意的不是該產品在市面上流行時間的長短，而是指該產品銷貨量與利潤相關的程度。有的產品在市面上的時間很短，但銷貨量大，利潤高，有的則相反。因此不能以時間長短來衡量產品的生命週期。

2. 產品不同，其生命週期因而有別。有的僅有幾週或一季即消失，有的卻流行幾十年。而在每一期間所停留的時間，也因產品性質而不同。例如，飛機的介入期間相當長，約有數年之久；彩色電視卻很快的就為社會一般大眾所接受。美國的汽車市場在飽和階段已經停留了數十年，呼拉圈在臺灣流行的時間卻又像一陣颱風的過境。

3. 產品在介入階段，為使其能迅速為社會大眾接受，需要大量的作業成本，如廣告、人員推銷等。由於銷貨量少，因此每單位產品所負擔的成本高，每單位所獲得的利潤低。當產品進入成長期後，銷貨量激增，單位成本低、利潤高，因此，總利潤增加迅速。自成熟期末到飽和期，產品在市場上競爭的地位相對降低，單位利潤下降，總利潤亦隨之下降。在此階段，銷貨量不一定下降，此種關係可由圖 11-7 看出。

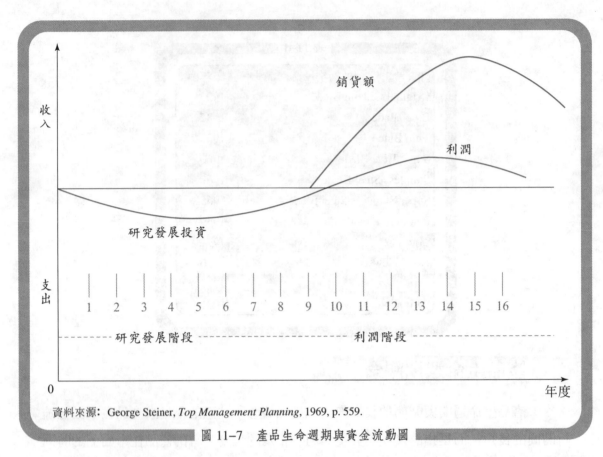

資料來源: George Steiner, *Top Management Planning*, 1969, p. 559.

圖 11-7　產品生命週期與資金流動圖

4.由於技術的進步，產品研究發展成本急劇的增加，對很多產品而言，產品生命週期似與其研究發展的成本成反比關係。即一種產品的研究發展所需的時間愈長，所花的成本愈高，則該產品的生命週期就愈短。此種關係可以斯敦奈爾 (George Steiner) 所研究的美國運輸工具為例，如圖 11-8。

圖 11-8 與上述的圖 11-7 結合起來討論，對於行銷作業更為重要。一般管理者總是希望在產品利潤高時，很快的將鉅大的研究發展成本收回。但是由於近年來研究發展成本的急速上升，管理者不得不將其劃分到以後的各期，因此迅速收回該一成本的理想逐漸難以實現。

成本——利潤——時間三個因素的交互影響，當前行銷作業人員正面臨一個難題。如果想在技術方面迎頭趕上競爭者，以期獲得豐富的利潤，則研究發展的時間勢必縮短，要想時間縮短，假定其他條件不變，在緊急情況下所花的成本一定高。另外，一種產品的研究發展時間愈長，其產品就愈經得起考驗，在市場上的風險就愈小。但是，因為研究、試驗時間長，原始成本也就愈大。因此就會產生一連串有

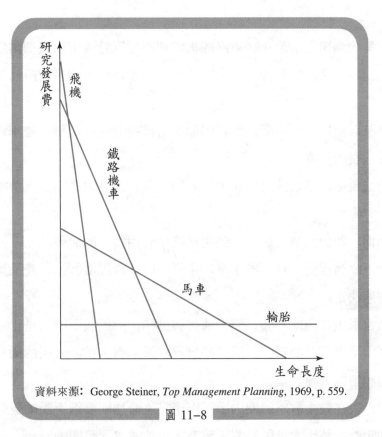

資料來源: George Steiner, *Top Management Planning*, 1969, p. 559.

圖 11–8

關時間方面的問題。例如:

　　1.在什麼時間停止研究發展最理想。

　　2.在什麼時間停止試驗符合經濟原則。

　　3.在什麼時間將產品介入市面最理想。❺

　　由於交通通訊科技的發展、工商業情報體系的進步,因此要想作到出其不意、一鳴驚人的效果,相當困難。但是,如果一件產品沒有足夠的研究,反覆的試驗,為了捷足先登搶先上市,往往不如有個較長的發展試驗時間,而讓競爭者的產品先上市比較好。

## 產品生命週期與技術

　　產品生命週期和技術有密切的關係: 產品生命週期隨技術生命週期而變化。技術生命週期的變化則又受技術革新、競爭等因素的影響。

　　根據安索夫 (H. Ansoff),典型的產品需求週期是從早期沒有獲得滿足的需求到

❺　George Steiner, *Top Management Planning*. New York: Macmillan, 1969, p. 559.

提供產品或勞務滿足需求為止。產品的需求週期可以分成下列幾個階段。

　　1.出現期：一個新的技術在競爭中誕生，很多新生的競爭者設法爭取該業的領導地位。

　　2.成長茁壯期：在此時間，生存的競爭者擁抱勝利的成果，需求成長的速度通常超過供應成長的速度。

　　3.緩慢成長期：早期成長飽和的跡象顯示後，此時供應開始大於需求，成長於是緩慢。

　　4.飽和期：新的競爭者加入，致生產能量有相當大的過剩。

　　5.需求下降到很低，甚至零水準：主要是由社會經濟因素、產品淘汰的速度，以及消費型態決定。

　　在產品需求生命週期方面，緩慢成長與飽和，一般並不顯示是正常的差異，而是經濟發展中不可避免的現象。至於產品需求週期有多長，一般的衡量方法是從產品出現到飽和期的來臨。❻

　　根據安索夫在技術需求週期內顯示出產品生命週期繼續不斷的更替是依循技術新陳代謝的趨勢，技術本身則是為了適應市場的需求而發明的。

　　如果一種技術具有相當的發展潛力,此時研究發展部門扮演的角色將非常重要。他可以利用此種技術製造產品，而且可以繼續不斷的改良以至發展新的產品，假定能夠如此，則此一公司變為技術導向的公司，研究發展部門新的發展將決定公司策略性發展的速度與方向。

　　但是當原來的技術重要性大幅降低以後，推動技術繼續擴張普通應用於發展產品的力量，在市場上已經不再具有競爭力。所以，在技術性變動大的環境，管理者需要注意早期的技術變為陳舊的跡象，而且應該確保研究發展工作不至於繼續應用到在技術上已經變為陳舊的產品。

　　在二十世紀的前五十年，一個經理人可以期望一個技術或需求階段伴隨其終生工作，而不會改變。在後面的五十年，經理人必須眼看著公司的產品誕生、成長、飽和與衰退。因此，如果公司方面要維持成長，管理者必須繼續不斷的增加新的產品，同時將那些無法達成公司成長目標的產品剔除。這是第一個主要的挑戰，也是

❻　H. I. Ansoff, *Implanting Strategic Management.* Englewood Cliffs, NJ: Prentice Hall, 1990, p.53.

策略管理中產業組合最主要的課題。

　　由上面的資料顯示，產業的生命週期已經縮短，以後可能更加短促，主要是由於管理方面的漸進，以及公司效率的提高，其中包括：

　　1.產品研究發展速度的改進。

　　2.行銷效率的提高。

　　3.銷售系統效率之加強等。

　　當產品從誕生到飽和時間的縮短，對於企業的管理者產生了新的挑戰，過去的競爭策略，可能都將變為無效。

　　此點可由圖 11–9 見之。該圖顯示當產品的需求移動到一個新的成長階段時，成功的重要因素如何在一個產品變化的情形。例如汽車工業在 1930 年代中旬快速成長，使該業從無差異產品的價格競爭轉變到產品差異與重視顧客需求。該圖也顯示如果汽車工業集中在國內市場發展，則將最為成功。但當成長開始減緩時，發展仍在出現與快速成長階段，此時國際化的產品愈來愈有利。

　　所以管理的第二個挑戰是要設法預測在需求週期中轉變的情況，以便修正公司的策略，對改變中的競爭因素作適當的因應。

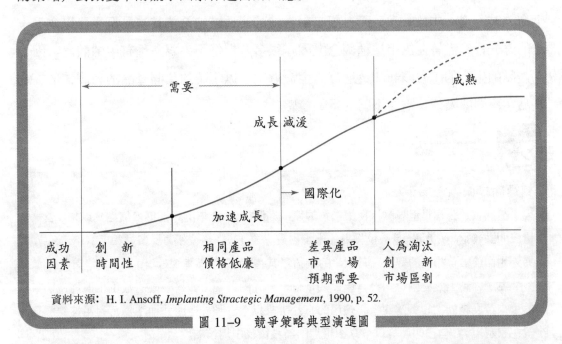

資料來源：H. I. Ansoff, *Implanting Stractegic Management*, 1990, p. 52.

圖 11–9　競爭策略典型演進圖

　　實際經驗也告訴我們，一個策劃成功的企業，對於該產業一些共同重視的技術變數相當敏感與重視，對於某些特殊技術則反而比較不敏感。一個能夠正確察覺這

些技術變數而又能夠有效管理的企業，較那些被技術怪物推動迫使自己不得不變的公司，成功的機會要大得多。因為前者能夠察覺技術發展的趨勢，成功地予以運用，後者則受制於技術。

## 結　語

　　產品生命週期觀念已經成為一種有效與實用的理論基礎，而不是一種僅僅描述產品生命的發展。在時間長短與經過的階段都不是一定的。各階段起點和終點的選定，並無硬性規定，一般是以銷貨量上升或下降率顯著變化的地方作為區分點。也有人提議以逐年實質銷貨量的百分比變動的常態分配作為劃分的基礎，這是一種比較可以衡量出來的方法。

　　其次，並非所有的產品，都經歷如上述 S 型產品生命週期，有的產品一推出就迅速成長，有些則不經過迅速成長的階段，經由上市階段進入成熟階段，有些則梅開二度，從成熟期再度進入第二個快速成長的階段。

　　至於產品生命週期的長短，根據周狄恩 (Joel Dean) 的意見，要看該產品技術革新的速度、在市場被接受的情形，以及競爭者加入市場的難易而定。新式樣服裝的生命為時不過一年或一季，而一般噴射客機的製造廠總希望其產品至少可以享受十年的好光景。盡管在應用這種觀念上困難很多，但仍不失為一種有用的觀念，因為(1)產品的生命的確有限。(2)透過產品生命週期可以明確的預測產品的利潤情形。(3)產品在不同的階段，需要不同的行銷策略。

 **實務焦點**

### 柯達新技術與市場策略

　　美國柯達公司是世界軟片及相機業的龍頭，但自 2002 年世界性不景氣蔓延以來，營業量已明顯衰退。在美國，其數位相機的市場占有率為 12%，落後新力及奧林帕斯 (Olympus)，另外也由於數位相機的普及，其軟片的銷售量其在 2002 年下降 3%，僅為 128 億美元。

　　為了因應上述變動以保持其龍頭的地位，柯達的首要工作是要確認數位相機沖洗照片的未來發展趨勢。現行消費者可使用的方法計有以下三種：自助式沖洗機、利用連線服務或在家利用 PC 自己印製。以下介紹柯達的新技術及市場策略：

　　在自助式沖洗機市場方面，根據專業機構的資料，2002 年 82% 的數位相機使用者是在家使用 PC 印製，只有 7% 是交專業零售店印製，而到 2005 年，美國數位相機印製業將有

70 億美元的營業額，約有 32% 的相片將會交由專業零售店印製。假定市場趨勢果真是如此，柯達則應該加強自助式沖洗機在專業零售店的佈署。事實上，柯達並未掌握商機，在此方面遠較競爭者落後，如富士公司已設置約 5,000 套機器，市場占有率約為 60%。反觀柯達卻僅設置 100 套數位照片印製設備。為何會產生這種情況呢？原因是柯達在 1997 年和德國一家叫格瑞泰格 (Gretag) 的影像公司簽訂合約，共同合作發展數位印製設備，不料格瑞泰格在 2002 年因受不景氣的衝擊宣告破產。柯達只好另覓日本一家 (Noritsu Koki) 公司合作，繼續發展數位相機照片印製機。事實上，在自助印製機及一般零售店方面，分析專家表示目前柯達的確具有優勢地位，但未來則會衰退。自 1994 年開始，柯達在美國本土的 CVS 及塔格 (Target) 等零售業設置了二萬三千個自助印製機，並且有繼續增設的打算。雖然這些機器可以放大沖洗的照片，大部分也可以沖洗數位相片，但這些機器的操作相當複雜，而且很費時間，這無疑增加了消費者使用的負擔，也是柯達需要改進的。

在利用連線服務的市場方面，2001 年柯達購併一家專門作線上沖洗數位相機照片的公司——歐福頭公司 (Ofoto)。歐福頭共有六百五十萬個會員，他們隨時可以要求印製與郵寄存放於線上檔案的照片。歐福頭雖然在這方面居領導地位，但因柯達花費 5,800 萬美元購併，迄今仍未賺錢。

在家利用 PC 自己印製的市場方面，柯達公司預定在 2003 年 5 月推出可以直接和他的易分享 (Easy Share) 數位相機連接的印表機，每套售價 199 美元，但其每張印製成本（50 至 75 美分）比沃爾瑪的價格貴 75%，而柯達的另一個強勁競爭者佳能 (Canon) 也有類似的設備，不但可以印製照片，也可以作一般的列印之用，卻比柯達的印表機整整便宜 100 美元。

從上面的敘述來看，規模及歷史如柯達公司者在這數位化時代，要推出一套新產品與新的服務竟遭遇到如此激烈的競爭，令人難以置信。❼

---

❼　參考 *Business Week*, March 24, 2003, pp. 68–70.

# 習 題

1. 解釋名詞:

　(1)產品。

　(2)核心產品。

　(3)產品線。

　(4)產品定位。

2. 產品介入期期間, 應該注意那些行銷作業, 試說明之。

3. 試說明產品上市場階段的行銷策略。

4. 試說明產品成長階段的行銷策略。

5. 試說明成熟階段的行銷策略。

6. 試說明衰退階段的行銷策略。

7. 試說明產品生命週期和技術的關係。

# 第十二章　新產品政策

## 新產品政策與成長

產品迅速衰老與市場上劇烈競爭，不但加速病弱產品的淘汰，也成為新產品的催生劑。因此，長期短期的產品計畫，已變成當前企業決策的主要依據，尤其是高科技公司。

據調查，占目前銷貨 50% 的產品，都是十年前所沒有的。尤有進者，目前利潤最大、銷路最好的消費產品中，約有 70% 左右是十年以前沒有的產品。所以，如果說沒有新產品，一般製造商就無法維持下去，這句話並不為過。據預測，在未來三年中，美國銷貨量的增長率中，75% 是新產品，其中包括新品牌。

因為此種原因，先進國家，如美國、日本、德國等政府，自從 70 年代末期起，大力推動民間與政府共同發展新產品的各種計畫，因此在 80 年代初期有「日本 80 年代的投資新策略」，「美國 80 年代的新科技發展策略」等劃時代的政策出現。美國為避免自由世界各先進國家因為在光、電、雷射、太空科學、生化等尖端科技產品的發展，導致進一步的競爭，浪費寶貴的人力、物力與時間，因此要求日本與美國交換新產品發展計畫，以期收到相輔相成的效果。

1990 年代，電子電機產業空前繁榮，高獲利率激勵新產品的研發，尤以電腦軟體及設備、光纖等為最。好景不常，自 2000 年春季開始網路公司泡沫化發生，次年 911 恐怖攻擊事件後，世界性不景氣蔓延，新產品研發的熱潮由於不景氣而稍為停頓，少數大企業為維持其領導地位，僅將新產品研發預算向下調整，推出新產品的政策則未改變。

## 臺灣新產品研發情況

臺灣自 1980 年代初期開始發展電子業後，國內外大量優秀人才投入研發行列，中期以後各企業逐漸開始收穫。此時正值兩岸關係改善，傳統產業逐步向大陸移轉，電子電機業於是成為經濟成長的主體。到 2000 年，電子電機及資訊產業銷貨超過 1 億元的企業將近 1,000 家。❶若干新成立規模小的科技公司則潛心研究新的技術，

開發新的產品。臺灣對於新產品的開發真正已經成為一種運動。

臺灣自 2001 年已成為世界第三大資訊產業產出國，僅次於美國及日本。我國所以有如此的表現，主要有賴於產業界不斷的推出新產品，以及學術界及企業界日以繼夜埋首研發的人員。茲將自 83 年以降臺灣新產品研發情況說明如後。

我國自 1980 年以後，研發投入的人力，經費和績效等已在第九章詳細說明，本節針對我國近年來代表研發績效的專利申請件數及核准件數加以說明。以瞭解我國在新產品研發的情形。

專利權申請總件數在 83 年共為 42,412 件，共核准 19,032 件，核准率為44.9%，90 年核准率為 79%，92 年提升為 80%。核准率有逐年提高的趨勢。

申請總件數則由 83 年的 42,412 件增加到 92 年的 65,742 件，九年間增加 55%，相當快速。

在申請總件數中，本國人或公司申請案件在 83 年占 69%，此後逐年下降，到 92 年僅占總件數的 60%，相反地，外國人或公司申請案件則由 31% 增加到 92 年的 40%。在此時期，我國電子資訊產業發展迅速，外國人可能先在國內申請專利，核准後再透過代工方式在臺生產，或授權我廠商產製。茲可自表 12-1 見之。

表 12-1　臺灣近年專利申請數

單位：件

| 年　　度 | 總　　計 | 本國人 | 占總件數 % | 外國人 | 占總件數 % |
|---|---|---|---|---|---|
| 83 年 | 42,412 | 29,307 | 69 | 13,105 | 31 |
| 84 年 | 43,461 | 28,900 | 67 | 14,561 | 33 |
| 85 年 | 47,055 | 31,815 | 66 | 15,870 | 34 |
| 86 年 | 53,164 | 33,657 | 63 | 19,507 | 37 |
| 87 年 | 54,003 | 34,243 | 63 | 19,760 | 37 |
| 88 年 | 51,921 | 32,643 | 63 | 19,278 | 37 |
| 89 年 | 61,231 | 36,369 | 59 | 24,862 | 41 |
| 90 年 | 67,860 | 40,210 | 59 | 27,650 | 41 |
| 91 年 | 61,402 | 35,926 | 59 | 25,476 | 41 |
| 92 年 | 65,742 | 39,663 | 60 | 26,079 | 40 |

資料來源：《中華民國統計月報》，2003 年 10 月，行政院主計處。

---

❶　中華徵信所，《TOP 500》，2001 年版。

## 核准專利件數

核准專利件數的總數從 83 年的 19,032 件增加到 88 年的 29,144 件及 92 年的 53,034 件，增加率分別為 53% 及 178%，成長相當快速，充分說明了我國在此階段高科技產業發展的速度，如果沒有快速的專利研發及申請，支持與配合產業發展需要，我國新興產業的發展可能也不會如此迅速。

在核准的專利件數中，在 83 年國人占總件數的 66%，到 84 年增加為 70%，此後逐漸減少，到 92 年，國人專利核准數僅占 58%，相反地，外國人所占的百分比則逐年增加。充分顯示我國現在已是世界新產品主要誕生地之一了。茲將專利核准件數列示如表 12–2。

表 12–2　臺灣近年專利申請核准件數

| 年　　度 | 總　　計 | 本國人 | 占總件數 % | 外國人 | 占總件數 % |
|---|---|---|---|---|---|
| 83 年 | 19,032 | 12,563 | 66 | 6,469 | 34 |
| 84 年 | 29,707 | 20,717 | 70 | 8,990 | 30 |
| 85 年 | 29,469 | 19,410 | 66 | 10,059 | 34 |
| 86 年 | 29,356 | 19,551 | 67 | 9,805 | 33 |
| 87 年 | 25,051 | 16,417 | 66 | 8,634 | 34 |
| 88 年 | 29,144 | 18,052 | 62 | 11,092 | 38 |
| 89 年 | 42,241 | 25,812 | 61 | 16,429 | 39 |
| 90 年 | 47,721 | 28,432 | 60 | 19,289 | 40 |
| 91 年 | 45,042 | 24,846 | 55 | 17,353 | 45 |
| 92 年 | 53,034 | 30,955 | 58 | 22,079 | 42 |

資料來源：同表 12–1。

根據統計，核准專利分三類，即發明、新型及新式樣。新發明是真正新的，是從前沒有的，新型及新式樣則屬於修正或改良性質。

在發明項下，83 年共 4,821 件，其中國人共占 668 件，占總件數的 13.9%，84 年增加為 16.3%，到 92 年國人核准的發明件數增為 6,399 件，占總發明件數 25,134 件的 25.5%，九年間國人在新發明的比例幾乎增加十倍，值得嘉獎與慶幸。

在新型專利方面，九年來國人核准的件數遠超外國人核准的件數。在 83 年國人核准 8,585 件，外國人僅 1,721 件，在 92 年國人為 20,315 件，外國人則僅 1,124 件，

國人核准總件數高達 95%，國人在新造型的優勢由此可見。

在新式樣方面國人占的比重也相當重要，在 83 年占核准件數的 76%，在 92 年則降為 66%，有逐年下降趨勢。

表 12-3　臺灣近年專利申請核准件數分類

| 年　度 | 發　明 | | 新　型 | | 新式樣 | | 總　計 |
|---|---|---|---|---|---|---|---|
| | 本國人 | 外國人 | 本國人 | 外國人 | 本國人 | 外國人 | |
| 83 年 | 668 | 4,153 | 8,585 | 1,721 | 3,310 | 1,045 | 19,032 |
| 84 年 | 1,138 | 5,839 | 12,962 | 1,544 | 6,617 | 1,607 | 29,707 |
| 85 年 | 1,393 | 7,201 | 12,245 | 1,378 | 5,772 | 1,480 | 29,469 |
| 86 年 | 1,611 | 7,397 | 13,680 | 1,263 | 4,260 | 1,145 | 29,356 |
| 87 年 | 1,598 | 6,880 | 12,454 | 962 | 2,365 | 792 | 25,053 |
| 88 年 | 2,139 | 9,141 | 13,375 | 923 | 2,538 | 1,028 | 29,144 |
| 89 年 | 4,223 | 13,280 | 16,874 | 1,193 | 4,715 | 1,956 | 42,241 |
| 90 年 | 5,901 | 16,065 | 17,218 | 1,000 | 5,313 | 2,224 | 47,721 |
| 91 年 | 5,683 | 17,353 | 15,265 | 850 | 3,898 | 1,993 | 44,982 |
| 92 年 | 6,399 | 18,735 | 20,315 | 1,124 | 4,241 | 2,220 | 53,034 |

資料來源：同表 12-1。

國人的發明件數在九年間也由 668 件增加為 6,399 件，成長九點六倍，同期外國人成長四點五倍。國人在新型核准件數則由 8,585 件成長為 20,315 件，九年間成長近二倍多，新式樣則呈一點三倍成長。從三個核准專利的項目可知，發明件數國人成長最快，在激烈競爭的高科技時代，應該繼續研發，以維持我國在高科技產業已經擁有的優勢。

## 獲得科技專利情形

新產品的研發與技術開發，技術引進有密切的關係。近十餘年來，我國電子及資訊硬體產業的發展主要有賴於此。根據美國麻省理工學院 (MIT) 科技評論調查，臺灣科技大廠在 2001 年取得美國應用專利，在品質與數量上，都非常優異。這些大廠包括：台積電、聯電、鴻海、日月光、凌陽、世界先進等。

因為取得專利的品質決定個別企業及產業整體的競爭實力，所以可以根據各企業專利的品質評估其未來的競爭力。

就半導體方面，2001 年科技實力，台積電在全球排名第四，聯電排名第五，世界先進排名第十一。這個項目全球前三名依次為美光、超微、英特爾。在電腦方面，鴻海的科技實力全球排名第八，是臺灣唯一入選麻省理工科技評論的廠商。全球的前 3 名依次為 IBM、NEC、惠普。

根據美國專業分析師，亞洲地區晶圓廠取得的半導體製程專利許可的數量，和全球晶片大廠比較，約高出四倍以上。依此一標準評估，2001 年我國的世界先進取得的專利許可高居世界首位，共約 170 件，聯電排名第二，約 130 件，台積電第五，低於 80 件。

臺灣整體在 2001 年自美國取得專利共為 5,371 件，年成長率 15%，成長率居世界之冠。取得之總件數為世界第四位。由於臺灣企業在專利取得方面表現優異，所以美國雷曼公司認為臺灣現在的技術水準領先中國大陸十五年，而且在專利許可方面，遙遙領先許多先進國家。

根據雷曼公司研究，1986 年臺灣取得的美國應用專利許可的質量約與 2001 年中國大陸取得的專利相同。因此顯示臺灣的科技領先中國大陸約為十五年。又自 1980 年迄今，兩岸取得的專利成長率差距大致相同。茲將 2001 年高科技公司取得美國應用專利的資料列表如下：

表 12-4　2001 年高科技公司取得美國應用專利統計

| 2001 年排名 | 2000 年排名 | 公司名稱 | 2001 年取得專利權件數 | 2001 年取得專利成長 % |
|---|---|---|---|---|
| 1 | 1 | IBM | 3,411 | 18% |
| 2 | 2 | NEC | 1,953 | −3% |
| 3 | 3 | 佳　能 | 1,877 | −1% |
| 4 | 7 | 美　光 | 1,643 | 26% |
| 5 | 4 | 三　星 | 1,450 | 1% |
| 15 | 17 | 英特爾 | 809 | 2% |
| 21 | 23 | 聯　電 | 629 | 15% |
| 22 | 24 | 台積電 | 589 | 23% |
| 23 | 22 | Hynix | 575 | 5% |
| 27 | 30 | 鴻　海 | 467 | 15% |

資料來源：《工商時報》，91 年 6 月 19 日。

表 12–5　1996–2001 年世界各國取得美國應用專利平均複合成長率

| 名　次 | 國　家 | 平均複合成長率 |
|--------|--------|----------------|
| 1 | 臺　灣 | 23% |
| 2 | 韓　國 | 19% |
| 3 | 瑞　典 | 16% |
| 4 | 德　國 | 11% |
| 5 | 英　國 | 10% |
| 6 | 加拿大 | 10% |
| 7 | 法　國 | 8% |
| 8 | 日　本 | 8% |
| 9 | 美　國 | 8% |
| 10 | 義大利 | 7% |

資料來源：《工商時報》，91 年 6 月 19 日。

## 新產品的意義

我們在此將新產品視為原始的產品、改良的產品、修正以後的產品、與新品牌，均是由公司研發部門的努力所發展出來的產品，顧客心目中認為是否是新的產品也是關鍵之一。

美國名研究管理顧問公司布茲‧阿蘭‧漢米頓公司 (Booz, Allen & Hamilton) 認為在考慮到對公司當局與對市場的新產品時，可以將新產品分為六類，他們是：

1.從前沒有的新產品：這種產品對全世界而言，是第一次，從前從來沒有見過的新產品，也可以說是真正的新產品。例如現在流行的 PDA，電腦常用的「滑鼠」(mouse)，50 年代初期的電視等。

2.新產品線：新的產品可以讓一個公司第一次打進一個新的市場，對該公司而言，是一種新產品。例如新東陽由於代理美國漢斯 (Heinz) 產品而打進沙拉油的市場。

3.在現有產品線以外增加產品：原來已經擁有某一產品線，現在增加新的產品以補充原有的產品線。例如聲寶公司為適應當前流行的高視能大畫面電視機流行的趨勢，在其現有產品線中增加 30 吋或更大畫面的電視。

4.改良或修正現有的產品：改良或修正現有產品以提升其性能或增加價值感以

取代原有產品。如改良型的汽車與電腦。

5.產品再定位 (repositioning)：將現有產品重新定位到新的市場或顧客群。如嬌生嬰兒洗髮劑由於性能溫和，反應良好，該公司於是從嬰兒市場定位到老年人市場。

6.降低成本：發展成本比較低的新產品以替代原有的產品。❷

根據布茲公司研究美國 80 年代六種新產品的結構與態勢，其情形大致如下圖。本圖是將縱坐標視為新產品在公司產品組合的地位，也就是新的程度，新產品線居高位，降低成本則在低位。橫坐標是指對市場是新的程度，如真正的新產品不但對公司是新的，對市場也是新的，因此位在最右上方。

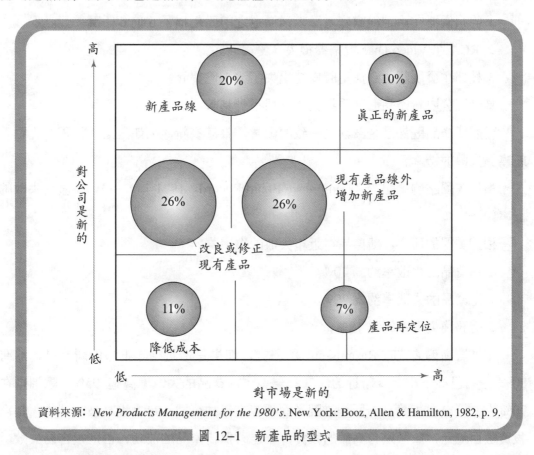

資料來源：*New Products Management for the 1980's*. New York: Booz, Allen & Hamilton, 1982, p. 9.

圖 12-1　新產品的型式

## 發展新產品的重要及困難

一個企業要想在競爭激烈的市場上成長發展，就得要發展新產品，因為新產品是公司的希望，公司的未來，在今天這種競爭的市場，沒有新產品，就沒有未來。

---

❷ *New Products Management for the 1980's*. New York: Booz, Allen & Hamilton, 1982, p. 3.

所以發展新產品是為了取代逐漸變為過時陳舊的產品，維持公司的銷貨。根據研究，在美國每年約有一萬六千種新產品，其中包括延伸的產品及新品牌，打進一般商店，在 1997 年上市的雜貨新產品約有二萬五千種。❸ 美國消費品公司在 2000 年生產了約三萬一千種新產品。美國的超級市場規模，一般而言，較臺灣的要大，據估計約有四萬種產品供顧客選購，在臺灣一般約在六千至一萬種左右。其中當然有不少的新產品，所以，如果以「排山倒海」之勢形容新產品的推出，並不為過。

但是發展新產品則是困難重重。根據報導，台積電要投資近 1,000 億新臺幣，始能量產 13 吋晶圓。另外看看下面痛苦的教訓：

1. 德州儀器在決定從家庭電腦事業撤退之前已虧損了 6 億 6 千萬美元。

2. RCA 在 Video Disc 遊樂器損失 5 億美元。

3. 杜邦在發展新的合成塑膠皮時損失了約 1 億美元。

其他因發展新產品而蒙受損失的公司不計其數。

發展新產品既然是企業共同一致的願望，為甚麼新產品如是之少？現在先看看新產品失敗的機率。

根據美國諮詢會記錄（Conference Board Record，1971 年 6 月），新產品失敗的機率如下：

根據美國的研究，新產品在近年失敗的機率為：

1. 消費品的失敗率約為 40%。

2. 工業品的失敗率約為 20%。

3. 勞務業失敗率約為 18%。

根據羅斯姆森 (E. Rasmussen) 的研究，如果是最近幾年上市的新產品，約有80% 左右已經下市。❹ 新近的研究發現美國消費品的失敗率高達 95%。歐洲則在90% 左右。❺ 在工業品方面，晶圓及面板等高科技公司，每次提高技術層次，都得投資數百億元，象徵只有高額的投資，才能確保新產品的成功，否則很容易失敗。

新產品成功的機率既如是低，一個公司如果不在技術與知識等方面革新，將會

---

❸ Philip Kotler, *Marketing Management.* Upper Saddle River, NJ: Prentice Hall, 2003.

❹ E. Rasmussen, "Staying Power," *Sales & Marketing Management*, August 1998, pp. 44–46.

❺ Deloitte and Touche, "Vision in Manufacturing Study," *Deloitte Consulting and Keman-Flagler. Business School*, March 6, 1998.

處於危險的地位。消費者與生產廠商一方面希望現有的產品能夠不斷的改進，同時，也希望能夠繼續研究發展新的產品，以滿足日漸改變的愛好與需要。

發展新產品所需的成本既然昂貴，失敗的風險又相當大，究其原因主要可歸納為下列幾點：

## 一、新產品夭折率高

若干新產品或新產品的觀念，耗費很多錢，卻在未上市以前就夭折。它們是產品革新過程中的犧牲者，夭折的原因可能係由於在研究發展的後期，發現技術水準的限制，無法實現，或該產品的發展需要大量資金，或在發展初期，將該產品之市場高估。

## 二、市場失敗率高

當產品介入市場後，有多少產品是達到了成功的地步，此一估計數字差別很大，據布茲 (Booz) 等發現在三百三十六個新近上市的產品中，市場失敗率為 33%，其中 10% 是的確失敗了，其他的 23% 還未能確定。羅素 (Ross) 公司根據 200 家大規模包裝貨物商製造的資料，研究發現產品失敗的比率竟高達 80%，另外有人發現產品的失敗率要高達 89%，這些差異的發生是由於他們對失敗產品的定義不同，產品不同、調查研究的樣本不同所引起的，不過他們的研究發現均證明新產品的失敗率非常高。❻

根據馬克麥斯 (R. Mc Math) 新產品櫥窗與學習中心所提出新產品失敗的原因主要為：

1. 盡管市調是負面的，高層主管堅持要推動。
2. 意念雖然不錯，卻高估市場規模。
3. 產品設計有問題。
4. 產品定位錯誤。
5. 廣告缺乏效率。
6. 訂價過高。
7. 通路有問題。
8. 研究發展成本較預期高。❼

---

❻ *New Products Management for the 1980's*. New York: Booz, Allen & Hamilton, 1982, p. 9.

❼ Paul Lukas "The Ghastliest Product Launches," *Fortune*, March 16, 1996 等。

### 三、成功產品的生命週期短暫

即使新的產品，幸運的成功，競爭產品又接踵上市，新產品在市場上生命非常短暫，誠如奇異公司董事長所說新產品的電動牙刷，上市以後，不到 2 年，竟有五十二種競爭產品。

美國工業諮詢委員會 (National Industrial Conference Board) 認為新產品失敗的原因可歸納為：

1. 市場分析不夠。

2. 產品本身有缺點。

3. 發生的成本比原估計的高。

4. 時間不恰當。

5. 競爭造成。

6. 市場推廣率不夠。

7. 推銷人員不夠。

8. 銷售通路差。

他們認為前三個原因最普遍，其中多數公司認為第一個是造成新產品失敗的最主要原因。

目前科技神速進步，產品日新月異，新產品成功的機會較上述的研究可能更加困難。

盡管新產品成功率非常低，先進國家仍不遺餘力地發展，茲引用美國的布茲‧阿蘭‧漢米頓公司 (Booz, Allen & Hamilton) 於 1981 年公布美國企業界新產品活動的情形如下：

1. 新產品成功率為 65%。

2. 每研究發展七個新產品就有一個成功。

3. 在新產品中，平均只有 10% 是「真正的新產品」，又在發展新產品最成功的產業中，有 27% 是「真正的新產品」。

4. 在新產品開發的總費用中，用於成功的新產品研究發展費用占 54%，在 1968 年時最高約為 30%。

5. 開發新產品成功的公司用在研究發展方面的費用，並不比未開發成功的公司多。

6. 主管階層人員約有 7% 的時間用在新產品，行銷主管則為 21%。

7. 在接受研究的公司中，希望每年能夠推出二個新產品。

8. 管理人希望在未來五年中，新產品創造的利潤能夠占總利潤的 31%，銷貨占總銷貨的 37%。

由於這些現象的發生，使企業主管處於一種進退維谷的情勢；他們一方面必須研究發展新產品，另一方面新產品的成功機會卻又非常小。由於發展新產品所導致的風險，就如同不發展新產品所導致的危險一樣。

因此當一個高級主管體會不到新產品對其整個企業生存與繁榮的唇齒關係，當他體會不到新產品的研究發展具有新陳代謝作用時，新產品的發展就會失敗，所以斯敦奈爾 (Steiner) 認為高級主管是導致新產品失敗的一個原因。❽

發展新產品與不發展新產品所造成的危機既然相同，為達到企業目標，一般仍認為應該發展新產品，只是必須設法採取一種使危險減至最低程度的方法。

由於新產品與企業發展如此的重要，所以在 1982 年 6 月 24 日爆發日本工業間諜在美國收買 IBM 電腦技術的醜聞，轟動國際，我國廠商在過去幾年仿冒外國商標，引起我政府的重視，因而 1983 年制定法律禁止，不過因未有效執行，終於導致美國政府的不滿，屢次以「301 法案」要求我國徹底而有效的執行智慧財產權的保護。我國加入 WTO 後，2002 年政府希望與美國簽訂雙邊自由貿易協定，美方總是以同樣理由，回應冷淡，可見新產品發展在現代國際間競爭之地位。

綜合上述及其他有關新產品失敗率的研究，將近年來重要的研究列表如表 12-6。

---

❽ George Steiner, *Top Management Planning*. New York: Macmaillan, 1969, p. 559.

### 表 12-6 新產品失敗率

單位：%

#### 1980-1986 年間所作的七個研究

| 上市產品失敗的百分比 | | | |
|---|---|---|---|
| | 全部產品 | 消費品 | 工業品 |
| 工業諮詢委員會 | 40 | 42 | 38 |
| 布茲・阿蘭・漢米頓 | 35 | – | – |
| 美國全國廣告業公會 | | 39 | – |
| 高萊爾 | | 36 | – |
| 尼爾遜（食品、藥品） | | 61 | – |
| 旦斯爾菲次蓋德（食品） | | 98 | – |
| 寇普 | – | – | 24 |
| 平　均 | 38 | 55 | 31 |
| 除食品之平均 | 38 | 39 | 31 |

資料來源：

1. David S. Hopkins, *New Products Winners and Losers*. New York: The Conference Board, 1980, pp. 4–9.

2. *New Products Management for the 1980's*. New York: Booz, Allen & Hamilton, 1982.

3. *Prescription for New Product Success*. New York: Association of National Advertisers, 1984.

4. *The Gallagher Report*, February 17, 1981, p. 1.

5. "Which Type of Product Is More Successful, New or Me-Too?" *Nielsen Researcher 2*, 1980, pp. 16–17.

6. "New Products: Still Rising...Finding a Winner...Hassles," *The Wall Street Journal*, November 3, 1983, p. 27.

7. Robert G. Cooper, "New Product Success in Industrial Firms," *Industrial Marketing Management II*, 1982, pp. 215–23.

表 12-7

### 為什麼會被認定為新產品

1. 能提供解決新問題的方法。
2. 能對舊問題提供新的解決方法。
3. 新技術：產品改進是由於技術改變。
4. 新品牌：是產品線的延伸。
5. 對某國是新的：出口到新的國家的產品。
6. 對通路是新的。
7. 外觀造型改變。
8. 功能有差異。
9. 包裝改進。
10. 使用原料改變。

### 新產品成功的祕訣

1. 產品的發展已經有一年的時間。
2. 公司在製作類似的產品。
3. 現在公司正在銷售給一個有關的市場。
4. 研發至少占有三分之一的產品研發經費。
5. 該產品市場測試至少將維持六個月的時間。
6. 負責新產品的主管擁有一個私人祕書。
7. 廣告的預算至少占預期銷貨的 5%。
8. 將會採用一個容易被發覺的品牌。
9. 公司將會承擔第一年的損失。
10. 公司很需要該產品。

資料來源：*The Wall Street Journal*, ©Dow Jones & Company Inc., September 24, 1981.

## 新產品發展階段

發展新產品既然困難重重，成功的機率又低，因此在發展過程中要周詳嚴密。新產品發展的階段通常可分為五個階段，他們的先後次序如圖 12-2。

新產品意念死亡曲線，是表示一個公司在新產品發展過程中，從新產品的意念產生開始，直到新產品最後上市止，在此過程中新產品意念百分比變化的情形。

根據布茲公司，在六十四個新產品的意念中，經過上圖五個階段的過濾，最後只有一個成功，其他的均遭淘汰，所以也稱為新產品意念死亡曲線。如將圖中的曲線依據不同的產業，也就是意念死亡的速度，分為 A、B 兩大類，B 代表平均數，

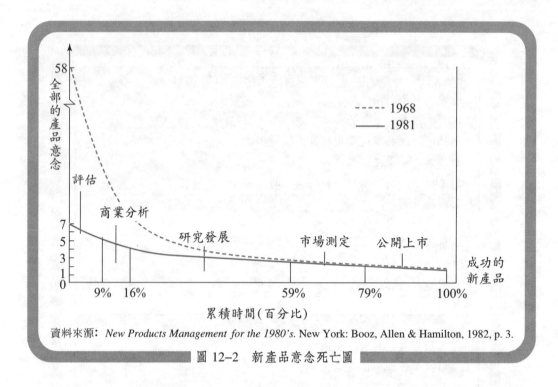

資料來源：*New Products Management for the 1980's*. New York: Booz, Allen & Hamilton, 1982, p. 3.

圖 12-2　新產品意念死亡圖

則圖 12-2 可以改變為圖 12-3。

　　圖 12-3 雖為假設的圖形，曲線實際上是代表真實的公司。曲線 A 代表服務業公司，發展成本很低，只有當具體證據顯示該產品應該消除，才會決定將該產品消除。

　　C 曲線代表造紙業公司，一個公司盡量在早期將一些不具發展潛力的產品消除，以便集中全力發展值得發展的產品。

　　應該注意的是新產品意念死亡曲線所代表的是一個公司發展新產品的結果，並不是一個產品或計畫，他是來自個別產品評估決策所得的分數，決策則是根據全部計畫、整個生命週期得到的，他的管理價值主要是可以幫助管理者想清楚每個新產品的意念。

## 產品發展與費用

　　企業在研發新產品時，需要支付各種費用，如將各種費用累積，於是可以繪出一條費用累積曲線。這條曲線是在經過很多年，綜合若干不同的產業，研究所得的一個平均數。所以此一曲線不是反映那個公司或那個計畫案的支出費用累積曲線圖。曲線共有三條，除平均曲線外，另有代表不同產業的二條。

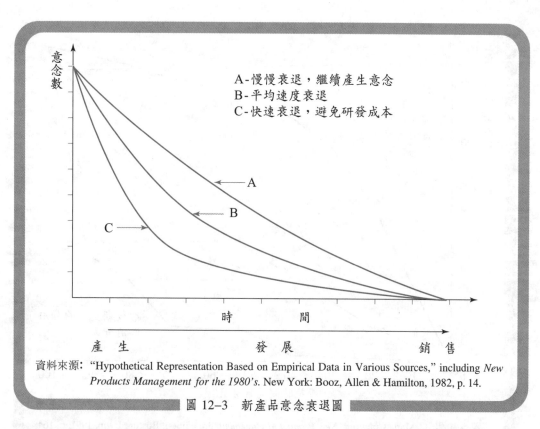

A-慢慢衰退，繼續產生意念
B-平均速度衰退
C-快速衰退，避免研發成本

資料來源："Hypothetical Representation Based on Empirical Data in Various Sources," including *New Products Management for the 1980's.* New York: Booz, Allen & Hamilton, 1982, p. 14.

圖 12-3　新產品意念衰退圖

費用累積曲線圖隨各產業在發展過程中需要支付的金額的大小及在什麼階段支付的不同而有差別。在高科技產業，如醫藥、IC、光纖等，在開始的研發費用及設備成本非常昂貴，如設立一個 13 毫米的晶圓廠，據報導投資設備至少在 1,000 億臺幣，如加上研發成本，恐難以計算。當技術研發成功，量產以後，需要支出的費用就相對的低了。這說明了為什麼有些產業在一開始先要擁有龐大的資金，為什麼有些產業只有少數 1、2 家超級大型企業，否則就無法發展。同樣也說明了為什麼只有某些企業或某些人能在某些產業投資。在這些產業，研究發展成本是成本結構中最主要的部分，一旦產品研發成功，由於專利權的保護或技術領先的優勢等原因，產品上市的行銷成本所占的比重則相對的低。如圖 12-4 之 A 曲線。

C 曲線代表另一種產業的成本發展曲線，如消費者包裝產品。這類產業研發性費用低，但在產品介入期則需要龐大的資金以支付電視或其他廣告費用，以加強推廣，俾成功的進入市場。根據波特的理論，A 曲線所代表的產業就是屬於進入障礙與退出障礙均高的產業，因為不但原始投資成本金額龐大，技術開發或引進也絕非一朝一夕之力。台積電與聯電經過近二十年的時間，成為世界級的晶圓雙雄。自 2000 年開始，受世界高科技不景氣的影響，經營情勢改變，他們不得不運用各種策略以

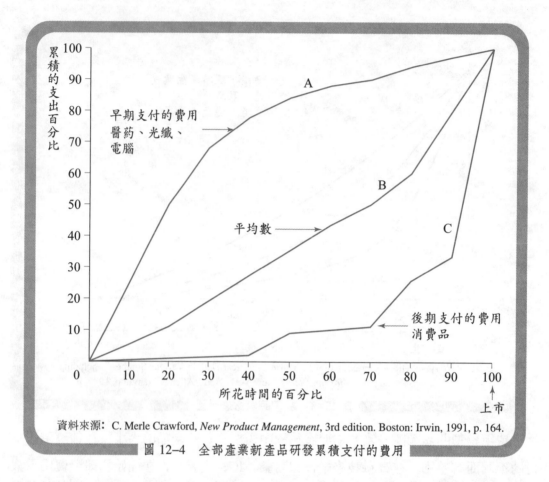

資料來源：C. Merle Crawford, *New Product Management*, 3rd edition. Boston: Irwin, 1991, p. 164.

圖 12-4　全部產業新產品研發累積支付的費用

維持其營運，他們絕不會因為經營環境改變而退出，因為退出的障礙也非常的高。

　　上面的說明都是理論化的，現在引用在研究發展新產品方面最負盛名的美國布茲公司的具體資料說明新產品意念費用支出情形。

　　根據布茲公司 1982 年的資料，美國一個規模相當大的消費品包裝公司在檢討其六十四個新產品的意念後，只有四分之一通過，也就是只有十六個通過第一階段。該公司每檢討一個新產品的意念就需要花 1,000 美元，在第一階段總成本是 64,000 美元。在第二階段十六個新產品的意念中，只有八個符合商業分析的條件，每作一個商業分析需要 2 萬美元，共有十六個，需要 32 萬美元。第三階段是產品發展，其中有二分之一成功，共需 160 萬美元。第四階段是測定市場，在四個中有二個成功，每一個需要花 50 萬美元，共 200 萬美元。最後一個階段是在美國全國各地市場上推銷，其中成功的機率仍為二分之一。換句話說，在六十四個新產品的意念中，最後只有一個成功，每一個的推銷成本為 500 萬美元，此一過程可由表 12-8 見之，由是可知，在美國發展一種成功的新產品的成本既如此的昂貴，一般規模的公司不敢輕

易地發展新產品，理由在此。

表 12–8　發現一個成功的新產品估計所需的成本

| 階　　段 | 意念數量 | 成功率 | 每個意念的成本 | 總成本 |
|---|---|---|---|---|
| 1. 評估意念 | 64 | 1/4 | $　　1,000 | $　　64,000 |
| 2. 意念測定分析 | 16 | 1/2 | 20,000 | 320,000 |
| 3. 產品發展 | 8 | 1/2 | 200,000 | 1,600,000 |
| 4. 測定市場 | 4 | 1/2 | 500,000 | 2,000,000 |
| 5. 全國性推銷 | 2 | 1/2 | 5,000,000 | 10,000,000 |
| 合　　計 | | | $5,721,000 | $13,984,000 |

由上表可知，一個成功新產品的意念共需花費約 1,400 萬美元。根據最近的研究，在美國如果要推出一個新產品，所需要的成本約在美元 2,000 萬至 5,000 之間。[9]成本之昂貴，可見一斑。

## 市場測定

### 測定決策之分析

新產品在尚未上市以前，通常需要加以測驗，以評斷這種產品在市面上為一般顧客所接受的情形，以免因閉門造車引起的缺點。這種測定可以在幾個選擇性的地區，大規模的進行，也可以採用幾個主要因素，作為測定標準，這種過程，就是市場測定 (test marketing)。市場測定的主要目的，在於瞭解一般顧客對產品的特點、包裝、價格、式樣與廣告的意見，從而擬定有效的市場策略。

就理論而言，一種產品在未上市以前，應該做市場測定，以便能夠及時發現缺點，加以修正，也有很多情形，由於特殊原因，在某種產品上市前，不作市場測定。假如製造廠商對產品的信心程度很高，或準備將新產品的資料保密至最後時刻，至於這種測定的效果是否可靠，當然值得進一步的研究。

假定某公司估計其新產品 A 的市場，測定費用約為新臺幣 20 萬元，如果該公司測定 A 產品失敗的機率，最多不會超過 1%，即使失敗，總損失也不會超過 400 萬

---

[9]　Philip Kotler, *Marketing Management.* Upper Saddle River, NJ: Prentice Hall, 2000, p. 329.

元，於是可以得知預期的損失為 4 萬元。預期的損失僅為市場測定成本的五分之一，管理人員由於成本的考慮，可以不作市場測定。假定該產品成功的機會估計僅為 50% 時，就應該花 20 萬元，先測定一下市場。

## 市場測定原因

市場測定的利益很高。最重要的一項，是可以加強對即將上市的產品銷貨量的瞭解。如果在測定中，發現銷貨量低於預定的均衡水準之下，對該公司而言，非常重要——從很小的市場測定成本，可以得到有價值的資情，避免一旦上市時所發生的更大損失。

其次，市場測定可以連帶發現有效的行銷方案。假定：在不同之四個地區採用不同的上列四個推廣方法：

第一地區：採用一般的廣告推銷，再配合按戶免費贈送樣品。

第二地區：採用大量廣告，配合贈送樣品的方法。

第三地區：採用一般的廣告宣傳，另外附送折扣優待券。

第四地區：僅採用一般的廣告。

如果發現第三地區的銷貨最多，因此，在以後的推廣策略上，可以採用第三種方法。

另外，市場測定也可以發現在產品發展階段，所沒有注意到的缺點。銷售員也可以從銷貨通路上所發生的問題，得到一些適當的推廣方法，例如他們的反應及如何銷售給最後消費者。

## 測定地區的選擇

地區個數的選擇，差異很大。據統計，市場測定的地區，多半採用四個以下。很多人會懷疑，如果想在全國各地普遍推銷一種產品，像美國那樣大的國家，四個以下的地區是否太少？

決定測定地區的多少，有二個基本的考慮。第一是代表性，第二是成本。如果要想代表性高，測定的地區就要多，各種成本就高，如果經費有限，只有設法選定一、二個最具代表性的地區。所謂代表性是指所選的地區，能夠代表一般市場的性質。為求實際測定容易計，通常也考慮產品的批發、零售商合作的程度與推廣的設

備是否齊全等。

　　柯特勒 (Kotler) 教授認為：多選幾個測定地區為宜。因為假定要作全國性的推廣，一旦失敗，損失將更大。選的地區愈多，採用的測定方案愈多，就愈可得到最好的一種途徑。那個地區最好，也是一個很難答覆的問題。在美國方面，很多地區經常被選為市場測定的對象，因此比較容易選擇。目前臺灣地區若干產品都是以臺北市為主要的尾閭，很多市場研究調查，也均以臺北市為重心，因此似已成為一個主要的測定地區。

　　任何產品如果在臺北能夠成功，則在臺灣均應被接受，這是行銷人員長久的假設。在臺灣作市場測定，臺北市因此是首選。

　　政府機構、金融機構、機關學校及企業辦公大樓林立的地區不適於作一般消費品的市場測定。因此以大臺北地區而言，內湖、士林、永和、板橋等地是市場測定經常被視為是較理想的地區。其他地區以中部的豐原、員林，南部的斗六、岡山及屏東等地較具代表性。交通便利，成長發展中，人口統計變數可以代表臺灣一般的趨勢等是地區選擇的考慮。

　　我國產品出口近四十年來，美國是最主要的出口市場。現代若干企業正邁向國際化。直接瞭解美國市場對我國產品的反應，已視為必然。早期我國有關美國及歐洲市場研究均由經濟部國貿局整合統一辦理，現在企業規模漸大，直接間接透過專業機構作市場測定的機會日增。在此提供美國業者推薦作市場測定的美國地區，供作參考。

## 工業市場與消費市場測定之差別

　　消費品製造廠商通常比工業品製造廠商作更多的市場測定。工業品製造廠商多自非正式的資料，得到其新產品市場測定的資料。當一個工業品生產者發展一種新產品時，他的代理商通常會將該產品的樣本送給未來的顧客使用，以便蒐集他對該產品的反應，然後再根據這些反應與建議，改正其產品。

　　測定工業市場需要注意之事項計有：⑴在測定時，多注意特別的顧客，而不注意地區的選擇。因為可能的購買者人數比較少，不像消費市場呈現地區性的擴散。⑵工業品的製造商與顧客的關係，多為直接的，而且具有人與人的關係存在。因此潛在顧客對測定的產品及採行的測定法的各種反應與建議，大多數可以提供給負責

測定的工廠。所以下面專就消費市場的測定，加以討論。⑶消費市場的測定方式則不同。多半是有系統而且成本相當高。在美國方面，一個正式的市場測定，通常要幾十萬到百萬美元。這些錢大多用在市場研究與廣告方面，至於生產成本及貨物的運送、銷售費用尚不包括在內。在臺灣目前要做一個相當有代表性與正確性的測定，通常也需在 100 萬元左右的成本。

市場測定的時間與地區，通常隨產品的性質與預算而定，在時間方面，要有足夠的時間，以確定顧客再購買該產品的百分比。在預算方面，如果經費充足，就可選擇幾個地區。

測定市場的方法，雖然可以仔細的設計，有效的執行，但行銷人員無法得到全部的答案，解決所有問題。顧客對產品的態度，經常改變，消費的習慣也經常變化，競爭者的各種作業也可以影響以致改正消費者的行動。公司內部作業也往往潛伏著無法預測的問題。這些因素，對於市場測定，均形成莫大的限制。是故，我們可以將市場測定視為幫助決策的一種依據，而不能認為是取代該項新產品計畫的決策。

表 12-9 的測試地區很多都是國人比較熟悉的，也是文教及商業比較發達的地區，其中很多都是州政府的所在地。

表 12-9　美國專業機構推薦作市場測試之地區

| 1.阿爾班尼（紐約州） | 13.米瓦基（威斯康辛州） |
|---|---|
| 2.亞特蘭大（喬治亞州） | 14.那斯魏爾（密西西比州） |
| 3.水牛城（紐約州） | 15.奧克拉荷馬（奧克拉荷馬州） |
| 4.查萊特（北卡羅蘭納州） | 16.匹次堡（賓州） |
| 5.辛辛那堤（俄亥俄州） | 17.波特蘭（加州） |
| 6.克利夫蘭（俄亥俄州） | 18.羅徹斯特（紐約州） |
| 7.春田市（科羅拉多州） | 19.沙加緬度（加州） |
| 8.哥侖巴士（俄亥俄州） | 20.聖路易（米蘇里州） |
| 9.德同（俄亥俄州） | 21.鹽湖城（猶他州） |
| 10.丹佛（科羅拉多州） | 22.西雅圖（華盛頓州） |
| 11.印第那波里斯（明尼蘇達州） | |
| 12.坎薩斯市（坎薩斯州） | |

資料來源：Saatchi & Saatchi, DFS compton.

## 測定時間長短

市場測定的時間，可以從幾個禮拜到幾年，隨測定的產品與環境而異。決定時間長短的因素，可以歸納為下列三點：

1.平均的再購買週期：這是指前後兩次購買，平均所經過的時間，一個人第一次得到一種新產品或品牌，可能是廠商當樣本作免費贈送，也可能是贈獎或其他方法得到的。如果在使用時徵詢他的意見，以觀察他下次購買的行為，似乎不足信賴。甚至重複購買一次這種產品，也不一定足以證明他的購買行為，因為他可能再購買一次從前購買的品牌，加以比較。所以最理想是應該觀察數次重複購買的行為，才比較可靠。如果產品使用壽命很長，重複購買的時間長，就比較困難，像冰箱、電視機。

2.要看競爭情形：通常是希望測定的時間足夠長以得到有用的資情，而其長度最好不要讓競爭者有充足的時間,迎頭趕上,捷足先登,於是就很難確定適當的長度。

3.測定的成本：測定的總成本和測定的時間成正比。測定的時間愈長，同時如果不早點將產品介入市場，又會發生機會成本。

## 測定方法

那些資料才能衡量新產品的優劣點，作市場測定者須事先決定，然後再要求有關部門去測定，如市場研究部門或負責測定的商業機構。

市場測定可以得到的資料很多，視成本與價值而定，下面是通常所利用的幾種測定方法或資料來源。

1.發貨數量資料：這種資料表示在測定地區，一般批發、零售商對於測定產品所作的反應。在時間上，這種資料不一定能夠正確的表示當期的狀況，但仍不失為一有價值之參考標準。

2.商店查對資料：為瞭解零售商方面實際銷售的數量,需要有定期的查對資料。這種查對的資料，多由專門機構定期報導，從這些定期的報導中，可以知道正在測定的商品銷貨的情形。

3.消費者定期座談 (consumer panels)：這種方法是徵求一些自願參加測定的家庭或個人，利用座談或函件的報導方法，從這些口頭報告和函件中，可以得知參加

測定者對正在測定中的產品，所作的反應，其中包括心理上與實際的購買行動，同時可以估計目前他的產品，有多少人在重複購買，這些顧客都是那幾種品牌轉變過來的。那幾種顧客對於新產品或品牌最發生興趣，這些資料，對於一種新產品整體的行銷作業，非常有價值。

4.購買者調查：作測定的公司，也希望得到顧客對於新產品的態度與反應，得到直接的資料。要取得這種資料，須訪問每一購買過該產品的顧客，同時這些訪問的資料，可以是顧客口頭的反應，也可以用問卷方式表達出來。

上述四種資料的收集方法，對新產品的研究發展，極具價值。一般市場作業人員，為求真正瞭解顧客對產品的反應，希望資料愈多愈好。要想資料多而又具可靠性，成本必大。事實上，資料之多少，通常要看市場測定的目的、涉及風險的大小與取得資料之成本而定。

市場測定完成以後，即可根據所得之結果以訂定以後之策略。如果測定時的銷貨量普通，表示不出產品的成敗，此時一般多再作一次測定，如果銷貨量很低，可能的決策是放棄該項產品，如果是由於產品的某種缺點而導致，則可及時加以修正。如果測定的數量相當大，此時可能就會開始全面性的推廣，將新產品大量的介入市場。

市場測定的目的，在於幫助制訂有效的市場策略，而不能過度相信，在參考這些資料時，務必注意到：

1.在測定時，有無特殊事件在該一時間發生。例如一種新的冰果在測定市場期間，氣候恰巧非常炎熱，結果銷路很好，實際上，試產品後來實際證明，並不理想。

2.在測定地區，有無特殊事件發生。例如一個牙膏牙刷工廠，作電動牙刷市場的測定地區，剛好推廣衛生教育，強調防蛀與刷牙的重要性，新牙刷的銷路因受雙重宣傳的效果，比實際測定所得的展望要樂觀。

3.時間對測定的影響，特別是時間效果所造成的影響。

## 產品介入之時間性

新產品的市場測定與修正階段過去以後，此時上市前的各種準備均已妥當，即可正式上市。很多產品，採取地區性的推展方式。例如先在臺北市推廣，如果情形良好，再推而至於臺北市近郊以至臺中、高雄地區。有的則用有限地區推展，僅在一個市場與地區發展。

　　新產品上市的時間為此階段的一個重要決策。首先應該分析該產品的季節性需要的情形，很多產品的需要有季節性，有的產品則呈現不同季節性的需要。如果為趕季節，而在市場測定與修正過程中草率了事，就如同季節過去才將產品推出一樣，都不是適當的上市時機。因此在上市前的各階段，均應切實配合，按照預訂計畫作業，才會在適當的時機上市，所以要確實根據計畫時程。

　　時尚的產品，時間更是決定該產品成敗的一個重要因素。如果想使銷貨量達到最高點，此類產品必須在恰當的時機到達其目標市場。當然，在適切的時機上市是一個非常複雜的問題。因為新產品的生產的進度，各階層銷售通路的安排，估計可能的銷貨量，以及瞭解當時所採的各種策略，通常都是在極端迫切的情況下進行。

　　另一方面，也應該注意到新產品廠商在其行業或市場上的地位，即在產品方面居領導地位，還是被領導地位，這與產品上市有密切關係，假定新產品的公司原可搶先上市，但為減低新產品上市連帶產生的風險，也許寧願將先上市的機會讓給別人，自己卻願隨後跟上，這種作法意味著相當大的犧牲。假定一個競爭者，一開始就採用一個有力的行銷戰略，而且產品相當優異，則他將很快的占有大部分的市場，對後來競爭者的市場，會產生重大的威脅，因為，使顧客由一個廠商的產品轉移到另一個廠商的產品，要比一個廠商爭取一個顧客，接受他的新產品以滿足現有的需要困難。但是假定後來的競爭者的地位本來就很強，則他可以很有效的在市場上發揮後來居上的作用。這些考慮因素，對於一個公司新產品的發展與市場作業策略，具有深遠的影響。

 **實務焦點**

### 研發成為高科技競爭主要工具

　　研發已成為高科技業最主要的競爭工具，誰的研發績效卓越，誰的產品在市場上就具有競爭力，誰就能在高科技業居競爭優勢，誰就能夠成功。所以，如果研發是決定新產品績效的關鍵，新產品則是決定企業在競爭市場成敗的關鍵。因此每個企業必須要注意當前環境下那些產品是新的，這些新的產品此後可能會遭淘汰，更新的產品會一波波的接踵而至。電視機、微電腦、手機等均印證了此點。

　　新產品研發既已成為科技業追求的主要目標，風氣所至：大專院校的評鑑主要指標之一為各學校教師在國際知名專業性刊物上發表的論文篇數；各大新聞媒體報導世界知名高科技公司相互指控侵權或竊盜，已司空見慣。大公司每年花費在此類案件的律師費多在數

百萬美元以上。誠如鴻海公司董事長所言：「打官司是科技業的象徵，要不是因為市場大餅和有價值的技術，誰要和你打官司。」❿ 近年來臺灣高科技居領導地位的企業因高科技間諜及侵權等事件時有所聞，證明了新產品及研發在高科技業的價值。現就幾樁有代表性的案件，說明如後。

### 為南亞科技竊取晶片技術，二十位南韓人被判刑

1998 年 7 月 29 日韓國漢城刑事法庭將二十名偷竊半導體科技，並出售給臺灣台塑集團南亞科技公司的嫌犯判刑四年。二十名犯人均為韓國人，他們涉嫌在 1997 年間從韓國三星 (Samsung) 電子與 IC 半導體公司盜取晶片製造技術，然後轉售給臺灣的南亞科技公司。法官在宣判罪狀時說：金宏義等被告為南亞科技公司盜取技術，已對南韓半導體業者造成重大損害。

該案金宏義等於 1997 年初設立一家空頭公司，僱用了若干三星與 LG 公司的工程師，然後將他們知道的記憶晶片技術交給南亞科技公司，南亞科技每月則支付 10 萬美元作為報酬。

臺灣的南亞科技承認與金宏義的公司有往來。此一案件，根據報導，韓國的三星與 LG 2 家公司因此而損失約 8.33 億美元，他們的銷售也會因南亞科技取得該項科技，使競爭力因而下降。⓫

### 威盛電子負責人涉商業間諜被求刑四年

2003 年 12 月 6 日聯合及中國兩大日報均以頭版頭條新聞方式報導威盛電子公司董事長王雪紅及總經理陳文琦因涉及指使員工到友訊科技任職，竊取友訊研發的「晶片模擬測試程式」，以妨害祕密及背信等罪狀起訴，求刑四年。此案之所以備受注目係因負責人王雪紅係台塑集團王永慶的女兒，陳文琦則為王雪紅的夫婿。⓬ 本案民事部分雙方已達和解。根據 2004 年 12 月 31 日《工商時報》，威盛的律師團將以無罪辯論到底。

### 台積電控告中芯侵權

世界晶圓代工龍頭，臺灣高科技業的代表台積電於 2003 年 12 月 22 日宣布，已於美國洛杉磯時間 19 日下午在美國北加州聯邦地區法院遞狀，控告中國上海中芯國際公司及其美國子公司侵害台積電多項專利權，竊取台積電營業祕密及不公平競爭，訴請對中芯禁制令處分及相關財務賠償。⓭

### 聯電控告矽統侵權

2000 年 12 月聯電在美國北加州聯邦地區法院遞狀，控告臺灣的矽統公司侵犯專利權，

---

❿　《天下雜誌》，2004 年 4 月。pp. 46–52。

⓫　《經濟日報》與 ICRT，1998 年 7 月 30 日。

⓬　《聯合報》與《中國時報》，2003 年 12 月 6 日。

⓭　《工商時報》，2003 年 12 月 23 日。

隨後又向美國國際貿易委員會指控矽統違反貿易法案 337 條。最後是美國國際貿易委員會終判矽統侵犯專利權，當時北加州法院尚未正式開庭，矽統就與聯電簽下城下之盟；聯電在二個月內讓矽統的董事長及總經理全部易人，從此矽統便加入聯電集團。❶❹

### 英特爾控告威盛侵權

美國英特爾公司在 2001 年 9 月 7 日遞狀控告威盛公司侵犯其 Pentium 4 (P4) 微處理器專利，並要求威盛撤回侵權的晶片組。英特爾在訴狀中指稱，威盛的 P4X266 與 P4M266 晶片組侵犯英特爾五項 P4 晶片組相關專利。該晶片組是用來控制處理器與電腦其他部分的資料傳輸。威盛是全球第二大晶片組製造商，市場占有率為 40%，僅次於英特爾。❶❺

從高科技大廠無所不用其極地設法竊取或侵權其競爭對手的行為可以看出他們一方面是商業上的伙伴關係，同時也是競爭關係。他們既相互競爭，也相互依賴，只是規模是關鍵因素；如果侵權或敗訴的一方規模相對的比較小，被原告大廠併購或結盟的機會居多；如規模較小的一方提出告訴，在法庭上雖然勝訴，但在商業上可能將蒙受較大的衝擊，此時和解的結局較多。正和微軟公司董事長蓋茲所說：「寧敗於競爭，不甘在法庭敗訴。」相反。❶❻

研發的起始點源自創意，最後再說明研發新產品關鍵性的因素──創意的來源及策略規劃。

## 新產品創意來源

激發新產品的創意固然昂貴與費時，就是蒐集已經有的意念都要花費相當大的成本與相當長的時間。有的公司並不重視創意，有的公司雖然知道創意的重要性，卻不知道如何去激發創意，現在這類的公司已不多見。現在大部分公司一方面自己在尋找新產品的意念，一方面積極從公司以外的來源收集。有些企業利用競賽的方式激發創意，一旦被接受，則給予獎勵。大型的日用品公司從消費者獲得很多的意念，作為研發新產品的依據，有時又因為某些原因不得不拒絕，而公司外部的意念則因涉及法律問題，在利用時需要非常謹慎。

根據研究，約有 40% 的新產品意念係來自外部，如供應商、使用者，以及出版品等，這些意念也最值得重視。使用產品的人多少都會有一些改進產品的意念，但不幸的是這些都是一般性與很明顯的。據報導 B&D（工具機公司）每一個新產品都

---

❶❹　《工商時報》，2003 年 12 月 24 日。

❶❺　《經濟日報》與《工商時報》，2001 年 9 月 9 日。

❶❻　《經濟日報》，2000 年 6 月 14 日。

會收到一千個以上的意念。這些意念即使是新的，消費者及使用者所提出的多半僅是改進新產品，並非真正是新產品意念，或對產品線的延伸有幫助。而在有些產業中，最後使用者的角色舉足輕重。如科學儀器製造業，一般工廠作業設備等，顧客或使用者的意念是促成設備成功的主要推手，因為他們每天使用相關的機器設備，日久天長總會發現一些改進的意念或領悟出一些心得，尤其是一些原型設備。因此他們在這些方面的意念需要特別重視。

## 使用者問題分析

在發掘新產品意念的過程中，最直接的方法是從使用者使用產品時碰到的問題開始分析研究。另外也可以從產業的發展歷史印證一個公司經常會提到一個特別的時間，在此時刻由於碰到某個問題，專心設法去解決，結果後來發展出一種成功的新產品。同業競爭者當然也遭遇同樣的問題。如果他們沒有意識到問題，或沒有去發掘問題，就不會設法去尋找解決的方法，因此用心研究使用者使用新產品過程中所遭遇的問題已經廣泛地應用到尋找新產品意念最有效的方法之一。使用者問題分析又稱為差異分析 (discrepancy analysis)，也有的稱為利益缺陷 (benefit deficiency)。問題分析法比僅僅彙整使用者所提出的問題更有價值，因此廣泛的應用在新產品意念的誘發上。

茲以電話機為例，表 12–10 說明使用者在使用電話時，所碰到的一些問題，從這些問題中，引發了改進的意念，因此逐漸的加以改進。有些問題不能只是依賴改進能夠解決的，於是發展替代產品的意念也因應而生，研發若干功能相同而型式有別的產品，如手機、微電腦等。

## 新產品研發的策略規劃

新產品研發既是決定企業成長、發展與衰退的關鍵因素，就屬策略規劃的範疇，茲用策略規劃的流程說明新產品發展的過程。

為整合潛在的技術與市場機會，根據克勞福 (Crawford)，先將規劃分為三類，即進行中總公司的規劃、行銷規劃與特殊機會。在總公司方面，新產品的發展要符合使命說明書，可以透過購併方式達成，然後對技術及各部門的績效作檢核。行銷規劃則自競爭、市場占有率、銷售通路、法令規定及推出產品等層面分析，在時間上

則可分為五年、一年及每季等類別。如圖 12–5 之上半部。

表 12–10

| 使用者問題分析應用於電話機 |
| --- |
| 1. 電話不易清理。 |
| 2. 電話機體積太大、太重。 |
| 3. 電話線很容易打結。 |
| 4. 鍵盤在黑暗時不易看清。 |
| 5. 對方講話聽不太清楚，因附近有雜音。 |
| 6. 電話機的式樣和房間不搭配。 |
| 7. 電線太短，活動不便。 |
| 8. 答錄機不如錄音機的聲音清晰。 |
| 9. 當打電話時，移動很不方便。 |
| 10. 電話機的顏色太俗氣。 |
| 11. 電話號碼很不容易記憶。 |
| 12. 電話只能在固定的地方使用。 |
| 13. 當不在家時有人打電話來，希望知道是誰打來的。 |
| 14. 沒有意義的電話太多。 |
| 15. 收發話機放在耳朵旁很不舒適。 |
| 16. 電話機缺乏現代化的型式。 |
| 17. 電話聲音太難聽。 |
| 18. 電話鈴聲太大太難聽。 |
| 19. 重要事情無法錄下來。 |

資料來源: 參考 C. Merle Crawford, *New Product Management*, 3rd edition. Boston: Irwin, 1991, p. 99.

　　潛在的技術與機會整合後，則可將新產品發展分為四類，選擇最有希望的加以發展。它們分別為：低資源使用率、新資源、外部要求及內部要求。每類又包括若干因素，依據每類的因素加以評估後，始能決定優先順序。在低資源使用率方面，則可以從：技術、產品、市場與財務等方面加以評估。[17]

　　最有發展的四類新產品選定以後，則進一步研究確認的資源，確定他們是新的而且尚未充分加以利用，然後研究外在的機會與威脅，及內部明確訂定產品革新的策略，最後根據上述的過程準備一份計畫，說明正在進行的，現在的與發展新產品計畫。

[17]　C. Merle Crawford, *New Product Management*, 3rd edition. Boston: Irwin, 1991, p. 60.

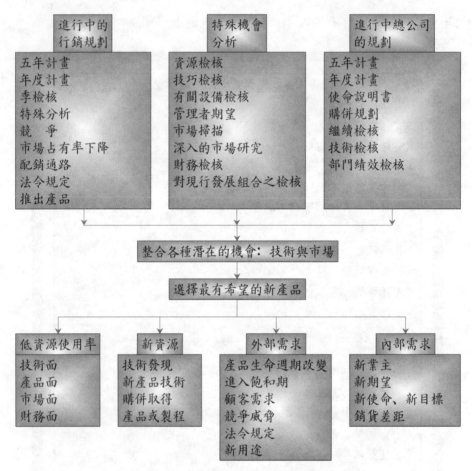

圖 12-5　策略規劃應用於新產品發展過程圖

 實務焦點

### 茂德科技支付 51.5 億元與英飛凌和解

　　茂德科技與國際 DRAM 大廠英飛凌 (Infineon) 於 2004 年 11 月 10 日達成和解，臺灣的茂德支付英飛凌 1.56 億美元，相當於新臺幣 51.5 億元，以取得 0.11 微米、0.17 微米及 0.14 微米製程技術的授權，雙方纏訟二年的訴訟及指控全部撤銷，技術授權爭執圓滿落幕。

　　2002 年 10 月，英飛凌與茂矽合作案破局，雙方合資公司茂德科技最後由茂矽取得經營主導權。英飛凌遂停止將其先進技術移轉給茂德，茂德於是向法院提出假處分等訴訟。英飛凌也一直就技術是否應該繼續移轉問題，向法院申請假處分及仲裁。2003 年英飛凌在茂德股東會臨時會議中失去取得茂德經營主導權的機會，因而決定與茂德劃清界限，並將當時持有的 30.7 % 的股權全數出脫。

根據報導，茂德為了擺脫英飛凌及茂矽的束縛，在訴訟的二年中耗費了大量資金；2004年初茂德耗資 47.5 億臺幣，買下茂矽 UMI 及 MVC 設計公司股權，以取得新產品的開發能力，同年 10 月又以 11 億臺幣買下茂矽大樓，加上與英飛凌和解取得先進技術的授權金 51.5 億臺幣，總計高達 110 億元。茂德科技則表示茂德這二年的營業收入高達 700 億臺幣，都是應用英飛凌的技術，支付幾十億元的授權金，應該是相當划算的。

依據雙方簽訂的協定，雙方於 2000 年簽訂的 S17 至 S128 的合約，現經修訂後，繼續有效，茂德獲授權並可持續使用英飛凌移轉的 0.17 微米、0.14 微米、0.11 微米等技術，並可製造及銷售 DRAM，茂德並得以取得的技術為基礎，發展包括 0.12 微米及以下的自有製程技術和產品。

協定中也規定，基於繼續性的技術授權，雙方同意茂德支付英飛凌權利金總額及付款時程如下：

針對 0.17 微米、0.14 微米製程技術授權，茂德將於 2004 年 12 月 15 日前支付權利金 7,000 萬美元；2005 年 3 月 31 日前再支付權利金 3,600 萬美元。至於 0.11 微米製程技術及其他授權權利金，茂德同意於 2005 年 8 月 31 日以前支付 2,500 萬美元，另於 2006 年 4 月 30 日前再支付 2,500 萬美元。

由此一和解案可知先進科技授權金的價值，也印證了（科技界）沒有永遠的朋友或敵人的名言。⑱

# 習 題

1. 簡要說明新產品和企業的關係。
2. 簡要說明近年來臺灣在產品研發方面進步的情形。
3. 試說明新產品在近年以來失敗率高的原因。
4. 試說明新產品發展的階段。
5. 新產品上市前為什麼要測定，試說明之。
6. 試說明市場測定的方法有那些。
7. 試說明新產品研發的策略規劃。

⑱　《經濟日報》與《工商時報》，2004 年 11 月 11 日。

# 第十三章　產品品牌策略

產品的品牌，如同人的姓名，屬於產品的一部分，有代表產品整體的作用。它與廣告及其他的推銷作業具有密切的關係。

品牌 (brand) 是一個名字、名詞、符號或標誌，或上述四種之結合，他的作用是將二個不同製造商或銷售者的產品或勞務加以區別，同時可以擴大產品彼此間差異的程度。

## 名詞定義

現在先將幾個常用的名稱解釋如後：品名 (brand name) 是指可以用口語稱呼的名詞。如臺灣大學、臺灣銀行、可口可樂等。

品標 (brand mark)，是品名的一部分，可以用視覺辨別，但卻無法用口語表達出來。例如一個特別的符號、設計圖案、一種特別的色彩等。常見的柯尼卡的特殊彩色標誌，7–11 的彩色廣告招牌等均屬品標。

版權 (copyright)，多用在文學、藝術等創作上，屬於智慧財產權的領域。在法律上，誰先創作與取得登記者，誰就有獨占權，原創人一旦取得版權，其他的人如果沒有取得原創人或所有權者的同意，就不能使用，否則就是仿冒或侵權行為，是違法的。

商標 (trade mark)，是一個品牌，或品牌的一部分，它具有獨占的特性，一種商標一旦為一個公司擁有，則其他的廠家不能再使用同一種商標，因此它具有法律上的保護作用，也具有獨占性。

## 訂定品牌的理由

### 一、產生認同

當一個廠商、批發商或零售商將產品加上一個品牌後，他們希望在推廣或使用的過程中，產生一種認同作用，讓消費者在購買此類產品時，使用較少的時間或心力，很容易確認所要購買的產品，而不致發生錯誤。對若干人而言，品牌代表產品的特性、品質、價格、或其他的含意。一旦產品使用一個特殊的品牌，就象徵該產

品能提供所期望的那些特性，消費者因為認同該品牌始會購買該產品。

## 二、促進銷售

假定現在便利商店或超市成千上萬的產品不使用品牌，廠商如何作廣告？購買者又如何很容易地選擇他所要購買的產品及品質？一旦標明品牌，不但促銷容易，也方便購買者根據習慣或偏好，選擇他們所要購買的品牌。

## 三、易於實施產品或價格差異

品牌象徵產品品質與價格水準，一個深受消費者愛好的品牌。在品質及價格等，具有較強的競爭力，消費者也不至於因為自己偏愛的品牌在價格上具有些微的差異而更換品牌。

## 四、易於廣告

品牌可以促進廣告與推銷作業，一個優異的品牌，不但容易記憶，且可以提高產品的知名度，比一般製造者的名稱更具有推廣效果，更容易和消費者關聯在一起。因此現在的消費者在購買時只注意品牌，卻很少留意生產廠商是誰，以及在那裡生產的。由於品牌認同度高，產品與價格差異在購買決策過程中，已不再居於主宰地位。

## 五、簡化購買

如果沒有品牌，採購任何一件產品都將非常麻煩。現在任何日用品的銷售場所，均以貨色齊全一次購足為訴求。假定這些產品沒有品牌，購買者則只有依據他對這些產品的瞭解選擇他認為適當的產品。如果他一次要購足他所需要的產品，他所花的時間與心力將難以估計。相反地，如果品牌知名度高，如臺灣的 acer 或華碩電腦，只要購買這些品牌的電腦，購買者就可以安心，更不需要花費任何時間在檢驗他們的品質上，因為他們向所有的購買者保證使用這些品牌的電腦，品質是優良的，所以你的購買就可以簡化。

## 品牌吸引力

討論品牌的問題雖然很多，歸納起來只有一個目的，設法使顧客對一個特殊的品牌有所偏愛。偏愛的程度很多，通常分為下列三種：

㈠品牌堅持

係指顧客堅持要買某種特殊品牌的產品，如果沒有這種品牌，他不接受其他代

替的品牌。顧客堅持某種品牌的情況當然有，事實上，一個行銷人員應該對此點存著可望而不可求的態度。品牌堅持，似乎是一個過高的期望。

㈡品牌偏好

是指在很多同類而品牌不同的產品中，顧客偏好某種，因而購買此種品牌，這是行銷人員最盼望的一種情形。也是討論品牌作用之重心，一個顧客在幾十種同類不同牌的產品中，選擇了特殊的一種，這當然表現了他對這種品牌的偏愛。如果作不到此一地步，則只有退求品牌認知。

㈢品牌認知 (recognition)

是指盡管顧客不偏好這種品牌，如果能使他知道某種品牌存在，當他偏好的品牌因為某種原因而不存在時，則可能購買他已經知道的這種品牌。要顧客購買一種產品，一定要先讓他知道這種品牌的存在，然後他才會購買它；如果不知道它的存在，就不會購買。

一個行銷人員能否使顧客達到品牌偏愛，要看品牌對顧客的吸引力，而品牌吸引力 (brandability) 又要看產品的性質與顧客購買該類產品的方法。假定產品的種類很多，如化學原料類產品，一般人是不太注意品牌，他可能留心價格、品質、可靠性、供應者的信譽等。在另一方面，像阿斯匹靈與維他命等類的產品，這些產品的品牌對某些人而言，至少表示它們的品質或可靠性等特點；因為產品具備特殊的品質或特點，才擁有廣大的顧客。在此種情形，品牌是重要特性的一種象徵，顧客偏好而願意購買是因為願意在該品牌的產品中繼續發現到這種特性。

其次，一般顧客經常願意，而且也接受品牌代表他們無法或不願檢驗的產品品質。手機是一個明顯的例子，一般人都願意接受價格與品質有關係的前提，兩種不同品牌的手機，由於它們的品質不同，價格才發生差異。對一個購買者而言，不同品牌的手機，因此產生了不同的意義。

## 優良品牌名稱應具備的特點

選擇一個優良的品牌名稱是一件相當困難的工作。品牌的作用雖然重要，但要訂定一個品牌，則非常不簡單。美國在幾年以前研究發現只有 12% 的品牌有促進銷貨的作用，36% 的品牌實際使銷貨受損，其他 52% 的品牌並未發揮其功能，等於沒有品牌，因其對促進銷貨沒有貢獻。

大多數行銷人員認為一個優良的品牌名稱應當具備下列幾個特點：

1. 能明確的指示顧客產品的利益──它的特點與品質、用途、或動作等。如可口可樂、可口奶滋、滅飛、克蟑等均屬之。

2. 在法律上，不會被指為欺騙、不實等情節。如國泰、新光等。

3. 容易發音、記、唸、寫、拼等。如大同、三洋、新力等。

4. 高雅脫俗而又帶有新穎之感。如國際、理想、雙喜等均屬之。

5. 在另一方面，一個品牌應該有足夠的變化，以便可以應用於新的產品線上。如 National, Intel, Microsoft 等。

6. 應該能適合各種媒體，而且能夠有效的推廣給社會大眾。

## 品質與品牌決策

品牌是產品定位最重要的因素，品質則是對使用該品牌的產品評估其功能的等級。品質是產品的耐久性、可靠性、精確度、使用方便、服務容易與其他特點的綜合。有的特點可以很客觀的加以評估，因此品牌是購買者對產品品質的評估，大多數的品牌可依其品質分成四等，即低等、中等、優良與特優。根據美國的研究，產品的利潤隨品質的提高而增加。在競爭激烈的市場上，任何公司都應該提供品質優良的產品。特優的品質增加的利潤稍微超過優良的品質，而劣質的產品則對利潤發生較大的損傷。不過當全部的競爭者出售品質優良的產品時，此種策略的效果相互抵消。當然在訂定品質策略時，還要確認目標市場是那一個等級。

行銷人員必須決定在設定一個品牌的品質時，應該注意調整品質策略，以達到最大利潤的目的。通常有三個策略：

1. 當廠商投資俾繼續不斷地研究發展改良品質時，通常是生產利潤最高與市場占有率最大的一種品質，當然還要注意一開始品質就要優良，以建立在市場上的品質領導地位。臺灣的南僑化工與歐斯麥餅乾，以及美國有名的寶鹼公司都採用此種策略。

2. 設法維持品質水準：很多公司在產品上市以後就不再注意品質，直到品質發生嚴重問題後才設法補救，在競爭激烈的市場上，此一策略相當危險。

3. 逐漸降低品質：有的公司降低品質是為了節省成本，或抵銷成本上漲的壓力，希望購買者不會發現；有的則是為了增加目前的利潤，才技巧的降低產品品質，公

司當局當然也知道此舉會傷害其長期的利潤。

品質與品牌已逐漸受消費者及企業界重視，在臺灣地區一般家用電器、化妝品以及食品等的品質，尤為社會大眾關心，此種發展將隨所得水準的提高而日趨重要，因此形成日本製錄放影機、電子鍋、手錶等產品充斥國內市場的情形。面對此種情勢，我國廠商即使繼續不斷的設法提高品質，都不一定能夠與日本競爭，更何況採取置之不理的態度。

## 訂定品牌的難題

品牌作用既如此重要，訂定品牌於是成為行銷戰略的關鍵因素之一主要部分。下面就簡單討論一下訂定品牌所遭遇的問題。

1.一種產品要想在最後消費者的階層建立品牌的偏好，不但需要很長的時間，也需要很高的成本，特別是當潛在消費者人數眾多，而且同業競爭者也想達到同一目的時。

2.一個公司的產品應該採用一個品牌 (family brand) 還是應該每種產品一個品牌 (individual brand)。採用一個品牌的利益很多，當推廣的經費有限，一個新的產品在剛上市時可以借助其他已經成功的產品的品牌，這種提攜的力量由於產品種類繁多，當然也會有沖淡的可能，但新產品剛上市時分享已成功品牌的名聲，似為不爭之事實。採用同一品牌也有不利之處，當數種產品品質相差懸殊，同類產品又具有不同用途時，如果採用同一個品牌，勉強的將這些產品連結在一起，難免有累贅之嫌。

假定新的產品無意中比較差，此時，如果用同一個品牌，會使原具有名聲的其他產品蒙受損傷。很多情形，新產品本身就很差。像這些情形，對於消費者與銷售通路都會產生不良的影響。

3.既然很多不同的產品，使用同一品牌而容易發生不良效果，如果要為每一種產品使用一個品牌，也不是一件簡單的事，美國的寶鹼公司，每推出一種產品，就給一個品牌，因為他的品牌很多，而這些品牌又很成功，所以形成了一般人只知道很多成名的品牌，而不知道是寶鹼公司的產品，因此無法發揮相互提攜的效果。

從管理的觀點講，以品牌或產品為中心的作業法，可以將一個品牌的成敗大權完全交付一個人或一個部門，這種作法不但可以發揮高度的激勵作用，提高成功的

可能性，而且還可以明確的指出該品牌之獲利能力，僅為單一品牌作廣告與推銷時，這些作業的效果如何，可以比較容易的測定出來，寶鹼公司即採用此法。

　　4.品牌的選定是另外一個難題，中文組合的品牌，響亮而動聽的品牌似乎已經有山窮水盡之感。按照一般的習慣，中文以二個字為組合的品牌較適合，例如大同、國泰、新光等都是，中文字雖數以萬計，二個字的組合而又適於作品牌者，似乎已不多；其次是三個字者，如好力克等是──一般認為，中文字品牌不宜超過四個字。

　　英文品牌方面，以簡短、容易發音與記憶，同時容易寫在包裝紙上為原則，而且，每個品牌的意義須能代表產品的性質，例如汰漬 (Tide) 洗衣粉、cool 香煙等。據研究英文以四、五個字母拼成的字最易記憶，最具廣告效力，如 Kent、Intel 等品牌。

　　上面所討論有關品牌的問題，似乎有一般化的傾向，這種傾向是相當值得注意的，很多成功的產品，都和上面所說的情況不同。例如美國最有名的百威啤酒 (Budweiser) 它是九個英文字母構成，至於醫藥、科技方面的品牌，多不符合前列的原則，例如提升「好」膽固膽，以降低心臟或中風的藥品原文為 FORCE TRAPAI，以及協助戒菸的 VARENICLINEA 分別由十一個英文字母組合而成。另外，一個品牌是否具有吸引力，應該考慮其他的因素，例如種族、傳統、宗教及信仰等。

## 品牌競爭

　　市場上的品牌之爭的現象與促成此種現象的原因，是有關品牌的另一面，此種現象是由於製造廠商與銷售通路上的成員，兢兢業業的努力，以爭取偏愛他自己的品牌所引起，品牌爭奪最激烈的是一般的藥店、超級市場、百貨公司等地。近幾年來臺灣地區大規模批發零售商的數目日益增加，品牌的競爭更加劇烈。

### 一、品牌之分類

　　品牌可分為二種，第一種是製造者的品牌 (manufacturer's)，又稱廠牌，為製造廠商用於賣給批發商與零售商以及最後消費者的品牌，這種品牌又稱為全國性的品牌 (national brand) 第二種是銷售者品牌 (reseller's brand)，例如遠東、微風公司現在銷售的很多產品都是用自己的品牌。

### 二、形成品牌爭奪的原因

　　一般批發零售商，採用自己品牌的原因計有：

1.基本的原因在於設法得到較大的力量以控制他們的市場與市場作業的過程，如果最後消費者對於某零售商的品牌很偏愛，則該零售商對於製造商的影響與競爭就不會感到太大的威脅。

2.價格與利潤也是促成使用私人品牌的主要考慮因素，採用製造廠商品牌的產品通常比使用私人品牌的價格要高，因為廠商既然堅持要採用他的廠牌，藉以對其品牌有較大之控制力，則勢必對經銷其品牌的批發零售商付出較高的代價。使用私人品牌的產品價格低，因此對於一些價格敏感的顧客具有較大的吸引力，而創造較大的銷貨。所以，私人品牌的利潤百分比要比廠牌高。在上述情形下，經濟上的利益會促使批發商、零售商願意推銷自己的品牌，如果推銷自己的品牌，在價格與利潤二方面控制的力量也較大。

3.批發、零售商使用自己的品牌利益固多，一個批發或零售商想要建立自己的品牌，也不是件容易的事，在時間與資本等方面都需要很大的投資。其次，產品既然不是自己生產的，品質一致之維持與供應不虞匱乏等均為困難問題。在推廣方面，一般廠商規模大，資金雄厚，人才多，競爭力量大，特別是當廠牌已經普遍時，更是困難。一個零售商運用自己品牌成功的機率受其目前聲譽之影響，就一般而論，除非零售商的聲譽在一般消費者的心目中已經很高，否則很少能成功。

## 品牌再定位

一個公司的產品是否能在市場上繼續獲得優勢的地位，是決定是否維持其利潤的主要因素。當下列三種情況發生時，公司的利潤就受到衝擊，此時也就是需要考慮調整產品定位的時間。換句話說，產品的定位已不適當。

1.在他的品牌附近增加了競爭者的品牌，朋分了該品牌的市場占有率。

2.顧客的偏好可能已經改變，使其產品品牌不再處於一個偏好群集的中心。

3.新的偏好群集可能已經形成，頗具發展潛力，機會誘人，需要改變定位。

在此情形下，可以考慮採用下列兩種品牌戰略：一是品牌再定位 (repositioning)，一是品牌擴展。茲說明如後。

在選擇定位時，必先考慮兩個因素。其一是移動品牌到新區位的成本。其中包括改變產品品質、包裝、廣告等成本。大體而言，再定位的成本隨著再定位的距離而上升。如果品牌形象的改變愈大，用於改變顧客形象的投資就愈大。

　　另外一個因素是這一品牌在新區位所能獲得的收益。一種產品的收益是決定於(1)偏好群集所含的消費人數。(2)平均的購買率。(3)已在該區位或企圖進入該區位的競爭者的人數與力量。以及(4)在該區位銷售的價格。

## 品牌擴展

　　為了加強產品在市場的競爭力，或對於新產品的偏好區位反應，可以增加品牌的數量，而不改變現有品牌所處的位置。

(一)蠶食鯨吞戰略

　　美國寶鹼公司就是以擅長這種品牌擴展戰略聞名。在進入一個市場以前，先研究主要的偏好群集和競爭品牌的地位。然後進入只有一個主要競爭者的市場。他往往將第一個品牌定位於一個被忽略的區位，而不是定位在主要競爭者的區位內。此後再為其他被忽略的區位創造另外一個品牌，而且每一個品牌都設法創造忠於自己的顧客，同時搶掠主要競爭者一部分的市場，如此繼續發展下去，主要的競爭者就被包圍，收益減少，因此無法在外面的區位以同樣方式發展新品牌進行還擊，在最後寶鹼公司再推出一種品牌直接進入這個主要的市場。這種戰略有如蠶食鯨吞，大企業採用相當有效。

(二)前呼後應戰略

　　品牌擴展的另一種戰略是運用一個成功的品牌來擴展改良品或新產品。在清潔劑方面，這種戰略相當成功。他們先是推出品牌 X，當 X 成功而且相當知名後，再推出改良的 X 產品；然後再推出含有添加物的新產品 X；第三步是運用改良產品的包裝、香味，或新款式等發展新產品。更重要的是運用成功的品牌推廣新產品，國聯工業就是利用這種策略推展白蘭、水仙等非肥皂，同時又從非肥皂推廣到白蘭香皂及牙膏，這是一種前後呼應的戰略。

(三)低價品牌法

　　品牌擴展的另一種戰略是在產品線中增加品質較差的產品；以一個低的價格作為號召，推廣其產品。在耐久性消費品方面常用此法。這種低價品牌可以稱為是一種「先鋒品」或「促銷品」，係用低價格說服顧客，當他們見到較促銷品為佳的產品時，通常就會決定購買較佳的品牌。這種戰略也常被採用，但須謹慎。先鋒品牌雖然稍差，但符合產品的品質水準。當廣告先鋒品時，必須確定先鋒品是否有足夠的

存貨。行銷人員必須讓顧客不會有受騙的感覺。

㈣多品牌戰略 (multibrand strategy)

是指一個廠商發展兩個或兩個以上的品牌，他們彼此相互競爭，以擴大各品牌的市場占有率或總的銷貨量。統一食品的飲料即為一例。新的品牌一方面搶走了姊妹品牌的銷售量，而其總的銷貨量則比單一品牌大得多，當然在不同的品牌間有點差異。

有很多理由促成廠商採行多品牌差異。

1.商品陳列的空間在各百貨公司及超級市場競爭激烈。因為每一個品牌在上述商店都分配到一席之地，廠商藉多品牌戰略，可以爭取到較多的陳列空間，競爭者所能得到的相對的就要減少。

2.很少顧客真正的忠誠於一個品牌，他們對於其他品牌減價、贈獎及更佳的性能通常均有相當的反應。因此一個從不推出新品牌的廠商勢將面臨逐漸萎縮的市場占有率。唯一能制服品牌轉變者的方法，就是提供更多的品牌，讓顧客選擇。

3.新產品在廠商內部能產生激勵與效率作用。一個企業如果採用產品經理制，或品牌經理制，各別品牌必須及時警惕，力求成長，以免在內部競爭中落後，因此會使企業內部充滿活力與朝氣。

4.多品牌戰略能使其企業在不同的市場區位中得利。因為各種品牌的訴求不同，不同偏好的顧客會對不同的訴求反應，有時因品牌間的差別正好可以爭取不同的顧客。

一個企業在決定是否引進其他品牌時，必須考慮下列各點：

1.是否能為該品牌建立一個獨特的故事？此一故事是否能為社會大眾相信。

2.新品牌能奪走自己已上市產品多少銷貨量？新品牌能獲得競爭者的銷貨量為多少？

3.新產品研究發展及促銷成本與預估的投資報酬比較，是否相當？

在此應該特別強調的是千萬不可誤入多而無用的陷阱；雖然推展很多品牌，每個品牌都僅擁有很小的市場占有率，沒有一個能夠特別獲利的，結果片面成功的品牌浪費了企業寶貴的資源，無法集中精力於少數的品牌，為每一品牌建立高的利潤水準。因此一方面應該嚴格選擇值得推出的新品牌，同時應該廢棄較弱的品牌。

## 品牌競爭趨勢

現在我國的廠商應該已經瞭解品牌在整個行銷過程中的力量與重要性。因為經銷商一旦在世界市場上建立了知名度，他在那裡購買產品並不重要，重要的是他的品牌已經享譽世界市場，因此他可以用較廉價的馬來西亞或泰國產品，取代臺灣作的產品，只要使用同樣的品牌，國外的購買者就願意購買，因為他們相信這種品牌，結果導致我國生產者的前途與發展完全操縱在國外的經銷商手中，受盡了苦頭。

鄰國日本與韓國的公司就不犯我國廠商的錯誤。他們一開始就建立自己的品牌，在推銷產品時，就使用自己的品牌。例如新力 (SONY)、豐田 (TOYOTA)、三星 (SAM-SUNG)、本田 (HONDA) 等。這些公司即使因為某種原因無法在其國內生產自己的產品時，他們仍可照常經營他們的事業，而不會中斷。

一個強有力的品牌具有一種消費者的專利權 (consumer franchise)。實際的經驗告訴我們，當一種產品擁有很多顧客，也就是他們偏好一個特別的品牌，而拒絕接受一種替代品牌時，這個品牌就具有專利權，即使它的價格比競爭品牌貴，也會產生這種作用。德國的 BENZ 與 BMW 汽車就有這種力量，國產汽車就缺乏這種力量。

世界上沒有任何東西能夠永遠保持第一或領先，品牌也不例外。從國內外的品牌變動可以明顯的看出好的品牌名聲很難得到，但是卻很容易就將辛苦爭取到的名次拱手讓給競爭品牌。同業如此，國內市場如此，國際市場也是如此。而且愈是利潤高的產品，或知名度高的品牌彼此間的競爭愈激烈。無怪乎美國超級盃足球賽的電視廣告 30 秒鐘 200 萬美元；若干球迷表示他們花錢看足球，也同時欣賞知名消費品公司為他們產品所作的廣告，所以也是一場品牌廣告大賽。由此可知品牌在現在市場上的重要性。

## 中美十大廠牌變動

一國主要廠商品牌興衰起伏，能反映一國企業與經濟發展的情勢，也可說明有關企業行銷策略之成敗。美國《財星雜誌》(*Fortune*) 自 1954 年開始編撰美國五百大企業排行榜，到 1995 年四十年整，作了一次回顧。發現四十年前排名在前十位的知名廠商，也是知名品牌，僅剩四個品牌代表的廠商仍然維持在前十名：通用汽車 (General Motors)、奇異 (General Electric)、克萊斯勒 (Chrysler) 與杜邦 (Du Pont)，其

他 6 家均因收購或合併，造成公司名稱及品牌改變。❶美國在近五十年為世界首強，政治安定，經濟穩定繁榮，世界最知名的廠牌變動竟如此之大，一般的廠牌名次變動之大，就不難想像。

我國自 1970 年開始企業排名，迄 2002 年已有三十三年之久，當年排在前十大的企業，現在僅剩 2 家，當時排名第一的大同公司，現為第十四名，南亞及台化仍在前十名，其他除台塑石化外，均為電子新貴，鴻海精密為首。三十三年前的十大廠牌中包括食、衣、住、行、電器及塑化六大產業，現在則為電子、資訊、晶圓及塑化，變化速度及幅度，令人難以想像。

表 13-1　臺灣製造業前十大廠牌三十二年間名次變動

單位：百萬元臺幣

| 名　次 | 1970 | 銷貨（當年物價） | 2003 | 銷貨（當年物價） |
|---|---|---|---|---|
| 1 | 大同公司 | 2,204 | 鴻海精密工業 | 327,691 |
| 2 | 南亞塑膠 | 2,129 | 廣達電腦 | 292,288 |
| 3 | 台灣水泥 | 1,442 | 台塑石化 | 236,520 |
| 4 | 台灣塑膠 | 1,347 | 台灣積體電路 | 201,904 |
| 5 | 台灣化纖 | 1,032 | 仁寶電腦 | 129,702 |
| 6 | 台灣松下 | 976 | 南亞塑膠 | 127,642 |
| 7 | 裕隆汽車 | 929 | 明基電通 | 108,698 |
| 8 | 亞洲水泥 | 725 | 台灣化纖 | 106,421 |
| 9 | 台元紡織 | 674 | 光寶科技 | 99,667 |
| 10 | 味全食品 | 650 | 友達光電 | 97,610 |

資料來源：《臺灣地區大型企業排名》，1970 與 2003 年，中華徵信所。

## 流行最久最知名的品牌

現在我們日常生活中所喝的可口可樂、立頓茶、百威啤酒、麥斯威爾咖啡；吃的歐瑞餅乾、赫氏巧克力糖；沐浴用的象牙肥皂、高露潔牙膏；開的福特汽車，以及好富輪胎；照相用的柯達軟片；用的可麗舒面紙等，世界上最流行的品牌有的已經有一百二十年之久，最少的也近七十幾年。在這個競爭激烈的市場，能夠繼續流行，受顧客的喜好，難能可貴。特列表如下。

❶　"Forty Years of the 500," *Fortune*, May 15, 1995, pp. 90–94.

表 13-2　流行最久最知名的品牌一覽表

| | |
|---|---|
| 百威啤酒 (Budweiser) (1880s) | 福特 (Ford) |
| 象牙肥皂 (Ivory) (1882) | 立頓茶 (Lipton) |
| 可口可樂 (Coca-Cola) (1890) | 高露潔牙膏 (Colgate) |
| 麥斯威爾咖啡 (Maxwell House) (1892) | 赫氏巧克力 (Hershey) |
| 柯達軟片 (Kodak) (1900) | |
| 駱駝牌香煙 (Camel) (1913) | 好富輪胎 (Goodrich) |
| 歐瑞餅乾 (Oreo) (1921) | |
| 可麗舒 (Kleenex) (1924) | |

資料來源：Larry Wizenberg, *The New Products Handbook*. Homewood, IL.: Dow Jone, 1986, p. 218.

## 品牌決策之重要

　　傳統上品牌只有在消費品才重要，一般工業品只要性能好有沒有品牌或品牌是否知名並不重要。不過近十餘年來，這種觀念逐漸改變，國內的台積電、聯電、華碩，美國的英特爾、IBM、微軟，日本的豐田及新力等都是以高科技工業品著稱，他們的品牌知名度已超過消費品的知名品牌。

　　近年來，《財星雜誌》編撰美國最受人羨慕的企業 (the most admired companies)，也就是聲望 (reputation) 最好的公司。此一排名主要是綜合企業品牌的知名度以及獲利能力等因素，其中共分八個特徵，它們是：

　　1.管理品質。

　　2.財務健全度。

　　3.公司資產運用情形。

　　4.對社區及環境的責任。

　　5.產品或勞務的品質。

　　6.長期投資的價值。

　　7.創新力。

　　8.吸引、發展及留住優秀員工的能力。

　　由這八個因素可以發現有比較具體可以量化的財務指標，也有比較屬於抽象與主觀的因素，從歷年的排行榜可以發現，營業額、利潤或資產總額已不是決定排名的主宰因素，相反地，似乎和公司產品品牌的知名度有相當的關係。近三年的排名表如後。

表 13-3　美國最令人羨慕的企業排名

| 2002 年 | 2001 年 | 2000 |
|---------|---------|------|
| 1.奇異公司 | 1.奇異公司 | 1.奇異公司 |
| 2.沃爾瑪 | 2.思　科 | 2.思　科 |
| 3.微　軟 | 3.沃爾瑪 | 3.微　軟 |
| 4.柏克夏 | 4.西南航空 | 4.英特爾 |
| 5.家用品倉站 | 5.微　軟 | 5.沃爾瑪 |
| 6.嬌　生 | 6.家用品倉站 | 6.新　力 |
| 7.飛　遞 | 7.柏克夏 | 7.戴爾電腦 |
| 8.花旗集團 | 8. Charles Schwab | 8.諾基亞 |
| 9.英特爾 | 9.英特爾 | 9.家用品倉站 |
| 10.思　科 | 10.戴爾電腦 | 10.豐田汽車 |

資料來源：*Fortune*, March 11, 2002, pp. 26–32.
*Fortune*, March 5, 2001, pp. 36–38.
*Fortune*, Oct. 5, 2000, pp. 59–72.

自 1999 年波音公司行銷及公關部女主管墨爾布格 (Judith Muhlberg) 喃喃低語 "B" 的故事流傳以後，品牌的威力真正的顯現出來。為什麼品牌忽然變得如此重要？根據《商業周刊》，首先是現在不管什麼產品，顧客選擇的機會愈來愈多，品牌多了，而現代人的生活總是匆匆忙忙，在購買時不得不選擇知名的品牌，因為它代表產品的品質、性能及售後服務等。因此造成品牌從來沒有像現在這樣重要。其次，現在是資訊爆炸時代，資訊傳達迅速，只要一點滑鼠，一序列的資訊就出現在面前。如果不是知名的品牌，不管品質或造型等再優異，公司知名度不高，購買者就不會相信，購買者為降低選擇錯誤的風險，因此只有選購知名的品牌。❷

在國際市場上也是一樣，任何產品要想讓顧客接觸瞭解，必須要在市場上，在資訊平臺上展示，不再只是限於本國。一個強有力的品牌一旦打進市場，或提供一種新產品，就像一位美麗的女大使，她會搶盡鏡頭，出盡風頭，吸引萬眾注目，不但可以協助企業形成策略，確定行銷計畫，也可以將一個品牌發揚光大，促進銷貨量。

現在一個知名的品牌是一種象徵，是產品品質的代表，更是對顧客的承諾與保證。好的品牌售價會高，也可以減緩不景氣時的影響，它是一種無形但很重要的資

❷　*Fortune*, August 6, 2001.

產，也是一種真實的利益。和傳統上根據企業實體的資產存貨、現金等有形的資產評估其價值已經有天地之別了。現在國內中華徵信所每年編撰 TOP 5,000 及集團企業排名，內容充實，頗具參考價值，其中所引用的資料，均係企業界自己提供，希望有朝一日也能像美國一樣，根據一個企業的品牌確定其價值及排名。

## 廠商自創品牌的重要

訂定品牌是產品策略中主要的策略之一。因為一個企業要發展一個品牌，尤其是為廣告、推廣與包裝發展一個成功的品牌，需要長期而大量的投資。很多人認為生產一種產品比為該產品訂定品牌要容易。著名的行銷學家柯特勒 (Philip Kotler) 教授在其 1991 年出版的《行銷學》中就幽默而諷刺的指出臺灣廠商能夠生產大量品質優異的服飾、電子產品及個人電腦，但卻不能以臺灣的品牌出售，只有為外國代工，令國人惋惜與慚愧。現在教育水準大幅提高，對於品牌的作用與重要性都應該有相當的瞭解。學者專家指不勝屈，全國上下應該結合起來，共同設法推廣國人自己的品牌，逐漸的導入國際市場，以建立屬於企業自己的品牌。為達成此一目的，一方面政府與企業應該設法研究改進，另一方面，應該選擇某些產品，從現在起逐漸建立自己的品牌，不應一直淪為「品牌的無名英雄」，我們確實擁有建立自己品牌的優勢。

根據資策會的統計資料顯示，在 1999 年我國有一百零二項主要產品的市場占有率高居世界第一位。這些雖然是資訊硬體產品，同樣地應該擁有自己的品牌。現將這些產品名稱及在世界市場的占有率列示如表 13-4。

## 品牌用金額衡量

最被羨慕的公司既然由財務性及主觀的因素構成，品牌價值可以用金額具體衡量的概念逐漸成熟。2000 年《商業周刊》(Business Week) 根據調查，評定出世界上最有價值的品牌。因為品牌代表使用品牌的公司，因此品牌的價值等於是公司的價值。每年公布前十名品牌的價值排名，在名次上均有些微變動。整體而言，名次及價值均相當穩定，三年來變動並不大。

表 13-4

| 產品名稱 | 世界市場占有率 |
|---|---|
| 筆記型電腦 | 49% |
| 監視器 | 58% |
| 電源供應器 | 70% |
| 掃描器 | 91% |
| 機　殼 | 75% |
| 鍵　盤 | 68% |
| 滑　鼠 | 58% |
| 集線器 | 66% |
| 數據機 | 57% |
| 主機板 | 64% |

　　至於各品牌的價值，則隨各產品銷貨收入的變動而變動，總體經濟情勢，對品牌代表的價值也有影響。例如 1999 至 2000 年之間，Coke 的銷售量及股價均達到高峰，品牌價值為 725 億美元，次年因經濟衰退，銷售及利潤下降品牌價值就隨之下滑，在 2001 年為 689 億美元，2002 年則為 696 億美元；微軟的品牌價值同樣也受世界經濟，尤其是高科技及網際網路公司泡沫化的影響，由 702 億下降為 2002 年的 641 億美元。其他各品牌的走勢大致相同。❸

　　品牌何以會如此重要，當一個品牌贏得購買者的信任後，購買者不但自己會重複購買他所信任的品牌，常會影響他左右周圍的朋友對品牌的選擇。也就是平常所說的口碑。❹

　　品牌即使代表價值，具有相當的價值，但是在公司的資產負債表上並沒有列示出來。即使有的公司列有商譽或非實體資產，其價值通常並不重要，這種情形在我國現行法令下，大致如是。但是品牌可以決定一個企業的成敗，尤其是在競爭激烈的市場，它的作用比技術突破或建構一個新工廠更重要。因為一個強勢的品牌，可以讓價格訂定得較同業競爭者有利，在不景氣的年代品牌仍具有這種效果。2000 至 2003 年是經濟不景氣相當嚴重的三年，臺北市的鼎泰豐，德國的 BMW 汽車，他們的銷貨量不但不受大環境不景氣的影響，反而逆勢上揚，而且顧客愈來愈多元化。

❸　*Business Week*, Aug. 5–12, 2002, pp. 68–70.

❹　同註❸。

根據成長策略，一個公司的成長，有時是要靠進入新的市場，如果擁有一個知名的品牌，則比較容易打進新的市場。統一超商在近二年繼續打進新的市場，商店家數也明顯增加，即是一例。

品牌價值的觀念在先前似乎並未解說得很具體，2002 年《商業周刊》的排名專文中則解說得相當清楚。該一排名由《商業周刊》及紐約市的一家研究品牌的顧問公司合作研究，他們認為一個強勁的品牌可以提升銷貨與增加獲利。顧問公司主要在決定一個品牌能夠增加多少用貨幣計算的價值？增加的價值穩定性如何？以及品牌為未來創造的利益，能不能換算成現在的價值？他們特別強調品牌價值僅限於使用特定品牌的產品，在同一公司中，不使用特定品牌的產品，不能包含在計算的品牌價值內。

顧問公司在評估品牌價值的過程中，特別重視現金流動的分析，不是僅根據消費者對品牌認知的資訊，因此企業環境或這種產品的經濟性對於品牌價值的評定有顯著的衝擊。他們承認經濟環境的衰退會降低品牌價值，即使公司當局不縮減行銷活動預算，不降價，或在品質要求上不改變，品牌價值仍然會受影響。研究的公司為證明此一論點，特別說明在 2002 年的排名中，前十名中有七個品牌，在一百名中有四十九個品牌價值較 2001 年低。受衝擊最嚴重的，也就是在這一波不景氣首當其衝的產業，包括通訊、金融、旅遊，以及奢侈品等。茲將近二年世界上最有價值的品牌的價值列表如表 13-5。

## 最有價值的品牌

用金額衡量世界上最有價值的品牌資料瞭解後，再對照各相關公司同期的資產總值，可以發現二種不同的情形。一種是品牌價值大於資產總值，表示品牌重要，是成功的品牌，如可口可樂、微軟及諾基亞，其中可口可樂 2002 年的品牌價值為資產總值的三點一倍，品牌價值最大。另一種則是資產總值大於品牌價值，如奇異、福特汽車、美國電報電話公司等，其中以福特公司的總資產約為品牌價值的十三倍最大，其次則為奇異公司的十二倍。

品牌價值大的公司似乎有一個共同的特點，即品牌的成功在背後有一個有力的推手，一個成功的品牌和企業的領導人有不可分離的關係。也就是說，一個成功的領導人代表一個企業及其品牌，顧客因為對其領導人有信心，對他所領導的企業，

表 13-5　世界上最有價值的品牌

單位：億美元

| 品　牌 ＼ 年　度 | 2002 | 2001 | 2000 |
|---|---|---|---|
| 可口可樂 | 696 億美元 | 689 億美元 | 725 億美元 |
| 微　軟 | 641 億美元 | 651 億美元 | 702 億美元 |
| IBM | 512 億美元 | 528 億美元 | 532 億美元 |
| G. E. | 413 億美元 | 424 億美元 | 381 億美元 |
| NOKIA | 300 億美元 | 350 億美元 | 385 億美元 |
| Intel | 309 億美元 | 347 億美元 | 391 億美元 |
| 迪斯奈 | 293 億美元 | 326 億美元 | 336 億美元 |
| 福特汽車 | 210 億美元 | 301 億美元 | 364 億美元 |
| 麥當勞 | 264 億美元 | 253 億美元 | 279 億美元 |
| 美國電報電話 | 160 億美元 | 228 億美元 | 256 億美元 |

資料來源：*Business Week*, Aug. 6, 2001, p. 52.
　　　　　*Business Week*, Aug. 5–12, 2002, pp. 68–70.

表 13-6　世界上最有價值的品牌代表的公司之資產總值

| 品　牌 ＼ 年　度 | 2002 | 2001 | 2000 |
|---|---|---|---|
| 可口可樂 | 237 億美元 | 208 億美元 | 216 億美元 |
| 微　軟 | 592 億美元 | 521 億美元 | 372 億美元 |
| IBM | 883 億美元 | 883 億美元 | 875 億美元 |
| G. E. | 4,950 億美元 | 4,370 億美元 | 4,052 億美元 |
| NOKIA | 200 億美元 | 186 億美元 | 143 億美元 |
| INTEL | 444 億美元 | 479 億美元 | 438 億美元 |
| 迪斯奈 | 437 億美元 | 450 億美元 | 437 億美元 |
| 福特汽車 | 2,765 億美元 | 2,844 億美元 | 2,762 億美元 |
| 麥當勞 | 225 億美元 | 217 億美元 | 210 億美元 |
| 美國電報電話 | 1,652 億美元 | 2,422 億美元 | 1,694 億美元 |

資料來源："2000～2001 Global 500," *Fortune*, July 24, 2000 & July 21, 2001.

他所代表的品牌以及使用該品牌的產品才有信心，因而才會提升品牌的價值。可口可樂的高祖塔 (Roberto Goizueta)，IBM 的蓋士寧 (Lou Gerstner)，以及奇異的威爾希 (Jack Welch)，由於他們卓越的領導，才使他們的公司及產品廣受好評。這類神化的人物都擁有一種神奇的力量，在他們領導企業的年代，將品牌價值大幅提升。❺他

們和品牌價值因而有密不可分的關係。❻

## 臺灣的無品牌傳統

臺灣近十餘年來，在電子、資訊產業發展迅速，成就卓越。2002 年我國資訊硬體產值高達 478 億美元，近五年平均成長率也高達 9%，為世界第四位，僅次於美國、日本及中國大陸。❼若干重要的資訊硬體產品產量高居世界第一，其中尤以掃描器、筆記型電腦、電腦機殼、鍵盤占的比重均超過 50% 以上。但是這些產品均以 OEM 或 ODM 方式出口，只有幫助外國廠商繼續成為世界知名品牌，自己甘願作為無名英雄，更無建立自己品牌的意圖。這種策略在競爭日益劇烈的國際市場潛在的風險相當大。在三十年前，臺灣出口黑白電視高居世界首位，巴西為最主要市場，由於出口數量成長穩定，供應廠商正在大肆擴充生產設備之際，巴西在取得技術後，便自己設廠生產。不料進口廠商在毫無預警的情況下，取消向我國採購的訂單。當時我國供應廠商在一夕之間發生巨變，措手不及，只有倒閉關廠，造成臺灣電機史上最沉痛的教訓。如果當時我供應廠商出口的電視機是採取自己的品牌，即使巴西及其他南美國家有能力大量生產電視機，我國的電視機也絕不至於在一夜之間完全被排除在南美市場。

前事不忘，後世之師，可能臺灣企業界及政府只專注在科技突破或新產品的發展，未體認到品牌在國際化趨勢下的重要性，三十年後的臺灣電子、資訊硬體等產業進步神速，企業規模、家數及產值均非當年電器廠商所能比擬，但是企業界及政府並未記取當年的教訓，設法建立自己的品牌，擺脫受制於別人的窘境，令人痛心。自 2000 年開始，電子及資訊廠商受國際市場不景氣的影響，部分產品銷售國內市場，並推出自己的品牌，爭取國內消費者認同，事實上，除少數品牌早已為國內消費者接受外，大部分品牌接受程度並不如預期。而且專業性機構及民間，因為使用習慣或可靠性等原因，寧願採購知名品牌，如 IBM、惠普、戴爾等品牌，而不願改採購國人自創的品牌。最令人百思不解的是外國這些大廠銷售的名牌產品，絕大多數都是委託臺灣的廠商代工製作，並不是在美國或日本生產的，而且性能、功效或維修服務和使用自創品牌的國產品並無差異，如果有差異，可能因為他們是國際知名的品牌。

---

❺ *Fortune*, November 10, 1999 and October 2, 2000.

❻ *Fortune*, January 10, 2000 and August 6, 2001.

❼ 《經濟日報》，92 年 3 月 12。

**實務焦點**

### 耐吉小檔案

　　Nike 是希臘神話中的勝利女神，是由菲爾耐特 (Phil Knight) 和他的教練，奧勒岡大學的名教練比爾包爾曼 (Bill Bowerman) 在 1964 年各投資 500 美元成立了藍帶鞋子公司，獨家經銷日本的虎將運動鞋。耐特 1960 年在美國名校史丹福大學拿到工商管理碩士後，白天是會計師，晚上和假日則去各高中的運動校隊銷售運動鞋。可能因為他也喜歡運動，而且接受過名教練包爾曼的指導，才和運動用品結緣。耐特剛創業時，是利用他岳父家的地下室當倉庫，第一年銷售額約 8,000 美元。

　　帶鉤狀（ ✔ ）的 Nike 運動鞋第一次出現是在 1972 年奧勒岡所舉辦的奧勒岡奧林匹克運動會預賽。當時名列世界馬拉松前三名的選手都穿著愛迪達 (Adidas) 而第四至第七名則是穿耐吉鞋子。

　　在一個星期天的早晨，包爾曼偶爾發明格子型鞋底，深受長跑選手喜愛，使耐吉 1976 年的營業收入由上一年的 830 萬美金增加到 1,400 萬美金。耐吉為了推廣他的產品，首先贊助 Steve Prefontaine，他死後，便贊助芝加哥公牛隊的麥可喬丹。

　　老虎伍茲 (Tiger Woods)，在以 20 歲的年齡蟬聯三屆全美業餘高爾夫球公開賽冠軍後，便和耐吉簽下價值 4,000 萬美元的合約。耐吉在這些名將身上投下鉅額贊助金，也的確幫助他神速的成長，成為世界家喻戶曉的品牌。

　　根據《時代雜誌》，2001 年耐吉運動鞋的世界市場占有率為 37%，較前一年成長 2.6%，2000 年運動鞋總銷售額為 164 億美元。茲將四個主要運動鞋品牌市場占有率表列如下。

| 年度 品牌 | 2001 | 2000 |
|---|---|---|
| Nike | 37% | 34.6% |
| Adidas | 11% | 14.8% |
| Reebok | 11% | 10.0% |
| New Balance | 11% | 6.7% |

資料來源：*Time*, Aug. 27, 2001.

### 品牌知名度高，未必受肯定

　　根據哈里斯互動公司 (Harris Interective) 和名望機構 (Reputation Institute) 在 2004 年 11 月中旬發表的各國民眾對企業知名度和形象的看法顯示，麥當勞和微軟是全球消費者最耳熟能詳的品牌，不過高知名度並不代表敬重和認同，企業若想爭取顧客的心，除了須加強行銷宣傳外，或許還須從其他方面著手。

　　根據哈里斯的調查，微軟在美國和歐洲都享有相當正面的評價，排名都能擠進前六名，

但是同為全球最知名企業的麥當勞情況就不那麼幸運。麥當勞盡管名氣響亮，但就商譽而言，在歐洲卻是殿尾，在美國和澳洲兩國則排名中間。在英國則視其產品為「垃圾」，評價最差。

自 2003 年開始，麥當勞就開始標榜健康趨向的新菜單，但許多人仍對其冷嘲熱諷。

一般人通常會稱讚微軟在財務、發展潛力和領導方面的表現，不過其壟斷市場的作法及產品偶爾出現的缺失仍然為人詬病。

在眾多知名的品牌中，微軟和麥當勞是全球最知名的品牌，其他的「知名」多屬地區性，例如可口可樂僅就美國和挪威榜上有名，SONY 僅在美國和英國，TOYOTA 僅限於美國和澳洲。其他如 Nike，IBM、福特汽車等國際知名的品牌，僅在美國較有名，牛仔褲 Levi Strouss 和雀巢 (Nestlé) 則並未列名。

在能見度方面，除麥當勞和微軟外，本國企業在該方面比較擁有優勢。在各國排行榜上，前三名都有本國企業。

企業如何才能擁有最佳的商譽？關鍵當然是在讓顧客對公司產生尊敬、信任和好感等感情。產品、服務、品質和社會責任也很重要。不過國情不同，要求也不相同。例如英國民眾相當重視工作環境，德國人就較注意財務績效和統馭能力。❽

### 上島咖啡商標註冊撤銷案

原為臺商投資的餐飲連鎖店「上島咖啡」在上海及大陸東南沿海一帶極負盛名，但在 2004 年 7 月 2 日為「中共國家工商總局商標評審委員會」裁定，認定「上島咖啡」有侵犯「著作權」之實，約有 700 家上島咖啡連鎖店將被迫撤銷，更換招牌。

此一案件纏鬥歷時已二年，係由於早年屬於一個咖啡集團的投資伙伴互相指控侵權而起。為了釐清真相，單就單方面的律師費據稱已高達 200 萬人民幣，當事人花費的心力及時間更是難以估算。

當 1990 年臺灣餐飲業登陸大陸市場時，業者多採取自創品牌策略。大陸因幅員遼闊，過去對智慧財產權保護的法令不足。因此侵權案件時有所聞，「永和豆漿」就是其中之一。當時若干臺商假臺灣品牌、藉機授權加盟以擴張大陸市場的占有率。

該案兩造當事人係當年共同創設「大陸上島江山」的八個合夥人中的兩個。為了迅速拓展大陸市場，當年除劃分各人發展地區，可開設自營咖啡店外，並未約定商標使用規則與範圍，更未說明是否可以授與他人使用等。一旦有人拿到中共商標主管機關的商標登記許可，誰就可以獲得相當龐大的加盟金。一旦因利潤分配不均興訟，訴訟過程一定是錯綜複雜。唯一可以確定的是不論大陸法院如何裁定，敗訴者一定是臺灣的投資人，蒙受損失的則是兩岸的出資人。

根據報導，1986 年上島咖啡是由臺灣陳姓企業家在臺灣註冊，1998 年陳姓及游姓企業家共八人共同成立「海南上島農業開發公司」，2000 年 4 月在大陸中國國家商標局註冊登記，

---

❽　資料來源：《經濟日報》，2004 年 11 月 16 日。

取得大陸「上島咖啡公司」使用權。同年 6 月在上海成立「上海上島咖啡公司」，隨後「上島咖啡」創始人也是上島咖啡「商標」著作權人陳姓企業家因理念不合，轉赴杭州自行創業，同時使用自己著作的商標──上島咖啡。但游姓企業家卻自 2002 年起不斷地透過杭州的工商局取締陳姓企業家在杭州的「上島咖啡」，且堅持上島咖啡已在 2000 年向中共國家工商行政管理總局取得「商標註冊」，但當時在公司擔任總經理的陳姓企業家則表示並不知情，堅稱游及其他股東盜用其商標。此一案件在 2004 年 2 月 24 日上海第二中級法院判決，游等持有的「上島及圖」註冊商標是合法有效的。不過中共國家工商行政管理局商標評審委員會則在 2004 年 7 月 2 日作出爭議裁定，認為「上島咖啡」先前註冊的「上島及圖」商標著作權係為陳姓企業家所有，因此對游的「上島及圖」註冊商標予以撤銷。不過，若游等不服裁定，可在收到裁定書之日起 20 日內，向北京第一中級人民法院提起訴訟。❾

# 習　題

1. 試根據我國近三十年來主要廠商品牌地位的變動，說明我國行銷環境變動的軌跡。
2. 《財星雜誌》在編撰最令人羨慕的企業時，根據那些因素，試說明之。
3. 試說明自創品牌在行銷管理的地位。
4. 試說明臺灣在品牌策略方面的過去、現在及未來。根據你的意見，企業界應該採取何種措施，才比較有效。
5. 何謂商標與版權，試說明之。
6. 試說明品牌吸引力的內涵。
7. 試說明優異品牌應該具備的條件。
8. 試說明訂定品牌的一些困難。
9. 試說明品牌再定位的內涵。
10. 試說明品牌擴展的策略。

---

❾　資料來源：根據《經濟日報》，2004 年 7 月 15 日編撰。

# 第五篇
## 價格策略

Marketing Management

# 第十四章　認識價格決策

## 認識價格

　　價格是購買者選擇產品時的關鍵性因素，尤其在競爭激烈以及不景氣的年代。價格也是行銷組合中最具彈性的一個因素；它不像產品，一旦出廠，就不易改變；也不像銷售通路，一旦合約簽定，在有效期內，不能更改。相反地，價格可以隨時變動，價格競爭也被企業界視為企業決策中最難的一環。價格決策在行銷作業中盡管如此重要，但一直未為企業高階主管重視，即使在一些大規模的企業，價格的訂定，最多也不過根據一些簡單的觀念，如以成本為核心、市場占有率、競爭情勢與必要的利潤等。殊不知在自由選擇的市場上，價格是由買賣雙方共同協商訂定，不是片面的決策。價格一方面代表提供物的品質與價值，也要取決購買者評估競爭產品的各種因素，然後作選擇。臺灣現在正努力邁向國際化，未來是否能夠成為世界高科技研發中心以及高科技產品的供應基地，變數固然很多，但價格仍然是關鍵性因素。

## 價格決策的重要性

　　價格是衡量各種行銷作業的準則，如果作業成功，就會得到競爭市場的報酬；如果失敗，就會蒙受競爭市場的懲罰。個別購買者質疑產品價格不合理，蒙受不當的損失，而猶疑不決。行銷人員擔心其價格策略不當，在競爭劇烈的價格戰場上，錯失良機，招致失敗。

　　價格在決定一個企業的銷貨收入與利潤的多少具有決定性的影響。如果一個企業最終的目標在於利潤最大化，則價格與利潤的關係可從下列方程式觀之。

　　　　利潤＝銷貨收入－成本

　　　　銷貨收入＝價格×銷貨量

　　　　成本＝F（銷貨量）（假定生產量＝銷貨量，存貨為零）

　　　　銷貨量＝F（價格）

成本 = F[F(價格)]

銷貨收入 = 價格 × F(價格)

利潤 = [價格 × F(價格)] − F[F(價格)]

從上面的公式，可以得知，利潤等於銷貨收入減成本；銷貨收入等於價格乘銷貨量，但價格是銷貨量的函數，即價格高低決定銷貨量多少，銷貨量如果用金額表示就是銷貨收入。是故，價格是決定一個企業利潤最重要的因素。

在成本方面，一般企業均假定生產量或銷貨量決定成本的高低，如果銷貨量大，因可收大量經濟的效果，使產品的平均生產成本下降。此處假定銷貨量等於生產量。銷貨量既然由價格決定，因此價格透過影響銷貨量而間接影響生產成本。

假定一個行銷主管的主要任務在於設法獲得最大利潤，由上述的各種關係，可以得知，價格是決定他成敗的一個主要因素。

一般人強調價格重要的原因，大致可分為下列三點：

1.傳統的農業社會，國民生產均以農產品為主，小麥、稻米、棉花、煙草等均為標準化產品，差異性少。價格是一個主要的差異與競爭的因素，因為每人平均所得低，對於價格特別敏感。農產品也不易藉助包裝、品牌或廣告等因素達到競爭與差異的目的。

2.價格是量化的因素，在計算、研究與分析上，價格是一個比較科學而具體的因素。就技術面言，用數量表示，意念清楚，計算容易，何況產品品質、產品形象、服務與推廣等則為質的因素，涉及主觀，評量與比較不易。

3.社會因素，在自由競爭的經濟體系中，價格是一個有效而合理的競爭因素。消費者可以根據產品的價格，有效的劃分其支出，有效的價格政策可以幫助清除存貨與調節有無，假定其他情況不變，當價格降低時，可以刺激銷貨。是故，價格是靈活運用行銷戰略中最具彈性的一個因素。

## 非價格競爭

由於所得增加，購買力提高，以及科技進步，產品製作技術精良，價格在購買決策過程中的地位有逐漸下降的趨勢，名牌、精品、名店等設計精緻、質料優異、價格昂貴的產品，琳琅滿目，展示在各大百貨公司及專賣名店。消費者的購買從傳

統的生鮮食品，手工精巧的日用品逐漸轉移到耐久性產品，豪華的公寓、槍彈不入的別墅、獨一無二的傢俱、時裝、珠寶手飾，以及防彈防震的汽車等高貴、奢侈的頂級產品。此類產品的購買者在購買時重視的是這些產品提供他們的補償性、象徵性與成就感等，他們並未將價格的高低列為決定性的購買因素，國際知名的演藝娛樂界紅星、運動明星、臺灣傳統產業的第二代、科技新貴及成功的企業家等屬之。一般薪資階級，收入穩定，加上現金卡、白金卡、信用小額貸款方便，新新人類的消費型態及購買行為闊綽大方，加上偏好流行名牌，重質感，先消費後付帳的時髦趨勢，價格只是個參考數據而已。若干非價格因素，如偏好、虛榮、象徵、自我等購買者的心理因素才是影響購買決策的關鍵。

非價格競爭重要的原因很多，茲歸納為二點：

1. 價格高吸引力大，會激發好奇心，吸引嘗試而引發購買。流行的瘦身、美容、服飾等價格高，吸引力強，反而能夠引發嘗試的興趣。

2. 價格代表品質，價格高，品質優，造型好，及可靠性等。如香奈兒香水，義大利巴里 (Bally) 皮鞋等均屬之。

近年來，企業購併盛行，一般行業均為少數幾個大規模的公司所壟斷，由於規模大，資金雄厚，影響力大，他們彼此間對價格決策瞭解清楚，而且互相表現得非常敏感。他們也逐漸的體會到，如果想在市場上獲得有利的情勢，減價已不是一個有效的途徑。因為，如果一個行業的產品需要缺乏彈性時，價格競爭容易造成該行業中每個成員均受到損失的後果，一般企業既瞭解價格競爭易於導致惡性競爭，所以均傾向於發展非價格之競爭的策略。

## 服務替代價格競爭

加強服務以替代價格競爭，已成為非價格競爭的另一種策略趨勢，尤其在資訊產業及高科技產業。美國的 IBM 與惠普公司均為當今資訊業的領導者。過去他們競爭的主戰場集中在實體產品上，價格成為爭奪客戶的主要工具。自 1993 年蓋士寧接任 IBM 董事長暨執行長以後，他不但重視產品的研究發展，更重視提供中小企業軟體服務，以及大型企業的運算服務，經過數年的努力，IBM 終於扭轉業績下降的頹勢，穩住了 IBM 在資訊業的龍頭地位。

惠普公司自在 2002 年與康柏電腦公司合併後，由菲奧瑞納 (Carleton S. Fiorina)

擔任董事長及執行長，積極強化資訊服務業務，並將資訊服務部獨立，擴大為服務事業群，由專人負責，他們認為：「企業在尋找供應商時，都會另選一位替代者。」認為 IBM 的客戶，都是惠普潛在的客戶，因此積極設法爭取 IBM 原本提供服務的大企業，如寶鹼 (Procter&Gamble)，易利信 (Ericssion) 等金額龐大的長期服務合約。他們強調最好的公司是能符合顧客需求的公司，不一定是規模最大的公司，但公司規模必須夠大，才能因應顧客的需要。惠普此一策略相當成功，不但擺脫了傳統上以價格競爭作為爭取顧客的方法，同時也滿足了顧客的需求，確保資訊傳輸不虞中斷、錯誤、外洩，以及時效等，為惠普公司創造了數十億美元計的收入。❶自 1993年起，服務取代價格作為競爭的主要工具，已經由科技業界的領袖企業 IBM 及惠普率先實施。惠普經過半年的時間，研究模做 IBM 的策略，同時，整合全部的資源，終於在 2003 年第一季展現策略改變後的成效,證明加強服務具有和價格相同的競爭效果。❷由上述實例可知，服務在科技產業及服務業本身，如金融業、物流業、批發零售業等，尤其重要。

## 價格決策特別重要之情形

價格在當前的市場作業上，雖已不再是主宰性因素，在一般情況下，仍然是一個非常重要的決策。特別是在競爭激烈的市場上，銷售非標準化的產品，或在少數幾個企業控制某種產品市場的情形下，價格決策對於一個企業的成敗影響至大。因此，可將價格決策比較重要的情況歸納為下列幾種：

1.當第一次為新產品訂價格時：例如為新發展的產品訂價，或將原有產品介入新的市場或通路，或在簽訂一個新銷售合約時。例如宏碁第一次為他的電腦訂價。

2.當環境改變，不得不主動的改變價格時：此等情節之發生可能是生產技術已經改變，成本已經下降；或因為競爭情勢改變；或因為消費者嗜好已經改變等原因，迫使企業不得不調整價格。例如當英特爾將桌上型電腦處理器價格調降後，將進一步調降高階處理器 (Pentium 4) 約 32%，他的競爭對手超微 (Advanced Microprocess) 為因應 P4 上市，醞釀採取降價最高 40% 的措施。❸

❶ 《工商時報》，92 年 4 月 15 日。

❷ "The New HP: How's It Doing", *Business Week*, Dec. 23, 2002.

❸ 《工商時報》，2003 年 4 月 15 日。

3.當同業競爭者首先改變價格：此時須要決定是否應該調整自己的價格，假定需要，其幅度為若干？何時調整？臺北市新型的百貨公司眾多，2001 與 2002 年微風和京華城兩家超新、超大型百貨公司陸續開幕後，大臺北地區購物人潮都湧向這兩家，其他的百貨公司真可謂「門可羅雀」，為求生存，他們於是祭出了「大減價」的廣告，當一家公司推出全部七折優惠時，鄰街或附近的同業就面臨前述的問題。要不要折扣？折扣多少比較適當？

4.當一個企業生產若干產品，這些產品在需要或成本上有連帶關係時，應該如何決定每種產品的價格，以達到最大利潤的目的：凡是採取垂直整合的企業大多都會遭遇此類情況，其中以石化業最為常見。尤其當上游原料價格變動頻繁，成本的歸屬以及價格的訂定相當不易。例如 2003 年春季，美國為首的聯軍攻打伊拉克前後，油價波動大而頻繁，雖然由於資訊處理技術進步，速度加快，價格的變動仍為非常重要的決策。

## 企業目標與訂價

一個公司在訂定價格時，首先要考慮公司整體的目標，然後再評估訂價的目標。公司整體目標是否能夠達到，端賴訂價目標能否實現，所以兩個目標是相互關聯的。現在一般企業的目標是多元化的，不過，如果公司的目標愈明確，價格的訂定就愈容易，達成目標的機率就愈高。

一個公司的目標以下列三個最為重要：

### 一、生　存

求生存是人類的本能，也是企業最主要的目標，尤其在這個競爭而又多變的年代。企業為求繼續經營，必須讓顧客持續地購買他們的產品，公司評估市場情勢，不得不訂定較低的價格以爭取顧客。此時維持營運較利潤重要。在這種目標下，訂定的價格只要能夠收回變動成本及部分的固定成本，公司能夠持續經營，也就達到目標。不過這只是短期的，長期訂價的目標仍以利潤為主，否則企業就要被淘汰。

### 二、利　潤

企業的基本目的就是追求利潤最大，也是企業的責任。利潤最大可分兩類，一是當期的利潤最大，一是中長期的利潤最大。企業要決定利潤最大的價格水準，先要研究分析對有關產品的需求及其生產成本。實際上，生產成本大致可以估算，對

產品的需求則難以估計。其次，一個企業的當期利潤和中長期的利潤很難兼顧並容。一般而言，企業為達到當期的目標，常犧牲中長期的目標。

## 三、銷貨成長

企業一旦獲利，就要成長，在競爭激烈的市場，低價格有滲透作用，可以吸引新顧客，創造新的市場，且能有效降低競爭者介入。銷售量一旦增加，大量生產可收成本降低的效果，一旦成本下降的幅度大於價格下降的幅度，即使價格低，對企業中長期的銷貨有提升作用，對於獲利及市場占有率也會有正面的效用。

此一訂價目標自 2000 年秋季美國科技產業泡沫化浮現以後，益顯重要。著名的微處理器大廠，如英特爾、超微等公司為搶占市場占有率，搶占重要的客戶，達成銷貨成長的目的，在新的微處理器一上市就開始採低價策略，並且採取策略聯盟，與各國規模大的相關廠商進行合作，並採相互授權等策略，設法排斥同業競爭者，以達到一箭三鵰的效果：促進銷貨成長；與重要的競爭者簽訂策略聯盟，化敵為友，相互授權；排斥重要的競爭者加入利潤高，具發展潛力的市場。這種遠交近攻，多目標的策略，說明了若干國際化大企業在技術研發上領先，在行銷策略上擁有絕對優勢的原因。❹

## 訂價時考慮的因素

### 一、短期目標

為說明訂價與企業目標的關係，茲用一實例解析之。目前我們每天使用的原子筆，是由美國紐約市的瑞納德 (Reynolds) 公司在 1945 年首先發明。據傳這家公司是專門為發明原子筆而設立的，他在當時近似獨占，因為只有他一家能生產。在原子筆剛上市時，他們利用大量的廣告推廣，強調原子筆的新奇性與書寫流利等特點。在第一個禮拜，共銷售約 30,000 枝，每枝的零售價格為 12.5 美元，價格貴得驚人。

根據後來的資料分析，如果當時該公司每天生產 10,000 枝，則每枝的生產成本約僅 5 角美元，售價是生產成本的二十五倍，確是暴利，高價格，因為原子筆這種產品在技術上並沒有什麼，投資也不必太大。至少現在看來是如此。瑞納德公司在前三個月以出廠價格計算，共銷售 5,674,392 美元，稅後純益為 1,558,608 美元。該公司的原始投資僅 26,000 美元。❺

---

❹ 《工商時報》，92 年 4 月 9 日。

因為原子筆並沒有特殊的技術性，但由於是新產品，銷售量大，利潤又高，若干企業目睹其如此暴利，於是紛紛投入研發，所以不到一年的時間，其他的公司也陸續推出原子筆。原子筆的神奇性已經不再，售價也大幅滑落，沒多久，零售價格每枝僅 1 美元左右。此後生產者眾多，競爭異常激烈，瑞納德不得不大幅降價，不到幾年，這家不可一世的公司，便將生產原子筆的工廠關門。

從上面這個例子，可以明顯的看出，瑞納德公司當時的目的在於獲取短期爆炸性的利潤，而不是要建立久遠性的企業。由於當時訂價高，利潤豐厚，因此演變成非常激烈的競爭，既至競爭到無利可圖之時，創始的瑞納德只好關門。如果當時瑞納德公司的目的在於建立一個長久的事業，以便有效的阻止競爭者的加入原子筆市場，則可能採取穩打穩紮的政策，當競爭者未加入前可以採取高價政策，一旦競爭者開始加入競爭行列，則可以採用非常低的價格，甚至可以將價格降低到僅能收回成本的水準，以便將毫無基礎的新競爭者排擠出去，無利可圖而退出市場。

這種價格策略又叫高價法 (skim the cream)，其目的在於利用新奇的觀念，作為號召，趁競爭者尚未加入市場之時，採用高價政策，迅速將原始成本收回。與這種策略相反的稱為市場滲透法。將在價格決策與產品生命週期一節中詳細加以解析。

## 二、基礎穩健企業的訂價策略

規模大投資龐大的企業，在一個行業中有舉足輕重的地位，由於某種特殊因素的促使，往往不考慮市場競爭的情況，而採取一種特殊的訂價法。所謂特殊的訂價法，係指特別與現行幣值或一般習慣有關的價格，如 5 角、1 元、1.5 元等。他們重視企業長期的利潤，因此多採低價法或方便價格法。

價格低，購買頻率高的產品，如糖果、香煙等類，其價格水準往往訂在一個比較容易計算，或參考現行幣值而訂定，因此這類產品的價格比較缺乏彈性。有的公司，為配合現行幣值與維護過去傳統價格，價格不變，產品變小。

也有的公司為適應價格的競爭，他們則採用價格維持不變，但是產品卻由大變小。

## 三、價格與替代產品

價格競爭與一個企業所在的產業關係比較小，與處於競爭地位的產業反而重要，

❺ John B. Mathews, Jr. Bobert D. Buzzell, Theodore Levitt, and Ronald Frank, *Marketing: An Introductory Analysis.* New York: McGraw-Hill, 1964, p. 233.

因此一種產品或勞務可能與相互取代關係很近的產業或產品形成嚴重的競爭。例如傳統的電話機與手機、塑膠袋與包裝紙、母親節的卡片與品質良好的糖果等。所以，當價格的訂定是依據企業的目標時，企業的目標又要看他的競爭者為誰而定。一般而論，在確定一個企業所在的行業及其競爭者時，通常不是按他所製造的產品，而是按照他產品的功能而定。因此，通常將電話劃為通信行業，打字機放在複製行業等。根據這種觀點，可見要想確定一個產業相當困難，但是要想在競爭的價格策略上獲得成功，則必須確定誰是競爭者。

四、競爭情形

一個公司在擬定價格策略時，除考慮公司目標外，還需考慮競爭情況。如果是一個獨占性的公司，在這個市場上沒有其他的競爭者，他所定的價格水準可能是使其利潤最大。自加入 WTO 以後，各國已經沒有獨占性的企業，但是可將推出真正是新產品的公司視為獨占，因為具有專利權的保護，其他的公司不能生產製作同樣的產品，在實質上等於獨占。

如果是在一個寡占的市場，一個產業是由少數幾家規模大，勢均力敵的企業構成，他們將強調非價格競爭，如產品差異或服務的加強等。因只有少數幾家，其中任何一家作價格變動，其他幾家將跟進調整。在此情況，除加強研究發展，設法降低產品的生產成本，作為競爭策略；也可採大量生產以擴大市場占有率；也可透過合併的策略，以達到大量經濟的效果，以降低成本，加強競爭的優勢，臺灣的水泥、石化工業多屬此種策略。

在完全自由競爭的市場上，任何一個企業都無法影響市場價格，因在短期內他無法提供大量的產品。

## 訂價的目標與步驟

訂定價格既為行銷重要決策之一環，除須考慮公司目標外，也須達成訂價的目標。根據美國 20 家最大型企業，最重要的訂價目標可歸納為：

　　1.達成投資或淨銷貨的報酬目標。

　　2.穩定的價格。

　　3.應付或防止競爭。

　　4.維持或增加市場占有率。

5.使利潤達到最大。

大企業在訂價時，又分主要的訂價目標與次要的訂價目標，其中以投資報酬率作為主要目標者最多，次要目標則又分為維持市場占有率，新產品採高價法，穩定價格等，視企業的目標及產業而異。

訂價的目標確定後，就要確定訂價的步驟。通常可分為五到六個步驟，它們依次為：

推估需求 → 計算成本 → 分析競爭者的成本與價格 → 選擇一種訂價法 → 決定最後價格

圖 14-1

茲將其中推估需求、計算成本與分析競爭者的成本與價格，三個步驟進一步說明如後。

一、推估需求

價格目標是否能夠達成，不是取決於目標訂定的正確與否，而是取決於市場對有關產品的需求。因此評估市場需求是訂定價格的另一個關鍵因素。一般而言，價格低需求量會大，價格高需求量會低。至於銷貨量增減多少，則取決於購買者對價格敏感的程度，也就是需求的價格彈性。如果需求彈性小或缺乏彈性，價格下降不會刺激太大的需求，如有彈性，價格下降將會刺激較大的需求，尤其在對價格比較敏感的產品。此可自下圖 14-2 見之。

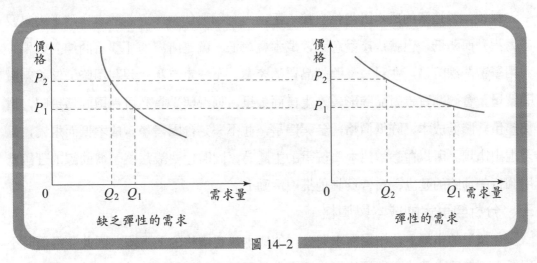

缺乏彈性的需求　　　　　　彈性的需求

圖 14-2

在推估需求時，競爭者的反應或情勢是一個重要的考慮。競爭者至少有兩種選擇，一是他可以採取穩定不變的策略，維持其原先的價格水準，其二則是採取和我們同樣的策略。

## 二、計算成本

「虧錢的生意沒有人作」。如何才知道虧錢？此時就要計算成本。如果價格低於成本，就是虧損，價格高於成本，就會獲利。就長期而言，價格至少要等於成本，任何的企業無法承受長期的虧損，因此成本是價格的下限。由此可知成本是訂定價格決策的核心，成本的計算必須精準。

成本是指為獲取產生收益的資源，如產品或勞務所發生的支出。成本可分為固定成本與變動成本。固定成本是指在一定範圍內，成本總額不因生產數量而變動者。例如公司的房租，主管薪資等。變動成本是指成本的總額隨數量而成正比例增減者。如製造一支手機之原料成本為 2,000 元，製造 5 支，成本為 10,000 元，原料成本即為變動成本。半變動成本 (semi-variable cost)，是指成本總額中一部分為固定成本，一部分為變動成本時，其中基本費為固定成本，超出部分為變動成本，所以稱為半變動成本。在實務上，半變動成本型態種類眾多，為分析方便，均將其固定與變動兩部分分開，分列於固定成本及變動成本中。

傳統上成本會計多侷限於製造業，製造成本分三類，即直接原料、直接人工與製造費用。製造費用又稱間接製造成本，為製造產品所必需，但不能直接歸屬於產品之製造成本。如廠長的薪資、廠房設備折舊、保險費等。

最後，製造業的成本既包括直接人工，人有學習能力，因此成本會隨工人學習能力提升而降低，也就是產量愈大，成本會愈低，就是所謂的「學習曲線」效果。利用學習曲線訂價，在科技及強調品質的產業，不一定有利。因利用降低價格刺激購買量，會讓購買者對品牌形象產生負面效果，何況競爭者亦可採取同樣策略，增加產量，降低成本，降低價格，參與競爭，並不一定會因競爭者成本低而退縮，以至退出市場。所以在強調成本為競爭的主體時，同時也要設法將學習曲線的理論應用到行銷通路的建立、廣告及其他推廣活動上。

## 三、分析競爭者的成本與價格

在競爭的市場上，市場需求與公司的成本決定價格的上下限。因此在訂價時不但要考慮競爭者的成本與價格，也要考慮他所採取的訂價策略。如果競爭者的產品

和本公司主要的產品相似，則生產成本與價格也應相當接近。所以分析競爭者的成本與價格的資訊愈詳細，包括的家數愈多，對本公司價格的訂定愈有助益。最後，公司必須考慮如果本公司的價格水準一旦確定，競爭者又會採取何種因應策略。

# 價格決策與產品生命週期

產品的價格與產品的特點有密切的關係，而產品的特點則隨生命週期而變動；當產品剛上市時，只有少數幾個競爭者，以一種新奇的姿態在市場出現，具有與競爭產品不同之處，價格高；當產品逐漸進入成熟以至衰退期，新的競爭者陸續加入，它的新奇性逐漸消失，價格也隨之滑落；大部分產品到「珠黃」階段，流落街頭，無人問聞，售價大不如前。具備此種觀念後，下面再討論如何根據產品生命週期理論，擬訂有效的價格策略。

## 新產品的價格策略

產品的特點能夠持續多久，以至於銷售者在訂定價格上有多大的變動幅度，多半要看這種產品與競爭性產品保持差異的程度，與競爭者模倣此種產品特點的速度而定。換句話說，如果一種產品能夠有效的維持其特點，則它的新奇性能夠繼續相當的久，在市場上的售價就高。相反的，一種產品雖然剛上市，但缺乏新奇感，它就沒有特性，價格就不能比競爭品高。產品特點之時間性，就是這種產品為競爭者模倣的快慢，產品的特點愈難模倣，其特點維持時間就愈長，價格高的時間也就愈可以維持長久。

除此外，影響新產品價格策略的因素尚有：

1. 潛在需要情形與需要可能擴展的速度。
2. 目標市場的特性。
3. 該產品的需求彈性。
4. 各種推廣策略的運用情形。
5. 銷售通路的選擇及運用效率。
6. 應該採用那一種價格策略？是高價策略還是市場滲透策略。

下面針對二種不同的訂價法，詳細加以解析。

## 一、高價策略

在產品剛上市時，為該產品訂定一個非常高的價格水準，從而可以獲得很高的利潤，及至競爭者開始加入市場時，就讓價格很快的下落。當一種產品很快的就會在市場上消失或衰退時，通常多採用此種價格策略。製造原子筆的瑞納德公司的價格策略，就是一個很好的說明。

採用這種策略的企業係根據一個假設：有些購買者因為基於某種動機，永遠準備多付一點錢，去購買價格比現在高的產品。

這種價格策略為什麼可以採用，其原因計有：

1.當一種產品以神祕而新奇的姿態在市場上首先出現時，它的需要多半是缺乏彈性，換句話說，價格高低和需要量多少沒有多大關係。這種情形在消費品方面尤為明顯，因為特別喜好這種新奇產品的人，往往為了要滿足某種的需要，不考慮價格的高低，在產品一上市時，立刻就會購買。這種情形就如同從牛乳上撇取浮在上層的乳酪一樣，所以歐美稱為 Skim the Cream。在此我們稱為高價法。

目前我們使用的原子筆、電動刮鬍刀、微電腦、手機等產品，在剛一上市時，一般消費者無法與他們通常所使用的產品來比較它們的價格與效用，因此對這些產品的真正價值採用一種不確定性的態度來衡量。同時，因為未曾用過這種產品，也很少有根據與信心，用自己的眼光來衡量該產品的價值或優劣點。因此，廣告與誇耀性的宣傳都可以幫助創造較多的需要，同時也可以幫助維持該產品在早期高價策略的效果。

2.高價格也是一種有效的方法，根據市場上不同的價格彈性區割市場。一開始就採用高價格，可以區割對價格不敏感的顧客。當這一個部分的市場已經沒有發展潛力，價格於是開始降低，因為價格降低，另外一類的顧客，可能因為價格較低而購買。一般的書商經常用這種價格策略，當新書出第一版時，專門找一些需要這本書或喜好這本書的顧客，人數雖然非常少，但價格則非常高，譬如說 1,000 元一本，以後版次出得愈來愈多，流行愈普遍，也就愈沒有新奇與神祕感，到最後，在舊書攤上也許五塊錢就可以買到。這種情形與傳統的需求曲線所表現的觀念是一致的。

3.假定對一種產品的潛在需要或需要彈性不能確定，而涉及較高的風險時，採用這種策略，可能是一個比較穩妥的方法。因為一開始採用高價格法，是希望能夠很快的將該產品的研究發展及上市前後所支付的各項成本收回。這種策略，特別是

當這種產品的最後需要變得很低時，更為明智。如果需要很少，此一策略經常會在收回成本的過程中就發現到。一旦各項成本收回，市場的需要仍然很低時，就可以將該產品下市，而不致發生損失。採用這種策略一個最明顯的困難是一個公司如果沒有採用不同的價格，事先即是作過測定，也無法真正的知道這種產品的市場究竟有多大。根據這種訂價法的基本假定是，在高價時的需要比率（即實際購買該產品的人數占總人數的百分比）大致可以推論到採低價格時需要的情形。

4.採用高價法，不但可以立刻收回現在已經發生的各項成本，同時可作為以後全面推廣活動時累積資金。在採用迅速收回研究發展成本時，通常是認為在不久的將來劇烈的競爭，可能會導致價格大幅下降。

一般西藥廠商，在每種新藥上市時，價格大多都非常高，主要目的在於盡早收回原始的投資。當新藥品在市面上流行二年左右，他的售價僅為剛上市時的七八成，是一種非常普遍的現象。

5.生產量少所引起的單位生產成本高與推廣費用大的不利，可以利用高價格的方法加以彌補。價格高，銷售量少，因此收不到大量生產與大量銷售的經濟效果，但是很高的價格與很高的單位利潤可以彌補失去的大量經濟效果。

6.雖然價格很高，但是，因為產品剛上市，或由於其他原因，如專利權的保護、龐大的研究發展費用、原料的控制、浩大的推廣成本等，在短期內，競爭者尚難以進入市場以至構成威脅。

## 二、市場滲透策略

這種策略與高價法的策略剛好相反。這種策略是在產品一上市，採低價策略作為滲透市場，或為該產品創造廣大需要市場的一種主要而有力的途徑。採用這種策略的公司，通常是建立在薄利多銷的長期觀念上，而不是在高價法的短暫目標上。

一般學者認為，在下列幾種情況，一種積極而有效的滲透策略是可以採用的。

1.對產品的需要，短期內具有高度的價格敏感性，即當價格低時，很多原來不購買該產品的顧客，因為價格低，改而購買。

2.單位生產成本與單位銷售費用隨銷售量之增加，可以大幅度下降。當一種產品的銷售量愈大時，生產量將隨之增加，如果因為生產量大而單位生產成本下降時，通常就會想到降低價格以刺激銷貨，從而收到成本降低之利益，特別當成本下降的幅度大於價格下降的幅度。

3.如果產品價格低，消費大眾比較容易接受該產品，使其成為生活當中不可或缺的一部分。

4.如採高價策略，利潤高，競爭者可能很快的就會加入競爭的行列。低價策略，既然利潤薄，可能會使一般的競爭者不感興趣，或不符合其價格策略而不願加入競爭，所以具有排斥的作用。

滲透策略的目的如果是在於設法從已經存在的產品中爭奪市場上的占有率，或取代該產品，或設法創造一個從前沒有的市場，則是一種非常有效的策略。例如當透明的塑膠袋一上市時，它的價格就很低，此種訂價法之目的在於設法迅速的取代過去不透明的紙製包裝袋子。其次像目前所使用的清潔劑，也是一個明顯的例證。

上述的第四個理由，主要是在於以低價的方法打擊或恐嚇可能的競爭者，使他們感覺到價格太低、利潤太薄，甚至無利可圖，不敢加入同一市場。因此低價政策帶有一種排斥的作用。當一個潛在的市場很小，假定一個工廠的生產量就可以供應該市場大部分的需要時，該廠如果採用一個低價政策，可能是非常適當。他可以很快的爭取到大半的市場，使藉生產成本低而加入市場的競爭者無能為力。在此種情形下，如果訂定的價格高，則利潤大，等於在鼓勵競爭者加入這個有限的市場，他們加入就會導致生產能力過剩，也就等於鼓勵因價格競爭而產生的削價及價格經常變動等現象。長此下去，即使不會發生虧損，至少利潤也會相對降低。

## 市場規模決定策略

在另一方面，若干廠商最殷切的是總利潤最大，而不是單位報酬最高。這種情形在市場範圍較大時，尤為明顯。所以在競爭者都是規模很大的行業中，如果單位報酬率高，市場小的情形，這些大規模的廠商通常都不感興趣。在這種情形下，如果採用單位報酬高的策略，反而會使新的競爭者不敢加入。

不過，當一種產品的潛在市場很大，而且競爭者會迅速的加入競爭時，採用價格高、單位報酬高的策略通常是不智的。因為，盡管高價格政策可以在競爭者未加入前，收到高價策略的效果——短期利潤很高，不過當一種產品會因為只考慮到短期的利潤，而犧牲長期的市場占有率時，這種情形特別是在品牌難以差異化，為增長市場占有率需要大量推廣活動的消費品，尤為嚴重。

以低價格開始推廣一種新產品時，可能會很快的吸收大量的顧客，使他們對銷

售者或製造者品牌發生偏愛。一旦他在市場上建立了優越而鞏固的地位，此時，即使他的競爭者加入該一市場，他的品牌可能已經擁有一個相當大的市場占有率。所以，這種策略，就長期言，是有利的。

一個發展迅速的市場，通常可能是一個可以容納若干個生產成本較低的生產者。換言之，生產成本低、價格低的策略，是發展一個大市場的有力條件。既然競爭者都想盡快的加入該一市場，原有的廠家最好是將價格訂在預定的長期價格水準。此一價格的基本目的在於設法使自己的市場占有率，就長期而言，能達到最大為原則，此一價格將最為有利。

上面是分析為新產品訂定價格的二種不同的策略。下面再討論當產品到達成熟階段時的訂價策略。

## 成熟產品的價格策略

當產品的生命週期到達成熟或衰退時，價格策略通常是考慮該產品是否已經真正的到達了成熟階段。因此杜邦公司首先是將尼龍作為一種特殊的新奇產品，價格訂得很高，以便從這個高價格市場得到豐厚的利潤，以便迅速的回收大量的研究發展成本。當尼龍逐漸普遍而且大多數的消費者採用該產品時，此時訂定的價格以吸收大量的顧客為原則。換言之，是一種滲透的價格策略。當取代尼龍的塑膠製品上市以後，以價格作為最後防線的杜邦公司已經為競爭的塑膠產品突破，於是只有讓尼龍的價格變成一般性的價格。

當一種產品由特殊品轉變成一般性產品時，從消費者方面比較容易察覺。此時，他們對該產品的品質偏愛，開始變弱，本來很受歡迎的優良品牌，如今也不容易以比較高的價格出售，若干新的銷售者的品牌經常在此時開始上市。當顧客的偏愛逐漸傾向外觀比較優美的品牌時，不同品牌的產品之外觀逐漸趨向一致。當購買者多半是出於補充已經折耗的產品，而不是新的購買者時，該產品的市場漸漸接近飽和的階段。此時所使用的生產技術已經接近最有效的途徑，生產成本再節省的可能性已經不多。

當產品生命週期到達了後期──一般性的產品時，通常需要低價格、低利潤的價格策略，以防零售或批發品牌被排斥於市場外，同時兼可防止採取低價策略的競爭者的市場占有率逐漸擴大。因此，一般的銷售商均須決定他的價格變動幅度在何

種限度以內。如果價格仍有變動的可能，他必須決定採用何種策略——不是低價策略，就是高價策略。如果採用高價策略，通常須要在產品差異方面加強作業。同時商品多半在選擇性的零售通路上出售，零售利潤很高，而且利用精美的包裝與和產品有關的各種免費的服務。

# 影響價格決策之因素

產品價格的訂定受若干因素的影響，這些因素影響力的大小，又因產品與環境而異。若干學者將這些因素分為內在與外在兩類。所謂內在因素係指企業主管可以控制的，外界因素是指價格決策必須符合外界環境。為便於解析起見，本章並未將各因素清楚劃分。

## 顧 客

在消費者權益高漲的知識經濟時代，顧客是聰明的，資訊傳播是迅速的，顧客直接可以感受而回應的就是價格，因為價格是具體的與可以比較的。一種產品如果在品牌、性能或造型上無法與競爭的品牌差異，盡管在價格上僅有些微的差異，在市場上可能會被拒絕，因為顧客的眼睛是雪亮的。他們會貨比貨，價比價。因此顧客是影響價格決策的主要因素。

自從消費者保護運動興起後，消費者意識抬頭，加上大眾傳播媒體的鼓吹，消費者已普遍重視各種資訊，尤其是有關產品的品質與價格等方面。因此一位家庭主婦在某些產品的價格，可能比設計製造該產品的工程師更要瞭解。

顧客對於價格的反應，不但在產品方面相差懸殊，就是在同類產品之間，反應的差別也很大。其次，顧客對產品價格的敏感程度，隨所得水準、性別與該產品之需要彈性等因素而有明顯的差別。

## 產 品

價格本身就是反映產品品質與類別的指標，因此，在訂價時首先要考慮產品。

### 一、易變質或腐敗產品與耐久性物品之差別

一般容易變質或腐壞的產品，最重要的問題是儲存與運輸，耐久性商品之儲存，

不過是一個適當的生產進度與存貨管理的問題。一個工廠的生產，只要控制其生產進度，就可以應付估計的需要，但是，一般農產品，則相當困難。

　　一般農產品均容易變質或腐敗，因此必須在產地附近出售，否則就得付較高的成本，迅速而有效地運送至較遠的市場。同時，農產品一到收穫季節，數量則相當大，有時生產者為避免其腐壞，必須設法很快的出售。如果想等到適當的價格再出售，就等於是等到它們腐敗後再出售一樣。如果能設法在淡季收穫則可以高價出售，同樣的，在產品剛上市時，也可以成功的利用高價政策，但在盛產期間，價格因供應量大而下滑，此時，所能得到的是一般流行的價格，而且相當的低。

　　零售店為解決易壞產品的問題：一方面可以滿足顧客的需要，同時又不會發生訂貨過多的現象，可能採用一種經過仔細計算而又非常具有彈性的短期價格決策。

　　季節性與富有時髦性的產品，雖然不像農產品之容易腐敗，但其性質大致相同，僅在時間上，相對的較長。此類產品的廠商多採用與處理農產品相同的價格策略。因此，百貨公司每一季均有削價銷售，目的在出清過時的存貨，以便為下一季的貨物空出貨架。具有高度時髦性的商品，即使百貨公司有足夠的地方與資金，他們仍然定時會將過時的商品設法出清，他們出清存貨是因為恐怕明年的同一季節該類式樣已不再流行。

　　所以容易腐壞的產品可以分為二大類：一類是發生質的變化，一類是發生式樣的改變。這二類產品要想流動率加速，短期價格的調整策略，是一個有效的方法。

　　經銷商既然知道在每一天或每季的最後，存貨過多是不可避免的事實，他也知道，要想清除這些存貨，只有降低售價。所以，當該產品一上市時，價格相當的高，以便可以獲得較高的利潤，以彌補該產品季節過後，減價或腐壞所發生的損失。

　　上述定期而有系統的季節性廉價銷貨，在一般顧客的心目中已經產生習慣性的購買。對該類產品的需要超過原來期末的供應量。因此，很多零售商店實際上購買新的產品，專為應付此種期末銷貨，製造廠商也特別為此類需要而再增加生產。

## 二、消費品與工業品

　　在顧客分類中，已經簡單解析過工業購買者與消費者之差別，現在就消費與工業二種不同的產品，說明對價格決策之影響。

　　工業購買者因為對產品的瞭解比消費者清楚，因此工業品價格變動的幅度較低，換言之，工業品價格決策的彈性小，除此以外，購買某些工業品的人數比消費品的

人數少。因此，供應商對於誰將是該類產品的購買者可以正確的瞭解。此一現象可以導致面對面的直接關係，因此可以強調產品價格與特點等在買賣中的重要。其次，如付款條件、信用、發貨日期、折扣等也均與價格有直接的關係。

工業品與消費品在價格上容易發生差別的另一種情形，是工業品的購買者訂購特別規格的機會比較大，消費品則比較少。有些工業品製造商只製作特別規格的產品，例如大的電機工廠，專為化妝品設計與製作包裝物品等。在這種情形，購買者通常與很多供應商接洽，以投標方法決定供應廠家。但如果為零件之類產品，買方為確保供應者之如約交貨，多將訂製之產品分散給數家廠商，以免意外事件發生，影響交貨日期，價格則由雙方協商訂定。

促成工業品與消費品價格決策不同的另一個原因是發貨成本，大多數消費品的購買量少，而且由購買者直接帶回家；工業品因為體積大，價值大，價格中多含有運送、保險費等，由於距離遠近不同，因此形成不同的價格。

## 三、特殊產品與普通產品

所謂特殊品是因為該產品具有某種特別之處。所謂特殊之處，一般言之，是指稀奇性質，因此，該產品的價格通常比較高，特點方面又可分為可以消失與不能消失二類，前者如特殊的雪茄，後者如畢卡索的名畫。

產品的特點與它能賣得較優價錢的能力，與它達到成熟的速度成比例關係。當一種產品的奇特性質逐漸消失，以致在顧客的心目中變成一種與其他產品沒有差別的普通產品時，售價任意變動的幅度就變小，換言之，與競爭者的價格即將接近。因此，當呼拉圈剛剛上市時，其價錢相當昂貴，當市場迅速的採用該產品時，市場上立刻呈現飽和現象，加上這種東西沒有專利權的保護，新的競爭者迅速加入市場，更加速了市場飽和的速度。因為呼拉圈這種產品在技術上沒有再發展的潛能，呼拉圈在市場上如同氾濫的洪水，到處可見，價格也一落千丈。因此，產品特性之可消失是加速價格降低之主因。

產品特性之不可消失性很少是由產品本身促成。產品的特性，能夠維持到專利權有效期間的不多。就以尼龍來說，杜邦在很多方面都有專利權的保障，因此在價格方面，也獲得很大的保障，尼龍製品的價格訂定在特殊品的價格水準已有多年。但當其他的公司研究發明出塑膠代替品以後，尼龍在市場上的保障消除無遺，此時，只有採大眾化的價格水準。

## 銷售通路

製造廠商的價格決策，也與銷售通路的長短與作業的繁簡程度有關。

通路愈長，價格變動的幅度就愈小，所謂長短是指通路上的成員數。假定一種產品在銷售通路上經過三個不同性質的批發商，如進口商、總代理、臺中區代理，才能到零售商手中，則任何價格的變動，都會導致通路上一連串複雜的變化發生。相反的，假定製造廠商直接將該產品提供給零售商，則價格變動引起的問題自然減少。

其次，如果通路上的成員愈複雜，製造廠商價格的變動所導致的製造商與零售商間價格的差異就愈小，因為通路上的每個成員均需吸收價格變動的一部分，以避免每個成員因價格變動而引起商品目錄、價籤及價目表經常改變的繁瑣。這種經常變動導致的成本相當的大，因此，通路上成員愈多，愈會沖淡價格變動而引起的影響。

通路上的成員所處的地位不同，對於價格決策也連帶產生不同的影響，零售商與消費者最接近，關係最密切，最瞭解外界因素對於價格決策的影響。相反的，製造廠商，特別是假定他透過專利權或其他方法控制某種產品的銷售，他往往會疏忽外界各種因素對價格所發生的影響，而只注意到內在因素的影響。所謂內在影響主要係指企業的目標與產品成本二項而論，有關成本對價格的影響，將在隨後說明之。

在批發與零售商的各項成本中，有一個很高的比例，他們自己無法加以控制。例如批發商的存貨成本就是零售商的進貨價格。基於此等原因，通路上的成員必須對自己所能控制的成本有明確的瞭解。

## 競爭情況

一個公司的規模與在該行業傳統的地位，是訂定價格政策時不可避免的二個考慮因素，像台泥在水泥方面，台塑在塑膠原料方面，在其所屬的行業中，均有舉足輕重的地位，這些企業均具有寡占性質（少數幾家大企業，可以有效的影響市場，特別是價格），當他們的產品漲價時，其他的公司幾乎一定會尾隨漲價，因為：

1.其他的公司規模小，即使他們能以較低的價格吸引顧客，但短期內無力供應大量之需要。

2. 大企業的影響力大，他們所訂定的價格似近於法定價格。

同樣地，小的企業通常無法單獨將價格提高，因為，如果大企業未漲價，則他會將顧客推到其他的競爭者。不過，小規模的企業可以成功的發動減價策略，在此情形下，如果數家小的企業能夠聯合起來，則會逼使大的企業採取同樣措施。

大企業訂定的價格水準，既為一般小企業的準則，其他的企業一旦意味到價格有變動時，均將密切的注意大企業的行動，因此，在經濟學上，稱他們為價格領袖(price leader)，這種現象並非意味著幾家大企業聯合起來就可任意漲價。價格領袖的產生，可以說是由於歷史淵源、規模、寡占性市場結構情形，與固定成本大的企業中，價格下跌或不穩定會造成整個行業重大的損失等事實所促成。容易形成價格領袖的行業，除由少數幾家大企業操縱外，產品性能相對的比較不易分別是另一個原因，如鋼鐵業、水泥業、塑化業、汽車業等。

假定一種產品的市場價格很穩定，則現行的價格必為該行業中的某一個企業使用。此一企業，可能是該業中規模最大的一家，或在過去曾經是規模最大的一家，此一企業在該業的影響力與地位，大半是日漸加重，而不是日漸降低。因此，當這類的大企業漲價時，他的假設是：

1. 需要足夠強，價格上漲，需求不會下降。

2. 競爭者在他漲價之後，會立刻跟隨，因為競爭者受成本增加的壓擠，已經到達無法容忍的情勢。

此類企業，通常也不會主動的降低價格，除非他相信需要彈性是足夠的大，以致可以：

1. 降低價格可以擴張銷貨與利潤。

2. 降低價格可以避免銷貨與利潤下落。

不過，一個規模小的廠商或許可以藉降低價格，刺激銷貨，以使他的生產設備達到充分利用的地步，他所以如此作可能基於：

1. 大企業如果要跟隨他的降價決策而降價，可能出於不得已，因為除非需要是相當有彈性，降低價格，利潤就會降低，或損失加大。

2. 同時希望大企業不會跟隨他減價而減價，因為一旦大企業採取降價措施，就會搶走他的市場。

## 價格變動

一般的企業主管對於價格最普遍的一種看法是希望產品的價格能夠相對的穩定，即使價格逐漸在上漲，也不是長期的趨勢，因為：

1.在整個的銷售通路上，由於價格變動而引起的利潤分配計算過分繁複，浪費人力與時間成本。

2.在公司本身，帳目的計算工作增加很多，同時，需經常開會討論有關成本的問題，不勝其煩。

價格變動除在實務上有不便之處，在理論上主張價格穩定的理由如下：

1.一般人咸信，價格高表示利潤高，因為需要通常是缺乏彈性的。

2.價格穩定可以降低企業惡性競爭，特別是在固定設備大，生產能力超過需要的行業。

3.一般咸認為需要缺乏彈性，因此，假定賣方削價求售，會鼓勵買方暫時不購買，等待價格再度的削減。如價格競爭激烈，何種價格水準最有利，難以確定。

4.穩定價格與有意促使價格變動所引起的各種複雜變化與風險相比較，簡單而容易瞭解。

有時，價格變動並非出於有意，而是迫於不得已的競爭情況，此種變動在變動次數、幅度與時間等方面均不規則，近年來例如百貨公司的時裝、資訊產業的產品，如動態記憶體 (DRAM) 等。

價格變動，通常可以分為下列四類：

1.隨機變動：沒有一定的形式，難以預測。

2.季節性變動：在每年一定時間或季節，價格發生變動，此種變動可以大概的預測，例如水果蔬菜的價格與收穫期有關，百貨公司在每季過去以後打折，以便出清存貨。

3.循環性變動：與經濟情況有密切的關係，當經濟情況繁榮時，價格有上漲趨勢，經濟情況轉壞時，價格就降低，如工業用紙張類。一般而言，一種產品的生產者愈多，對於經濟環境的改變就愈敏感，當一個行業只有少數幾個生產者時，通常是意味著建立此類工業需要大量的資本，而且大量生產才能獲得經濟效果。例如水泥業與塑膠原料業，當一個行業只有少數幾個企業時，在經濟情況蕭條，需要下降

時，每個生產者均知道，如果生產量仍維持過去繁榮時的水準，則必須降低價格，才會銷售出去，但他也瞭解，削價求售會立刻招致時刻在觀察他的競爭者以同樣方法予以報復。在此情形，多半維持價格不變，減低生產量。因此，這種行業價格變動的幅度很有限。相反的，假定一個行業的進入與退出都比較容易，製造與銷售人數可能很多，一旦經濟情況發生變化，價格變動的幅度則相當的大，例如農產品與女用時裝等。假定其他情況不變，生產者彼此之間的性質愈接近，經濟循環所導致的價格變動的壓力就愈大。

4.長期性價格趨勢：此種價格變動的趨勢，與一般的價格水準大致無關。一般工業製品的價格，長期而言，均呈現相同趨勢。像電視機、手機、尼龍製品、化學製品等，當新的產品加入市場，或代替品流行市面，或因市場擴大收到大量經濟的效果，或有系統的大量推廣等原因，價格便逐漸開始下降，有時下降得也非常快速。

長期價格變動，固然有下降的趨勢，同時也有上漲的趨勢。由於人工成本日漸增加，直接人工成本比重較大的產品，如各種職業性的服務業、古董，與家畜類產品，均呈現長期性價格上漲的趨勢。在長期價格變動的趨勢下，同時也呈現緩和的循環性與季節性變動。

## 法令限制

自由經濟體系又稱為「價格經濟」(price-economy)，意謂企業界可以自由訂定價格。一般政府為促使市場上的自由競爭，對於價格的訂定仍然加以某種程度的限制。例如像美國的各種反托拉斯法律 (Antitrust Laws)，基本目的即在禁止規模大又處於競爭地位的企業聯合訂定價格與控制市場。在另一方面，各國政府又多採取對某種產品的批發零售價格給予最低保證的措施，在加入世界貿易組織後，政府津貼措施大有今不如昔的感覺，而且將逐年取消。

美國的反托拉斯措施是為了保障消費者的利益而設定的，他們希望價格是透過供給與需要而決定的，不是幾個大廠商聯合訂定的。

我國公平交易法已於 81 年 2 月 4 日正式施行。公交法目的在維護交易秩序與消費者利益，確保公平競爭，促進經濟之安定與繁榮。

公平交易制度的建立，是要透過公平自由市場經濟秩序的建立，以保護並鼓勵事業的努力與創新經營。一方面防制市場力量大的企業不致有濫用市場力量，限制

市場競爭的行為產生；另一方面可有效防範不肖業者以仿冒或不實廣告、標示等不公平競爭手段擾亂市場交易秩序。如此事業經營者方能立於公平的基礎上從事競爭，使資源得以合理分配、提高事業經營效率，而消費者權益亦可在此一公平競爭的過程中，獲得有效的保障。

2003 年 4、5 月 SARS 在臺灣猖獗時，口罩缺貨情況嚴重，N95 的口罩原來售價為 90 至 100 元，若干零售商趁機漲價到 280 元甚至更高，只要被檢查人員捉到，證據確實，政府即重罰 15 萬到 30 萬元，即是一例。

## 一般慣例

在某些行業與一般的銷售通路上，現行的某種價格往往係根據某一慣例或傳統而來。例如大批購買可以享受折扣；一次付款，或於規定付款日內付款，可以享受某種優待等。其次廣告費用、推廣費用與修護費用等的分攤，因為產品與行業不同，往往也有差別。

## 工資率與稅

對若干生產廠商而言，一種價格因素，往往是外界的控制力大於內在的控制力。工資率就是其中的一項。近年來，由於各種工會的組織日漸重要，工資率的訂定似乎只有上漲的趨勢，此點不但說明產品的價格本身在日漸上漲，其他的因素，如資本財、原料與管理等也因為此一事實而逐漸上漲。因此對於價格之訂定均有明顯的影響。

稅也是構成價格的一個主要因素，稅因而直接、間接的構成價格的一部分。各國政府在國防與建設等方面所需經費日增，稅收慢性的增加已為世界各國普遍的現象，價格之訂定因而直接受到影響。

## 價格改變

訂價是一種挑戰性的決策，不僅在初次訂價時如此，當廠商準備發動價格改變時，也是如此。廠商也許考慮降低價格以刺激需求，利用成本降低的優勢，以便排斥較弱的競爭者，也許會提高價格以轉移上漲的成本或牟取較高的利潤。無論提高或降低價格，都會影響到購買者、競爭者、經銷商。價格改變是否成功，端視他們

的反應而定。

## 一、購買者對價格改變的反應

購買者對價格改變的反應程度，一般可以用需求的價格彈性加以解析，已在上節說明。如果價格降低，顧客會認為：

1. 產品銷售不理想，可能由於產品有瑕疵，或性能不佳。

2. 性能優異的新產品即將上市，取代現有的產品，價格差距不至太大。

3. 由於經濟不景氣，廠商財務可能有問題，準備歇業。

4. 因產品品質不良，競爭又激烈，價格可能會繼續下降。

顧客對價格上漲也可能有如下之解釋：

1. 產品的價格感很高，的確物超所值。

2. 產品銷售情況良好，價格可能調漲。

3. 和同類產品比較，此一價格確實偏低。

## 二、競爭者對價格改變的反應

當產品相同，廠商家數少，顧客又有識別能力並瞭解市場情況時，競爭者的反應就非常重要。如果競爭者有一套應付價格改變的策略，則至少可以從其內部情報及統計分析窺視之。其次也可自廠商過去的反應加以統計瞭解之。

當競爭者不只一家時，則必須分析每一競爭者可能的反應。分析的因素可以根據規模、市場占有率等。

## 三、如何應付價格改變

當競爭者改變其價格時，應如何應付，以達最有利的目的。有時，別無他途，只有跟著競爭者改變其價格，特別當產品性質相同時，如不採取相同的減價行動，則購買者將轉向低價競爭者採購。如係漲價，則可以跟隨漲價，也可以不跟隨，在產品性質有差異時，對競爭者價格改變的反應，有較大的彈性。

不論在什麼情形下，廠商在為應付價格改變而作的決策時，必須考慮下列數點：

1. 競爭者為何改變價格，是為了搶市場占有率、配合成本的改變，抑或為了利用總需求的變動而帶動整個產業改變價格？

2. 競爭者的價格改變是暫時的抑或永久的？

3. 如果對競爭者的價格改變，本公司不採行動，則對市場占有率有無影響？其他公司會採何種決策？

4.競爭者對本公司的反應，又會採取何種反應？

當一個公司要改變價格時，通常都會對各種可行的方案加以深入的分析。換句話說，為了發動改變價格，可能花了相當長的準備時間。如果同業競爭者在數小時或很短的時間內作成反應決策，是相當危險的。因此，唯一能確保決策正確的方法是預測競爭者何時會發動價格改變，而且如果事先能準備一應變策略，則至少可以盡速地作出正確的反應。

# 習 題

1.說明價格決策的重要性。

2.何謂非價格競爭。

3.舉一實例說明以服務替代價格競爭。

4.那幾種情形價格決策特別重要，試說明之。

5.試說明高價策略的內涵。

6.試說明市場滲透策略的內涵。

7.說明顧客對價格決策的影響。

8.說明產品對價格決策的影響。

# 第十五章　訂價的理論與實務

價格本質、重要性及產品生命週期和價格策略等瞭解後，本章再就和訂價有關的理論及實務技巧加以說明。

訂價在理論上主要有成本、需要及競爭導向等方法外，在實務上還有若干訂價的技巧，說明價格的訂定須視環境或購買者不同，而採用不同的訂價法，因為訂價是最富彈性，最具動態性。價格既容易受外在因素的影響，因此在最後說明影響價格的因素。

## 成本導向的訂價法

### 一、成本對價格決策的影響

這種訂價法是以成本為核心，產品成本的高低直接影響該產品的售價，成本高售價就得高，成本低售價就得低。下面先說明成本和價格的關係。

這裡所說的成本是指產品的製造成本而言，因此一種產品的製造成本是訂價的核心，產品的售價隨著成本的高低而不同。在第十四章說過，企業訂價的目標有長期與短期二種。就短期而言，產品的售價可以低於成本。但就長期而言，售價就必須大於成本，否則就要虧損，因為沒有一個企業能夠忍受長期的成本大於售價的訂價法。成本與售價的關係可以分成三種情形，即：

$$(1) P > C, (2) P < C, (3) P = C$$

從上面的關係可知：如果價格都大於成本，則企業就沒有虧損的情節發生，大家都要從事商業了。第二種情形是成本大於售價，這種情形也會發生，其中有的是行銷策略的運用，有的則是迫不得已。第三種情形是價格等於成本。由此可知，如果價格低於成本，就發生虧損，所以成本是價格的下限。

根據經濟學，在短期內，一種產品的價格是由供給與需求決定，所以供給與需求是決定一種產品價格的直接因素。此可由圖 15–1 見之。

在此情形，成本又扮演什麼角色呢？難道它對價格就沒有影響力了？成本是透過調整產品供給的數量，影響價格，它是居於一個間接的角色。因為如果一種產品

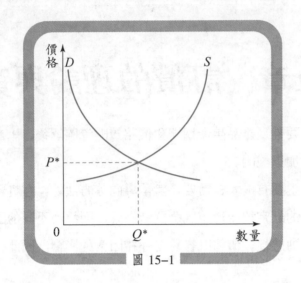

圖 15−1

的生產成本發生變化，必定會影響供給量，假定一種產品的成本上升，但是售價不變，而且成本上升的結果使 P<C，那麼生產者每多出售一件產品就會蒙受一單位的損失，為了減少損失，廠商或經銷商會設法減少銷售量，也就是調整供給曲線 S 到 S′，如果市場上對於該產品的需求不變，則售價就會上漲，也就是說成本仍然對價格的高低發生影響，此種關係可以從圖 15−2 見之。這種情形經常發生。例如民國 62 年底當世界性能源危機發生時，各種產品的成本急劇上升，政府為了穩定物價，以安定社會大眾的生活，於是採取民生必需品售價管制的措施，廠商在限價政策下，因為售價低於成本，於是減少供給量，結果使很多產品的物價上漲更快，就是一個很值得借鏡的實例。自從 76 年臺灣地區房屋售價大幅度上漲，大多數學者都主張從增加供給著手，透過市場的價格機能由供給與需求來決定價格，很少人主張採取限價措施，理由就在此。

## 二、生產成本法

這種方法又稱為成本加成法 (cost-plus method)，是在產品的成本以外，加上一個固定的百分比，作為該產品的售價，這個百分比可以看成是利潤。須要強調的是這個百分比是成本的百分比，所以生產成本法是以成本為中心的訂價法。下面就將有關的過程說明如下。

首先要計算出有關產品的單位成本，有了產品的單位成本，才能訂定出售價。單位成本計算方法如下：

$$單位成本 = 變動成本 + \frac{固定成本}{銷貨量}$$

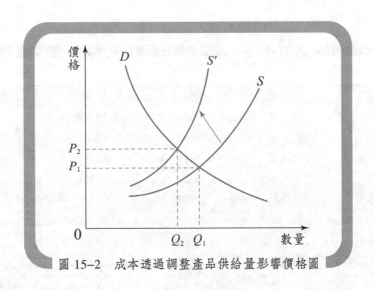

圖 15-2　成本透過調整產品供給量影響價格圖

　　如果我們知道了變動成本、固定成本和銷貨量，就可以計算單位成本。實際上，我國的中小企業，由於會計人員素質、各種成本資料的不完備，以及會計制度的不夠健全等原因，使訂價最主要的依據單位成本的計算就不一定準確，甚至有的根本計算不出來。結果所訂定的價格自然就不正確了。所以正確的訂價政策是建立在精確的成本觀念上，如果沒有精確的成本資料，訂價理論完善將是無濟於事的。這種現象在臺灣地區特別嚴重，因為我國製造業所需要的原料與精密的零組件，很多是從國外進口，工業原料及物料的依存度很高。在世界物價不穩定的 70 年代，進口原料與物料報價幾乎每天都在變動，製造廠商的單位成本因而也不得不變。在此情形，單位成本固然難以訂定，正確的價格更是可想而知。總之，以成本為核心的訂價法，必須先要將單位成本精確的算出。

　　有了單位成本以後，我們就可以根據下面的公式計算出價格。

$$售價 = \frac{單位成本}{（1 - 預期的銷貨毛利率）}$$

預期的或計畫的銷貨毛利率，在一國之內，各種產業大致相近。

　　這種假設在傳統產業確實成立，但在高科技知識經濟年代，已經受到挑戰，除技術創新與研發外，和重要伙伴策略聯盟，共同分享在研發技術優勢外，市場競爭優勢及高階領導人策略性規劃及遠見，都是影響銷貨利潤的重要因素。茲將我國民生產業，電子及資訊產業重要廠商近三年的稅前純益率列示如後，供作參考。

表 15-1　近三年臺灣民生產業稅前純益率

單位：%

| 產業 | 企業 | 2003 | 2002 | 2001 |
|---|---|---|---|---|
| 飲　料 | 金　車 | 18.70 | 19.83 | 17.93 |
| | 黑　松 | 10.05 | 12.78 | 9.53 |
| | 維他露 | 16.14 | 10.53 | 8.82 |
| 罐頭食品 | 愛之味 | 4.04 | 1.89 | − |
| | 新東陽 | 0.93 | 0.99 | − |
| | 金　蘭 | 2.23 | 4.58 | 0.51 |
| 成衣服飾 | 台南企業 | 6.04 | 8.82 | 10.63 |
| | 華歌爾 | 9.10 | 4.63 | 8.37 |
| | 麗嬰房 | 4.32 | −9.11 | 1.31 |
| | 嘉　裕 | 0.07 | 0.90 | 0.07 |
| 製　鞋 | 寶成工業 | 58.75 | 40.40 | 29.44 |
| | 豐泰企業 | 10.85 | 11.09 | 12.79 |
| | 清祿鞋業 | −5.23 | −0.88 | 0.66 |
| 製　藥 | 中國化學 | 11.83 | −4.35 | −5.69 |
| | 永信藥品 | 22.41 | 23.92 | 22.60 |
| | 信東生技 | 4.12 | 2.44 | − |

資料來源：《TOP 5,000》，中華徵信所，2002 至 2004 年。

表 15-2　臺灣近三年重要電子電器業稅前純益率

單位：%

| 年度　企業 | 2003 | 2002 | 2001 |
|---|---|---|---|
| 台積電 | 25.27 | 16.84 | 8.40 |
| 聯　電 | 17.45 | 10.50 | −9.86 |
| 大　同 | 0.16 | −7.62 | −12.17 |
| 華　邦 | −3.76 | −15.47 | −36.22 |
| 中華映管 | 1.99 | −8.04 | −19.12 |
| 旺　宏 | −47.12 | −70.64 | 0.23 |
| 威　盛 | −8.04 | 1.47 | 16.29 |

資料來源：同表 15-1。

表 15–3　臺灣近三年資訊產品製造業稅前純益率

單位：%

| 年　度<br>企　業 | 2003 | 2002 | 2001 |
|---|---|---|---|
| 宏碁電腦 | 5.20 | 21.68 | 2.08 |
| 英業達 | 7.28 | 8.60 | 7.32 |
| 鴻海精密 | 7.73 | 7.82 | 10.46 |
| 廣達電腦 | 4.76 | 7.88 | 10.47 |
| 仁寶電腦 | 6.98 | 7.15 | 7.29 |
| 華碩電腦 | 15.54 | 13.03 | 20.90 |
| 大眾電腦 | −6.45 | −5.47 | −3.84 |

資料來源：同表 15–1。

　　由上面的資訊可以看出所謂「大者恆大」「強者恆強」的現象。

　　台積電及聯電兩個超級企業不但在稅前純益率較其他同業高，而且他們每年的成長率也較其他同業高而穩定。

　　在資訊產業方面，銷貨最大的宏碁等利潤率反而較規模較小的要低，其次也明顯的看出資訊產品的獲利率有逐年下降的趨勢。有的企業雖然頗具名聲，連續三年的利潤幾近於零。

 **實務焦點**

## 美國企業毛利率

　　美國大企業的獲利率向為世界各國企業獲利的領先指標，2000 年以來的三年，美國科技公司泡沫化，加上 2001 年的恐怖攻擊事件，美國企業獲利大幅降低。美國企業提升獲利的方法，主要是降低成本，其中以裁員關廠最常見。部分企業雖大幅裁員，但因國內外同業競爭激烈，一時不易扭轉頹勢，仍呈現虧損，此可自表 15–4 見之。表 15–4 為美國規模最大和我國關係比較密切的企業近三年的銷貨毛利率統計，世界第一大企業沃爾瑪 2002 年的銷貨總額高達 2,465 億美元，銷貨毛利率三年來均維持在 3.0% 至 3.3% 之間。在高科技產業界，以微軟公司的毛利率最高，其次則為製藥界的龍頭默克公司與英特爾。這些執牛耳地位的企業，他們雖然也面對競爭，但對預期的銷貨毛利率應該具有相當的信心，居次要地位的業者面對的不確定性相對的就不同了。另外值得警惕的是科技業界的毛利率有逐年下降的趨勢。IBM、微軟、英特爾、惠普及戴爾電腦均呈同樣趨勢，足以反映我國資訊、電子等產業界未來發展的態勢。

表 15-4　美國大企業銷貨毛利率統計表

單位：%

| 年度<br>公司 | 2003 | 2002 | 2001 |
|---|---|---|---|
| Wal-Mart | 3.5 | 3.3 | 3.0 |
| G. M. | 2.0 | 0.9 | 0.3 |
| G. E. | 11.2 | 10.7 | 10.9 |
| IBM | 8.5 | 4.3 | 9.0 |
| H-P | 3.5 | −1.6 | 0.9 |
| Merck | 30.4 | 13.8 | 15.3 |
| Johnson & Johnson | 17.2 | 18.2 | 17.2 |
| Dell Computer | 6.4 | 6.0 | 4.0 |
| Microsoft | 31.0 | 27.6 | 29.0 |
| Motorola | 3.3 | −9.3 | −13.1 |
| P&G | 6.4 | 10.8 | 7.4 |
| Coca-Cola | 20.7 | 15.6 | 19.8 |
| Pepsico | 13.2 | 13.2 | 9.9 |
| Boeing | 1.4 | 0.9 | 4.9 |
| Intel | 18.7 | 11.6 | 4.9 |

資料來源：*Fortune*, April 5, 2004.
　　　　　*Fortune*, April 14, 2003.
　　　　　*Fortune*, April 22, 2002.

　　美國常自豪為一個消費導向的國家，因為購買力大，消費力強，才促進美國經濟的繁榮。但是提供產品與服務的零售、批發、百貨及超級市場等公司的銷貨毛利率則非常微薄，絕大多數均在 3% 以下，有的甚至連年虧損，尤其是自 2000 年以降，並非一般人想像中的獲利佳。此點可自表 15-5 見之。

　　包括沃爾瑪公司在內的 10 家美國最大的販賣業，2002 年毛利率在 3% 以上的僅 4 家，2% 以上的不過 5 家，3 家不超過 2%，2002 年有 3 家毛利率為負數。可知一般企業經營之艱苦。

　　美國最大的漢堡連鎖公司麥當勞，2003 年全球共有 31,000 家店面，其中美國本土占 13,000 家，他的銷貨毛利在 1999 年為 14.7%，2000 年為 13.9%，2001 年則降為 11.0%，2002 年陡降為 5.8%，趨勢至為明顯。麥當勞在不得已的情況下，只有將業績欠佳的店面關閉，以減少不必要的成本，以提高毛利率。

表 15-5　美國大規模零售批發，超市及百貨公司銷貨毛利率統計表

單位：%

| 公司＼年度 | 2003 | 2002 | 2001 |
|---|---|---|---|
| Wal-Mart | 3.5 | 3.3 | 3.0 |
| Kroger | 0.6 | 2.3 | 2.1 |
| Target | 3.8 | 3.8 | 1.8 |
| Sears Roebuck | 3.0 | 3.3 | 3.4 |
| Costco | 1.7 | 1.8 | 1.7 |
| Albertson's | 1.6 | 1.4 | 1.3 |
| May Dept. Store | 3.3 | 4 | 5 |
| Kmart | −7.6 | −11.3 | −0.3 |
| Safeway | −0.5 | −2.6 | 3.7 |
| J. C. Penny | −2.8 | 1.3 | 0.3 |
| Dillard | −5.0 | −4.8 | 0.9 |
| Best-Buy | 0.4 | 2.9 | 2.6 |
| 麥當勞 | 6.0 | 5.8 | 11.0 |

資料來源：同表 15-4。

　　自 2001 年榮登世界最大企業寶座的沃爾瑪公司，2002 年仍蟬聯龍頭榮銜，在此之前則分別為第二大企業及第三大企業。該公司鑑於微利時代，企業成長的主要策略為降低價格及毛利率，提升作業效率，並降低成本，促進銷貨，以達成利潤最大的目的。根據預測，沃爾瑪如果繼續以 12% 的速度成長，其他的企業如通用汽車、艾克遜石油公司，可能在短期內無法超越此一成長率，也就是在未來數年內，沃爾瑪將繼續霸占美國最大與世界最大企業的榮銜。因為沃爾瑪低毛利、低價格的策略在蠶食競爭者品牌時相當有效。❶

表 15-6　沃爾瑪近五年銷貨毛利率及排名情形

| 項目＼年度 | 2003 | 2002 | 2001 | 2000 | 1999 | 1998 |
|---|---|---|---|---|---|---|
| 毛利率 | 3.5% | 3.3% | 3.0% | 3.3% | 3.2% | 3.2% |
| 美國排名 | 1 | 1 | 1 | 2 | 2 | 3 |

產業毛利率

　　在國際化的時代，臺灣產業的毛利率直接受國外企業的影響。除漢堡及咖啡外，治療

---

❶ *Fortune*, April 14, 2003, pp. 35−38.

SARS 的藥也是從美國進口的，我國的手機及電腦工廠大多數是為美國的公司代工，高階的電子零組件則是自美國及日本進口。如果知道美國企業獲利的情形，我國相關企業獲利的趨勢大致也可推定。而且美國的資料取得最容易，可參考性也比較高。茲再將與我們關係密切的美國產業銷貨毛利率列表如下：

### 表 15-7a 食品服務業

單位：%

| 公　司 ＼ 年　度 | 2003 | 2002 | 2001 |
|---|---|---|---|
| McDonald's | 6 | 6 | 11 |
| Starbucks | 7 | 7 | 7 |
| Wendy Int'L | 8 | 8 | 6 |
| Jack in the box | 4 | 4 | 4 |
| Brinker Int'L | 5 | 5 | 6 |

資料來源：*Fortune*, April 14, 2004.
　　　　　*Fortune*, April 14, 2003.
　　　　　*Fortune*, April 22, 2002.

### 表 15-7b 食品及雜貨（超級市場）

單位：%

| 公　司 ＼ 年　度 | 2003 | 2002 | 2001 |
|---|---|---|---|
| Kroger | 2 | 2 | 2 |
| Alberton's | 1 | 1 | 1 |
| Safeway | −3 | −3 | 4 |
| Walgreen | 4 | 4 | 4 |
| Rite Aid | −5 | −5 | 2 |

資料來源：同表 15-7a。

表 15-7c　成衣業

單位：%

| 公司　　年度 | 2003 | 2002 | 2001 |
|---|---|---|---|
| Nike | 7 | 7 | 6 |
| Reebok | 4 | 7 | 7 |
| Jones Apparel | 7 | 7 | 3 |
| Polo Ralph Lauren | 7 | 2 | 3 |
| Kellwood | 2 | 4 | 3 |

資料來源：同表 15-7a。

表 15-7d　飲料類

單位：%

| 公司　　年度 | 2003 | 2002 | 2001 |
|---|---|---|---|
| Pepsico | 13 | 13 | 10 |
| Coca-Cola | 16 | 16 | 20 |
| Anheuser Busch | 14 | 14 | 13 |
| Adolph coors | 4 | 4 | 5 |
| Broun-Forman | 12 | 12 | 12 |

資料來源：同表 15-7a。

表 15-7e　電腦軟體設計

單位：%

| 公司　　年度 | 2003 | 2002 | 2001 | 2000 |
|---|---|---|---|---|
| Microsoft | 28 | 28 | 29 | 41 |
| Oracle | 43 | 23 | 24 | 62 |
| Computer Asso | – | –37 | –14 | 11 |
| Siebel System | – | –2 | 12 | 12 |
| Compuware | – | –14 | 6 | 1 |

資料來源：同表 15-7a，*Fortune*, July 18, 2001。

表 15-7f　電腦及辦公室自動化設備

單位：%

| 年度 公司 | 2003 | 2002 | 2001 | 2000 |
|---|---|---|---|---|
| IBM | 8 | 4 | 9 | 9 |
| H-P | 3 | −2 | 1 | 8 |
| Dell Computer | 6 | 6 | 4 | 7 |
| Sun Microsystems | −5 | −5 | 5 | 12 |
| Gateway | −7 | −7 | −17 | 3 |

資料來源：同表 15-7e。

表 15-7g　半導體產品

單位：%

| 年度 公司 | 2003 | 2002 | 2001 | 2000 |
|---|---|---|---|---|
| Intel | 19 | 12 | 5 | 31 |
| Solectron | −25 | −25 | −1 | 4 |
| Sanmina | −31 | −31 | 1 | 5 |
| Texas Instruments | −4 | −4 | −2 | 26 |
| Applied Miaterials | 5 | 5 | 7 | 22 |
| Advanced Micro Devices | −48 | −48 | −2 | 21 |

資料來源：同表 15-7e。

表 15-7h　製藥業

單位：%

| 年度 公司 | 2003 | 2002 | 2001 | 2000 |
|---|---|---|---|---|
| Merck | 14 | 14 | 15 | 17 |
| Johnson & Johnson | 18 | 18 | 17 | 16 |
| Pfizer | 26 | 26 | 24 | 13 |
| Briston Meyers | 10 | 10 | 24 | 22 |
| Pharmacia | 4 | 4 | 8 | 4 |
| Abbott Labortories | 16 | 16 | 10 | 20 |

資料來源：同表 15-7e。

## 獲利下降為普遍趨勢

從我國七個產業的稅前純益率與美國八個產業的銷貨毛利率可以明顯發現大部分企業的獲利率呈下降趨勢，其中高科技產業下降幅度尤大。除高利潤引發激烈競爭外，近三年世界性不景氣也是主要原因。

## 影響銷貨毛利率的因素

銷貨毛利率的高低，並不是企業界隨意訂定的，而是有一定的原則。根據美國的普瑞斯頓 (Lee, Preston) 的研究，發現毛利率和下列三點有關：

1.毛利率和一種產品的單位成本成反比關係，換言之，一種產品的單位成本愈高，毛利率應該愈低，相反也是一樣。

2.毛利率和商品的周轉率成反比關係。一種商品的周轉率愈高則其毛利率應該愈低。相反也同。所謂商品的周轉率就是從一種商品進入商店到這種商品出售所需要的時間。我們也可以將周轉率當作顧客購買一種商品的頻率。例如一般而言，麵包店的麵包通常至少是一天換一次，否則會變得腐敗，在一般中小學附近的麵包店，可能在早、晚各換一次。

3.使用零售批發商的品牌時，毛利率較使用有名的製造商的品牌要低。

上面這些原則的應用並不是一成不變的。上節也曾經說過，就短期而言，成本是影響價格的間接因素，任何有關價格的決策，如果忽略了需要，都不會達到最有利的水準。大多數的產品都呈顯季節性或循環性的變動，因此毛利率也應該隨著這種變動而調整。如果一種商品的毛利率一直維持在一個固定的比率，就一般情況而言，他不會達到利潤最大的目標。

柯特勒 (P. Kotler) 教授也認為一個固定不變的毛利率 (或百分比)，在下列二種情形下，可能會使該產品的利潤最大。這二種情況是：

1.在某種產量下，平均的單位生產成本相當穩定。

2.該產品需求曲線的價格彈性相當穩定。

這二個假定的條件 —— 生產成本穩定、價格彈性穩定 —— 都可以說明零售業的特點。換言之，零售業適於採用成本加成法的價格，這也可以說明零售業普遍均採用固定毛利率作為價格訂定標準的原因。

在製造廠商方面，這二個條件就很難做到，因此就沒有理論根據支持他們採用這種訂價法，特別是在大量生產，可以降低成本的情形下，邊際成本可能會與平均成本有所差別，假定製造廠商根據產品的平均成本訂定價格，他們可能得不到最大利潤的價格。

採用生產成本法，雖然有上述困難，但仍普遍為工商業界採用，其原因可歸納為：

1.一般人對於產品的成本與需要多半具有一個比較清楚的瞭解。零售業界則能夠相當容易的將經銷的產品之單位成本計算出來，如此一來，就可以將他自己的價格決策簡化，而且也不必在需要情況改變時，經常調整價格。

例如一位雜貨店的老闆從批發商進貨時，糖果的進貨成本為每公斤 50 元，假定他的毛利率為 20%，他不必考慮其他的因素，只要在進貨成本 50 元以外加上 20%（即 10 元）的毛利就是他糖果的售價，計算簡單而容易。

2. 當一個行業均採取產品成本作為訂定價格的標準，如果他們的成本與毛利率都很接近時，則價格水準也會趨近一致，價格競爭因而會減低至相當低的程度。目前國內的製造業界，產品的生產成本相差均甚為有限，產品的售價也就相當接近了。

3. 一般人感覺利用這種方法，訂定產品的價格，對購買者與生產者都很公平，賣方可以不必利用需要增加之際提高價格剝削購買者，生產者因為固定的毛利也可以獲得正當的投資報酬。

因此有人認為按成本加一個固定比率的訂價法具有管理簡易、競爭緩和與公平三個特點。

## 三、目標價格法

目標價格 (target pricing) 是以成本為中心的另一種訂價法。這種訂價法的特點是在訂價之前先計算出產品的生產成本與其他有關的銷售與管理費用，然後再加上一個他所希望的投資報酬率，作為該產品的售價，其性質和第一種的成本加成法相似。生產成本法的重點是根據單位成本與銷貨毛利率來訂定售價，這種方法則是根據希望的投資報酬率訂定價格，所以又稱為目標報酬訂價法 (target return pricing)。

使用這種方法訂價的企業，很明顯在一個產業中居於領導地位，否則訂定的價格根本無法實施，不然就是大規模的公營事業，如台灣電力公司，中國石油公司等。政府希望他們每年要交國庫一部分盈餘，他們為了達成盈餘的目的，必須先決定各種產品的售價及估計銷售量。如果價格低，則達不成盈餘目標。如果是計畫開發的新產品，既然已經確定無法符合公司投資報酬率，則此一計畫將被淘汰，不予考慮，所以這種方法與投資取決點 (cut-off point) 的方法相同：凡是報酬率無法達到某一預先確定的標準，則該投資計畫不予考慮。中油公司為什麼經常調整油價，原因即在此。如果中油國外的購油成本下降，油價也隨之降低；如果購油成本上升，只有調漲油價，否則達不成盈餘目標。

目標價格法的計算方法如下：

$$目標報酬價格 = 單位成本 + \frac{預期的報酬率 \times 投資金額}{銷貨量}$$

假定某工廠投資新臺幣 500,000 元，預期投資報酬率為 12%，預期銷貨為 20,000

單位，單位成本為 12 元。根據上面公式，

$$目標報酬價格 = \$12 + \frac{12\% \times \$500,000}{20,000} = \$15$$

如果我們已經知道有關的成本資料如下：

變動成本 = $10

固定成本 = $150,000

預期銷貨 40,000 單位

假定銷貨不到 40,000 單位，至少需要多少單位的銷貨才不會發生虧損。此時就要應用損益兩平點分析法 (break-even analysis)，這是最基本的成本分析法，其公式如下：

$$
\begin{aligned}
損益兩平點銷貨量 &= \frac{固定成本}{售價-變動成本} \\
&= \frac{\$150,000}{\$15 - \$10} \\
&= 30,000 \text{ 單位}
\end{aligned}
$$

由此可知，如果產品的相關成本知道以後，便可以計算出損益平衡的銷貨量。

 **實務焦點**

> **目標成本法**
>
> 在不景氣的年代，降低成本是企業求生存的主要策略。一般科技公司常要求其研發、設計、製造及採購等部門設法降低成本。日本企業界最常用這種方法，因此可稱此法為目標成本法 (target costing)。
>
> 該法是先利用市場研究調查，瞭解計畫中新產品的功能及特性，根據既定產品特點，並參考競爭者的價格以決定自己產品的價格。此法的重點是在控制成本，所以要分析研發、設計、製作及銷售等各項成本，並分析至相當詳細的程度。然後再分析組合零組件，刪除次要的功能，促使供應原物料的降低價格，以達成本降低的目的。此法的主要目的在使最後的成本能夠降低到規劃的成本範圍內。如果知道整個計畫無法達成，表示降低成本的目標作不到，則原訂價格錯估，因此目標利潤也無法達成。在此情形，公司只有另起爐灶，開發其他產品了。

## 四、成本為中心訂價法的檢討

一般人的觀念，都認為產品價格的訂定與成本有密切的關係。因此成本導向的觀念最普遍，最受重視。實際上，這種方法不是價格決策中一個唯一的依據，茲將以成本作為訂價核心可能發生的問題分析如下：

1.成本與價格的關係盡管非常密切，一個企業如果僅根據產品生產成本訂定價格，則忽視了外界各種因素對價格決策所發生的影響，特別是最後消費者對該產品的需要與他們對產品所作的評價。

2.成本表示的意義差別很大，在時間方面，一個公司帳面上所登錄的都是過去已經發生的成本，價格的訂定則是要瞭解未來成本的情形，即使有資料可以參考，這些資料的代表性已經很低。一般人多認為廠商製造一件產品所用的各種原始成本作為訂定價格的基礎已經足夠，但如果仔細查對，各種原料配件的進貨價格與產品製成後出售時的各種價格，往往有很大的差異。一般廠商為保障自己的利益，往往利用原料、配件的重置價格，而不利用製造該產品所用的原料配件的原始價格，由於此一原因，引起廠商在訂定價格時必須先預測各種原始成本的未來價格。這種觀念自從 70 年代能源價格節節上升以來，尤受重視。

3.生產事業的各種成本與生產數之多少有關。生產量愈少，單位成本愈高。製造費用與管理成本、推銷成本與運輸成本等與數量也有同樣的關係。因此管理人員必須尋求一個最有利的生產數量，以使上述之成本最低，而同時產品的直接成本不變。

4.成本的種類很多，在訂價時，應該根據總成本或邊際成本或機會成本？或者應該根據變動成本還是固定成本？無論採取那種都應考慮行業或競爭者的慣例。如果競爭者的成本低，根據低的成本訂價，價格可能也低。在此情形，除非產品在某一方面有差異性，不論產品成本高低，必須使其價格與競爭者相同。因此，在競爭性價格策略上，一個公司訂價所根據的標準，不是他自己的成本，應該是在該行業中最有效的生產者的成本，即最低的生產成本。因此，每個生產者與銷售者都必須使他的成本降低到該水準，否則他的投資報酬率就要比競爭者低。此可自下列關係看出：

價格 ＝ 成本 ＋ 利潤

假定價格水準相同，如果成本高，只有將利潤或投資報酬率降低。這些都和成本為中心的訂價有關。

下面再介紹另外三種訂價法。

## 認知價值訂價法

近年來愈來愈多的企業根據顧客對產品認知的價值 (perceived value) 訂價。這種認知的價值是主觀的，是顧客心目中對所要購買的產品的評價。如果他認為有關產品的價值高，願意付較高的代價，此時就可以訂定較高的價格；如果顧客認為價值並不高，不值得支付較高的價格，此時只得訂定較低的價格。也就是說，顧客對產品價值的認知決定產品的價格，而不是根據產品成本的高低訂定價格。

這種訂價法是應用非價格性的因素以提升產品在顧客心目中的形象，讓顧客感覺產品的價值相當高，因而才能訂較高的價格。這種訂價法如果能夠配合產品再定位的策略，其成功的機會可能更大。

一個企業在為一個特別的市場設計一種品質與價格的產品時，管理人員須要先估計在一定的售價下想要銷售的數量，銷貨量確定後，便知道需要的生產設備與能量、投資金額，以及單位成本等。上面這些資料如果都齊全，就可以推算這項產品是否能夠創造在預計的價格與成本水準，對公司提供滿意的利潤。如果管理人員在估算後認為可以達到，此時即可以開始發展，否則恐怕新產品的意念就要被淘汰。茲以美國杜邦公司為例，說明如下。

杜邦公司是採用根據認知價值訂價的公司之一。當杜邦發展出一種為製造地氈用的化學纖維時，便展示給地氈製造工廠，而且告訴他們，如果以每磅 1.4 美元的價格出售給他們，製造工廠仍可獲得和目前獲利率相同的利潤。杜邦稱這種方法為具有實際價值的訂價法。當然杜邦也知道將這種新原料訂價在每磅 1.4 美元，對於地氈製造廠並沒有任何差別。杜邦當然也可以訂在低於每磅 1.4 美元的水準，如果他的目的是要很快的打進市場，使其市場占有率快速的成長。

這種方法和以成本為中心的訂價法不同的一點是杜邦並不考慮他的單位成本，或是否能夠收回成本。相反地，他主要是考慮採用 1.4 美元的價格是否可以使他獲得足夠的利潤。這種訂價法的特點由此可知。

為了說明認知價值訂價法的精神，下面再舉一例，說明運用這種訂價法的策略。

　　臺灣某建築營造重機代理商代理很多外國重要機器設備，同業競爭者的一臺吊車報價假定是 1,000 萬元，該代理商則根據認知價值為他代理的機器訂價為 1,100 萬元，而且該公司仍然能夠獲得較高的銷貨。假如某建築商曾詢問該公司為什麼他經銷的吊車較其他公司代理的其他品牌的吊車貴出 100 萬元，該經銷商的答覆可能是這樣的：

| | |
|---|---|
| 1,000 萬元 | 如果吊車和其他品牌相等，這是該公司吊車應有的價格。 |
| 80 萬元 | 因產品性能優異耐久而增值。 |
| 50 萬元 | 因產品性能優異可靠而增值。 |
| 40 萬元 | 因服務優異而增值。 |
| 30 萬元 | 因對零配件具有較長期供應保證而增值。 |
| 1,200 萬元 | 包括各項價值在內的價格。 |
| 1,100 萬元 | 實際售價。 |
| 100 萬元 | 顧客實際獲得的優待。 |

　　當這家代理商的顧客聽到這個分析後，不禁目瞪口呆，本來還認為這臺吊車比其他代理商代理的品牌高 100 萬元，原來他們反而享受 100 萬元的優待折扣。在這種情形下，他於是購買一臺。由於代理商讓這位顧客相信他所代理的吊車，除本身的價值外，還可以節省長期的操作成本，這也就是說，顧客心目中認為這輛吊車的價值具有 1,100 萬元，所以他決定購買一臺。

## 按顧客支付能力訂價法

　　上面所討論的各種訂價法是以賣方為主；下面再說明按顧客支付能力訂價的方法。這種訂價法即所謂「看人要價錢」，在一般的個人服務業應用較多。例如私人開業的醫生，往往按照病人經濟情況訂價，會計師、律師，也有同樣情形。

　　按支付能力訂價的基本原則在於視購買者對於某種商品或勞務負擔能力及需要迫切的程度而定，一個推銷員患急性盲腸炎開刀與一位總經理害怕在高爾夫球場患上急性盲腸炎而事先主動切除的迫切程度既然不同，在費用方面因而有了差別。

　　採用這種訂價法，多半在腦筋裡先有個最低的價格，然後試驗著增高，看到何種水準為止；因此，可以說是利用試驗的方法，觀察需要產品或勞務的彈性多大，同時也考慮到支付的能力與可能得到的利潤。

在新產品剛上市時，沒有標準作為衡量應該訂定何種價格水準時，多採用這種試驗法（參看第十二章市場測定）。通常有二種方法可供參考：

1. 在不同的地區採用不同的價格水準。

2. 在產品未正式上市前，先訪問消費者，願意花多少價格購買該產品。

## 基準價格與額外價格

這種訂價法是在某些行業中根據一個單一的基準價格，為不同的等級、式樣或品質的產品訂定不同的價格。例如鋼鐵業，先訂一個基價，然後再依規格、品質等不同點，額外加上一個數額。汽車也是一樣，汽車車身可以作為一個基價，裡面的種種設備，如電視、收音機、冷暖氣等，按裝設的品質及數量，收取額外的價格。

在該類行業，價格改變的形式很多，其中有些好像看不到一樣，例如書籍的基價維持相當穩定，但額外的價格變動可能很大，這種變動可能與不同市場的需要彈性有關，也可能與運輸成本有關。

茲以美國在 2003 年伊拉克戰爭中使用阿布蘭姆斯戰車為例說明如後。

2003 年 3 月美國率領聯軍第二次攻打伊拉克所使用的阿布蘭姆斯 M1 戰車 (Abrams M1 Tank) 和炸彈之母 (Mother of Bombs) 兩項武器最出鋒頭，使該次戰役在短短三周內結束，較預期的時間快很多。

阿布蘭姆斯戰車最早是在 1960–80 年冷戰時期由美國通用動力公司 (General Dynamics) 所設計的，它的噸位大，裝設 120 釐米口徑的大砲，且可以在戰車移動時發射。在當時據說是為了可以發射核子彈頭而特別設計的巨砲，因此稱為陸上堡壘。1985 年通用動力共建造了 4,796 輛，每輛造價 170 萬美元。1991 年聯軍第一次攻打伊拉克時，美軍就是使用這種坦克戰車，當時伊拉克的戰車潰不成軍，幾乎全被阿布蘭姆斯戰車殲滅。美國軍方在伊拉克戰場上也深切的體驗到在廣大遼闊的沙漠戰場上，戰車在戰爭中的地位及應具備的性能及裝備，尤其是在二十一世紀高科技數位時代，應該如何利用現代資訊科技，讓阿布蘭姆斯戰車的成本低、設備現代化、性能更優異，以配合美國未來的陸海空整體戰略戰術計畫，擔負起捍衛美國及世界和平安定的責任。這就是對通用動力的挑戰。

通用動力公司經過長時間的研究發展，終於提出了為阿布蘭姆斯戰車「換頭換心」計畫，使它不但繼續保有槍砲不怕的盔甲車身與 120 釐米的巨砲，另外增加了

三項重要的高科技設備，使它成為現代戰場上的小型指揮中心，提升了它的功能。增加的三項功能分別為：

1. 可以讓指揮官在任何天候情況下精準地找到敵人所在的位置。

2. 利用電子定位設備，立刻指出有關目標的位置，提供參考。

3. 利用衛星定位系統，可以將發現的目標立刻提供給飛機駕駛人員，予以清除。

除此之外，因是數位設計，它的砲火可以較敵方既快又準的打擊對方。由於通用動力公司給阿布蘭姆斯戰車提升了巨大的戰鬥力，在 2003 年的伊拉克戰爭中，使伊拉克的共和衛隊及海珊的敢死隊不戰而潰，迅速結束戰爭，阿布蘭姆斯戰車居功至偉。不過，美國政府也支付通用動力公司龐大的額外價格。根據美國《商業周刊》的資料，在 1985 年每輛戰車的造價為 170 萬美元。90 年代通用動力換頭換心，增加高科技設備後，每輛新的建造價格增加為 410 萬美元。由此可知，先前的 170 萬美元為阿布蘭姆斯戰車的基準價格，每輛新增的 240 萬美元（410 萬 –170 萬）則是額外增加的價格。美國軍方鑑於新的戰車性能優異，價格昂貴，所以到 2003 年止，只建造了 547 輛。❷

## 需要導向的訂價法

成本導向的訂價法是以成本為訂價的核心，它是在成本以外另加一個一定百分比或數額之利潤作為價格。以需要為核心的訂價法是根據需要情勢調整價格的高低，因此脫離了成本。當需要增加時，就訂定一個較高的價格；當需要減弱時，價格就降低。在這二種情形下，單位成本都是一樣。這種訂價法，可能是達到最大利潤的一種方法。隨需要而調整價格的方法通常稱為差別價格法。

### 一、差別價格法

根據需要情形而訂定價格的方法中最普遍的一種是差別價格法，這種方法是同一種產品採用二種或二種以上的價格，價格的差異可以根據顧客、產品、地區或時間等因素。

1. 根據顧客而訂定的價格差異法：目前最常見的是一些電器、資訊產品與汽車的代銷商。例如一位顧客走進一間電器商店，可能按照標價不折不扣的購買一臺電視機；數分鐘後，另外一位顧客可能出一個較低的價格而成交。他們所買的電視可

❷ *Business Week*, August 14, 2003, pp. 38–39.

以是同一個廠牌，同一個規格，這二個交易的邊際成本也可能是一樣，但是賣方卻能設法用二個不同的價格賣給二個不同的顧客，這種因不同顧客使用不同價格的情形，似乎可以說明是由不同的需要程度或顧客對價格的瞭解程度不同而引起。對不同的顧客訂定不同的價格，對銷售者而言，這種訂價法是需要熟練的技巧，否則很容易引起顧客的反感。

2.根據產品外觀很小的差異而訂定不同價格：外觀差別而引起的價格差別，通常是較使外觀差別而引起的成本差別為大；換句話說，這種差別，心理的需要比外觀的差異重要。例如目前我們使用的冰箱外表都是塑鋼作的，如果某廠家為達成產品外觀差別價格法的目的，他可以將蓋子與冰箱門的上半段用一種堅韌細緻的木料作成，看來也許更高雅大方。假定這種冰箱的生產成本比原來的僅多 300 元，因為很多消費者喜愛這種乳白與咖啡色相配稱的冰箱，需要量相當大，因此每臺比原來的貴 500 元。不過，廠商不一定會將該類產品的價格增加得特別大，以期獲得較高的售價。有時，廠商甚至以較高的成本，將原有產品的款式加以修改，以低於修改成本的價格出售，而以鼓勵偏愛這種款式的顧客，用原有的型式的產品交換新型式的產品，以達到增加總銷貨金額的目的。

3.在不同的區位，訂定不同的價格，也是一種很普遍的策略：這種訂價法是在使每一位顧客付出願意付的價格，同時又可使他感到滿足最大。電影院的座位分前段後段就是一個明顯的例子。如果前段後段價錢不分，但比分段法的價格要高一點，則在看電影時後段的位置將搶先坐滿，看戲時則剛好相反。事實上，電影院在裝置座位時，每個座位的成本都是一樣，觀眾既然對不同位置的座位產生不同的偏好程度，就應該採用區位差別價格法，既然區位本來就是一種效用，又因為區位與價格對每個人的效用不同，電影院的座位就可以坐滿，門票收入因而可以達到最大。

4.根據不同時間訂定不同的價格：對於一種產品的需要，可能因為經濟循環、季節性變動或更短時間而有差別。旅遊業在春節期間與青年節前後，因為遊客多，需要量增加，個人或團體的票價均較平常及颱風季節貴。臺北市的飯店在國慶到元旦這段時間內，因結婚的人數多，需要密集度高，折扣比其他季節少。一般而言，固定設備大的企業，通常依需要密集的程度採用差別訂價法，如航空公司、旅遊事業、飯店等。

## 二、差別價格法應具備的條件

根據上列因素訂定差別價格法時，通常必須具備下列幾個條件：

1.市場必須可以區割，而且不同的市場呈現不同的需要程度。

2.以低價購進的貨物，不致轉售到高價格的市場。

3.競爭者不致在高價格的市場採取低價策略，以獲得有利之地位。

4.區割市場所花的成本不致超過因區割此一市場而獲得的利益。

差別價格法不一定獲得長期的最大利潤。如果利用需要程度大時，訂定較高的價格，雖然可以在短期內獲得最大的利潤；但就長期而言，對與顧客的關係，可能會發生不良的影響，尤其在競爭激烈的市場。

## 競爭價格法

當一個企業主要以其競爭者的價格為依據時，此種訂價法可稱為競爭性定價法，其重點不一定要訂定與競爭者相同的價格水準，但這是該法一個主要的精神所在。同時，這種方法也可以訂定一個比競爭者的價格高或低幾個百分點。

競爭價格法最重要的一個特點是訂定價格的企業不是硬性維持價格與產品成本的關係，或價格與需要的關係，其產品的成本與需要可能發生改變，因為他的競爭者將價格訂定而且維持在某一水準，所以他也只有維持在該一水準。同樣，當競爭者變動其價格時，即使產品的需要與生產成本沒有發生變化，也必須調整其價格。競爭價格法主要有二種。

## 一、現行市價法

這是競爭價格法中最流行的一種，是指一個企業將價格訂定在該業的平均價格水準，因此，又稱為模倣法 (imitative pricing)。此法為一般企業樂於採用的主要原因為：

1.當產品的成本難以衡量時，一般人均感覺現在流行的價格可以代表該業共同的價格決策之優點，採用該價格也可以獲得相當的報酬。

2.採用同業現行價格，不會產生不協調的後果。

3.要想瞭解同業競爭者與購買者對差異價格所引起的反應，是相當困難的。

這種訂價法適於產品性質一致的市場，因為一個企業在一個高度競爭性的市場出售性質非常相近的產品時，實際上，很少有自由訂價的可能，在這種情形下，很

容易形成一種市場決定產品的價格，而不是由一個企業或少數幾個企業聯合起來就可以決定價格。所謂市場決定價格是指由買賣雙方多方面的關係共同決定之。如果其中任何一個企業敢將其價格訂高，他將盡失其顧客，他也不須將價格降低，因為在此一現行價格下，可以將全部商品出售。由此可見，在產品性質一致而又競爭劇烈的市場上，例如食品類、一般原料與紡織品等，企業根本沒有訂定價格決策的自由可言，也沒有其他比較重要的參考指標。在此情形下，任何有效的控制其產品成本的方法，都是非常重要的因素，因為廣告與人員推銷在這種市場上不存在，主要的市場成本是產品的運輸。

如果只有少數幾家大的企業控制一個市場時，他們通常也應用競爭價格法，既然一個行業只有幾個供應者，每個公司對於競爭者的價格決策瞭解得比較清楚，購買者也同樣對他們瞭解得很清楚。

在產品具有明顯差別的市場上，每個廠商在價格的訂定上，通常具有較大的彈性，這種差別，不管是在形式上、品質上或效用上，都可以減低購買者對現有價格差異的感覺。

## 二、底價法

在競爭價格法下，如果產品是一些價值巨大的機器設備，或是一些工程浩大的國防設施，則多採招標訂價法，就同一工程，比較那個供應者的價格最低。這種訂價法與投標者本身的成本與需要緊迫情形無多大關係，換句話說，訂價的目的在於能夠得到該工作，要想得到此一工程，則必須訂定比其他任何競爭者訂的價格要低始可。

一般的公司，雖然亟欲獲得其所投標的工程，以便使其公司有工可作，但這類公司所訂定的價格通常也不會低於某一水準之下。在此情形，邊際成本是一個重要的分界點，如果訂定的價格低於邊際成本，得標的可能性雖然增加，但其營業情況可能會因得到該工程而受損；相反的，如果訂定的價格大於邊際成本，雖然獲得利潤的機率加大，但得標的機率可能會降低。此種理論，可以用期望值的觀念加以解析。

根據決策理論，投標價格以能獲得最大預期利潤為原則。如表15–8。這種方法從長期觀之，對一個大公司是有利的，因為他可以在同一時間，投標若干工程，並不一定絕對要爭取那一處的投標；如果一個公司偶爾投標一次，或對某一類或某一

個投標很想爭取到手，此時就不能應用上述的理論，作為決策的依據。例如，有 10%
的機會，可以得到 1 萬元的利潤與有 80% 的機率可以得到 1,250 元的利潤雖然是一
樣的，但假定一個公司想使他的生產設備充分的加以利用，可能就會選擇第二個方
案；換句話說，這又要看其他的情況而定。

表 15–8　不同標價對期望利潤

| 標　價 | 利　潤 | 取得投標的機率 | 期望利潤 |
|---|---|---|---|
| 5,000 | 100 | 80% | 80 元 |
| 5,500 | 600 | 30% | 18 元 |
| 6,000 | 1,100 | 10% | 110 元 |
| 6,600 | 1,700 | 1% | 17 元 |

　　從上面的分析可以看出，推測得到投標的機率是底價法一個核心的問題。由於
管理與應用數學的進步，在這方面已經可以獲得相當程度的解決。

## 心理訂價法

　　一種產品價格訂定的策略不論多正確，成本計算的不論多精確，產品是否能夠
為購買者接受，購買者的心理還是最重要，絕對不能僅考慮經濟面的問題。這也就
是理論和實務要密切配合的原因。

　　很多顧客在購買一件產品時，通常根據價格的高低判斷產品的品質，認為價格
高產品的品質就好，也就是說價格是品質的指標。如果能夠認清這一點，訂價就不
致有太大的偏差。民國 72、73 年間，歐斯麥餅乾 (O'smile) 以高價格、高品質、新
產品與密集而且強勢的廣告上市以後，一般家庭競相購買，為我國的餅乾業開創一
個新的市場態勢。後來在 73 年美國的麥當勞登陸臺灣速食業以後，也是以高價格、
高品質的策略打進速食業，轟動一時。如果麥當勞和歐斯麥不是利用購買者將價格
與品質相關的心理因素連結在一起，他們可能不會有後來的成功。

　　很多產品的價格帶有表現一種特殊形象或個人成就的感覺，當購買者使用該類
商品時，具有一種特別的感受，這種感受通常又隨著產品的價格不同而異。最好的
實例是汽車，坐在一輛國產裕隆或福特汽車內和坐在一輛朋馳 500 型車內的感受應
該是有差別的。讀者們如果具有這種經驗，一定也產生這種感受。很多人因為感受

不同，所以才兢兢業業辛苦的工作，去追求與實現他的願望。另外是女性用的香水，你用 100 元臺幣買一大瓶的國產花露水和用 100、200 美元買一小瓶的法國名貴香水，使用起來感受也應該不一樣，上面這二個實例都是在說明高價格能給購買者心理上一種特別的感受。

根據 1985 年艾利克遜 (Gary Erickson) 和約翰遜 (Johny Johansson) 的研究，發現在汽車方面，高價格與高品質是呈現相輔相成的關係。高價汽車會被視為是高品質的汽車，高品質的汽車同樣也會被視為是高價格的汽車，而且往往會將價格高估。這樣微妙的關係，正是企業界在訂定產品價格時應該重視與妥為運用的地方。❸

經銷商在訂定產品價格時，常應用一種參考價格 (reference price) 的策略，讓顧客在購買一種產品時，在無形中會參考有關產品附近其他同類產品的價格，作為選擇的參考。參考價格的一種方式是將有關產品現在的價格、過去的價格或購買時的情景都呈現在顧客的眼前。在我國一般百貨公司經常將一種產品放在一種價格昂貴產品的旁邊，這種作法無非是在告訴購買者這種產品和價格昂貴的產品是屬於同一類的高價品。這種作法也就是我們常說的貨比貨，價比價，如果貨比貨不遜色，那麼價格就不會使人有太高的感覺。現在國內的百貨公司，在出售女性服飾時，都是按照不同櫃臺的方式陳列。有時高價格的櫃臺又和中低價格櫃臺不放在同一層樓面上，一方面怕使顧客分辨不清，兼可具有品質差別、價格差別的作用。在價格比較高的櫃臺，不但產品品質顯示高品質的意味，其裝潢及服務人員的服裝與儀容通常也有相當明顯的差別，以便凸顯出高價格高品質的意味。這種現象從我國較具規模的百貨公司化妝用品部門可以一覽無遺。

很多專家學者認為奇數 (odd numbers) 訂價比較有效，在購買者決定購買不購買時，99 和 100 元有很大的差別。因為這個原因，現在很多產品都訂在 199 元或 395 元，而不訂在 200 或 400 元，很多購買者常將某種產品列為 200 元的價格水準，而不夠列在 300 元的價格水準內。因此盡管只差一個零頭，例如 1 元或 5 元，在他們心目中，也是有差別的。另外，奇數訂價可以告訴購買者這是表示這個價格已經是打過折扣，不能再折讓了。但是，如果一個公司是以高價格高品質的形象作為訂價的策略，則不適合採用奇數訂價法。

---

❸ Gary M. Erickson and Johny K. Johansson, "The Role of Price in Multi-Attribute Product Evaluations," *Journal of Consumer Research*, 12, September 1985, pp. 195–199.

## 折扣訂價法

折扣價格 (price discounts) 也是訂價法的一種，而且是一種訂價的技巧。很多公司都會採取修正其基本價格，以表示回饋購買者，例如對以現金付款給予折扣，大量購買給予優待，季節性銷售折扣等策略。這些都屬於價格調整的措施。茲簡要說明如下：

### 一、現金折扣

這種價格法是對那些付款迅速的顧客給予優待，以表示謝意。例如在會計上常用的三十天內付款，如果在十天內付現，則給予 2% 的優待折扣，就是一個典型作法。當然對於符合上述條件的顧客都得給予同樣折扣，這種訂價法的目的在於提升企業的周轉能力，降低收帳的成本與呆帳成本。

### 二、數量折扣

這種訂價策略的目的在鼓勵購買者大量購買，以增加銷貨。最常見的實例是根據購買的數量調整單價。例如購買量在 10 單位以下，每單位售價 100 元，在 10 單位以上，每單位僅 95 元，20 單位以上，每單位為 90 元。售價雖然可以依購買量的增加而向下調整，在實務上，必須注意因為大量銷售而節省的運輸、存貨、廣告，以及手續費等的成本不應該超過價格下降的金額，否則降價會導致虧損。這種大量採購享受優待的作法可以鼓勵購買者從少數一、二個供應者大量購買，而不必從很多供應商購買。

### 三、銷售功能折扣

所謂銷售功能折扣，也可稱為商業折扣 (trade discounts)，是針對銷售通路上的批發或零售商能夠從事比較多的行銷功能，如銷售、儲藏及售後服務等，而給予一種折扣優待。這種折扣多半是製造商主動提出，他可以針對不同的批發或零售商能夠提供的功能給予不同的折扣優待。我國化工業界多採用此類訂價法，以便將存貨與貯藏等功能讓批發零售商等分擔，避免颱風季節或氣溫過高時造成存貨變質的意外損失。

### 四、季節性折扣

這是經銷商或製造商在淡季對已經過時的產品給予優待，以便維持全年生產量的穩定，這種訂價法多應用在帶有季節性的產品。例如銷售游泳衣的商店每到夏末

秋初便開始以折扣促銷，刺激購買，清除存貨。在製造工廠方面，相信他們也同樣以折扣優待在淡季購買游泳服裝的批發與零售商。另外比較熟悉的例子就是遊覽車和風景區的旅館，每當旅遊旺季時間，不但一車難求，而且一個房間也難求。反之，在淡季時間，遊覽車與旅館業者為了吸引遊客，往往將價格降低到六折或七折。

## 五、價格折讓

價格折讓是從價目表上所列的價格加以減讓。最常見的實例是前幾年家電公司為了鼓勵一般節省的家庭購買新的冰箱和電視，於是規定凡是將舊冰箱或電視交給家電服務站，每臺電視可以折算 2,000 元，也就等於對新電視減讓 2,000 元。近二年來，汽車業界採用舊車換新車的風氣也相當流行。一般製造商為鼓勵經銷商支持他舉辦各種推廣活動，凡是參與廣告或促銷活動的經銷商，均可獲得相當優惠的價格折讓。

## 促銷價格

製造商在有些情況下，不得不將產品的售價訂定在價目表或成本以下，不過這是一種短期性的權宜之計，並不是長期的政策。促銷價格有數種形式，茲列舉如後：

## 一、名牌打折

一般的超級市場或百貨公司為了吸引顧客，創造銷貨，採取犧牲知名品牌的形象，以較低的價格或較大的折扣，作為號召。這種作法對知名的廠商而言是相當不利的，他們大多不喜歡被當作折扣的對象。因為商店經常利用這種策略招徠顧客，他們的品牌形象慢慢的會被一般顧客認為變得不流行或被新品牌取代等。在臺灣百貨界只有在特殊的節日，如週年紀念或特別的假期才偶爾利用名牌折扣的策略，製造人潮，一些經驗豐富的顧客，知道這種折扣優待，便利用這種時機購買名牌產品。在美國情形則不同，製造名牌產品的廠商，為了防止形象受損，曾一再要求立法限制零售批發商犧牲他們的產品形象，但是卻一再遭到反對而未能達到他們的要求。

經銷商常利用換季或特定假日，低價促銷，以吸引顧客，創造銷貨。

## 二、現金退還 (cash rebates)

近幾年來，規模大的經銷商和製造商常利用這種方法，促銷新產品。他們限定一個時間，凡在此時間內購買某種產品，就可以獲得現金退還的優待。在一般家用電器與汽車等價值較高的耐久性消費財，特別流行。因為在美國購買這些價值大，

使用時間較長的產品，多半使用長期信用貸款的方式。一般所得者購買了這些東西後，每月需要支付相當大的金額，每月所得減少相當明顯，財務陷入困難，廠商或經銷商深深瞭解這種艱苦的心理，因而利用退還現金的方式，對那些恐懼由於購買一種產品而使財務情形陷入困難的顧客，無疑是一種「紓解」的德政。

現金退還時間通常是二至三個月內，也就是說在顧客購買產品付款後約二至三個月後，就可以收到退還現金的支票。退還的金額以 3 美元、5 美元、10 美元等依次遞增最常見。例如買一個烤箱或電話機，價格約為 29.5 美元，在優待期間退還現金 5 美元；買一輛汽車如果為 20,000 美元左右，有的退還 500 美元左右，有的則高達 1,000 美元左右，視不同品牌及價格而定。這是一種典型的「羊毛出在羊身上」的策略。

這種策略的優點是可以刺激顧客購買，幫助廠商清除存貨，而不須採取減價的措施。根據美國的研究，早期的現金退還，相當具有推廣效果，但是重複幾次以後，刺激的效果便開始降低。在退還金額較小的情形下，購買者有時不太願意花時間去郵寄退還現金的表格，因而減輕廠商的負擔。

## 三、低利貸款

這是不必降低售價就可以刺激銷售的另一種方式。汽車經銷商或製造商為了刺激銷貨，往往利用只收貸款利息 3%，甚至於完全免利息的方法，避免減價，刺激購買。日本豐田汽車最先採用此法，相當成功。

使用推廣價格策略一個最大的困難是：如果你嘗試一種新的推廣價格成功，同業競爭者會立刻採取同樣的策略甚至更有效的策略，加入競爭。如果因此而失去其效用，不但使採用的公司損失金錢，也讓他失去應該改用其他推廣策略的機會，例如改進產品品質與服務，透過廣告改進形象等。

## 產品組合訂價

當我們將一種產品看成是產品組合的一部分時，產品訂價的觀念也可以從整個產品的組合加以考慮。因此公司價格決策的重點是要設法使整個產品組合的利潤最大，為達到此一目的，就要注意產品組合中各產品間價格的相互關係。考慮的產品數目一旦增加，他們彼此間的成本可能是相互關聯，滿足需求的利益可能是處於競爭地位，單獨產品價格的訂定更是困難，現在就分成下列數種情形加以說明。

## 一、產品線訂價

一個公司只有少數幾種產品時，多半是發展一序列的產品線，而不是只發展某一項產品。例如聲寶公司在發展電視機時，從彩色 17 吋到 29 吋，有數種不同規格的彩色電視機。管理方面在訂定這些電視機的價格時，須要考慮到每個規格間價格的差距。價格差距彼此間的大小須要考慮它們成本間的差別，顧客對產品特性的評估，以及競爭者的價格水準等。假定二種不同電視機的性能差距不大，如 19 吋和 20 吋，則顧客就會購買畫面較大，性能較優異的一種，如果 19 吋和 20 吋兩種的成本差別小於價格的差距，則聲寶公司的利潤將會增加。相反地，如果二種電視機的差價很大，則顧客可能會購買畫面小，性能稍差的 19 吋電視機。我國的電視製造商可能由於此一原因，後來漸漸集中生產大於 20 吋的電視，將 17 吋與 19 吋的停止生產。

生產者與經銷商為了避免訂價上的困難，因而將價格簡化成二種或三種，例如小、中、大畫面，每種畫面的價格差距也比較明顯。現在我國的電視機大部分都是採用此一訂價策略。

## 二、自選產品特點訂價

很多生產廠商將他們主要產品的特點分成若干種，讓購買者自己選擇。每一種特點都訂有不同的價格，這些價格的訂定也是相當棘手的問題。這種情形在汽車與電機產品等較多。在汽車方面，有自動雨刷、除霧器、制光器等，製造商必須決定那些設備應該包括在訂價內，那些可以讓購買人自由選擇，而不必負擔額外的成本。

臺灣地區的餐廳也有同樣問題。比較高級一點的餐廳為了招徠吃客，有的免費贈送小菜，有的在吃到一半時贈送下酒或下飯的名菜，也有的在最後贈送甜點或水果，有的餐廳根據訂席的價格不同而採差別待遇，有的則讓吃客自由選擇。也有的餐廳在客人飲酒時，利用此種訂價法。例如有的餐廳賣酒的價格較高，小菜則是免費贈送；有的則在喝高級酒時因為價格高、利潤大，有關的小菜免費；又有的隨酒價的不同贈送不同的菜飯。在美國也有類似情形，有的餐廳酒的價格高昂，菜飯價格低廉，有的則剛好相反，菜飯價格貴。從餐廳管理立場而言，酒的售價高，可以創造利潤，補貼菜飯，這類餐廳的服務生想盡辦法，向客人推銷酒類，希望客人不要只吃飯不喝酒。

## 三、配搭產品訂價

有些產品的使用必須和其他產品配搭，才能使用，而且其中一種使用的時間較

另一種長久，另一種則有搭配或附屬的意味。在訂定此類產品的價格時，就需要考慮二者的配搭關係。例如刮鬍刀的刀片和刮鬍刀就是一個實例。刮鬍刀的生產商訂價可以低廉，以便促銷，自己或相關企業的刀片售價則可以貴一點，一般的顧客不可能由於刀片貴就不購買新的刀片，而使用不利的刀片修面。其次，相機和軟片是另一個實例。柯達 (Kodak) 相機的售價可以低廉，相機用的軟片則可以幫助柯達賺錢。反過來說，那些只製造相機而沒有生產軟片的公司，則只有將相機的售價訂的比柯達等相機高。

如果柯達公司將軟片售價訂的太高，也會影響其銷售量，尤其是如果售價太高，會鼓勵同業競爭者加入競爭，或仿冒有關的產品。例如美國著名的營建公司卡特皮勒 (Caterpillar) 生產的重機械利潤率只有 30%，但是他的零配件的毛利率卻高達 300%。由於利潤奇高，因此仿冒的零配件售價低廉，非常盛行，修理站為了爭取顧客，多願採用廉價的仿冒品，致使真正的零配件銷貨量大受影響。卡特皮勒公司雖然設法使修理站盡量使用正牌的零配件，但是由於售價太高，對於冒牌假貨仍然防不勝防。

## 四、兩段訂價法

一般公用事業及服務業常採用這種方法訂價。他們先收一個固定費率，然後對額外的服務按照不同的數量收取不同的費用。例如現行電話費率，在收電話費時就採兩段收費法，如果每個月的通話次數在規定次數以內，例如一百次，是收 100 元，超過次數則另外收費。臺灣地區很多遊樂觀光場所也採此法，一種是門票，另一種是每玩一個單項設施收費一次。

這種訂價法也會遭遇和配搭訂價法相似的問題，如果門票太貴，遊客自然受影響，如果為了招徠遊客，將門票價格降低，而將單項遊樂價格提高，遊客們又可能只是閒逛而不作單項遊樂器的消費。一般而言，門票售價多半訂得較低，希望能吸引較多的顧客。

## 五、副產品訂價

在肉類加工與石油化工等產業都有副產品，如果生產的副產品沒有價值，則需要花很大的成本處理副產品甚至廢棄物。生產廠商通常會設法為這些副產品訂一個高於處置該類副產品成本的價格。假定副產品對某些顧客有利用的價值，則會根據其價值訂價。

## 訂價範例

　　為幫助同學們瞭解訂價法在實務上的應用，下面是綜合產品與價格決策幾章的二個實例，希望藉此基本範例，收舉一反三之效。

### 一、均衡點分析法

　　假定復華公司能夠將他的產品從 1 元提升到 1.25 元，假定其他的變數，例如銷貨等沒有明顯變化，則我們立刻可以知道該廠商在單價 1.25 元時，可以提早達到損益二平點。

　　假定總成本為 10,000 元，在單價為 1 元時，需要銷貨 10,000 單位才能收回總成本，現在單價漲到 1.25 元，銷貨只要 8,000 單位就可以收回總成本。

　　同學們應該注意的是產品的售價上漲固然可以使損益二平點提早達到，也就是說本來需 10,000 單位，現在只要 8,000 單位就可以了。不過當售價由 1 元上漲到 1.25 元，銷貨勢必比較困難。此一關係可以從下列各圖形見之。

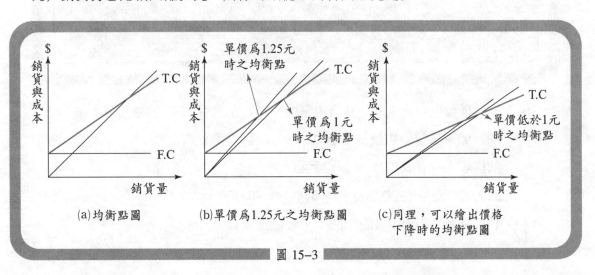

圖 15-3

### 二、多種產品組合

　　上例假定只有一種產品當其價格增減時所發生的影響。實際上，任何的廠商與經銷商都經營很多種產品，實際問題都比上例複雜。茲再用下列資料解析多種產品有關資料的變化。

　　假定某商店經銷之傢俱資料如下：

表 15–9

| 產品名稱 | 銷貨毛利率 | 占總銷貨的百分比 |
|---|---|---|
| 桌 子 | 40% | 30% |
| 椅 子 | 30% | 10% |
| 床 | 35% | 40% |
| 檯 燈 | 50% | 20% |

假定該店的固定成本為 50,000 元，變動成本估計為銷貨淨額的 12%，從表 15–9 可知，該經銷商桌子的銷貨成本為其售價的 60%，檯燈的銷貨成本為其售價的 50%，則該經銷商的銷貨毛利率為：

表 15–10

| | 毛利率 | | 銷貨百分比 | |
|---|---|---|---|---|
| 桌 子 | 40% | × | 30% | =12% |
| 椅 子 | 30% | × | 10% | = 3% |
| 床 | 35% | × | 40% | =14% |
| 檯 燈 | 50% | × | 20% | =10% |
| | | | | 39% |

由上面四種傢俱銷貨毛利，其為售價的 39%，在減去 12% 的變動成本後，尚有 27% 的利潤。如果該傢俱店銷貨為 200,000 元，可獲得利潤為：

銷貨收入 – 銷貨成本 = 銷貨毛利

200,000 元 –（200,000 元 × 61%）= 78,000 元

利潤 = 銷貨毛利 –（固定成本 + 變動成本）

= 78,000 元 –（50,000 元 + 200,000 元 × 12%）

= 78,000 元 – 74,000 元

= 4,000 元

## 實務焦點

### 球賽門票價格隨球隊而異

在臺灣看一場國際級的籃球或棒球賽只要花幾百元新臺幣就可以，在外國可就不簡單

了。就以美國國家籃球協會 (NBA) 級球賽而言，隨便一場球都要花上新臺幣 1,000 元以上，而且門票價格因參賽球隊不同差別很大。因此在美國看誰和誰比賽，以及在那個場地比賽，球迷們必須精打細算，才能獲得最大的享受。

根據報導，2002 年球季票價又上漲 3.5%，想到現場看洛杉磯湖人隊 (LAKERS) 歐尼爾及布萊恩二位巨星的球迷，平均一張票要花 71 美元，約 2,480 元臺幣。如果一家四口前往看球，共需花費 284 美元門票。另外，根據「球迷花費指數」計算，一家四口看一場球賽所花費的總金額為：成人平均票價二張、孩童平均票價二張、二杯啤酒、四杯可樂、四條熱狗、停車費 (一輛車)、比賽指南二本和一頂球隊帽子，所以門票加上各項花費，共需 371.7 美元，如以 1 美元兌換新臺幣 34.8 元計算，共需新臺幣 13,000 元左右。一般家庭實在看不起 NBA 籃球賽。❹

## 門票隨球隊排名而異

洛杉磯湖人隊連續三年贏得 NBA 二十九隊中的冠軍，要看他們的比賽，門票最貴，其次則為紐約的尼克隊及沙加緬度的國王隊。在二十九隊中，勇士隊的門票最便宜，只有 26.4 美元，這是典型的差別價格法。茲將門票最貴及最便宜的五隊及票價列出。

### 美國 NBA 球賽門票最貴及最低五隊名稱及門票價格

單位：美元

| 最　貴 | | 最　低 | |
| --- | --- | --- | --- |
| 球　隊 | 門　票 | 球　隊 | 門　票 |
| 湖　人 | 71.1 | 超音速 | 34.0 |
| 尼　克 | 64.0 | 金　塊 | 32.8 |
| 國　王 | 59.0 | 暴　龍 | 31.0 |
| 籃　網 | 54.4 | 活　塞 | 30.6 |
| 火　箭 | 54.2 | 勇　士 | 26.4 |

## 吃喝價格因地區而異

吃喝在美國各球場的花費也有明顯的不同。啤酒在湖人主場每罐要 7.25 美元，最貴，居各球場之冠，在魔術主場只要 3 美元，最低。熱狗和可樂在黃蜂主場紐奧良，都要花 4 美元，最貴；但在金塊和活塞主場只要 2 美元，最便宜。

停車費的差別更是明顯。在邁阿密要花 25 美元，而在溜馬隊和魔術隊主場只要 5 美元。

不同球類比賽，門票也不一樣。在各類球賽中，美式足球的門票至少為 50 美元，排名第一；NBA 籃球門票排名第二；冰球賽為 41.6 美元，排名第三；美國棒球大聯盟的門票最便宜，只有 18.3 美元。

---

❹　參考《聯合晚報》，91 年 11 月 12 日。

# 習 題

1. 說明成本導向訂價法的內涵。

2. 說明認知價值訂價法的內涵。

3. 說明需要導向訂價法的內涵。

4. 說明目標價格訂價法的內涵。

5. 心理訂價法在現在何以受重視,試說明之。

6. 試說明常用的促銷訂價法之內涵。

# 第六篇
# 行銷通路策略

# 第十六章　認識行銷通路

## SARS 彰顯通路的地位

2003 年 4 月下旬臺北市立和平醫院爆發院內醫護人員多人感染 SARS 後，接著又傳出同區的仁濟醫院也發生類似情形，原本就已驚恐的臺北市民於是爭相搶購口罩。5 月初北市為防止疫情擴大，下令公車、計程車司機必須戴口罩，民眾搭乘公車、捷運及國光號等交通工具為求安心，也多戴口罩以自保，結果造成口罩嚴重缺貨。政府有鑑於此，於是下令將在海關保稅倉庫的數千萬個口罩徵調，優先將醫護專用的 N95 口罩配發給各地診治 SARS 的醫院，其他的則交民間使用。但是，根據報導，政府高級官員找不到適當的通路將口罩迅速而有效的流通到市場，供急需的民眾使用。就如同時間伊拉克戰事結束後，聯合國大量救援物資堆積在聯軍駐紮的地區，不知如何發放給瀕臨飢餓邊緣的伊國平民果腹的情況如出一轍。在科技如此進步的臺灣，想不到有了口罩卻不知透過什麼管道可以迅速而有效地配售給急需的民眾使用。令人啼笑皆非的是政府主管部門發出口罩的數量和收到的數量又產生了明顯的差距。❶沒想到 SARS 疫情彰顯了我國通路知識的不足及通路的重要性。

## 網路是企業的命脈

人依賴血脈維持生命，企業靠網路或通路成長發展，企業如果沒有網路，資訊無法蒐集，也無法傳播，產品無法銷售，所以網路為知識經濟年代企業的命脈。現在經營網路的公司以及供應網路公司軟硬體的公司，已成為本世紀初期黯淡的經濟天空中少數幾顆閃亮的明星。

傳統產業因為競爭國際化、資訊化的衝擊，愈來愈重視銷售網路的地位及功能。過去，規模較大的廠商重視與他直接有業務關係的網路成員，如原物料的供應商、自己產品的經銷商、代理商，以及購買、使用的消費者。現在關係改變了，廠商重視的是連結原物料、零組件、半成品及製成品等整體供應鏈 (supply chain)，而且特別強調他們運作流暢，俾能有效的將產品、勞務或資訊傳送到最後的消費者手中，

---

❶ 《聯合報》，92 年 5 月 14 日。

以滿足他們的需要。因此製造廠商一方面從他使用的原物料、零組件等供應鏈上游的功能、效率、成本結構等因素研究改進，一方面從自己產品出廠後經銷，物流運輸以至到達最後消費者手中的過程加強改進。

根據柯特勒的說法，現代行銷規劃作業應該從原物料、生產投入要素、工廠生產能量等構成的供應鏈作為出發點❷，不應該遵循從前的作業過程。由於資訊科技的進步與網路普遍使用，一般企業與其他的企業，不論是有無業務往來，都設有自己的網站，利用專設的網路與具有規模的企業連繫，利用網路銷售特別的產品，一方面也與處於競爭地位的同業，共同向供應商訂購零組件，以收大量經濟的效果。汽車、資訊、家電等廠商都是採用同樣作法。

## 網路成員的結構

在現代的行銷體系下，大多數的生產廠商都不是直接把他們的產品銷售給最後消費者，而是在生產與最後消費者之間，存在一些行銷的中介機構，有的稱為通路成員，執行各種不同的行銷功能，並擁有各種不同的名稱。這些所謂的中介機構，就是我們通常所說的行銷通路或網路，其中包括批發商與零售商，又稱為經銷商。

行銷通路是一組獨立的機構，他們的工作是將廠商的產品或服務提供給最終消費者使用。這些機構的種類多，功用各不相同，通常所說的經紀商 (broker)、廠商的代表 (manufactures' representative)、銷售代理人 (sales agent) 等都是。他們的主要功能是負責尋找購買產品的顧客，代表生產者和顧客接洽有關的事宜。在此過程中，他們並未取得商品的所有權，僅是設法介紹促成交易，因此稱為代理中間商 (agent middlemen)。有些中間商，如批發商 (wholesales) 及零售商 (retailers)，他們在交易的過程中，主要是購買，取得產品或勞務的所有權，然後出售給需要者。第三類的通路成員包括了物流運輸業、銀行保險業、倉儲業，以及負責辦理商展，推廣工作的業者，他們幫助行銷作業的達成，所以稱為交易的促成者 (facilitators)。

## 通路決策的重要性

中國人講信用，通路一旦安排確定，就很少變動，因此在過去企業界因通路而

---

❷　Philip Kotler, *Marketing Management.* Upper Saddle River, NJ: Prentice Hall, 2003, pp. 503–504.

發生問題者甚少，通路成員雖扮演貨暢其流的功能，卻很少覺察到他的重要性。實際上，通路決策影響整個行銷決策。因為：

1.一個公司行銷通路的選擇，和其他每一項行銷決策都有密切的關係。例如生產者的價格決策，必須要看他採用那一種的通路策略，如果是採選擇性少數幾家代理商，所獲得的佣金百分比通常較使用密集性，很多代理商要高，當然少數幾家的責任就要大。同樣，廣告決策也受通路上經銷商合作的意願而定，如果家數少，合作意願高，經銷商願意擔負推廣展示等工作，廣告預算分派到大眾媒體的金額可能會增加，推銷人員的決策也是根據是否直接銷售給零售商抑或需透過批發商或地區代理商出貨。上述實例說明並不表示通路決策永遠較其他的行銷決策重要，而是指出通路決策對行銷組合的其他三個 P 都有相當重要的影響。

2.通路或網路是涉及二個企業或個人間訂定的長期合約，不能輕易的改變。當一個家電製造商和一位特約代理商簽定專門代理家電產品銷售合約以後，即使家電產品市場情況改變，家電廠商也不能輕易的片面改變原來的合約，由自己新設立的業務部門或新找到的服務站將原來的代理商取而代之或更換。所以製造商在尋找推銷自己產品的合作伙伴時，必須要慎重考慮，因為其產品將來在市場上發展的情形，和他所選擇的經銷商有密切的關係，如果製造廠商的產品在市場上相對的地位優異，經銷商的作業會受到正面的激勵，廠商利潤高，一方面可以加強推廣宣傳，同時也可以累積資金，研發新產品或改良現有產品，收相輔相成的效果。經銷商與廠商的關係既然如此重要，經銷合約一旦簽定，就不能隨便改變。此點對雙方業務發展具有重要的啟示。

近年來，國內由於經濟環境的變動，這類的實例指不勝屈，其中以裕隆汽車和國產汽車公司於 77 年終止了二十多年的合作協定，最為知名。

裕隆汽車與日本日產汽車建立技術合作是由國產汽車的創始人張建安介紹而成，裕隆公司為答謝國產汽車，將裕隆汽車及零組件的總經銷完全交由國產負責經銷。

當時臺灣的汽車業完全受制於日本技術的限制。1976 年吳舜文女士接掌裕隆後，堅持要發展裕隆自己的技術，於是在 1981 年投資 20 億，成立裕隆工程中心，1984 年裕隆開發出第一輛「飛羚 101」汽車後，並未獲得國產汽車的認同，銷售成績自然不會理想。裕隆公司則非常重視「飛羚」，於是有為飛羚另找經銷商之意，結

果導致裕隆汽車與國產汽車的經銷關係全面中止。日產汽車因與裕隆有技術合作在先，也不高興，使雙方合作的關係幾乎中斷。國產汽車自與裕隆終止經銷關係後，營業雖仍繼續，核心業務則已受重創，加上汽車買賣競爭激烈，經營益形困難，1998年度該公司營收約 83 億元，較前一年下降約 50%，虧損則高達 117 億元，終於因負債過鉅而宣告破產，據報導共負債約 1,000 億元。吳舜文女士為了維持與日產技術合作關係，曾親赴日產總部交涉，並承諾放棄與美國通用汽車公司的合作談判，日產釋懷，此後雙方合作關係更為密切。

2003 年 5 月裕隆宣布裕隆與日產進一步合作，將裕隆分割成二個公司，老裕隆計畫從事專業汽車代工，新裕隆日產占 40% 股權，餘為裕隆股權，如此一方面可使日產打進大陸市場，同時裕隆仍可以獲得技術合作，進軍國際市場。當年裕隆總代理的國產汽車則已破產多年。

由此可見，一個企業的行銷系統，是一項重要的外在資源，通常需要花費好幾年的時間才能建立起來，而且一旦建立起來，就產生惰性，很不容易改變。它和生產設備、研究發展功能、工業工程，以及銷貨人員等內部資源具有同樣的重要性。所以行銷系統對於那些擔任配銷工作的公司而言，代表一種相當時期的承諾，這種承諾包括了政策和業務，它們又是構成一個企業長期業務關係組合的基本因素。

由於行銷通路地位如此重要，在企業的安排決策上，傾向保持現狀，不大改變。此點也提醒管理人員應該謹慎的選擇，不僅只考慮目前的銷售環境，也要注意未來發展的情勢。國產汽車是一個頗具價值的實例。

## 通路決策的特性

銷售通路既是廠商與最後消費者之間各種作業往來的網路。一個社會的經濟愈發展，交易愈頻繁，通路上的往來就愈緊密，發生的問題就愈多，有關通路的決策就愈重要。因此在動態的競爭市場上，如何建立與維持通路上各種作業的暢通，是市場作業成功的先決條件。

在高度發展的經濟環境下，大多數製造廠商不直接將他的產品銷售給消費者。在製造商與最終消費者之間，有一連串的市場機構，如批發、零售等，從事各種不同的行銷業務，所以銷售通路是指在一定時間內製造商、批發商與零售商等的各種作業與決策。這些作業所牽涉的是一種產品或勞務所有權或控制權的轉移，而不一

定是指實體貨物的移動。這種移動是從生產者到消費者的過程中所透過的各種行銷機構。因此任何一種產品所使用的銷售通路都代表了製造、批發、零售商與最終消費者共同努力所作的決策，而不是單獨任何一個階層的決策。

為期有效的將產品推銷出去，廠商必須決定他的產品應該利用那些批發與零售商，才能達成預定的目標。同樣，批發商與零售商也要選擇經銷那些廠商的產品，或那些品牌的產品，才能達成長期利潤最大的目標。生產廠商都知道通路是其產品到達市場最主要的網路，因此廠商在行銷作業的基本目的是在選擇與發展上述的網路，以便與公司其他的各種業務配合，以達到利潤最大、成長穩定的目的。有的企業如 7–11 超商等，他們最重要的決策即在此。

生產廠商的通路決策主要為：

1. 決定採用批發商的型態與家數。
2. 決定採用零售商的型態與家數。
3. 決定與批發零售商的各種關係。

廠商在作這些決策時，通常沒有很多自由去選擇他理想的通路成員，他多半遷就現實在現有的通路中選擇，而且這些方案也不盡符合其目的與理想。他們也知道，除非自己設立自己的通路，否則就得遷就現實，利用現有的通路達成目的。

## 通路階層的數目

行銷通路 (marketing channel) 也稱為銷售通路、網路通路及配銷通路等，是由一組機構組合而成，他的任務是將產品或產品的所有權從生產者移轉到使用者的過程中所有的活動。

行銷通路階層的數目是指在這個通路上每一個擔任將產品及所有權移轉到使用者的機構或個人，就稱為一個通路階層。應該注意的是這些機構所擔任的工作有的只是其中一部分，有的則是全部，要看階層的數目多少而定。

因為生產者及使用者都參與了把產品及所有權運送到消費點的工作，在每一種通路中，他們都被列入，所以在計算階層數目時，是以中介階層的數目多少表示，所謂行銷通路的長度，則是以階層數目的多少表示之。下面我們用圖形說明此種關係。

1. 零階通路 (zero-level channel)：也叫直接行銷通路，是由製造商直接將產品銷

貨給使用者所組成。例如臺北市陽明山的居民常在上午將自己種植的山藥運送到臺北市果菜市場銷售。現在很多生產廠商為了加強競爭，強調自產自銷，就屬於此一類型。

2. 一階通路 (one-level channel)：是包括一個中介機構，在消費市場，這個中介機構通常是零售商，在工業市場則可能為銷售代理商或佣金商。

3. 二階通路：包括二個中介機構，在消費市場多半為批發商與零售商。例如一般日用品的零售商多從批發商處進貨，消費者則從零售商購買。在工業市場則為銷售代理商及批發商。

4. 三階通路：包含三個中介機構，我國進口產品的銷售常有此種情形。例如臺北市的進口商將進口的消費品或工業品交給臺中市或臺南市的批發商經銷，各鄉鎮的零售商再從這些地區性批發商進貨，然後銷售給最後消費者。

在很多特殊的產業，也有更高階的行銷通路，不過比較少見。從生產者的立場來看，他是和最接近的中介機構交易，關係比較密切，彼此間的問題比較容易解決，通路階層一旦增加，其間彼此利害權益問題也就隨之增加，除非生產廠商具有相當的規模與影響力，否則相當難以控制。

工業品的製造商有時採雙軌制，藉以加強產品的銷售，一方面由自己的銷售部門將產品直接銷售給工業品的行銷商與使用工業品的顧客，同時也委託代理商銷售，代理商再推銷給工業品經銷商與使用其產品的客戶。為避免廠商與代理商作業上的重疊或衝突，可以劃分地區或客戶等方法解決之。如圖 16-1。

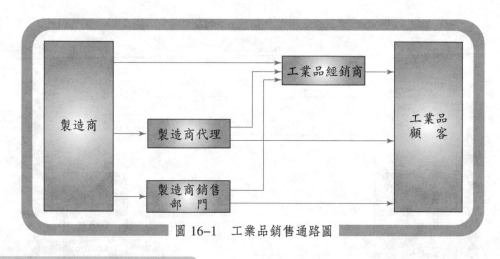

圖 16-1 工業品銷售通路圖

## 通路流程型態

上節說過在生產、批發與零售商等機構之間，通常有很多不同類別的作業與決策流程貫串連繫，我們稱他們為流程 (flows)，其中主要的流程計有實體流程 (physical flow)、所有權流程 (title flow)、貨款流程 (payment flow)、資訊流程 (information flow) 與促銷流程 (promotional flow) 等型態。現簡單說明如下：

1.實體流程：從原料、零組件、半成品到製成產品，到最後消費者的所有過程，所流動的都是實質的原物料或成品，所以稱為實體流程。

2.所有權流程：指貨品的所有權由行銷通路上的一個機構移轉到另一個機構的流程有時是非常重要的，例如土地與房屋的交易，因屬不動產，不能移動，不能像一般的商品交易，銀貨兩訖。在此情況下，能夠變動的只有所有權的移轉。

3.貨款流程：指顧客付款給經銷商，經銷商付款給製造廠商，再由後者付款給各別供應商的一連串過程。

4.資訊流程：指行銷通路上各種資訊的交流過程。例如零售商將顧客對某種產品的意見反映給批發商或生產者，生產廠商也可以將有關產品的特點、功能、用途或使用方法向經銷商說明，請他們傳達給使用者。廠商也可以將市場預測的資訊傳達給經銷商，讓他們注意市場變動，俾設法妥為因應。

5.促銷流程：指行銷通路系統內各種影響力的交互作用，例如廣告、人員推銷、店頭減價、車廂廣告等是從行銷通路上依次傳達到使用者，在另一方面，消費者的各種組織則可以將消費者的各種訊息傳達給社會大眾，以產生抗拒或抵消某些過分誇大或不實的促銷活動。

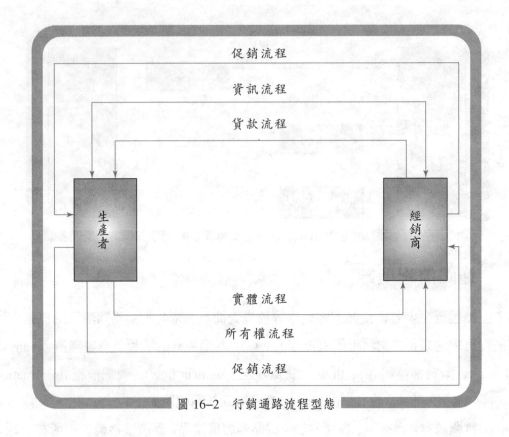

圖 16-2　行銷通路流程型態

## 服務業的行銷通路

　　行銷通路的觀念不僅限於實體商品的配銷，若干服務性的產業，例如學校、醫院、理髮店等為了要提供顧客方便的服務，使目標市場的每一位顧客都能很方便的接近他的產品——教育、醫療、或美容瘦身等，是服務業在今後努力的方向。因此若干專家認為臺北市連鎖商店的發展，使主要商業街道上的店面身價倍增，可能是造成三十年來臺北市及周圍房價上漲的主要原因之一。現在我們再進一步說明如下：

　　醫院要想提供社會大眾完全的醫療服務，就應該設立在交通方便的地區，否則醫療品質雖然優異，卻因位置偏僻或交通不便，受惠人數將會受到影響，而無法發揮其預期的功能。對一般小朋友而言，上學方便是一個重要的考慮因素。政府的教育部門也盡量設法限制越區就讀，為的就是不要因為讀書而每天早出晚歸，將時間浪費在路上，每天承受擠車與候車之苦。為了提供及時的防災服務，消防隊應該設在最容易到達可能發生事故的地點，以免延誤寶貴的救災時間。臺灣地區的美容理髮店，為了方便顧客，多半設在住宅區的邊緣，或在住宅一樓或地下室，設法能讓

愛美與整潔的顧客經常利用空餘的時間去美容。

在個人行銷方面，行銷通路的觀念也非常重要。在前幾年，歌星只有在電視的歌唱節目、歌廳或大規模的晚會節目上亮相，一展歌喉，現在亮相的「管道」比以前增加很多，說明了他們也知道如何開闢他們的通路，以提供他們服務的機會，展現他們的才藝。

## 中間商的地位

為什麼製造廠商願意把一部分產品的銷售工作交給經銷商，而不經由自己的人員去銷售？製造廠商一旦將產品授權給他人經銷，則表示廠商將一部分或大部分產品銷售權交付經銷商，經銷商由於攸關他所代理經銷產品的成敗，他的責任與壓力可以想見。

一般而論，製造商可以直接將其產品銷售給最後的消費者，如果不採直接銷售，而是利用中間商，必定有某種原因，其中主要可歸納為下列幾點：

1.財務原因：現在的製造廠商大部分資金投在生產廠房、設備及研發上，如果自產自銷，存貨滯壓的資金將相當龐大，假定有此能力，可能會用於採購新的機器設備，以提升品質或降低成本。何況自己從事經銷，需要大量的人力財力，並非一蹴可幾。因此即使世界上最大的汽車公司——通用汽車，仍然採取經銷商制，將他的汽車交由 18,000 多家代理商銷售，如果他要自己銷售 1,956 億美元的汽車（2003年營業額），他需要多少人力財力？

2.分工合作：達到雙贏目標。生產廠商不論採取何種方法直接銷售，可能都沒有利用中間商實際可行與有效率。因為遍布各地的經銷商都是經過若干年的嘗試、學習與經驗形成的，在他作業的地區擁有他們的客戶或零售商，而且多半保持良好的關係，利用他們地理與人際關係的優勢，再給予適當的誘因，分工合作，以達到雙贏的目的。

即使生產廠商資金充沛，如果發展自己的銷售網路，可能會發現不如將等額的資金投資於其他方面，所獲得的報酬率可能較投資在通路的建立上有利。

3.專業人力及關係優於生產廠商：成功的中間商均擁有專業的技術及人力、豐富的網路經驗、累積的業務關係及適中有效的規模等特點。利用中間商的主要理由在於他們較生產廠商更接近顧客，更瞭解顧客及他們的需要。為解析此點，茲再用

下圖加以說明。

第一個圖是表示三個製造商將其產品直接銷售給三個顧客，共有九次的交易。第二圖則表示三個製造商將其產品交由經銷商，然後再由經銷商銷售給顧客，此時只有六次交易，交易次數減少，交易時發生的成本可能減少，效率也相對的提高。

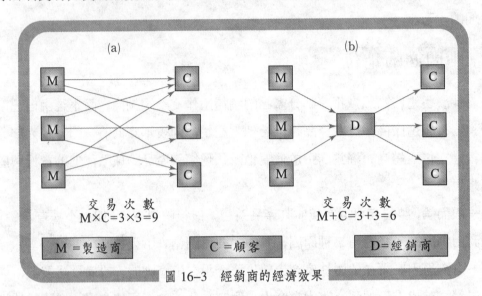

圖 16–3　經銷商的經濟效果

因此如果說通路的功能在於使生產者與最後消費者能夠密切的配合，則那種通路方式最有效率的達成上述的功能，就應選擇那種通路。

## 交易成本與產品單價決定通路型態

如果交易成本與產品單價已知，則製造廠商的通路選擇決策將會更正確，茲說明如後。

如將前述三個廠商及顧客各增加為四個，假定每個顧客每年購買六次，每次購買 1 件，則全部的交易將為九十六次 (4×4×6=96)，再假定每次交易所發生的成本為 10 元，則該四個廠商直接銷售給四個顧客九十六次的總成本為 960 元，其情形如圖 16–4。

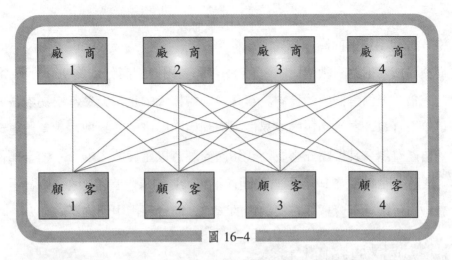

圖 16-4

　　如果在廠商與顧客之間加上一個中間商，每個顧客每年仍訂貨六次，每次訂貨包括四個廠商的產品，在此情形，交易總數將由九十六次減到四十八次 (4×6+4×6=48)，該情形如圖 16-5。

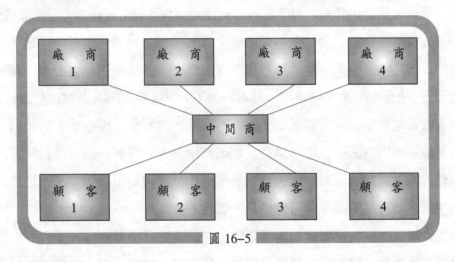

圖 16-5

　　假設每件產品的單價為 100 元，已知每交易一次，成本為 10 元，則銷貨成本與銷貨金額之比：

　　　　在不利用經銷商的情形下，為

$$\frac{10元×96}{100元×96}=10\%$$

　　　　在利用經銷商的情形下，為

$$\frac{10元×48}{100元×96}=5\%$$

　　由此可知，利用經銷商交易，交易成本為銷售額的 5%，如製造廠商直接銷售，

則為 10%，較利用經銷商高一倍。

再從交易成本的絕對數值比較，直接銷售和利用經銷商分別為 960 元與 480 元，兩者相差一倍。上面是假設的資料。實務上，規模大的企業，每年交易次數將以十萬或百萬筆次計算，直接銷售的交易成本與利用中間商的交易成本相差將更大。

當然自產直銷有其優點或必要性。如廠商願意以銷貨收入的 2% 的金額作為直銷成本，透過中間商僅需 1%，兩者差距並不算大；如果兩者差距在 5% 甚至 10%，此時生產廠商可能就不會採取直接銷售的策略，而會利用中間商了。

## 影響選擇通路的因素

### 一、顧客的特性

顧客的人數、地理上的分布、購買一種產品的頻率、平均購買量與購買方式等，都影響一個銷售通路的作業。如果顧客為廣泛的消費大眾，人數多，在這種情形下，不妨利用較長的銷售線，而且在每個階層上都利用很多機構，這樣才可達到便利顧客的目的，如冷飲、糖果、煙酒等銷售的家數愈多，銷售量可能就愈大。顧客人數又受地理分布的影響，如果顧客集中在某一地區，則其銷售自較散布在各地區為易。但顧客人數與地理分布又因購買方式之不同而異，購買量少而次數多時銷售通路宜長；如果數量大而次數少，則可以短。例如有很多人一次買一條香煙，又有的人每次買一包，如果消費量相同，則後者對煙攤的作業量增加了十倍。此一道理，可以同樣推論到工業用品的顧客與日常用品的顧客上去。

消費者購買的動機也影響銷售通路的決策。消費品須有刺激，才會引起購買，否則就須積極推銷。同時，消費者又往往比價比貨，在此情形，就需要有零售商的作用，而且愈多愈好。工業用品的購買者之動機則又多偏重於理智，因此在銷售通路上與消費者所表現的不同。

### 二、產品的特性

有些產品的本質容易腐敗，不適於長途與長期的運送與重複處理，銷售通路因此宜短，採取產銷合一的制度多，如本省桃子、洋菇等。很多時髦品，因風行一時，時髦、流行性即消失，性質如同易壞商品，通常也是採用製作者與顧客或百貨公司直接往來的方式。非標準化的產品，特別是訂製的產品，多為製造者與使用者直接接洽訂購。價值大的產品，多半由製造公司直接派人推銷，而不透過中間商之手，

如重電機。又體積小、價值大的產品，如珠寶等，則多用零售商作通路。反之，價值小的商品，如磚瓦等，運輸不便、運費高、儲存不易，因此有時借重批發商的作用，鼓勵大量購買。有時因為產品體積大、運輸不便，產地要接近市場。所以一種產品的性質可以確定一個工廠的位置，兼而決定了銷售通路，如磚瓦、汽水工廠等。有很多產品需要特別的服務或技術，有時品質管制與產品服務為專利或特權的主要目的。批發或零售商因能力不夠，或不願提供服務，只有生產者直接銷售，或用特殊的零售商，如電梯公司代理商等。

## 三、公司的特性

公司規模的大小、財務能力、產品的數量種類、過去在該行業的情況及其在銷售通路的經驗，均影響銷售通路的選擇。一個公司或商店在一個行業中的規模，決定他的市場與主要顧客，同時也會決定中間商合作的程度。財務力量能決定那些市場業務自己能夠做，那些可以交給中間商。財務基礎比較弱的公司，往往採用提高佣金的方式，設法激勵批發零售商樂於多吸收點存貨，以及負擔過度期間財務上的壓力。

一個公司的產品類別愈多，他與消費者直接接觸的能力就愈大，就愈傾向於採用獨家代理或選擇性的中間商。一個新的公司在開始時，大半先在當地市場從事推銷，此時市場是有限的，因此利用現有之通路。新的公司一旦成功，則可能很快的擴充市場。打入新的市場，因經驗、關係的限制，通常也都利用現存之中間商。在市場較小的時候，一般製造商可以直接委託零售商銷售；如果市場較具發展潛力，僅利用零售商力量不夠，則可能再利用批發商。一般製造商多參酌市場實際情形與慣例作為選擇通路之依據。不同的銷售通路，是根據不同的市場型態而決定的。現在銷售通路之變換是受市場的改變、產品的更新與銷售通路的革新所影響，因此對一個剛剛開始的新公司或新產品而言，通路的選擇是一個非常重要的決策。

## 四、競爭情況

競爭的性質與程度對於市場通路的選擇具有重要的影響，當若干廠商提供性質相近的產品時，他們會設法利用同一類通路，於是就會發生同類產品爭取同一個貨架的現象。特別是一般食品、飲料與藥品等。有很多廠家願意以貨比貨、價比價的方式在市場上競銷，因此設法將自己的產品與競爭者的產品放在一起，採用其他公司已經利用的通路。但也有很多公司不願利用此種方法，而單獨建立一條通路，其

他的產品也就無法利用此一通路,另一種情形是當零售商一方面推銷自己的品牌,而同時又經銷其他廠商的產品時,競爭也是相當激烈。例如 7-11 超商一方面銷售統一的麥香紅茶與麥香綠茶,另一方面也銷售立頓紅茶與光泉茉莉蜜茶。

為了爭取攤位,往往採取能得到多少攤位就使用多少的政策。一個代理商通常有很多零售商和他共同作推銷業務。在單位消費者身上所花的成本相對的較低,而其銷售時所花的成本要比由生產公司直接推銷所費的力量較小。

競爭有時也透過推廣策略間接的影響通路的選擇,有時為了達到某一特殊市場作業的目的,而選擇某種通路,如果競爭的性質是需要一種特殊的推廣活動,此時可能要考慮到他們完成此一推廣活動的能力與意願。

### 五、政府法令

因為廠商、批發、零售與顧客間的關係代表經濟活動中重要的一環,法令規章的某些限制是很自然的。美國方面,有關法令規定很多,我國目前對多層行銷等問題早已經制定法律加以管理。由於商業活動日益頻繁,將來更多的管理辦法將會逐步制定出來。

 **實務焦點**

---

**不需要批發和經銷商的戴爾公司**

戴爾公司在 2002 年站上世界上最令人羨慕企業的第四名,2003 年在經過一番激烈的競爭排名爭奪戰後,仍高居第六位;同時間在美國最大企業的排名榜單上也由 2002 年的第三十六名(354 億美元營業收入)晉升到 2003 年的第三十一名(營收 414 億美元)。❸

戴爾公司的成功歸功於二十年前才 20 歲就創業的麥可戴爾 (Michael Dell),敢採打破傳統的推銷法,他以低庫存量、交貨快速、網路直接銷售及接受量身訂作等方法,說服華爾街,顛覆全球的電腦市場。這種銷售策略,既不需要批發商和零售商,也不需要囤積很多的存貨,等待經銷商的訂購,或訂購原物料及電腦組件備用。戴爾利用網路將標準化電子產品直接銷售給顧客,使他能夠節省大量研發費用,以及中介成本。此外,由於戴爾得知顧客的真正需求,所以可以使電腦存貨的數量維持非常低的水準,以降低存貨成本。

戴爾公司在馬來西亞檳城的亞洲基地,六十位資深的業務人員,頭戴耳機,電腦旁放著一本戴爾的「工具書」,每天應付約 2,000 通來自亞洲各國的免付費電話,他們當中有的

---

❸ *Fortune*, 2004 年 3 月 8 日, p.42.

*Fortune*, 2004 年 4 月 5 日, P.F-1.

會說中、日、英、泰、馬、印尼、臺灣及廣東話的人才，以應付不同國別的顧客。他們利用電話、傳真、電子郵件等接受客戶各式各樣的電腦訂單。他們一方面接電話，一方面翻閱「工具書」，現場即可以客戶所在國的貨幣報價。當報價單列印出來以後，以傳真傳給客戶確認並簽名，填上信用卡號碼，這筆交易就算完成，同時告訴客戶在七至十天內將會到府交貨及安裝。戴爾這套作法打破了傳統上垂直整合的作法。戴爾將這套電腦製作及銷售的方法，稱為「虛擬整合」，頗有我國常說的「借力使力」的意涵。他認為「需要管理的事愈少，錯的機會就愈小」，所以戴爾不生產電腦零件，而是運用現有的供應商，建立自己的組裝廠，如此一來要管的事自然就少多了。但顧客卻認為他買的是「戴爾的產品」。❹

## 向消費性電子產品發展

戴爾在個人電腦方面的成就，鼓勵了他向家庭消費性電子產品方面發展的企圖心。自 2003 年春，一組由技術人員構成的團隊，在戴爾一個沒有窗戶的辦公室，一天到晚測試從九十個製造廠商購買的六百五十種產品。他們的目的在確保新力製作的各種螢幕與攝影機，以及惠普製作的印表機能夠和戴爾的各種機器密切地連接與順利地運作。這個測試團隊很快地就體會到這些產品中有些戴爾不但可以做的比原來的好，而且可以較低的價格出售，因此在 2003 年 9 月底創始人戴爾公開通知消費性電子產品的業者，其中也包括了戴爾的供應商，他要發展消費性電子產品，和他們一較長短。❺而且戴爾公開表示，在聖誕節他們會推出液晶電視、MP3、遊戲玩具，以及可以下載的音樂服務，這些產品均將和個人電腦一樣，透過網路銷售。

戴爾的總公司在美國德克薩斯州的圓石 (Round Rock)，80% 的銷貨是直接賣給公司行號，主要的銷售人員也很習慣這種作法——低價銷售。

戴爾有鑑於電腦硬體市場日趨飽和，因此決定積極尋找新的成長機會，其中消費性電子產品是該公司視為重點發展計畫。

不過，根據英國《金融時報》，戴爾過去採取的網上直接低價銷售作法，在消費性電子產品市場恐怕將面臨極大的挑戰。首先，由於戴爾公司本身不從事消費性電子產品的製造，而是根據顧客的需求透過 OEM 或 ODM 方式取得成品，因此該公司可能無法像以往一樣透過壓縮生產及存貨成本以提高獲利。此外，消費性電子產品是大眾化產品，不像個人電腦，可能不易依照不同的消費者偏好而量身訂作。眾所周知的是戴爾本身不生產，必須依賴其他製造商供應消費性電子產品，因此庫存量勢必增加而無法維持低庫存量。❻

最後，戴爾的網路直銷能否適應於美國式的家計消費單位，也令人置疑。根據家用電器銷售的經驗，最佳的電子產品銷售方式應該是零售商的門市部，消費者大多希望親眼看

❹ 《經濟日報》，1998 年 9 月 16 日。

❺ *Time*, October 6, 2003, pp. 40–42.

❻ 《工商時報》，2003 年 12 月 2 日。

到而試用過所要購買的產品，對經銷商的熟悉與瞭解是促成購買的主要因素。相反地，戴爾在個人電腦界享有高分貝的知名度，而在全新的消費性電子產品方面，網路直銷是否能夠取信於消費者，將是戴爾重大的挑戰。

# 習 題

1. 試說明行銷通路在行銷決策的地位。
2. 試說明通路決策的重要性。
3. 試說明通路階層數目與行銷決策的關係。
4. 通路流程有那些型態，試說明之。
5. 試從交易成本的論點說明中間商的地位。

# 第十七章 行銷通路決策

## 選擇通路成員的策略

現在世界經濟正處於不景氣，網路購物在很多產業中將日漸流行。企業界在設法改善通路的同時，正在尋找新的通路，藉以降低成本，提升通路效率，突破不景氣的困境。

通路上的成員，種類雖多，功能則大致如前所述。為提升通路的效率，發揮其應有的功能，通路成員的選擇非常重要。在臺灣，一般而言，製造廠商的規模及財力多較中間商大，故多為廠商選擇中間商。廠商為了業務的成長發展，希望在選擇通路的過程中，居於有利的地位，因此往往會抬高身價，以高姿態的策略選擇經銷商。其中主要是採用兩種策略。

1.拉式策略 (pulling)：是指製造商在推銷一種新產品時，先是大量對消費者作宣傳廣告，透過各種傳播媒體，以期使消費者知道該產品的存在及其特性；產品特性既然為消費者知道，購買者可能就會基於某種動機，而到附近商店要求購買此種產品。前往購買的顧客既多，零售商自然會感覺此種產品具有發展潛力，因此，會設法透過批發、代理商，或直接自廠商處要求代銷，以為如果能取得該產品的代銷權，獲利可期。因為是零售商主動提出要求，在簽定合約時，廠商或代理商姿態高，必然是站在比較有利的地位。近年來臺灣地區兒童用糖果、碗麵、進口啤酒及日用品等，在剛上市時，多採此種策略。

採用該種策略的廠商或代理商應具備下列條件：

　(1)歷史悠久，在業界已相當知名的廠商或品牌。

　(2)外國知名的品牌。

　(3)產品利潤高，有發展潛力，特別是新產品。

拉式策略的圖形大致如圖 17–1。

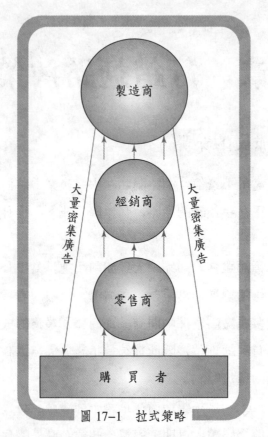

圖 17–1　拉式策略

2. 推式策略 (pushing)：是指製造廠商利用廣告或傳單，強調其產品的特點、潛在的銷貨量與利潤及可能對批發零售商所創造的競爭優勢等條件，使批發商鑑於此種有利的條件而爭取代理或代銷之權。這種策略多數用在工業品的經銷商。在國內的《經濟日報》與《工商時報》，常可看到下列廣告，就是屬於推式策略。

> 徵經銷商
> 國外知名化工
> 廠、用途廣、
> 利潤厚，有意
> 者請函臺北郵
> 政信箱二五七
> 八號

上述二種策略都是製造廠商採取主動，因此對他們是比較有利，可以主動的選擇經銷商。但是如果一個銷售通路組織嚴密，各成員間關係密切而正常，他們為維護整體的利益，防止廠商採取主動的策略，對經銷商的利益產生影響，一旦遇到上述情形，往往會結合起來，共同對抗製造廠商，而不會形成一面倒向製造商的情勢，因此各種銷售條件，多由雙方協商訂定，並不是由製造商片面促成的。

選擇銷售通路的策略通常有三種：

(1)密集的利用現有的商店與通路：不論形式大小，只要是與現有產品性質相近的商店，均充分加以利用，採取大量的陳列，大量的銷售策略，俾使產品多方面的與消費大眾接觸，以增加銷售。香菸、糖果等日常消費品多用此種策略。

(2)採獨家代理或銷售：很多製造廠商為達到可以充分控制代理商在價格、廣告、推銷與銷貨條件的政策，或為提高其商譽，往往採限制中間商人數的策略，使他的產品在某一地區只有一個代理商。

(3)採取折衷的策略：採用介於上述二種策略之間，係選擇一些符合自己條件與利益的中間商，作為其產品通達市場的通路。

## 評估經銷商的標準

選擇行銷通路經銷商的策略瞭解以後，再說明在選擇過程中使用的一些評估標準。柯特勒所提出的評估標準，已嫌不足。[1] 現在是科技導向時代，若干產品均需要具有專長的人員負責，因此經銷商的專業能力是評估的主要標準之一。茲說明如後。

### 一、經濟的標準

這是最重要的一種。衡量的標準主要為每種通路對於銷貨成本與利潤有何不同，不同的通路可能產生不同的銷貨與成本，較好的一種將是在銷貨與成本二者中產生最有利的績效。

利用此一標準時，首先須自估計每種通路的銷貨出發，然後決定是利用推銷人員還是利用代理商。

在製造商的立場，銷售通路是他的產品打進市場的有效途徑，代理商與零售批發商為了達到他們的目標，他們自己也決定應該經銷那些商品、那些品牌與那些服務。在目前有一種明顯的趨勢，零售與批發商經銷的商品種類愈多，似乎愈好。這種觀點主要是因為一般人所得水準之提高與購買力增加所促成。至於那種品牌，以及數量多少，則多以利潤為衡量標準。作這種分析所用的資料多係根據單位面積的銷貨量或毛利。在市場業務進步的國家，很多產品的單位時間面積的銷貨毛額都有

---

[1] Philip Kotler, *Marketing Management*. Upper Saddle River, NJ: Prentice Hall, 2000, pp. 497–498.

概略的統計，因此作決策時都有詳細而深入的資料作根據。

二、控制的標準

　　每個零售批發商或代理商都是一個獨立的機構，他們最終的目的在於尋求對他自己最有利的條件，因此在行銷的作業過程中，往往會造成與製造商利益衝突的情節。例如不與鄰近的零售或批發商合作，他可能只注意到一二個重要的顧客而不將產品或技術的特點推廣給消費大眾。製造商如果有力量控制此等零售商，則他的銷售通路將不會受到影響，否則他的業務也將受到很大的影響。

　　控制與經濟二個標準是交互使用的。如果產品深受消費者喜愛、利潤高、本身力量又大，零售批發商會接受控制，否則像很多歷史久、勢力強大的中間商，他們在市場的地位遠在一般製造商之上，因此反要受他們的控制。品牌之使用最可說明此點，很多大的百貨公司要求生產廠商，如果他們的產品要使用百貨公司作銷售通路，則一定要生產者要使用百貨公司的品牌，否則佣金或租金很高，或根本拒絕為他們銷售。

　　現在百貨業不需要擁有自己的工廠生產如皮鞋或成衣等，他們可以在對他們最有利的地區，包括外國，生產他們所需要的皮鞋或成衣，使用他們的品牌，以加強在皮鞋、成衣等利潤高、銷貨量大的產品的控制力。

三、適應能力

　　此處特別指應付市場變動的能力或策略，如現行設備或技術的更新，或隨市場的改變而改變的能力。臺灣的全家便利商店鑑於傳統的包裝商品發展已近飽和，自2003年起發展重點為新鮮食品，如各種便當及新式麵包，以及文化物流等。據估計，臺灣全年各類便當營業額約在100億元，麵包約200億元左右。統一超商2002年共銷售便當約為一億個。全家便利商店為順應此一趨勢，於是於2003年增加各種設備，加強便當及各類麵包等新鮮食品的銷售。為配合增加市場占有率的政策，預計將店面自1,300家增加為1,450家左右。全家此種質量雙管齊下的加強可以看出其適應經營環境之能力。

　　連續二年登上世界營業額最大的沃爾瑪公司 (Wal-Mart) 其創辦人山姆 (Sam Walton) 在1962年即宣示他們的未來是建立在折扣策略上。後來沃爾瑪公司一連串的調整，目的就是在適應競爭多變的經營環境。

　　山姆首先放棄了他所經營的中高價商店，改採廉價政策。1980年代，在美國加

州崛起的價格俱樂部 (Price Club) 以低價法迅速成長，採取更低廉的價格策略，威脅沃爾瑪的發展。山姆於是以自己的名義設立山姆俱樂部 (Sam Club)，與價格俱樂部抗衡。1990 年代，美國經濟拜科技產業發展之賜，百業興隆，沃爾瑪於是設立了若干超大型購物中心，貨品齊全，應有盡有，真正作到一次購足，顧客於是蜂湧而至，使若干中小型的沃爾瑪營業受到影響。於是他們又將部分沃爾瑪市場的外殼改塗成深藍色，以吸引偏好的顧客。同時他們也體認到一部分顧客在購物時喜歡到就近方便的商店，而不願意赴距離遠的大型商店，於是沃爾瑪又開設好鄰居商店 (Neighbor-hood Markets)，又叫小商場 (Small-marts)。在過去這四十年中，我們可以發現山姆違背了開設零售商店的基本規則，同一商標的商店相距太近，太密集，形成自家人相互競爭，相互殘殺的現象。但山姆的觀念則認為如此一來，在同一個地區休想有第二家較具規模的零售商破繭而出。無怪巴菲特 (Warren Buffett)，最成功的投資家之一，認為將來恐怕沒有人會做得比沃爾瑪更好，沃爾瑪也不可能做得糟到那裡去。❷從上面的說明可以得知沃爾瑪之所以能榮登世界最大的企業主要的原因就是其高階管理者四十年來一連串的適應策略，能夠滿足大多數顧客的需要。

### 四、專業能力

此一標準在科技產品尤其重要，其中主要包括核心人員的學、經歷、從事有關產業的時間與重要專業機構之關係，以及專業証照之有無等。專業人員不但可以協助顧客解決產品及技術上的能力，最主要的是具有較強的說服力，在關鍵時刻可以影響決策者，協助廠商有效地推銷其產品。

製造商或中間商有了這四種選擇通路的標準，則可參酌自己的情形，選擇或建立一條有效的通路。

## 批發商的功能

批發商主要是從進口商或生產廠商大量的購買產品，存儲於自己的倉庫，供應客戶。客戶主要為企業購買者與零售商，直接銷售給最後消費者的為數並不多。批發商與零售商不同的地方計有：

1.傳統上不講求店面裝潢與場地布置，所在的位置大多在同業聚集的街道上，如臺北市迪化街、南京西路一帶。

---

❷ *Fortune*, April 14, 2003, pp. 35–38.

2. 交易量較零售商大。

3. 大多數擁有自己的倉庫。

4. 產品品質、價格及服務是批發商競爭的主要因素，比較不重視推廣活動。

臺灣地理範圍比較小，交通便利、物流迅速，批發商的業務觸角容易延伸。知名品牌的代理商均集中在臺北市，因此臺灣批發商的功能主要為：

1. 協助推廣及銷售，市場範圍廣大的國家，如美國、大陸、澳洲等，批發商的地位在行銷過程中遠大於廠商。批發商在重要的市場均擁有相當規模的辦事處及倉庫，貯存有關的產品，隨時可以供應顧客。

2. 生產廠商的優勢在以低成本研發及生產品質優異的產品，批發商則對產品的性能、種類、用途等相當專長，尤其對那些顧客需要那些規格的產品，以及多少數量相當瞭解，對其營業範圍內的需求量推估相當可靠。有些產品他一次大批購買，然後分裝成方便而容易處理的小包，銷售給顧客。

3. 生產廠商通常將資金投資在工廠及機器設備方面，一般的批發商手頭上現金充足，生產廠商多以契約向批發商周轉資金，俟產品出廠後抵償之。大型批發商多以此法取得價格低廉，品質優異的產品。臺灣 60 年代中期，紡織業界因配額及競爭等原因，經營陷於困境，部分批發商從債權人一躍而成為紡織廠的所有人，即為一例。

4. 批發商在市場上觸角多，經常接觸零售商及一般消費者，他們一方面推介新產品，同時也蒐集市場上各種資訊，如競爭者的活動、新產品、價格變動及新產品的研發等。批發商往往擁有設備齊全的倉儲及運輸設備。

## 批發商的決策

近十餘年來，臺灣成立若干大型的賣場，部分係採用歐美大型購物中心的經營策略，如大潤發與家樂福等。他們不但是零售商，也從事批發商的業務。因此對傳統的批發商構成很大的壓力，部分批發商為適應此種情勢，他們的決策也和先前有別，例如：

1. 誰是主要的顧客，目標市場在那裡？由於大賣場一般產品的售價不比批發商貴，而且品牌眾多，自由選擇，傳統的零售商也從這些賣場進貨，銷售系統明顯改變。因此那些市場利潤比較優厚，那些顧客可以建立比較良好的關係，批發商需要

重新考量與選擇。

2.大賣場尚未流行前，批發商的利潤相當可觀。自大賣場設立後，賣場間為爭取顧客，不得不降價吸引顧客，壓低自己的利潤，批發商的營業與利潤也因競爭激烈，利潤明顯下降。在美國幾家大規模的一般商場，近三年的銷貨毛利平均僅為1%至3%，臺灣批發商的毛利也僅為5%上下，平均利潤已大不如前，因此價格決策特別重要。

3.產品分類與服務提供，批發商的主要功能就是服務，服務就是批發商的產品。他的服務可分兩大類：一類是提供卓越的服務，如準時發貨、迅速交貨、規格正確無誤等。另一類則為各種貨色齊全，應有盡有。但是卓越的服務是建立在高昂的成本上。如果要作到貨品樣樣俱全，存貨成本及專人管理等成本增加，因此貨品齊全到什麼程度，使顧客滿意到什麼水準，是批發商的另一種決策。

## 製造商與批發零售商間的關係

廠商與批發零售商交易的時間，必須設定一種策略，以駕馭他們能夠有效的達成行銷作業的計畫，這種策略必須能夠實際而且可行。在訂定此策略時，主要的考慮因素為地區性的權力、各方應該履行的業務、提供的設備、折扣率與銷貨條件等，這些因素可以明文訂成契約，也可以採用一般的慣例。

在行銷通路上，最重要而且最正式的一種關係就是專賣權或獨家代理權。專賣權通常是廠商或批發商用於近似連鎖零售商。例如目前臺北市百貨公司的攤位很多是經營人向百貨公司租用的，攤位裝潢與設備都屬於百貨公司或第三者所有，租金則按銷貨收入的百分比交付，有時有一最低標準，百貨公司則提供若干技術與管理上的協助。

獨家代理的合同是更正式，這種合同是提供批發或零售商在某一地區獨家銷售一種特殊的產品，廠商同時會提供各種的協助，經銷商同時也同意擁有足夠的存貨，全力推銷代理的產品，參加各種行銷活動，在各種策略方面也多以廠商的策略為依據等。

有時即使不採用專賣或獨家代理的方式，廠商也必須設定有關的條件，其中重要者計為：

1.價格：如果只賣給一種性質的顧客，而且是在同一通路階層上，例如零售商、

製造商會發現可以訂定同一價格。事實上，廠商多賣給各種類別不同的顧客，因此不得不採用差別價格法，在此情形，通常多採基準價格法。

2.銷貨條件：此點與價格具有同等重要性，廠商給予經銷商的付款條件是代表廠商願意支助經銷商存貨的條件。例如如果經銷商以「在三十天內付款，可以得到2% 的現金折扣」，向廠商購貨，這等於他以年利 24% 的利率從廠商處借錢。

擔保不但是對於出售的貨物品質擔保，有時也包括價格下跌的危險。廠商願意擔保價格是因為如果一般經銷商缺貨時才購買，則需要變化大，他的生產計畫將難以訂定，因此通常以擔保價格的方法，鼓勵經銷商定時購買。

## 製造商選擇經銷商的標準

一般而言，大部分的製造商在選擇經銷商最重視的因素是信用等級，或有關財務情況的資料，廠商注意經銷商的財務情形，一方面是為了避免遭受信用不良而導致的損失，健全的財務基礎也是將來成長與發展的有力後盾。

製造商在選擇零售或批發商時，通常考慮下列各點：

1.是否具有健全的組織管理？

2.是否擁有訓練有素與管理良好的人員銷售力？

3.設備是否現代化、組織良好，而且有效的加以運用？

4.市場範圍有多大，在那些層面？

5.有沒有經營互補性產品？經營的產品是否與自己的產品搭配？

6.是否可以信賴？是否能夠有效的推廣我們的產品？

7.能夠提供顧客那些核心服務項目？

## 零售批發商的決策

從前述製造商與批發零售商的關係部分，似乎給我們一種感覺，那就是廠商站在一個主動的地位，實際上，並不一定。目前臺北市幾家大型的百貨公司，他們的地位比廠商更重要，很多產品都借重他們才能推介給消費者，很多產品都是用他們的品牌，他們並沒有工廠，換句話說，他們控制了生產者，生產者只是默默無聞的產品供應者而已。

為了協調某種產品在銷售通路上的利潤，減低彼此衝突，因此學者提出銷售通

路上應該有「通路領袖」的制度，有關的各種政策慣例由通路領袖協同有關的廠商制定，各成員則應該遵循之。這種觀念雖然可取，但即使製造廠商是領袖，他必須在批發與零售商願意同時能夠做到的條件下執行所訂定的協議。而且，除非該通路上的各成員由於專賣權的協定，使彼此間相當合作。通常，廠商之間都不停的在批發零售業界爭取自己產品擺列的地位、銷售方式等，因而很難達到共同的協議。

廠商一方面將批發零售商視為使其產品有效達到市場的通路，批發零售商也將廠商視為使其達到最大利潤的作業過程中，各種不同商品的供應者，彼此的關係應該是「相輔相成」，他們為了達到此一目的，又必須作下列的決定：

1.應該經銷那些商品？

2.應該經銷那些特別的品牌和式樣？

3.希望自廠商得到何種的服務？

## 一、經銷那些產品

關於那種商店應該經銷那些商品？很難有一般化的答案。在商言商，批發或零售商經銷商品的類別與獲得利潤之多少應視各別情形而定。一般而言，考慮的因素計有：每類商品的性質與競爭情形、資金多寡、店面擺列產品空間、需要設備，以及管理者能力等。最重要的一項當為消費者購買某類商品的習慣。

## 二、經銷那些品牌式樣的商品

在每類產品中，批發與零售商必須決定應該經銷那些特別的品牌與形式。此一決策主要視專賣權或獨家經銷合同的規定而定。在沒有合同約束的情況下，可以自由的選擇，此時，競爭的廠家或批發商往往設法運用推廣的方法，影響其商品的選擇。其中提高佣金或寬延付款條件等是最常用的技巧。

選擇品牌與形式的基本標準是利潤率，批發或零售商的經營者在考慮此點時，最理想是從長期與短期二方面考慮有關商品對其淨利影響的大小。

當商品類別愈多時，對於顧客的吸引力也就愈大。在另一方面，商品種類愈多，成本就愈高，因為存貨與處理費用等均將增加。所以，一般咸信當經銷的貨物種類與品牌到達某一程度後，利潤不會再增加，如果再增加商品，則發生的成本將大於產生的利潤，這種道理，如同在雪地中滾雪球一樣。

在沒有正確的資料作為上述標準時，批發與零售業通常採用一種間接的方法，可以概略的反映出淨利率。在一個零售店中，最寶貴的是商品擺列的地方，通常是

根據每平方公尺的銷貨決定經銷的商品，或單位時間內每平方公尺的毛利率。根據報紙資料，臺北市忠孝東路四段一帶店面的租金每坪每月 15,000 元，在這樣昂貴的租金下，經銷商選擇經銷商品的標準也只有根據每坪或每平方公尺獲利率比較切合實際需要。

為了簡化選擇商品的標準，美國行銷學會提出了選擇經銷商品的標準如下：

1. 產品的特性，特別是新奇性。
2. 包裝情形，如大小、式樣與外觀。
3. 在該產品作的廣告情形。
4. 廠商對經銷商的協助，如舉行商品展覽等。
5. 期望的利率、估計的成本、津貼、免費贈送數量、銷貨量等。

這些標準沒有公式化，以免只考慮利潤與成本而忽視了其他的重要因素。

## 零售商的發展

零售商的業務主要是將貨物或勞務直接銷售給最後消費者，這些消費者是個人而不是企業或政府機構購買者。

零售商的型態相當多，有的有店面，有的不用店面，其中最為大家所知道的就是百貨公司 (department store)。臺北市的微風、京華城、SOGO、大葉高島屋 (Takashimaya)，以及新光三越等都是新型百貨公司。臺北市的百貨公司在過去四十餘年，首先是從西門町中華路一帶崛起，然後迅速成長發展，當他們的發展到達高峰後，新的百貨公司於是誕生，他們的崛起代表了臺灣經濟發展的另一個階段與消費水準。老一代的在發展成熟後，為求生存，有的重新改頭換面，和新興的業者並肩服務消費者，也有的改業另就。值得慶幸的是這些百貨公司的規模一代比一代大，一代比一代新。現在臺北市若干百貨公司的設計裝潢美輪美奐，與國際一流的百貨公司比較，毫不遜色。

零售業由於競爭激烈，為了求生存，多採連鎖經營，以達到經濟規模，利用大量採購的力量，降低成本。有的則創立知名的品牌，或培養若干成功的後起之秀。這些大型的百貨公司或連鎖商店採用現代化的組織管理，經營相當成功，因此稱為公司組織的零售業。例如前述的微風廣場、京華城、SOGO 及高島屋，他們是公司組織，擁有數個百貨公司，每個百貨公司外表上似為獨立自主，實際上則是由總公

司負責重要的決策。

## 零售業競爭策略

傳統的零售業主要的訴求是位置適中、交通方便、服務周到、商品種類齊全，以及常客均有優惠卡等。國外的零售店大致也是如此。近二十年來，臺灣的百貨業鑑於國人所得迅速增加，出國旅遊主要目的在休閒、採購，為了設法將這些國外採購轉變為國內採購，因此近幾年來新設立的百貨業者均以世界名牌的專賣店為主，特別是主要的樓層，例如 Bally 鞋子，Chanel 香水，Calvin Klein 衣飾，及 Levi's 與 Gap 的休閒服飾等。這些世界聞名的品牌原本只有在現代化、規模大的店面才看得到，但近年來，為了增加銷售量及應付同業的競爭，他們嘗試採取沃爾瑪的經營策略，只要有適當的地方，就展售他們的名牌產品，只要能夠提升銷售量，排除競爭品牌，即使自相競爭也在所不惜。結果每一家大百貨公司不但展售的產品，店面的裝潢，甚至銷售的價格也完全一樣，惟一不同的就是使用的購物袋的設計。因此大百貨公司的差異性愈來愈小。若干獨立的小型專賣店面，在商品的展示及服務態度等反而具有特點，吸引一部分顧客。何況現在的顧客都很聰明，只要真的是名牌，同類的品質，那裡價格優惠，向那家擠，反正都是名店。

有的百貨公司及名店，座落在停車方便的地區，為了吸引全家購物的顧客，特地設有兒童遊玩的場地、咖啡店等，將購物及休閒結合在一起，時間約為半天。無怪成人小孩都喜歡購物。

零售業的競爭型態由於資訊科技的進步有了改變：先前的競爭是個別商店的競爭，現在則是中央作業系統、作業部門整合，以及供應鏈的競爭，誰的系統能夠即時反映顧客的偏好，各作業部門有效的整合，以及供應鏈及時而有效的供應需要的商品，降低採購成本，誰就成功。茲引用 Gap 的競爭策略說明如後。

世界上規模最大的服飾專賣店 Gap， 2002 年的營業額為 145 億美元。戴斯爾 (Mickey Drexler) 在 1983 年加入 Gap 時，當時年營業額為 5 億美元，他為了擴展市場占有率，只要發現銷售量下滑，便出個點子使銷售量上升，嬰兒 Gap (babyGap)，兒童 Gap (GapKids)，及孕婦 Gap (GapMaternity) 就在這種情況下陸續設立。1994 年他又設立了 Old Navy，專以低廉為訴求，吸引顧客。在四年內使營業額達到 10 億美元，成為零售業的第一家。當戴斯爾在 1983 年接掌 Gap 時，收購了當時以高品質高

價格著稱的香蕉共和國 (Banana Republic)，這些商店都相當成功，都有一定的市場占有率。關鍵是這些不同性質的商店必須要能有效的加以管理，不能相互搶占自己旗下商店的顧客，這是沃爾瑪創辦人山姆計畫中的事。不過根據 Gap 的顧客表示，很多 Gap 的顧客最近轉到 Old Navy 購買，因為他(她)們感覺後者的價格比較便宜，產品品質也還不錯，這種發展戴斯爾是否可曾想到。❸

## 零售業發展趨勢

商店林立、人潮如織固然代表經濟繁榮，也顯現零售業競爭的情勢。下面是一般零售業，特別是臺灣零售業發展的趨勢。

1.各種商店並肩而立，相互競爭，日益激烈，尤其大規模的零售商，如沃爾瑪、家樂福等，也設在人口稠密的地區，使傳統的零售商生存的空間更為狹隘。

2.新型零售店設立，吸引新的顧客。例如書店、飯店及中大型零售店均設有咖啡店，吸引有閒有錢的顧客。超級市場內設有自動提款機及小型銀行，如果手頭困難，則可立刻向機器銀行借款應急。

3.利用現代的資訊科技，提升各種管理效率，如銷貨預測、記帳、分析銷售良好的產品，以及時提供高層決策參考，提高存貨管理的功效。

4.成功的大型零售商邁向國際化，對地區性零售商產生重大衝擊。例如 SOGO 來自日本，在臺灣經營相當成功。統一超商來自美國，IKEA 傢俱來自瑞典。他們的經營理念是那裡有顧客，那裡有市場就設在那裡，因此競爭特別激烈。新型的零售店，不論規模大小，銷售的產品均屬世界名牌，僅生鮮產品屬當地產品，因此不但形成商店間的競爭，也形成同一品牌間的競爭。現在臺北市規模大，人潮集聚的零售商幾乎都是近十年才開業的，二十、三十年以前盛極一時的百貨公司、大零售商，現在仍繼續營業的幾乎屈指可數了。

5.零售商不但銷售商品，也移轉經驗。臺北市百貨業經營者及場地雖迭經變更，先前的經驗，如商品分類、供貨廠商資訊、管理制度等經驗彌足珍貴，對於外國投資該業者協助頗多。大陸近年來大型百貨公司林立，臺灣經驗貢獻良多。

6.新型購物中心，在百貨業如微風、京華城、新光三越等，場地寬敞，不但可以購物，也是人群聚集，休閒逛街的理想處所，各色各樣的咖啡店、冰淇淋、速食

❸ *Fortune*, April 14, 2003, pp. 58–62.

店、冷飲店，應有盡有，老少咸宜。因此新型購物中心變成了購物、歡笑與休閒的場所。這正是經驗累積的成果，因此過去台糖的農場，鄉鎮的空地，現在搖身一變成為繁榮的大型商場。

 **實務焦點**

### 統一超商首創加值卡

統一超商在 2004 年 5 月中宣布計畫發行「加值卡」，預定在 2004 年 10 月推出，計畫在三年內發行一百萬張。加值卡不但可以在統一超商的 3,500 多間連鎖商店流通，而且計畫進一步，擴大到他的關係企業，如統一星巴克咖啡 (Starbucks Coffee) 連鎖店、統一聖娜多堡麵包店，以及康是美藥妝連鎖店等流通次集團。❹ 這是臺灣便利商店第一次發行加值卡。

加值卡是一種預付型，消費者只要事先支付一定金額購買預付卡，即可以到統一超商及其關係企業消費。其特點是既可省去帶現金與找零錢的麻煩，還可以得到優惠的折扣，不但可以減少現金長時間留在超商門市部，降低被搶劫的風險，消費者更會因為迅速、方便而又有加值而前往統一超商及其關係企業消費，可謂一舉數得。

根據統一超商、統一便利商店的平均消費額約為 60 元，如果讓消費者願意提前支付一筆錢，如 1,600 元，然後像現在流行的公車「悠遊卡」，與捷運的預付卡，再逐次扣抵消費，除了是經常性消費外，可能需要提高加值卡的附加價值，營造簡便迅速及物超所值等新潮的優點，消費者才願意先預付一筆錢，如果沒有具體而誘人的「誘因」，手頭本來就不寬裕的「便利商店族」是否能熱烈響應，達到預期的目標，不敢樂觀。

統一超商公司之所以設計此種預付卡，除上述原因外，另一個目的在於設法在超商業店鄉店的劇烈競爭情勢下，希望利用加值卡脫穎而出，獲得超商業的競爭優勢，不必每天和鄉居的超商競爭。

現在臺灣較具規模的城市，大街小巷，超商林立。統一超商設計加值卡，主要在突破同業的重重包圍，利用加值卡鞏固自己的地位，其他的超商會不會如法泡製，或利用聯盟，推出反制的策略，以因應統一超商的「加值卡」，將是臺灣零售業共同拭目以待的發展。

---

❹ 《工商時報》，2004 年 5 月 15 日。

# 習 題

1. 試說明拉式策略的內涵。

2. 試說明選擇通路成員常用的標準。

3. 試說明製造廠商與批發零售商的關係。

4. 說明製造廠商選擇經銷商的標準。

5. 說明零售商的決策內容。

6. 說明零售商的競爭策略內涵。

# 第十八章 銷售通路的動態性

## 通路之動態

　　銷售通路決策中最難捉摸的一個問題，可能要算是通路上各種作業與成本之改變的不可預測性。有時，變化可能是偶發性的，但多半的變化則是表現行銷體系中一種逐漸的、繼續不斷的演變。偶發性的變化又多半是不具體的，因為廠商的銷售通路選擇決策，僅是偶而為之。絕大多數的情況，是一旦決定，除非環境發生了很大的變化，否則將不再改變，因為有關通路決策的改變是非常困難的。所以如果行銷主管能夠經常檢討修正是最理想的。不過，即使經常檢討，也很難明確的預測通路中改變的情形與應有的調整。為具體說明此種現象，下面引用有名的迴轉理論，以便幫助讀者瞭解零售業的動態性。

## 零售業的迴轉

　　在過去半個世紀中，零售業的發展，不論在形式與相對重要性方面，都發生了一連串的演變，這種演變是緩慢的、漸進的，和各國經濟發展程度有密切關聯。因此，在時間上有的較早，有的較慢。例如在經濟發展迅速的美國，早在 1920 年代便已開始，在臺灣則是自 60 年代才起步。

　　首先是連鎖商店的銷貨額占零售業銷貨的百分比逐年上升，到二十世紀末，在臺灣已超過 50% 以上，美國則早已達到此一比例。此種情勢的變化，可以歸納為下列幾個原因。

　　1. 生產技術的進步與效率的提高，使各種產品的產量急劇增加，廠商求售心切，對於改進銷售通路的效率，具有極大的壓力與刺激。

　　2. 成本人口因就業的原因，大量向城市集中，為滿足居民消費需求，城市地區對於新式連鎖商店的設立，非常重視。在大的城市中，連鎖商店的銷貨量占有相當大的比重，一個最主要的原因，是他們可以統一採購、存儲與盤點等；大量經濟另一方面可以節省管理費用，同時也可享受大量採購的折扣優待。促成此種現象的主要原因是城郊人口迅速的增加，人口增加，商店密集程度增加，大的商店作業可以

收成本低、效率高之利益。同時，在聯合使用城市的媒體作廣告也比較經濟、有力。

　　3. 1970 年代初，各國零售價格的迅速上漲，使一般消費者對於價格非常敏感，即使很小的價格差異，也會發生很大的競爭效果。

　　在此期間，超級市場以嶄新的姿態出現，對於零售業產生了重大的衝擊。超級市場的最大特點是商品種類齊全，應有盡有，全部自助採購，而且規模龐大。此種新穎的方式，吸引了一般家庭主婦，刺激了她們的購買慾。

　　臺灣在 1980 年到 1990 年間，零售業方面的主要變化為大型購物中心與小轎車的普遍化。城市人口遷移城郊的趨勢、汽車普遍化，與市區內交通擁擠是促成這些商店迅速發展的主要原因；在另一方面，國內電子、資訊等科技產業迅速地發展，引發了各工業區附近新社區及新型購物中心的設立，改變了零售業設立的位置與作業方法。

　　臺灣早在 60 年代即有超級市場的設立，初期發展緩慢，一般人仍以傳統的零售市場為主，70 年代開始，經濟發展提升了所得水準，加上百貨公司附設超級市場，改變了經營方式，80 年代中葉，臺灣資訊科技開始應用到零售業，90 年代零售業多引進自動化的資訊系統，有效地提供了決策者即時的銷貨資訊，復因高科技業繁榮，購買力大幅提升，於是大規模的量販店紛紛建置在大城市郊區或工業區附近，建構形式及銷售產品種類，和國外的零售業者如 Wal-Mart, COSTCO., Target 等公司相當接近，僅規模可能稍小。

　　美國、臺灣，以及其他經濟發達的國家，零售業的發展，在過去半個多世紀的時間，幾乎均呈現美國哈佛大學麥克奈爾 (M. P. McNair) 所說的一種迴轉的現象 (wheel pattern)。根據麥氏的理論，新的零售商藉顧客自助方式，降低甚至取消對顧客服務的成本，使顧客能夠得到廉價的產品。一般顧客因為亟欲節省零用開支，購買各類家庭用電器產品，這些新商店因此能在競爭劇烈的零售業立足站穩。這些商店一旦在市場上站住腳，他們就逐漸傾向於改善裝潢，增加對顧客的服務，作業成本因此逐漸增加，當這些商店到達某一階段時，又為新的零售商提供了加入競爭行列的機會，這種現象就如同當年新的零售商店加入的情形一樣，在此時間迴轉的過程完成一圈。根據這種觀念，零售商店不停的改變，代表了顧客服務與價格不停的調整，彼此透過競爭以達到均衡。

　　二次大戰以後，美國經濟迅速成長，國民所得增加，購買力提升，因此稱為「富

裕的美國社會」。各種新型的購物中心競相設立，百貨公司，超級市場成為購物中心的寵兒，人潮集中之地。1962 年山姆伍頓 (Sam Walton) 設立沃爾瑪 (Wal-Mart)，奠定四十年以後的零售巨人，此後若干類似的折扣大型零售商、專賣店等陸續設立，形成零售業競爭激烈，經營型式與策略隨市場變動而調整的動態性。上述迴轉變動情勢可以用圖簡單表示如圖 18-1。

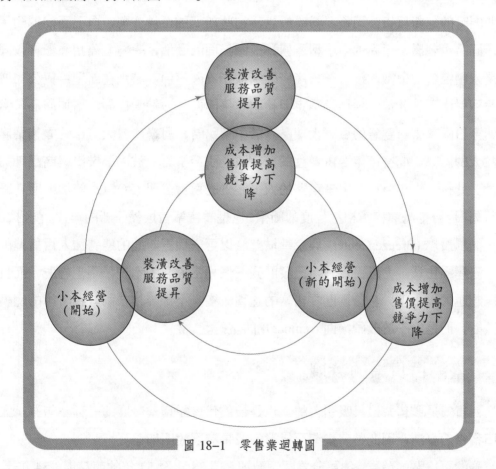

圖 18-1 零售業迴轉圖

瞭解美國零售業的成長發展迴轉型態以後，再回顧我國近五十年來零售業發展演進的型態，如出一轍。應該注意的是美國新零售商能夠加入以至立足的過程中，勞務成本是一個主要的因素與動力，因為不論大賣場、百貨公司或超級市場，顧客自助式購物不但可以節省人工成本，在商品的陳列及購物流程，也可降低人工成本，價格因而可以降低，因而刺激了零售業的發展，也促成了迴轉的型態發展。

在我國情況則和美國不同。在 50、60 年代，臺灣人力資源豐富，勞工成本低廉，特別是一般零售業，規模小，具補助家庭收入不敷之功能，看店者多為孩童或祖父

母，壯年人則種田或赴城市工作。在老社區，新陳代謝的現象居多，新開發的社區，則為應付新社區的需求，成立新型態的超商或超市，勞工成本並非促成臺灣迴轉型態的動力。但零售業改變的現象，仍然清晰可見。

以臺北市為例，五十年前，延平北路一二段與衡陽路的商店林立，不論平時或假日，車水馬龍，購物者及遊客擠得水洩不通，不到二十年光景，大型的百貨公司，繼西門町的建新百貨公司後，紛紛設立，這些新式的百貨公司，自己固然得到了惠顧，同時也刺激了原先的中小型零售業改頭換面的動機，一方面為招徠顧客，同時也是永續經營的象徵，沒有一家商店願意被指為破落戶，特別在新型百貨公司聳立的強烈對比下。此後，他們幾乎定期粉刷裝修門面，並擴大店面，增加商品。當第一與今日兩家嶄新姿態的百貨大樓矗立於中華路時，對臺灣各大城市的零售業產生相當大的衝擊，此後遠東百貨聳立於寶慶路，引發了另一波內部裝潢與商品陳列的騷動。此後，來來百貨、忠孝東路的太平洋崇光百貨公司 (SOGO) 等加入服務顧客的行列，均給臺灣零售業相當程度的衝擊，也是零售業者煥然一新的年代。直到 2002 年，微風廣場 (Breeze Center) 與京華城陸續以更宏偉更新潮的態勢加入百貨業的陣容，臺灣零售業，尤以百貨業，已發展到一個相當極限的水準，不但趕上，而且可能已超越國際水準。臺灣地區零售業的這種改變，不像麥格奈爾教授所說的迴轉型的改變，而是近乎於改頭換面 (remodel) 的型態。

## 臺灣百貨業的發展

百貨業是零售業最具吸引力的，也是最能代表零售業發展的一種零售業，尤其人口稠密的臺灣，因此特將臺灣百貨業的成長發展說明如後。

臺灣百貨業的發展，約可分為四個時期，即 38 年至 54 年的萌芽期、54 年至 65 年的改頭換面期、66 年以後的惡性競爭期與之後的質量競爭期。茲簡要說明如下：

### 一、萌芽期

臺灣第一家現代化的百貨公司──建新百貨成立於 38 年，座落在臺北市中華路，40 年南洋百貨成立與建新百貨各居西門町的一角，分庭抗禮，前後達十四年之久。在此同時，衡陽路一帶以香港、臺灣及歐美進口的高級布匹及衣飾物品為主，延平北路則以日本進口的產品為主，中山北路則以歐美人士偏愛的產品為主，三條街道的商店與顧客形成明顯的區隔。

## 二、改頭換面期

50 年代臺灣政局安定，經濟緩慢成長，政商大賈消費水準逐漸恢復盛世水準，建設更新的百貨公司時機已經成熟，54 年 10 月第一百貨公司就在距離建新與南洋百貨公司不遠處開幕，是當時規模最大、裝潢最新與管理最現代化的百貨公司。他的成立，使臺北市的繁榮地區由延平北路、中山北路及萬華等轉移到中華路、成都路與衡陽路一帶。若干規模較小的百貨店，在第一百貨公司的衝擊下，不得不擴大店面、改變裝潢、裝設手扶梯、改善服務態度，以新的姿態出現，招徠顧客，以與新的公司競爭。迄 63 年，先後設立了遠東、今日、大千、欣欣與新光等百貨公司。小型的百貨業也極力奮鬥，以求生存，因此臺灣的百貨業一方面在幾家大公司的推動下，形成一種寡占的局面，同時也邁向一個新的時代。同時南臺灣高雄的建新與大統兩家百貨公司此時推動高雄地區百貨業的現代化。

## 三、削價求售惡性競爭期

62 年秋的世界性能源與經濟危機，對於生產事業雖有相當的影響，百貨業並未受到重大衝擊，相反的，經營者發現不但不動產大幅增值，而且在最艱苦的時期由於現金收入協助企業紓解資金嚴重短缺的困境。規模大的企業為達成多角化暨整合性成長的目的，因此大量在百貨業界投資，於是中外、人人及新光南京西路店、遠東仁愛路店等百貨公司於 66 年先後開幕，來來、芝麻與新光信義路店等又在次年開幕。臺灣的百貨業於是如雨後春筍，競相創立。

此後物換星移、汰舊換新，70 年代末期更大更新的力霸、明曜、環亞、太平洋崇光等百貨公司等陸續開幕，使臺灣的百貨業邁進了新的紀元。中南部地區也同時出現了若干分公司及小型的百貨公司，臺灣的百貨業於是從改頭換面轉變到定期削價求售、惡性競爭的時期。

## 四、質量競爭期

1970 年代末及 80 年代的前五年是臺灣經濟發展歷史上最輝煌的階段，平均國民所得以二位數增長，物價也相對平穩，購買力大幅提升，百貨業在競爭中繁榮成長。70 年代末期經濟自由化及國際化以後，國人每年大量出國旅遊，初期僅在一百萬人上下，至 80 年代末每年出國人數已超過五百萬人。出國旅遊不但將國內消費轉移至國外消費，國內採購轉變為國外採購：到日本的帶相機、錄放影機，到歐洲的帶名錶、皮件及化妝品，到美國的則帶維他命等回國。這種易地採購的現象，不但

對國人的消費嗜好有明顯的改變，對於國內經營相關產品的零售商，尤其是百貨公司，產生相當衝擊。國內零售業至此已經注定未來經營方式必須改變，否則 5,000 億臺幣的零售市場將產生變化。

傳統的百貨公司在經營上既受國際化及自由化的影響，經營遭遇困難，於是以價格低廉、產品大眾化的大賣場如萬客隆、大潤發及隨後的家樂福等，陸續成立，供應顧客所需的日用品。也有的大賣場設在位置比較偏遠，停車方便，交通便捷的地區，則以生鮮及體積大而笨重的產品吸引顧客。在另一方面經濟迅速發展產生的若干高所得者又在追求優質能符合時代潮流的百貨公司，以滿足他們的消費嗜好。

公元 2000 年是高科技產業盛極而衰的轉變年，也是世界經濟急轉直下的歹年頭，正當世界經濟火車頭的美國經濟呈現復甦跡象之際，阿拉伯回教狂熱分子駕機攻擊美國紐約地標世界貿易大樓及五角大廈，頓時使美國政治及經濟陷入一片恐怖之中，世界經濟復甦的曙光被恐怖攻擊的陰霾掩蓋。就在此時，臺北市東區的微風廣場 (Breeze Center) 於 2001 年 10 月 26 日開幕，該廣場的營業面積共約 12,000 多坪，員工約一千七百餘人，規模空前，場地建築也富麗堂皇，開幕前後約二個多月臺北市其他百貨公司的顧客幾乎完全被「微風」吸走，景象空前。微風的魔力尚未完全消失之際，位於臺北市市民大道與八德路之間的「京華城」又於 2001 年 11 月 23 日開幕。根據報導，該購物廣場建坪共約 24,000 餘坪，員工約四千人，預計每年營業額為 220 億左右，號稱為東南亞規模最大的圓形購物廣場，有些樓層每天二十四小時營業是該廣場最大的特色。這兩家超大型購物廣場是結合購物、休閒與娛樂在一起的現代化生活廣場，設計新穎獨特，裝潢富麗豪奢，商品琳琅滿目，目不暇給，置身其中，確有忘卻一切之感。

2003 年 11 月底座落於臺北市信義區的 101 大樓商場樓層開始啟用象徵世界流行的名牌幾乎均進駐其中。多數規模大的百貨業者也同時集聚在此一新興商圈，建立了他們的新門面，共同擁抱 101 大樓。為臺灣的百貨業揭開了新的序幕。

## 百貨業設立動機

在 70 年代以前設立的百貨公司，在性質上是純屬零售業。70 年代以後設立的百貨業性質與目的均有明顯的改變，主要可分析說明如下：

1. 大公司的「櫥窗」：大公司可以藉其設立的百貨公司擴大與消費者的接觸面，

增加其公司及其產品的知名度。

2.增加現金收入，調節現金的需求：百貨公司的銷貨絕大多數為現金，大的公司每月收入 10、20 億，小型的也在 1,000 萬以上，其貨款的支付通常在三十天甚至六十天或九十天以後，一方面可以紓解其有關生產事業資金的需求，同時也可獲得免息的資金，當時利率約為 2、3 分。

3.不動產增值：百貨公司不動產的增值可分為二種，一為自然地增值，隨通貨膨脹與物價之上升而增值；一為開發性增值，即某一地區一旦設立規模較大的百貨公司，該地區小店立刻林立，不動產也因而價值倍增。

4.有效利用高價值土地：80 年代，地價暴漲，若干企業為求土地有效利用，乃將原座落在市區內的工廠遷移至新設工業區，將原廠地作高價值的利用，增加現金流量。在寸土寸金的臺北市及其他大城市，尤其明顯。土地價值既然高，根據過去經驗，設立大規模現代化的百貨公司最符合經濟原則。因此近十餘年來，不論是高價的新開發區或舊廠址，規劃設立新型商圈者指不勝屈，為臺灣零售業注入一種新的活力。

除上述動機外，也有出於虛榮、炫耀等動機，為展現家族財力或與國外關係而設立商場者。

由於零售業，尤其是現代化的商場，經營管理需要具備專業知識與專業人才，何況臺灣早已邁入飽和衰退期，部分業者已遭遇經營或財務上的困難，有的規劃與同業合併經營，以降低成本。所以臺灣百貨業的市場潛力雖然據估計約為 5,000 億新臺幣，究竟那些業者在這多變而又競爭的經營環境中能夠勝出，相信在不久的未來即可見端倪。

兩岸經貿關係的發展，是臺灣百貨業者另一個推波助瀾的因素。如果臺灣人才與資金繼續不平衡地向大陸湧進，服務業與高科技產業繼傳統產業再一波的登陸，則臺灣高收入高購買力的消費者平均至少有五十萬人居留大陸，這種人口移動，購買力移轉的趨勢，將是加速臺灣百貨業經營困難提早浮現的另一個因素。

## 專　櫃

專櫃是臺灣百貨業管理的特點之一，始於最早的百貨公司。所謂專櫃是指百貨公司中的攤位而言。這些攤位，在名義上雖是百貨公司的一部分，實際上是獨立的。

換言之，這些專櫃是租用或借用百貨公司的場地，借百貨公司之名做自己的生意，百貨公司按其銷貨收入抽取利潤，作為權利金。大多數的公司係採包底制，每月不論收入多少，須交一基本數額的權利金。如果收入愈多，交付的就愈多。據調查，基本的權利金多半為平均銷貨量的 15% 左右，超過基本數額的收費則在平均銷貨收入的 10% 到 15% 之間。

專櫃占總攤位的比率，最高約在總攤位的三分之二，最少則在四分之一左右。視百貨公司的財務情況、歷史背景、公司的聲譽與經營管理哲學而異。

設立專櫃的主要原因是貨品名目眾多，缺乏專門知識及管理人才，尤其在早期，對於外國名牌產品。百貨公司規模大，為吸引顧客，必須銷售若干知名品牌的產品。如皮爾卡登 (Pierre Cardin) 的服飾品，資生堂 (SHISEIDO) 與香奈兒 (CHANEL) 的化妝品等。因此將一些價值高的攤位租借給專櫃使用，另外的攤位則由公司自己負責經營。其中有些知名品牌的產品因涉及獨家代理權等法律問題，百貨公司為禮遇，也不願意干預他們的經營方法，如此可以將管理問題簡化，效率提升。即使百貨公司能夠延聘專人經營管理，可能不符經濟原則。基於上述原因，乃有專櫃制度，此為臺灣百貨業的特色之一，至今仍在沿用。

## 百貨業損益分析

由於專櫃的設立分廠商，供應商或百貨公司本身所有，利潤率因而有差別，茲將主要產品線的利潤率列式如表 18–1。

進口產品在百貨公司產品構成占的百分比有日漸增加之勢。特別在新近設立的公司中，比重更大，該類產品的毛利率較國貨普遍高，平均約在 50% 以上。

為了招徠顧客，絕大多數的百貨公司均設有超級市場，其毛利率如表 18–2。

## 連鎖商店之興起

自 1977 年夏，在行政院青輔會的輔導下，臺北市設立了 60 餘家青年商店，經營冷凍食品、蔬菜及一般雜貨，為臺灣零售業建立了一種新的模式。

此種商店多設立在新建公寓或辦公大廈的一樓，營業面積大小不一，以 30 坪左右居多，設立目的主要在希望一般消費大眾能就近獲得物美價廉而又新鮮的產品，逐漸取代傳統的菜市場。在當時頗受歡迎，當時幾家食品公司如味全及統一等也設

表 18-1

單位：%

| 產品線 | 百貨公司專櫃 | 廠商（供應商）專櫃 |
|---|---|---|
| 雜　貨 | 22 | 25 |
| 婦女服飾 | 27 | 27 |
| 紡織品 | 16 | 15 |
| 兒童衣著 | 24 | 28 |
| 文　具 | – | 19 |
| 電器類 | 13 | 15 |
| 食　品 | 15 | 21 |
| 化妝品 | 25 | 25 |
| 男士內衣 | 22 | 25 |

資料來源：臺北市百貨業顧問小組。

表 18-2

單位：%

| 產品類 | 毛利率 |
|---|---|
| 菸酒類 | 7 |
| 冷凍食品 | 22 |
| 糖果類 | 27 |
| 冷飲類 | 18 |
| 蔬菜類 | 15 |
| 肉　類 | 7 |
| 五　金 | 6 |
| 罐頭食品 | 14 |

資料來源：同表 18-1。

立自己的連鎖商店，可能因購買習慣，銷售產品以飲料為主，日用雜貨居次，家數也並未明顯增加。80 年代中期以後，零售業拜自由化與國際化之賜，商業活動頻繁，國外零售業開始插足臺灣，於是統一超商、全家便利商店、康是美及萊爾富等紛紛搶占有利地點，設立分店。現在較具規模的連鎖商店至少在 10 家左右。迄 2003 年底止，主要連鎖商店的家數如下：統一超商 3,459 家、全家便利商店 1,500 家、萊爾富國際 916 家、富群超商 808 家。

表 18-3　近三年 TOP 5 百貨公司營收統計表

單位：億元

| 公　司 | 2002 | 2001 | 2000 |
|---|---|---|---|
| 新光三越 | 406 | 354 | 298 |
| 太平洋崇光 | 257 | 261 | 265 |
| 遠東百貨 | 165 | 169 | 181 |
| 遠企企業 | 154 | 145 | 131 |
| 中友百貨 | 65 | 68 | 78 |

資料來源：《TOP 5000》，中華徵信所股份有限公司，2001、2002 與 2003 年。

表 18-4　近三年 TOP 5 便利商店營收統計表

單位：億元

| 公　司 | 2002 | 2001 | 2000 |
|---|---|---|---|
| 統一超商 | 720 | 648 | 573 |
| 全家便利商店 | 218 | 183 | 156 |
| 萊爾富國際 | 118 | 97 | – |
| 富群超商 | 98 | 87 | 77 |
| 福客多 | 46 | 42 | 39 |

資料來源：同表 18-3。

## 市場運輸成本之重要

　　在行銷作業的總成本中，約有半數代表貨物的運輸成本。運輸成本不但占行銷作業成本的比重大，對於整個的行銷作業，也有很重要的影響。如果貨物未能及時運輸到需要的地區，銷售、廣告活動都沒有效果，存儲與處理過程中所引起的問題，對於產品策劃也發生影響，因為運輸當中所發生的損失不但會使成本增加，一旦供應中斷，失去顧客，損失將難以估計。這種觀念，現在稱為供應鏈，在決定一個企業的競爭地位時，是關鍵性因素。

　　商業方面的運輸問題如同軍事後勤之補給，在競爭的商場裡，各種行銷作業能否成功，全賴能否將所需之商品在適當的時間，運輸到需要的市場，所花的成本又是最小。商場如戰場，情形一樣。美國軍力稱霸全球，為了確保勝利，在阿富汗及伊拉克的戰爭中，美國分別運補了三個月與二個月，才敢發動攻擊，可見後勤運補

工作之重要。臺灣物流公司眾多，物流車輛到處可見，運輸成本及時間是否符合效率，不得而知。至於行銷學所討論的運輸問題，主要包括訂單的處理、貨品的存儲、倉庫地址的選擇、存貨管理及運輸。這些問題均有專門科目，有志者希能自行參考。現在新的程式頗多，運輸路線及時間規劃等問題均可獲得合理的解決。

運輸成本隨行業不同，而有很大的差異，主要看貨物的體積、硬度、容易腐壞程度、生產與消費的地區性分布等因素而定。

據估計，一般廠商的貨物，運輸成本約為銷貨金額的 20% 到 30%，美國《分配時代雜誌》(*Distribution Age*) 提供了下列各行業的運輸成本：

表 18-5

單位：%

| 業　別 | 占銷貨百分比 |
|---|---|
| 食品類機器 | 34 |
| 機器設備 | 11 |
| 化學石油與橡膠製品 | 26 |
| 紙 | 20 |
| 木器製品 | 17 |
| 紡織品 | 16 |

從上述資料可以看出，有的商品運輸成本占行銷作業成本的大半，有的則很低，雖然如是，運輸成本直到 1950 年代才逐漸受人重視。自 2000 年 911 恐怖攻擊事件後，航空業因採取安全措施，加上保險費昂貴，成本大幅提升，旅客人數則直線下滑，各國航空事業蒙受衝擊最為嚴重，連世界上規模最大的美國航空公司幾乎都要宣布破產。2003 年 3 月初中國大陸、香港、新加坡及臺灣因受非典型肺炎 (SARS) 威脅，乘客最高減少到 90%，停飛班次動輒百班以上，每位旅客的平均成本大幅提升；貨運班機則繼續往昔班次未受影響。

## 線上零售業

線上零售業是利用上網購物，然後由物流或快遞等服務公司將所訂購的產品送至購買者。線上零售業在 90 年代初期即隨資訊科技業之崛起在美國逐漸流行，惟利用率低，交易標的以書籍及玩具等產品為主，金額少，未受重視。此後美國數家知

名的網路公司如 e-Bay, Amazon, WebMD 等陸續加入，盛極一時。

2000 年夏季以後，美國高科技及網路公司泡沫化，世界經濟開始低迷，重創網路業者，但線上零售業的表現卻相對地優異。據美國的研究，130 家線上零售業在 2002 年線上銷售額成長約為 48%，金額高達 760 億美元，其中部分商品係透過網際網路方式銷售，吸引消費者偏好。銷售的商品包括各類門票及資訊產品等。研究機構預測 2003 年的線上銷售額將繼續成長，成長率約為 26%，金額約可達到 960 億美元。

根據研究公司，2002 年線上銷售的毛利率高達 70%，2001 年則僅為 56%。整體而言，線上零售在 2001 年平均約虧損 6%，2002 年則已達到損益兩平點，2003 年應該有盈餘。

根據研究，迄 2003 年春季，顧客回流率仍很低，約有 50% 的線上購物者不再使用線上購物。網路銷售成長雖然相當迅速，但占全部零售額的比例則仍低，在 2002 年約占 3.6%，2003 年可達到 4.5% 上下，已難能可貴。線上銷售業 2002 年第一次獲利，今後是否繼續獲利，尚不得而知。

現在零售業已朝多元化的通路發展，線上銷售不僅已成為具有發展潛力的通路，而且已找到獲利的策略。據研究指出，線上銷售要想獲利，重點是要設法降低每筆交易的成本。2001 年每筆交易中顧客服務的成本約為 2.5 美元，2002 年則下降為 1.9 美元，下降約 24%，行銷成本每筆則由 12 美元降至 8 美元，下降三分之一。完成訂單的成本也由 2001 年的 14 美元下降為 6.3 美元，下降 55%。由此可知，如果經濟好轉，線上銷售業好轉，有關的成本將會進一步下降，則線上銷售業的競爭力及發展將會提升，在零售業占的地位將日漸重要。

## 成功的關鍵

沃爾瑪最早成立於 1962 年，早期的店面樣子扁平像倉庫，貨色齊全，價格則低到不能再低的水準。80 年代，沃爾瑪逐漸在大都會附近設立商店。現在沃爾瑪在美國共約擁有 2,360 多間折扣商店，其中包括 1,250 餘間超大型購物中心，山姆俱樂部店約 440 間，還有約 40 間配貨中心，及 49 間小型的社區購物市場。

沃爾瑪店面規模之大與每天進出的貨品之多，可以從下面數據得知一二。

鞋子：474,000 雙。

女性胸罩：208,000 個。

大包尿布：279,000 包。❶

沃爾瑪 2002 年全年營業額高達 2,445 億美元，為世界上營業額最大的公司，而且已經連續二年。沃爾瑪為什麼會如此成功？根據柯特勒的說法，沃爾瑪成功的祕訣為：誠懇的傾聽顧客意見，將員工當作合夥人對待，從供應商開始，設法儘量降低成本，嚴格控制作業費用，利用最進步的科技系統管理所有的進貨、存貨及價格等重要資訊。

沃爾瑪為刺激顧客惠顧及提高忠誠度，大量推出折扣卡等優惠方法。

沃爾瑪在降低作業成本方面，更是獨到：為了簡化庫存，沃爾瑪要求供應商包裝的新鮮雞肉重量必須一致，以便於標價及上架；為減少人工成本，以機器人炸甜甜圈；為了節省人力，要求供應商將產品放置在可重複使用的塑膠容器內；沃爾瑪為了控制電費，在總部大樓的中央辦公室裝置各商店的冷熱空調系統監測器。❷

由於沃爾瑪有效的壓低進貨成本及控制各種費用，各種成本均降低到不能再低的水準。據研究，即使將競爭對手給予顧客包含折扣卡等特別折扣後，沃爾瑪各種產品的售價仍較幾家有名的超級市場的售價低 8% 至 27%。由此可知沃爾瑪的售價真是便宜中最便宜的了。他們真正做到創設人山姆在四十年以前所說的「他們的未來端視是否折扣比競爭者大」。

## 臺灣零售業的挑戰

臺灣市場規模較小，自 60 年代開始，大部分的產品均為出口導向，內銷者以生產廠商為中心，批發零售業最多只是經銷而已。出口產品中，絕大多數係為國外名牌廠商代工，在國外建立自己通路者絕無僅有，更未建立臺灣廠商自己的品牌，長此以往，結果形成在國外只能在品質優良的產品上看到「臺灣製作」(Made in Taiwan) 的字樣，卻找不到臺灣建立的通路。60 至 80 年的紡織、塑膠製品及傢俱均採同樣模式。80 年代以降，電子資訊產業興起，由於國人設計能力提升，不但替國外大廠代工，也為他們設計，迄今代工及設計代工 (original design and manufacture) 並行。

以內銷為主的中小企業，尤其零售業，林立大街小巷，樓上住家，樓下開店，前面開店，後面睡覺，充滿生氣與活力，也顯現著惡性競爭的陰影：利潤薄、服務

---

❶ Philip Kotler, *Marketing Management*. Upper Saddle River, NJ: Prentice Hall, 2003, p. 359.

❷ 《工商時報》，2003 年 5 月 27 日。

水準差、缺乏創新的財力與人力，因此給予現代連鎖商店可乘之機會。傳統的業者只有坐守老店，奄奄一息。2000 年開始，世界經濟不景氣，傳統零售業更改招牌，參與連鎖商店者不在少數，餘則歇業，等待黎明來臨。

現在大賣場正在臺灣「操兵」，準備西進。他們採取低價格策略，在失業率居高不下，及微利時代，確實相當具有吸引力，加上自用轎車普及、交通方便，週末假日人潮洶湧，對臺灣零售業衝擊明顯。

歐美國家為了保障中小企業的成長發展，一方面限制大企業壟斷獨占市場，一方面設法防止中小企業形成惡性競爭，如根據人口、地區或企業家數等標準，規範同一行業設立的家數及位置，此等標準均由地方政府聯同商會或專業性組織共同商訂，以確保在自由競爭的原則下，小企業仍可獲得合理的報酬，有能力提供適當的服務水準，以及促進社區的繁榮進步。

我國工商業已非常發展，高科技產業名列世界前茅。但不論城市或鄉鎮，現代化的商店與關門歇業者並陳，形成強烈對比，政府或專業團體如能在自由競爭與規範間取得一個平衡點，則零售業的經營或將更現代化，更能符合社會大眾的需要。

臺灣人口集中，交通方便，商店林立，一般產品的線上購物發展空間可能有限。規模大、知名度高的企業，在傳統的通路外，也應嘗試線上銷售，尤其是一些可以由購買者自行選擇的設計或規格的產品。購買者在訂購時可將預期的用途或特別的設計輸入網站，廠商便可根據指定的設計製作。購買者在訂購時同時將貨款付清，廠商可以利用客戶交付的資金購買所需的原物料及零組件，不需要自己的資金，如此不但可以減少資金的需求，也可減少存貨，減少管理及資金成本，在高科技產業，相當具競爭優勢。美國電腦大廠戴爾即採用此一策略，因此他的電腦等產品不但能夠符合各種特殊顧客的需要，因為原物料及關鍵性組件存貨量低，故不需擔心技術改變。由於線上購物成本低，價格競爭力大，所以戴爾能夠承受較大的價格折扣，這就是製造業利用通路改革，取得競爭優勢的最佳案例，值得國人學習。

## 通路決策與行銷策略

有關通路決策的問題已經討論了很多，要之，計畫行銷作業的起點是需要分析，而分析的重點則為：估計那種形式的產品與勞務，多少數量，在什麼時間，在什麼情況，顧客是什麼人，是公司還是個人等。通路決策影響需要的分析有二種方式：

第一、分析與估計需要的資料，在透過一個或多個中間商時，可能會被中間商歪曲，此一現象可能一方面由於資料提供的不實或偏差。其次，可能表現批發或零售商對於有關產品需要所發生的影響，通路成員所提供的資料是非常有用的，他們的合作在某些市場研究方面，也是非常有價值的。

第二、通路成員可以透過他們的存貨與採購政策影響需要。如果廠商直接將產品出售給最後消費者，則他們可以用統計分析的方法決定最有利的生產與存貨計畫，但如透過中間商，則需要情形、存貨數量，可能因受中間商的歪曲，差異變大。

通路決策與產品決策具有密切的關係，廠商直接銷售給最後使用者通常包括若干小額交易，如果產品線的範圍廣，生產與銷售的數量就會增加，平均的交易量就會大，因此一個公司可能藉多元化的產品政策，支持直接銷售的決策。換言之，如果一個公司只有幾種產品，採用直接銷售策略可能不經濟。若產品種類很多，宜採直接銷售。例如大同公司，利用自己的服務站，統一公司直接將其產品送到零售店，中間沒有批發商。

通路決策可能加速，也可能阻止在現有的產品中研究發展或推出一種新產品。當產品的式樣、顏色或大小等逐漸增加時，通路上各階層的存貨需要與風險均將增加，在貨物的運輸與存儲方面所引起的問題也相當明顯。

批發零售商的搬運對於產品的包裝也會發生影響，零售批發包裝形式日趨標準化，最後購買者購買時的包裝式樣又必須考慮到產品擺列的方便與否。

銷售通路決策一方面影響市場推廣活動的形式與次數，推廣活動也受其影響。在若干情形下，可以選擇推或拉的策略。推式策略是否可行，要看通路成員協助的能力與意願；而拉式策略通常又意味著利潤低。

當通路上的成員要在推廣的活動中擔任重要的角色時，通常是採用合作廣告的方法。這種方法可以由通路上的成員提供資金上的支助，同時他們也傳播有關的廣告訊息。

通路決策與價格決策也有密切的關係。廠商在訂定價格時，必須從最後消費者或零售價格推算到廠商應該訂定的價格，同時給予通路上的每個階層一個適當的利潤。一般消費品的利潤通常是最後售價的一半。

既然經銷商的利潤大多數是按最後售價的百分比訂定，因此實際上可以視為通路上總銷貨收入的變動成本。同時，屬於廠商自己的銷售機構可以算為固定成本，均衡點與需要穩定情形，對於銷售通路決策也具有重要的影響力。

**實務焦點**

### 策略聯盟伙伴對薄公堂

民國 93 年 3 月 25 日臺灣的《經濟日報》、《工商時報》兩大報均以頭版標題報導國泰集團已取得法院裁定，自 24 日起全面假扣押遠東集團旗下的太平洋崇光 (SOGO) 百貨公司在 20 多家銀行的帳戶，使 SOGO 無法動用帳戶內的資金，支付貨款及員工薪水。遠東集團不甘示弱立即提出反制，以「反擔保」方式，讓 SOGO 恢復動用銀行帳戶的資金，並強調國泰集團提出假扣押，絕不會影響 SOGO 員工薪資的發放。此一事件，轟動全臺。

根據報導，國泰與遠東二個集團交惡，主要是因為「聯名卡」的紛爭擴大所致。國泰在此之前已與遠東集團高層協商近二個多月，希望解決 SOGO 百貨違約發行「SOGO 集利卡」的問題。但遠東集團既不願付違約金，也不願停發「集利卡」，國泰集團忍無可忍的情況下，只有訴諸法律解決。

國泰集團表示，如果現在遠東集團要想解除國泰金「聯名卡」發行權，除須支付違約金外，尚須加上一筆高額賠償金，賠償國泰世華銀行三百萬個卡友的損失。

但是遠東集團則強調，國泰 SOGO 聯名卡在 2001 年 7 月成軍過程，對遠東集團有太多不合理的待遇。遠東發行集利卡並不違法，且集利卡的發行是受到國泰不平等待遇的產物。

「聯名卡」原為國泰世華銀行前身匯通銀行與太平洋建設章民強擁有的太平洋崇光百貨公司簽訂合約，由國泰世華銀行獨家發行太平洋百貨聯名卡，且國泰世華銀行所有的客戶可在全省太平洋百貨獨享購物折扣等優待，這張沒有終止期限的合約，象徵國泰世華與太平洋百貨要共同拓展業務，是策略聯盟伙伴關係。

雙方當時約定國泰世華銀行依據每張平均新臺幣 800 元的價格，計算當時太平洋崇光百貨簽帳卡客戶轉換成國泰世華銀行信用卡的佣金，當時約有四十萬張太平洋崇光百貨簽帳卡轉換成國泰世華的信用卡，因此國泰世華支付給太平洋崇光百貨 3 億餘元金額，作為報酬。

根據國泰世華的說法，該合約具有排他性，即太平洋百貨的聯名卡，僅能由國泰世華銀行發行，且太平洋百貨不得再片面發行任何簽帳卡或認同卡。遠東集團是在 2003 年自太平洋建設章家取得 SOGO 的經營，他們認為合約是先前太平洋建設章家所簽定的，經營權易主，合約應無效。何況遠東旗下的遠東銀行也想取得聯名卡的發行權，因此他們計畫不承認這項合約。

太平洋 SOGO 自 2004 年開始發行可以享受紅利集點及購物折扣，而且只要有集利卡的客戶，持任何一家銀行的信用卡均可享受與國泰世華銀行聯名卡戶同樣的購物優惠，此舉因而使國泰世華相當不滿。

國泰集團在遠東的集利卡發行二個多月後，終於決定採取法律途徑。因為他們認為遠

東集團既概括承受 SOGO 百貨，當然也要承受先前所訂的各種合約。

遠東集團之所以不能承受先前的合約，一方面是因為聯名卡的價值不合理及入帳不符，才會與國泰集團協議，其次國泰與太平洋崇光百貨所簽訂的合約為無限期，應該加以修改，但國泰則不認為有問題。

國泰與世華在 2003 年底合併後，三方為此進行協商，國泰要求連同世華銀行的一百多萬張卡列入聯名卡優惠範圍，總共約三百萬張卡，遠東此時才提出異議。

此一事件反映了兩大集團為了拓展各自的業務而作策略聯盟，既至組織更改，主要股東易人，又基於自身利益，而反目成仇，對簿公堂。說明了企業的現實與就商言商的本質。❸誠如柴其爾夫人所言「沒有永遠的朋友，也沒有永遠的敵人。」

# 習 題

1. 簡要說明近三十年來臺灣零售業發展的經過。

2. 何謂迴轉？試簡要說明之。

3. 說明近二十年來臺灣百貨業發展情況。

4. 說明運輸成本在零售業的重要性。

5. 說明通路決策與行銷決策之間的關係。

---

❸ 資料來源：參考《工商時報》及《經濟日報》，2004 年 3 月 24 日。

# 第七篇
## 推廣策略

Marketing Management

# 第十九章　推廣組合

## 推廣的地位

如何利用有效的推廣策略，將現代化科技所生產的大量產品推銷出去，俾及時推出新產品，增加競爭力，是現代企業界最主要的問題。自 2000 年世界經濟陷入不景氣後，推廣活動更受重視。企業界一方面一波波地裁減生產部門的人力，同時卻又增加推廣部門的資源。龐大的廣告預算，精挑細選的銷售代表，已成為競爭市場中成功的主要利器。現在廣告製作技術的進步與大眾傳播工具的普遍，為企業界創造了無比的機會與希望，也為企業界帶來空前的挑戰。推廣策略固然可以幫助一個企業及其產品的競爭力，也可以加速一個企業及其產品的失敗。載舟覆舟，在競爭激烈的市場上，是否能夠達成預期的成長發展，推廣策略的規劃及運用將具關鍵性地位。

## 推廣組合

推廣組合 (promotional mix) 主要分為三大類，即廣告 (advertisement)、人員推銷 (personal selling) 及促銷 (sales promotion)。近年來資訊科技及行銷環境競爭激烈，公眾報導 (publicity) 及直接行銷 (direct marketing) 逐漸浮現其重要性，並廣為利用，復以成本低廉、運用方便且具彈性，頗有後來居上之勢。茲將推廣組合五大類中比較重要的方法列示如後。

表 19-1　推廣組合各種主要方法

| 廣　告 | 人員推銷 | 促　銷 | 直接行銷 | 公眾報導 |
|---|---|---|---|---|
| 報　紙 | 推銷人員 | 商　展 | 走馬燈 | 發表會 |
| 有線電視 | 業務代表 | 折扣優待 | 傳　真 | 研討會 |
| 無線電視 | 商　展 | 抽　獎 | 電子郵件 | 報　導 |
| 收音機 | 博覽會 | 業務競賽 | 網路行銷 | 專　訪 |
| 包裝紙 | 樣品贈送 | 大型活動 | 郵　寄 | 慈善活動 |
| 錄影帶 | | | | 出版品 |
| 張貼廣告 | | | | |

表 19-2　主要媒體運用優缺點比較表

| 媒　體 | 優　點 | 缺　點 |
|---|---|---|
| 電　視 | 1.透過彩色、聲、光及動態畫面，生動活潑地表達廣告的產品或意念，吸引力高。<br>2.傳播效果範圍廣闊。 | 1.費用昂貴。<br>2.時間短暫，效果短暫。<br>3.中小企業無力負擔。 |
| 報　紙 | 1.刊登時間具彈性。<br>2.信賴度高。<br>3.對特定地區效果佳。 | 1.知名報紙費用昂貴。<br>2.廣告壽命短暫。 |
| 收音機 | 1.費用低廉。<br>2.宜於區隔聽眾。<br>3.傳播範圍廣大。 | 1.廣告效果低。<br>2.評量效果較難。 |
| 雜　誌 | 1.具選擇性。<br>2.廣告印製精美，壽命長。 | 1.受制於出版時間,廣告時效性受影響。<br>2.印刷量與流通量有差距。 |
| 郵　件 | 1.具高度選擇性。<br>2.富人性化。 | 1.成本低。<br>2.容易被丟棄。 |
| 電　話 | 1.人際間溝通，具說服力。<br>2.使用較普遍。 | 1.專業性人員費用高。<br>2.科技及立法限制使用。 |

## 新知識經濟時代的推廣

　　資訊科技的進步及廣泛應用，使新的電子媒體逐漸取代傳統的報紙，雜誌，及電視廣告，對新新人類的消費型態及產品的認知特別重要。現在只要一上網，最先看到的就是廣告，而且重要網站的走馬燈廣告一直陪伴著主要的資訊。

　　臺北市政府為了淨化市容，禁止張貼廣告，於是人行道籬笆牆上刻上英文補習班的名稱及電話；美國 ABC 電視臺，在超級市場的香蕉皮上貼上小紙條，寫著早上新聞問候的話：「天氣真好，你在戶外作什麼?」推廣已經到了無所不用的地步。

　　若干公司為了推廣他們的公司或產品，在旅館或辦公大樓的電梯上裝置小型電視，一方面提供時間及氣象資訊，主要還是推介他們的產品。為了推介產品或企業，廣告幾乎無所不在。

　　臺灣若干大型企業不但不花錢作廣告，反而利用公眾報導的策略，製造一個事件或發表一種資訊，於是大眾媒體競相報導，待發表的報導稍為沉靜，於是該公司又提出一種新主張，製造一個機會，讓大眾媒體再報導一次。推廣手法及策略運用

之妙令人折服，無怪這些公司經營的事業都相當成功。

　　所謂公眾（共）報導是指有關的個人或公司利用記者會、展示會等方法，招待媒體記者，介紹新產品或發表對一個事件的資訊，透過大眾媒體將產品或論點登載在報紙或電視節目中。如果自己購買這些報紙的版面或電視臺的時間，費用是相當的昂貴，利用公眾報導則是免費，如果需要付費，最多也只有贈品或招待。但是不是每一家公司或個人都能夠有效的運用公眾報導以達到推廣的目的，是故可將公眾報導視為獨厚某些特定個人或公司的利器。

## 推廣組合選擇

　　推廣組合既然種類眾多，如何選擇以及組合不同的推廣策略，以使推廣組合的效果最大，是行銷管理最困難的決策之一，因為管理人員無法確定每種策略能夠達到銷售目標的程度。下面先就影響推廣組合的因素分析如下：

　　1.資金：可供運用於推廣的資金是一個決定性的因素，資金充足的廣告較不足的廣告效果應該大；規模小，資金不足的企業可能採用人員推銷、零售商展示等方法；僅用人員推銷的效果可能不如在雜誌與報紙上登廣告。消費品適合採用電視或報紙廣告，工業品又比較重視人與人的關係，顧客服務是有力的推廣方法之一。

　　2.市場特性：係指下列幾個特性，第一，市場範圍大小。如果市場範圍大，適合採用廣告，如果市場範圍小，則適於用人員推銷。第二，產品性質。如為消費品，使用人數眾多，宜用廣告；如為工業用品，顧客比較呈地理集中，人數少，宜採人員推銷，特別當需要現場說明或示範時。第三，如顧客人數多而又分散，則宜採廣告。

　　3.產品生命週期：此點在第十一章已詳細說明。惟在產品上市初期，應強調產品的基本需求，應設法告訴潛在顧客產品的存在。如係性能比較複雜的產品，應教育顧客如何使用該產品，以及該產品能夠提供的利益或特性，因此商品展示，人員推銷在主要市場較有效，如為工業品，特別需要採用此等方法。當產品在成長飽和階段，則應強調廣告，當產品接近衰退期，為了誘導顧客購買，如果有能力，仍應借重廣告。

## 重視整體溝通策略

　　推廣組合選定後，就要發展有效的溝通策略。對一個企業而言，在溝通過程中

傳達給觀、聽眾（潛在的購買者）的是產品特別的式樣、包裝的樣子與顏色、銷貨人員的態度、衣著及專業知識、經銷商店內產品的陳列與裝璜等。值得注意的是當購買者每次注視或接觸一種品牌時，都會產生一種印象或感受，如果印象或感受是正面的，則會讓顧客進一步接近購買這種產品，如果是負面的，則會拉大對該品牌的距離，而選擇具有正面感受或印象的品牌。因此要使溝通發揮整體的效果，必須要有效的整合行銷組合，以作到購買的產品及承諾與推廣的產品及承諾內容完全一致，絕不能容忍推廣的與購買的產品間有任何差異，否則整體溝通策略就難以發揮整體的效果。現在世界上成功的企業，幾乎都是以他們的執行長 (chief executive officer) 為首，帶領他的高階主管作整體的推廣運動，由上而下逐步介紹他們的組織、產品及策略，而且強調他們每一個細部作業及零組件品質優異、零故障，向潛在的購買者保證，以勸說顧客購買他們的產品或服務。這些企業絕不以規模大、部門多、管理不周搪塞他們產品缺陷或服務不佳。相反地，他們以零缺點、零故障證明他們的管理及效率，作為競爭的主要策略。台積電、華碩、IBM、微軟、戴爾、英特爾及惠普等現代科技的大公司之所以能夠成功，主要歸功於他們整體溝通策略。

## 發展有效的溝通

傳統的溝通模型雖然無法有效地解析行銷管理過程中若干複雜的溝通問題，不過仍不失為簡單有效的起點。該模型如圖 19-1。

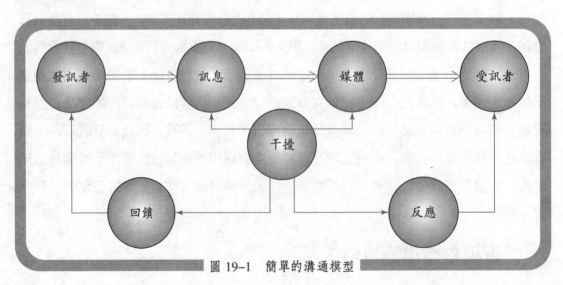

圖 19-1　簡單的溝通模型

　　有效的行銷溝通應從受訊者分析開始，即先要確定潛在的顧客是誰？他們的人文特徵如何？以及採用何種媒體始能有效地傳達給他們等？一般消費品的潛在購買者包括的範圍很廣，其中包括收看各種廣告的觀眾、收聽廣播的聽眾、參觀各類展示及推廣活動的觀眾，以及接受電話及人員訪問的個人及公司或機關的採購人員。當目標觀、聽眾鎖定後，推廣的主題、內容，以及表達方式等決策規劃就比較容易，推廣作業活動的制訂就會有重點。

　　溝通的方法通常可分為兩大類，一是面對面 (face to face) 的對談，是屬於人際間的交流，如業務代表或推銷員拜訪客戶；另一種則是大眾媒體 (mass media) 是非人性的，如報紙、電視、廣播電臺及一般的廣告宣傳品等。

## 推廣訴求

　　企業在從事一連串的推廣活動後，最渴望的就是潛在購買者對推廣活動的反應，也就是溝通的效果如何。最理想的情況是推廣的主題內容能夠引起觀、聽眾或參與者的注意力 (attention)，繼續不斷的發生興趣 (interest)，誘發對有關的產品或服務產生需求的慾望 (desire)，直到最後採取購買行動 (action)。這是購買者行為中所謂的 AIDA 模型，希望推廣的訴求能使觀、聽眾從注意廣告的產品順利到達採取購買行動。新奇獨到的推廣主題及有力的訴求也就成了此一過程的關鍵。

　　為使推廣訴求發揮勸說力，說服潛在顧客採取購買行為，最常用的方法有兩種，即理性法與感性法。理性法是從顧客自己本身的利益著眼，如果能按照廣告所說的去作，則對自己是有利的。感性法是在對顧客的感受提出訴求，其中有正面的，也有負面的訴求。利用愉悅的音樂或畫面，說明 SARS 是可以防止蔓延的，是正面的訴求；如果用感染的或不幸死亡的人數公告社會大眾，警告大家要提高防疫的措施，就是屬於負面的。茲再分別說明如後。

## 理性訴求

　　利用理性訴求時，要將事實列舉出來，並且最好能說明結論。在推廣時，可以將產品的特點說明清楚，並指出能夠提供給觀、聽眾的利益或好處，或在廣告內容中直接說明如果擁有該產品，會在心理上、社會地位上、實質效用上等產生的具體效果。

　　理性訴求最常用在銷售工業用品，尤其是價值比較昂貴的機器設備方面，或一般耐久性消費財。若干研究顯示，為使理性訴求更具有說服效果，作一個具體而肯定的結論比不作結論要有效。

　　理性訴求為什麼會影響觀、聽眾，理性訴求可以作為資訊的來源，作為形成對一件事或一個人的信念，然後再和我們的知識、價值觀，以及情感結合在一起，最後才影響我們的態度。如果結合的力量很強，最後它們可能會產生一種意向，驅使我們採取行動。理性訴求至少能使我們的腦海產生一種印象或影響，在作自由選擇的時間，它會發生作用。

## 感性訴求

　　感性廣告內容有兩個目標，一方面它可以使觀、聽眾在情緒上處於一種特別的情況，如高興或不高興。情緒則會提升我們的注意力，會幫助處理廣告訊息中的各種內容，或消除先前對一種產品或品牌所產生的偏好。另一方面，感性的訊息可以刺激我們立刻採取行動，不去處理或評估理性的訊息。

　　正面的感性訴求是利用悠揚悅耳的音樂，美麗動人的現場布置或節目主持人等，使觀、聽眾產生或回想到一些快樂有趣的事件，或人物，或地方等。為加強感性的效果，常利用大家比較懷念或熟悉的人物、事件、聲音等作為一種誘因，以提升對廣告產品的偏愛。醬油廣告中「有媽媽的味道」，以及現在若干汽車廣告多以「家庭和樂」就是感性訴求。前幾年則以「懷念童年以車代步」為主要訴求。顯示感性訴求和現實社會、經濟情況結合在一起，效果也許更佳。負面的感性訴求有時也會提升溝通與影響效果。我們常看到一些頭痛或牙痛藥廣告，專家們相信此類廣告不但引起注意，而且會幫助觀眾面對此類問題，如果不是廣告道出頭痛的感受，他們通常會否認甚至壓抑這類劇烈的苦痛。

　　在感性訴求的廣告中，幽默的話語或畫片同樣具有吸引力，但也有的研究認為幽默的話題說服力和正常或嚴肅的訴求話題比較，廣告效果比較差。❶在強調輕鬆，幽默的現代生活，此點值得進一步研究。

---

❶　Brian Sternthal and Samuel Craig, "Humor is Advertising," *Journal of Markets*, October 1973, pp. 12–18.

## 資訊來源

設計推廣組合時，不論是廣告、人員推銷、或促銷、或公眾報導，推廣效果的有無及大小，和推廣資訊傳達者有密切的關係。廣義的資訊傳達者包括廣告代言人、推銷員，以及作廣告的公司。他們所提供的資訊效果或影響力，和下列因素有關。

### 一、可信賴性

資訊可信賴性與其來源有關。發訊者如在某一方面具有相當的專業知識，或受過專門教育訓練，或有實際經驗，或擁有獨特的技術知識，而為社會大眾公認，則他代表個人或公司在推廣活動中所提供的資訊對觀、聽眾的影響力比較大，說服效果比較強，觀、聽眾相信程度比較高。例如諾貝爾醫學獎得主對其專長領域所提出的看法；老虎伍茲 (Tiger Woods) 在高爾夫球方面的心得；及阿格西 (Agassi) 在網球方面的意見，均應較一般人更具有可信賴性。要敦請影響力大、信賴性高的人作代言人，或親自出馬從事推廣活動，效果固然會好，但是成本卻非常高。因此只有像美國運通公司 (American Express) 和韓國現代汽車 (Hyundai) 才有能力出高價聘請老虎伍茲及阿格西作代言人。

### 二、資訊來源的吸引力

經驗告訴我們，和自己喜歡或尊敬的人溝通，比較容易而且效果會比較好。因為和自己比較熟悉或喜歡的人溝通，在感受上會比較安全、愉悅、且容易受對方的影響，尤其在感情交流，態度改變，以及產生一致的認同等方面，效果相當明顯。由此可知，如果廣告代言人或推銷人員在外表、智慧或社交等方面具有吸引力，則會提升他在溝通上的效果或影響力。但是，如果個人的吸引力過強，則會產生負面效果，影響廣告訊息的內容，影響觀聽眾評估一個品牌，發展正面的態度，以至購買廣告產品的行動。另外的研究也發現推銷人員與顧客間盡管吸引力程度不是很高，仍然能夠產生銷貨。❷

### 三、對觀、聽眾實質影響

最後，推廣活動資訊的影響力決定於相信與接受資訊的觀、聽眾所獲得的回饋而定。如果因為相信推廣資訊而購買廣告的產品，能夠提供物超所值的產品，獲得

---

❷　T. C. Brock, "Communicator-Recipient Similarity and Decision Change," *Journal of Personality and Social Psychology* I, 1965, pp. 640–654.

實質的利益，對接受推廣資訊的觀、聽眾是一種報酬，推廣資訊的影響力就愈大。在另一方面，如果推銷人員或展示會能提供訪問的潛在客戶或參訪者小禮品及精緻的產品說明書，則有補充的效果，對於促成交易，亦將有助益。

## 道德訴求

自從企業社會責任觀念廣為企業界接受後，「公益團體」及「生態運動」等組織群起響應，世界各地到處可見。這種以公益道德為訴求的主要動機，是希望大眾本著良知道德，分辨什麼是對的，什麼是錯的，什麼是正常的、該作的等。如果是對的，則呼籲大家不分種族，不分國界，團結起來，採取行動。此一訴求，近十餘年來，的確發揮了巨大的作用。例如愛滋病防治運動，天災人禍的救助等均發揮了道德公益的勇氣。2003 年 5 月初，臺北市和平醫院發生 SARS 院內感染後，情況嚴重，世界衛生組織及美國的防疫專家紛紛前來指導防疫，有的並親自坐陣第一線，協助我醫療人員，而且其中一位疑似感染 SARS，美國立即派專機接回美國本土治療，事蹟感人。國內若干醫護人員也因照顧、治療 SARS 病患，不幸罹難。他們的義行因而喚起社會大眾防疫的決心。

## 推廣運動

推廣運動 (campaign) 又稱業務競賽，是指當一個企業發動一個推廣計畫與活動以達成一個特定的目標時，就叫推廣運動。推廣運動應用在其他場合很多：2003 年 5 月臺灣 SARS 疫情很嚴重時，政府推動全民洗手，量體溫活動，以有效防止 SARS 感染，就是一種抗 SARS 的運動。

推廣運動是一套有計畫、有協調的推廣活動，它是建立在單一的觀念或題目之上，其目的在於達到預定的目標，如防止 SARS 感染。業務競賽雖與廣告有關，如將其觀念應用於整體推廣活動，則更適合，因此整體的推廣運動應包括廣告、人員推銷與促銷三種，如此每種推廣活動可以更有效的整合、規劃與執行。

一個企業可以從事若干種不同型式的推廣活動，而且可以周而復始。例如一方面對消費者作廣告，同時也可以對批發零售商作廣告，至於活動的時期，可以是一週、一個月、一年，甚至更長。通常以三到六個月為多。

在設計一個推廣運動時，首先應該設定一個目標，並確定運動的策略。在擬定

策略時應該考慮下列各點：

1.推廣的重點是強調基本的需求還是選擇性的需求。

2.在推廣時如何使立刻購買與延後購買能取得平衡，俾配合生產進程。

3.是全面性的對每一個顧客都發生一點效果，還是集中於少數顧客作深入的推廣。

4.在認知品牌與堅持品牌之間，希望達到那一點。

5.計畫強調產品的那些特點，或產品的那些問題。

行銷人員在規劃推廣活動時，應該先決定強調那一種訴求。此點主要須視活動的目的以及有關購買動機的研究發現而定。

一個推廣活動應該有一個重點或訴求，透過該重點或訴求，可以將其他推廣活動的各種訴求加以整合，以有效地達成整體的目標。

## 推廣預算分派

在一個企業中，分派推廣費用較推廣組合決策更困難，因為決策者既缺乏準確可靠的標準作為分派預算到廣告，或人員推銷，或促銷的依據，更不知道在每一個產品，或地區，或每種推廣組合應該分配多少。更困難的是在正常的情況下，決策人員無法評估與衡量推廣的費用與效果間的關係。例如一個公司可以增加 100 萬元的預算，用以增加十個銷貨員，也可以用同樣的預算增加商品展示次數，用在兩種方法的預算雖然相同，但沒有人能決定，其產生的效果是否相同，或差別多大，因為這個原因，在分派推廣費用時就非常困難。

現在若干大企業均採用複雜的數學模式或廣告的長期預算方法，因此在這方面可能獲得比較合理的解決方案。

其次，一般公司在會計處理上均將廣告等推廣支出列為費用，從會計的觀點，表示創造的利益立刻即會消失。周狄恩 (Joel Dean) 等認為廣告支出與其他的推廣費用應作為資本投資，而不應視為費用支出。此種轉變，對於評估推廣效果，測定市場與其他的決策，都有很大的衝擊。

在決定整個推廣支出時，決策者應該從可能對生產成本發生影響的觀點考慮推廣成本。換言之，當產量增加時，單位生產成本降低，但當單位生產成本下降至某一水準而為增加的單位推廣成本抵消時，推廣費用就不應再增加了。

## 近年世界及臺灣媒體廣告費

自 2001 年世界經濟衰退以來，廣告的營業額也隨之萎縮。自網路泡沫化以後，不但全球經濟付出代價，更重要的是對廣告的消費型態產生了長遠的影響：廣告市場的預算，有從報紙逐年轉向無線或有線電視的趨勢。2000 年臺灣報紙的廣告量約為 8 億美元，到 2002 年降低到 5 億美元，二年間下降了 37.5%。❸

形成此種現象的原因是現在的年輕人，多半的時間花在無線、付費或有線電視，至於文字媒體，他們多半會選擇能快速取得資訊與分析的報紙。因此美國的閱報人口已從 1964 年的 81% 萎縮到目前的 54%。不過根據高盛分析表示，當經濟信心出現增長，投資人對報紙類股的投資興趣也大增。因為經濟與報紙有密不可分的關係。❹

全球的廣告量在 2002 年約為 4,660 億美元，較 2001 年成長 2.2%。網際網路的廣告收入則縮減為 41 億美元。全球媒體營收成長，因受 911 恐怖攻擊事件的衝擊，受到相當大的影響，特別是美國。

根據 Verouis Suhler 公司的研究，全球廣告支出成長的趨勢大致如下表：

表 19-3　全球廣告支出成長趨勢

| 年份 | 電視 | 廣播 | 報紙 | 消費性雜誌 | 消費性網路 | 專業性雜誌 |
|---|---|---|---|---|---|---|
| 2001 | -3.9 | -6.2 | -7.7 | -6.2 | -11.9 | -19.7 |
| 2002 | 7.1 | 3.2 | 3.2 | -3.0 | 4.1 | -11.7 |
| 2003 | 5.9 | 5.2 | 5.4 | 3.0 | 4.0 | 4.9 |
| 2004 | 9.2 | 7.5 | 6.8 | 6.0 | 6.9 | 7.3 |
| 2005 | 5.1 | 7.0 | 7.3 | 6.5 | 5.6 | 5.8 |
| 五年間平均年複合成長率 | | | | | | |
| 1996–2001 | 5.8 | 7.8 | 3.5 | 5.7 | 105.1 | 3.5 |
| 2001–2006 | 7.0 | 6.2 | 5.7 | 3.5 | 5.1 | 2.2 |

註：2003 至 2006 年為預估數值。
資料來源：Veronis Suhler，《工商時報》，92 年 10 月 29 日。

臺灣近五年來五大媒體的廣告量因受世界經濟不景氣的影響，稍微下降，有線、

---

❸　《工商時報》，2003 年 10 月 29 日。

❹　《工商時報》，2004 年 4 月 26 日。

無線電視及報紙的廣告量有相當程度的消長,可自表 19-4 見之。

表 19-4　1999-2003 年臺灣五大媒體有效廣告量統計表

廣告量單位:百萬元

| 媒體別 | 2003 年 | 2002 年 | 2001 年 | 2000 年 | 1999 年 |
|---|---|---|---|---|---|
| 無線電視 | 8,785 | 9,816 | 11,559 | 13,001 | 17,676 |
| 有線電視 | 24,627 | 22,359 | 16,142 | 17,668 | 14,558 |
| 報　紙 | 15,119 | 12,191 | 16,414 | 18,745 | 18,858 |
| 雜　誌 | 7,557 | 6,613 | 6,509 | 7,200 | 6,099 |
| 電　台 | 2,692 | 2,522 | 2,219 | 2,310 | 2,146 |
| 合　計 | 58,781 | 53,501 | 52,846 | 58,926 | 59,338 |

資料來源:潤利有限公司提供,2004 年 4 月。

根據潤利公司統計五大媒體家數構成如下:

無線電視　4 臺　　　有線電視　　62 臺

報　紙　　66 份　　　雜　誌　　　132 份(平面媒體由艾克曼管理公司提供)

電　臺　　10 臺

臺灣在 1992 年五大媒體的廣告量僅為 120 億元,2003 年則成長為 587.8 億元,成長近 487 億元,相當迅速。不過在 1999 年世界景氣鼎盛時期,廣告量曾高達 593 億元。此後因景氣低迷,廣告量急速下降,2001 年的廣告量最低。

在五大媒體中,廣告量地位在五年中也出現明顯的變動。1999 年報紙的廣告量高達 188 億元,居第一位,其次為無線電視的 176 億及有線電視的 145 億;2003 年五大媒體的廣告量依次為有線電視 246 億、報紙 151 億、無線電視 87.8 億、雜誌 75.5 億、電臺最少。在這五年中,有線電視廣告量成長 100 億以上,幅度最大,其次則為雜誌,約 15 億元。無線電視廣告量下降近 90 億元,幅度最大。此一變動不但顯示了廣告量從無線電視流轉到有線電視,也說明了兩者在媒體影響力的轉變。在廣告量五年內大致未變的情況下,後來居上的有線電視不但拖走了廣告量,也帶走了對消費者的影響力。

## 五大媒體前十大產業廣告量

2003 年臺灣五大媒體六項產業有效廣告量中以服務類的 73.9 億元最大,其次為

交通類、建築仲介、文康類均超過 50 億元，建築仲介係因土地增值稅減半徵收，營建業復甦所致。

表 19-5　2003 年臺灣五大媒體六項產業有效廣告量

廣告量單位：仟元

| 排名 | 類別名稱 | 無線 | 有線 | 報紙 | 雜誌 | 電臺 | 合計 |
|---|---|---|---|---|---|---|---|
| 1 | 服務類 | 638,962 | 3,085,900 | 2,510,293 | 531,747 | 632,292 | 7,399,193 |
| 2 | 交通類 | 496,891 | 2,571,306 | 1,833,657 | 592,329 | 229,134 | 5,723,317 |
| 3 | 建築仲介 | 83,562 | 610,266 | 4,347,236 | 135,982 | 95,127 | 5,272,172 |
| 4 | 文康類 | 184,508 | 1,444,744 | 2,086,362 | 640,387 | 658,299 | 5,014,300 |
| 5 | 電話事務類 | 591,904 | 2,836,000 | 789,140 | 481,918 | 154,361 | 4,853,323 |
| 6 | 化妝保養品類 | 762,044 | 1,256,392 | 327,347 | 1,161,078 | 25,228 | 3,532,090 |
| 7 | 藥品類 | 1,081,222 | 1,200,981 | 288,095 | 162,643 | 66,541 | 2,799,481 |
| 8 | 飲料類 | 912,233 | 1,529,261 | 71,543 | 53,534 | 58,756 | 2,625,326 |
| 9 | 調品食品類 | 633,170 | 1,430,306 | 129,934 | 75,018 | 85,665 | 2,354,093 |
| 10 | 電腦資訊類 | 70,120 | 429,587 | 466,417 | 1,212,088 | 152,775 | 2,330,988 |

資料來源：潤利公司，2004 年 4 月。

●製表說明：

1. 潤利公司【有效廣告量】之統計係依潤利公司監測中心現場監看之廣告【實際播出量情況】（商品廣告、檔次、秒數），乘上各媒體的【廣告訂價】，再扣除該媒體各時段（版面）相關性折扣、搭配、贈送等條件，由專業軟體程式推估統計完成，相當於廣告主所花費之廣告費用；因而，所有「同類競爭品牌」之程式計算基礎完全一致，在同類性商品【有效廣告量】比較下，具有相當高的參考價值。

2. 以上數據係「一般商品」廣告、不含「基金會」、「政府機關」、「電視郵購」三類商品廣告，潤利公司監測之「商品廣告」分類共計 25 大類（359 小類）。

3. 2003 年平面媒體監測為 66 份報紙、132 雜誌（由艾克曼知識管理公司提供）。

根據潤利公司的資料，2003 年有、無線電視、報紙及雜誌有效廣告量前十大產業如后：

表 19-6　臺灣 2003 年有線電視【有效廣告量】前十大產業

廣告量單位：千元

| 排名 | 產業名稱 | 【有效廣告量】 | 占有率 |
|---|---|---|---|
| 1 | 汽車 | 1,894,985 | 8% |
| 2 | 洗髮潤髮品 | 984,606 | 4% |
| 3 | 行動電話 | 975,598 | 4% |
| 4 | 金融機構 | 935,467 | 4% |
| 5 | 行動電話電信服務 | 821,525 | 3% |
| 6 | 信用卡 | 755,230 | 3% |
| 7 | 速食店 | 704,704 | 3% |
| 8 | 一般保養品 | 597,340 | 2% |
| 9 | 茶飲料 | 585,842 | 2% |
| 10 | 唱片錄音帶 | 554,982 | 2% |
|  | 其他產業 | 1,5817,544 | 65% |

資料來源：《廣告與市場營銷月刊》。

　　　　　《2003 年台灣地區有效廣告量總報告》，潤利國際公司，2004 年出版。

表 19-7　臺灣 2003 年無線電視【有效廣告量】前十大產業

廣告量單位：千元

| 排名 | 產業名稱 | 【有效廣告量】 | 占有率 |
|---|---|---|---|
| 1 | 洗髮潤髮品 | 800,439 | 9% |
| 2 | 汽車 | 381,353 | 4% |
| 3 | 一般保養品 | 366,900 | 4% |
| 4 | 藥酒 | 282,712 | 3% |
| 5 | 行動電話電信服務 | 260,810 | 3% |
| 6 | 速食店 | 252,192 | 3% |
| 7 | 茶飲料 | 242,513 | 3% |
| 8 | 金融機構 | 241,496 | 3% |
| 9 | 口香糖 | 219,868 | 3% |
| 10 | 機能飲料 | 215,073 | 2% |
|  | 其他產業 | 5,522,270 | 63% |

資料來源：同表 19-6。

表 19-8　臺灣 2003 年報紙【有效廣告量】前十大產業

廣告量單位：千元

| 排名 | 產業名稱 | 【有效廣告量】 | 占有率 |
|:---:|---|---:|:---:|
| 1 | 建築 | 4,247,966 | 28% |
| 2 | 汽車 | 1,358,225 | 9% |
| 3 | 金融機構 | 581,251 | 4% |
| 4 | 信用卡 | 415,538 | 3% |
| 5 | 郵購禮品業 | 342,426 | 2% |
| 6 | 家具 | 313,607 | 2% |
| 7 | 百貨公司 | 300,661 | 2% |
| 8 | 行動電話電信服務 | 274,512 | 2% |
| 9 | 量販購物店 | 248,257 | 2% |
| 10 | 企業形象 | 195,532 | 2% |
| | 其他產業 | 5,911,024 | 44% |

資料來源：同表 19-6。

表 19-9　臺灣 2003 年雜誌【有效廣告量】前十大產業

廣告量單位：千元

| 排名 | 產業名稱 | 【有效廣告量】 | 占有率 |
|:---:|---|---:|:---:|
| 1 | 高級保養品 | 516,990 | 7% |
| 2 | 鐘錶 | 380,799 | 5% |
| 3 | 汽車 | 313,458 | 4% |
| 4 | 硬體設備 | 254,700 | 3% |
| 5 | 彩妝品 | 241,656 | 3% |
| 6 | 一般保養品 | 196,600 | 3% |
| 7 | 軟體 | 188,421 | 2% |
| 8 | 黃金珠寶 | 175,515 | 2% |
| 9 | 遊戲軟體 | 156,679 | 2% |
| 10 | 服飾店 | 145,107 | 2% |
| | 其他產業 | 4,790,673 | 67% |

資料來源：同表 19-6。

　　由上面四種主要媒體的有效廣告量可以發現，汽車與洗髮潤髮品在有線電視及無線電視均居於第一、二位，建築及汽車居報紙廣告的前二名，高級保養品及鐘錶則為雜誌前二名。其中汽車在四大媒體中的有效廣告量均排在前三名，建築業在報紙的有效廣告量最高，達 42.5 億，居四種媒體之冠，而且只有報紙排在前十名。

　　其次，雖然都是電視臺，但各產業在有線與無線電視的廣告量則有明顯差別：汽車在有線電視的廣告量為 18.9 億元，無線電視則僅為 3.8 億元，洗髮潤髮品在有線電視的廣告量 10 億元，無線電視 8 億元，相差 2 億元。有線電視有效廣告量明顯較無線電視多。

## 四大媒體前十大企業廣告量

　　四大媒體前十大企業也是研究推廣活動的主要資訊，茲再以簡表呈現如后：

表 19-10　臺灣 2003 年有線電視【有效廣告量】前十大企業

廣告量單位：千元

| 排名 | 產業名稱 | 【有效廣告量】 | 占有率 |
|---|---|---|---|
| 1 | 寶僑家品公司 | 937,971 | 4% |
| 2 | 聯合利華（股）公司 | 896,067 | 4% |
| 3 | 統一企業公司 | 577,690 | 2% |
| 4 | 花王（台灣）股份有限公司 | 512,680 | 2% |
| 5 | 台灣留蘭香公司 | 417,981 | 2% |
| 6 | 裕隆汽車公司 | 360,599 | 1% |
| 7 | 麥當勞餐廳 | 318,697 | 1% |
| 8 | 中華電信（股）公司 | 315,255 | 1% |
| 9 | 摩托羅拉電信公司 | 307,341 | 1% |
| 10 | 福特汽車公司 | 297,313 | 1% |
| | 其他產業 | 19,686,231 | 81% |

資料來源：同表 19-6。

表 19–11　臺灣 2003 年無線電視【有效廣告量】前十大企業

廣告量單位：千元

| 排名 | 產業名稱 | 【有效廣告量】 | 占有率 |
|---|---|---|---|
| 1 | 寶僑家品公司 | 1,053,532 | 12% |
| 2 | 聯合利華（股）公司 | 588,622 | 7% |
| 3 | 三洋維士比集團 | 260,593 | 3% |
| 4 | 統一企業公司 | 213,287 | 2% |
| 5 | 台灣留蘭香公司 | 199,987 | 2% |
| 6 | 花王（台灣）股份有限公司 | 198,082 | 2% |
| 7 | 金車企業公司 | 189,017 | 2% |
| 8 | 保力達公司 | 184,862 | 2% |
| 9 | 五洲製藥公司 | 173,065 | 2% |
| 10 | 麥當勞餐廳 | 169,809 | 2% |
| | 其他產業 | 5,554,771 | 64% |

資料來源：同表 19–6。

表 19–12　臺灣 2003 年報紙【有效廣告量】前十大企業

廣告量單位：千元

| 排名 | 產業名稱 | 【有效廣告量】 | 占有率 |
|---|---|---|---|
| 1 | 和泰汽車公司 | 211,205 | 1% |
| 2 | 裕隆汽車公司 | 197,141 | 1% |
| 3 | 中華三菱汽車公司 | 171,223 | 1% |
| 4 | 大都市建設公司 | 161,996 | 1% |
| 5 | 福特汽車公司 | 161,913 | 1% |
| 6 | 家福股份有限公司 | 148,560 | 1% |
| 7 | 中華電信（股）公司 | 143,066 | 0.9% |
| 8 | 台新銀行公司 | 123,590 | 0.8% |
| 9 | 寶盛開發、寶閣建設 | 120,784 | 0.8% |
| 10 | 燦坤實業（股）公司 | 108,862 | 0.7% |
| | 其他產業 | 13,570,437 | 90% |

資料來源：同表 19–6。

表 19-13　臺灣 2003 年雜誌【有效廣告量】前十大企業

廣告量單位：千元

| 排名 | 產業名稱 | 【有效廣告量】 | 占有率 |
|---|---|---|---|
| 1 | 台灣保麗（股）公司 | 267,324 | 4% |
| 2 | 寶僑家品公司 | 138,237 | 2% |
| 3 | 新惠普科技（股）公司 | 100,699 | 1% |
| 4 | 美商怡佳（股）公司 | 83,659 | 1% |
| 5 | 台灣微軟公司 | 76,321 | 1% |
| 6 | 佳麗寶化工（股）公司 | 75,667 | 1% |
| 7 | 台灣愛普生科技公司 | 57,883 | 0.8% |
| 8 | CHANEL 公司 | 54,316 | 0.7% |
| 9 | 資生堂化妝品公司 | 52,413 | 0.7% |
| 10 | 法徠麗國際公司 | 51,1283 | 0.7% |
|  | 其他產業 | 6,599,397 | 86% |

資料來源：同表 19-6。

　　2003 年臺灣寶僑家品公司及聯合利華公司是有線及無線電視廣告量最大的企業，寶僑在二種媒體的廣告量高達 20 億元，聯合利華則幾近 15 億元；統一企業分居第四位，廣告量也高達 8 億元。其次台灣花王公司分居第四、六位，台灣留蘭香則均位居第五均為電視媒體的主要廣告主。

　　報紙在 2003 年的廣告主前五名中有 4 家是汽車業，總廣告量共為 5 億 4,000 萬元。

　　寶僑家品在 2003 年雜誌媒體的廣告量也位居第二名，高達 1 億 3,000 多萬元。化妝品公司是雜誌廣告的最主要來源，10 家中高達 8 家，且均為世界知名品牌。

　　綜合以上資料讀者不難產生幾點結論：

　　第一，臺灣四大媒體的廣告量主要集中在少數幾個產業，一旦這些產業景氣發生變化、媒體營業立即受到影響。

　　第二，少數企業的廣告量占的比重過高，媒體易受制於企業，導致若干差異化的作法，甚至形成公器私用的現象。

　　第三，受國際化的衝擊，國人自創品牌競爭優勢不足，品牌知名度相對低，給國際知名品牌可乘之機。因此不但讓他們利用國內媒體建立他們的品牌，同時也打壓了我們自己的品牌，又遑論在國際市場上建立品牌知名度。

　　第四，廣告量過度集中於少數媒體及企業。有線電視 2003 年的廣告量為 246 億，

占該年度五大媒體廣告總量的 41% 以上；寶僑家品公司在電視及雜誌三類媒體的廣告量高達 21 億餘元，占五大媒體總廣告量 587 億元的 3.6%，如加上其在報紙及廣播二類媒體的廣告量，比重將會更高。

表 19-14　2002 年美國消費者花費在各種媒體的時間

單位：%

| 媒體種類 | 時　間 |
|---|---|
| 電　視 | 47.3 |
| 收音機 | 27.6 |
| 錄製音樂 | 5.6 |
| 日　報 | 4.9 |
| 網際網路 | 4.3 |
| 雜　誌 | 3.5 |
| 書籍類 | 3.0 |
| 電玩遊戲 | 1.8 |
| 錄像機 | 1.6 |
| 電　影 | 0.4 |

資料來源：*Quin Tian*, USA Today, Aug. 15, 2003.

　　根據美國的研究，美國消費者在過去 5 年用在各種媒體的時間和是否付費有關。根據資料，消費者儘量利用付費的媒體，如有線電視、DVD、電動玩具遊戲等。對於免費的媒體如電視、收音機、雜誌及報紙，收、看、聽、閱讀的則較少。觀眾之所以如此選擇，主要是為了避免各種媒體經常出現奇奇怪怪的廣告，也就是一般美國人傾向於收看沒有廣告的媒體。

　　又根據 Merchants Bank Veronis Suhler Stevenson 的研究，2002 年美國消費者平均花費在各種媒體的時間如下：

表 19-15

| 媒　體 | 總時數 | 占百分比 |
|---|---|---|
| 電　視 | 2,081 小時 | 57.8 |
| 錄放影機 | 1,518 小時 | 42.2 |

　　同一研究指出，2002 年美國消費者平均花費在兩種主要媒體的總時數為 3,599 小時，花費在媒體上的時數較 2001 年多了 18%。由此可知，電視仍為美國廣告的主要媒體。

# 習 題

1. 說明知識經濟時代推廣的重要性。

2. 說明推廣組合的選擇。

3. 說明推廣訴求的種類。

4. 何謂道德訴求。

5. 說明近年來臺灣五大媒體有效廣告量變動的情形。

# 第二十章　廣告決策

## 廣告的定義

　　廣告是針對某些選擇性的大眾而作的活動，它是可以看得到的畫面，或可以聽得到的話語，其目的是在告訴與影響這些大眾，使他們購買廣告的產品或勞務，或使他們對於上述的畫面話題所表達的觀念、人物、商標與公司等產生一種良好的印象。廣告與其他宣傳方式不同的地方是廣告藉標誌或話語說明作廣告的人的目的，同時廣告是一種商業性交易，在此交易中包括支付費用給出版者、廣播者或其他媒體。

## 廣告的分類

　　廣告分類之方法很多，下面的分類是採用馬修斯 (John Matthews) 等所用的一種。這種方法是相互的、關聯的，利用這種分類法，對於分析廣告的性質目的或不同的廣告效果比較容易。

### 一、基本性或選擇性的需要

　　基本性需要是想設法影響對某一類產品的需要，希望看過廣告的能購買，而不是針對這類產品的某種品牌。例如假定牛奶公司是利用廣告說明「多喝牛奶有益健康」，該廣告的目的在於設法增加社會大眾對牛奶的需要。假定一家牛奶公司的廣告是要設法使飲用牛奶者偏好他的牛奶，並購買他的牛奶，這就是一種選擇性的需要。在這種情形下，即使作廣告的牛奶公司希望對於牛奶的總消費量增加，他的主要目的在於使他的牛奶與其他品牌的牛奶有所差異，仍是屬選擇性的廣告。

### 二、直接或間接的活動

　　直接活動的廣告在引起使用者立刻採取行動購買這種產品，或至少可以得到有關產品的資料，例如一種為癬藥所設計的廣告，其目的在於使對於該產品發生興趣或患癬的觀眾能夠立刻購買這種藥。

　　為高價格的產品，例如汽車、彩色電視、手機等所作的廣告，都屬於間接性的活動。因為這些產品不是經常購買的，這種廣告的目的在於使顧客盡管現在不是能

購買這種產品，但是對製作該產品的廠商或品牌發生一種良好的印象、觀感，在未來可以購買這種產品。

若干廣告，通常都在設法達到直接與間接的雙重目的。例如一張全幅的手機廣告，其目的在建立顧客對這種品牌的手機產生一種繼續不斷的偏好。假定在該廣告的下角附有一張優待券，則該廣告的目的使看到該廣告的人能立刻在限期內去購買有折扣的新型手機，這就是直接與間接雙重目的的廣告。

### 三、以訴求的性質分類

廣告也可以按訴求的性質，或廣告所要引起的購買動機分類，這一種分類法是根據理智的或情感的訴求。

設法透過使用同一品牌的化妝品，以便在家庭主婦與舉世聞名的女電影明星間建立一種關係的廣告，可能是一種感情的訴求。相反的，一種藉強調價格低廉以達到影響家庭主婦購買上述化妝品的廣告，可以說是一種理智的訴求。

這種分類法雖然有用，但不能硬性的應用，首先應該注意的是理智與情感，二種動機不易劃分清楚，容易引起誤解（此點在消費者研究中已討論過）。假定化妝品的廣告是強調它的防老化作用，試問這是一種感性的訴求，還是一種理性的訴求？還是兩者都是？

另外也可以根據廣告訴求動機的性質如恐懼、高傲、虛榮、快樂或安全等分類。人壽保險公司經常刊登一種恐懼的廣告，藉「天有不測風雲，人有旦夕禍患」等，暗示如果平日不儲蓄，到時一家大小生活可能會無依無靠。另外，保險公司的廣告以平時有儲蓄，可以幫助子女完成學業等保護性的訴求，提供一個家庭的安全感。由此可知同一種性質的廣告，所利用的訴求都有很大的差別。

### 四、消費者、工商業與銷售通路的廣告

用在消費者的廣告，其目的在對最後消費者的決策單位，工商業者的廣告在於工商業的顧客，用在銷售通路上的廣告，則針對批發與零售商方面的。例如橡膠輪胎公司對最後消費者作的廣告是輪胎，對公司行號的廣告是馬達與汽車膠帶，同時可以利用印刷品分散給批發與零售商。

### 五、以廣告收看的觀眾分類

在廣泛的消費者中，可以分為最後消費者、工商業行號與銷售通路的成員，廣告可以針對某一種收看的觀眾。例如珠寶手飾公司可以利用電視廣告對一般的婦女

作廣告。在每年的某些特別季節，利用青年男女閱讀的雜誌，專門對即將訂、結婚的青年作廣告，同時又可利用該業公會所印刷之刊物對零售商作廣告。很多公司利用對消費者的廣告之便，同時對批發與零售商推廣，使他們願意代為銷售有關的產品，以及得到他們對該品牌積極的支持。

## 六、產品性廣告與機構性廣告（institutional 或 corporate）

大多數的廣告屬產品性的廣告，這種廣告是為了推廣一種特別的產品或特別品牌的產品之銷貨或商譽而作的。不管是廠商或批發商、零售商作的廣告，也不管廣告的主題強調的是產品本身或與產品直接關聯的其他特點，如服務、價格、品質等，均屬機構性廣告。例如大同公司的廣告，一方面強調各種產品的性能、服務與品質，同時也說明大同一般的活動，則可稱為是機構性的廣告，因為它是在設法使社會大眾對整個大同公司與產品普遍的建立一種良好的印象。

## 七、合作性廣告 (coopertive)

廠商對批發零售商提供支助，以便使批發零售商地區性的廣告能夠配合與支持廠商的品牌在全國性的廣告活動。這種方法，廠商通常是負擔零售或批發廣告費的一部分，其法有時是按比例分攤，例如每購買一箱產品給予 100 元的補助，或銷貨總額的 2% 或 3% 的津貼，這種津貼通常僅限於推廣的期間。合作性的廣告通常有一個暫時的特殊目的，例如使顧客儘快的能以一個特殊的價格，在一個特殊的地區購買一種特別的產品，這種廣告方法在美國比較重要，但由於各種市場法令的限制，遭到若干困難。因為如果若干大規模的零售商聯合起來，可能會壓迫廠商給予較大的津貼，這種廣告法，目前在臺灣地區，有時也偶爾見到。

## 廣告預算

廣告預算是廣告決策中最常發生的一個問題，廣告預算之多少，除受廣告效果之影響外，還受下列各因素之影響。

　1.環境因素：例如人口、經濟情況、所得水準及競爭者情勢等。

　2.廣告品質：廣告效果和廣告的設計與製作有關，後兩者又受預算的影響。

　3.廣告效果的時間性：即廣告將一個決策單位變成廣告產品的購買者所需的時間，也就是廣告效果的強度。

瞭解這些基本的問題後，下面再討論常用的廣告預算方法。

## 一、銷貨百分比法

這種方法是將廣告的預算根據銷貨金額的百分比訂定。銷貨額有的用上年度的，有的則用預期的銷貨金額。在缺乏廣告真正的生產效力時，此法的優點為：

1.廣告支出可以隨公司支付的能力變動，對於有財務管理觀念的管理人，會使他們感到公司的收入與支出應該保持密切的關係。

2.可以使主管人員聯想到廣告成本、產品售價與單位利潤的關係。

3.可以使同業間廣告支出競爭穩定，導致競爭者同意廣告支出與銷貨有密切關係，因而不致形成惡性廣告競爭的後果。

此種方法在理論上則難以解釋，因為：

1.在理論上，先作廣告，然後才會刺激銷貨，所以廣告是因，銷貨是果。根據銷貨百分比法，是先有銷貨，後有廣告，形成因果顛倒的矛盾現象。

2.視資金之有無作廣告，而不是為創造市場機會作廣告。對於經濟情況不佳或競爭者將採取積極性推廣活動時，往往有無能為力之感。

3.廣告預算按每年銷貨金額大小而訂定，變動大，影響長期的廣告策略。

4.所謂百分比並沒有明確的訂定，應該是以何種銷貨為基準應該先加以說明。

5.最後的一個缺點是忽視了以產品或地區為根據的廣告預算法，不易發展有創意的廣告計畫。

## 二、以競爭者的預算為準

此法是視競爭者的廣告支出而定，即維持與競爭者預算金額或百分比相等的方法，該法通常要估計所在行業在一定期間內廣告預算的總值，然後再推算該公司在該行業的銷貨所占的百分比，根據銷貨所占的百分比訂定出廣告所占的百分比。

若干行業採用此法，因為各競爭者的廣告支出代表所在行業共同的觀點。其次，如果按照銷貨比率訂定預算，可以避免惡性競爭，這是一種保衛性的方法，其目的在設法與同業在廣告預算方面維持並駕齊驅的地位。

這個方法的缺點是競爭者的廣告支出並不能正確的得知。何況現在推廣組合多元化，更難得知。而且，廣告所導致的商譽、支援、機會與目的，各公司之間可能相差甚大，因此他們的廣告預算不應該作為另一公司跟隨的指標，即使廣告支出的資料可以得到，僅為有價值的參考資訊，卻不應盲目的作為預算之依據。

## 三、按負擔的能力作預算

若干公司根據他們能夠實際負擔的能力作廣告。此法一部分是與預期的銷貨與利潤有關，忽略了廣告工作的實際需要，換句話說，此法的基本缺點是它並未解決「應該花多少錢」這個問題。

有時，公司採用價格或其他策略以便獲得較大的預算，因此往往藉高價格政策以獲得較大的利潤，產生較大的廣告效果。

## 四、依目標與任務而訂定預算

上面三種方法是先訂定廣告總預算，然後劃分到每種產品與每個地區，如果能先將每種產品與每個地區所需的廣告費預算好，再訂定廣告總費用，將更為合理，因為這個預算就是希望的廣告預算，這種作法就是按照目的與作業需要而訂定的廣告預算法。

利用此法時，每個部門主管都須準備一份預算，其步驟為：

1. 首先明訂其廣告的目的，最好用數字表示出，如使臺北市的家庭主婦對寶僑牌乳液的瞭解從 15% 增加到 20%。

2. 然後將如何達到上述目的的工作綱要列出。

3. 最後再估計完成上述工作所需的費用，這個數額即為需要的廣告預算，將每個部門的預算全部加起來，就是一定期間內總的廣告預算。

此法現正為企業界普遍使用。其主要缺點為主管人員並未過問某個廣告的目標，從其發生的成本立場言，是否值得去作。例如明年廣告的目標在使知道某種品牌的人數增加 100%，要想達到此一目的，需要的成本可能與產生的利潤相差太遠。因此，使用這種方法時，須從發生的成本去選擇以至衡量最具生產效率的目標，這種方法，與邊際成本及邊際收益的分析法相近。

從上面這四種常用的方法，可以發現第四種比較理想。因篇幅限制，其他方法不再討論。

## 廣告的目標

在溝通的過程中，都希望廣告的目標能夠明白訂定，以便選擇適當的推廣組合，有效地達成目標。但實際上推廣訴求理性與感性訴求多混合交織，何況成功的廣告訴求中，理性中揉合感性，感性中含有理性，難以分辨。而且在溝通過程中常因干擾因素混雜其間，影響推廣訊息的內容與表達方式，因而廣告的目標會含混不清。

因此在規劃溝通時，需要先決定廣告的目標。

廣告的目標主要可分為下列三個：

1.認知性目標：希望在觀、聽眾的記憶中留下美好的印象，如公司名稱、品牌形象、產品特性等。這些資訊留存在潛在顧客的認知中，以便在需要時作比較之用。

2.態度改變：在看過或聽過廣告後，會對廣告的產品或公司的態度產生改變，以便對廣告的公司或產品產生有利的態度。

3.廣告最終的目標是希望觀、聽眾在看過廣告後，會立刻採取行動，購買廣告的產品。

## 廣告目標的重要性

當一個廣告的計畫與執行都具有特別的目的時，成功的可能性最大。每個廣告計畫應該考慮到與其他廣告發生前後呼應的作用，同時應該與公司的其他推廣活動能夠相互配合。訂定廣告目標的作用有二：

1.能夠振奮市場人員集中全副精神，達到原訂的廣告目的。

2.使設計廣告的目的集中在幾個應該傳達的特別觀念與話題，俾使發展出有效的廣告。

很多公司花了很多錢，作了若干廣告，卻不知道希望他們的廣告達到什麼目標，也有很多公司的廣告目標過於零亂，導致觀、聽眾有無所適從的感覺。一般而言，廣告的基本目標在於傳達有關的資訊給有關的消費者，此可自下面的一些目標中體會之。

1.建立對產品的基本需要。

2.建立公司整體形象。

3.建立產品的聲譽、可靠性。

4.建立品牌的認知、偏好，以及堅持性。

5.傳達一種產品的存在及其特點。

6.介紹一種新的價格折扣。

7.增加市場占有率。

8.藉促進零售商對產品的瞭解，以協助推銷人員作業。

9.達到引起立刻購買的行動。

　　上述目標僅係代表性，其中又可分為質與量二大類，前者如 1. 至 5. 等，後者如 6. 與 7. 等，由於有關質的目標在衡量成果時，不易作到，一般目標的訂定多傾向於量的方面，這種趨勢在最近幾年特別明顯，而且往往特別訂明多少。例如：

　　1. 在家庭主婦中，對我們的產品之瞭解 (awareness) 從 10% 增加到 15%。

　　2. 至少使 25% 的家庭主婦相信我們的產品品質最優。

## 廣告性

　　在分析是否應用廣告時，一般決策者最關心的是他的產品是否適合作廣告？換言之，他們最基本的廣告決策是他們的產品是否能夠有效的透過廣告的效果，打動觀、聽眾。此即所謂產品的廣告性。

　　廣告性 (advertisability) 是指要作廣告的產品是否適合作廣告？是否能利用廣告，有效的將產品的特點或公司的名聲傳達給觀、聽眾，說服他們，讓他們偏愛與購買廣告的產品，這是廣告決策中最重要的。下面是幾個基本的標準，如果有關的產品符合這些標準，就適於作廣告。

### 一、產品的基本需要看好

　　如果產品基本需要存在且未來看好，則該產品作廣告的效果可能良好；否則，雖然作廣告，也不一定成功。因此，假定飲用果汁的人數日漸增多，而且飲用的份量也逐漸增加時，則一種新的果汁如果藉廣告推銷，其成功的機會可能增加。相反的，因為一般人偏好而且可以得到便宜的新鮮橘子，因此飲用果汁的人數逐漸減少，此時一種新的果汁如果要藉廣告推銷，廣告不管作的如何好，成功的機會可能就會降低。

### 二、產品差異性大

　　如果一種產品具有一種特點可以和其競爭的產品差異時，則該產品的廣告效果會增加。如果新品牌的橘汁能夠與其現有品牌的橘汁分別開，則廣告時會容易有效果。在第十一、十二章曾討論過，產品差異與品牌的偏愛，經常在改變，在產品生命週期的初期，可能獲得這二項；及至以後階段，競爭的產品利用產品改良、包裝改良、或其他競爭的方法，使該產品的差異性與品牌偏愛性逐漸不重要，只有採取減價競售，此時強調差異的廣告因費用減少而隨之降低。

### 三、產品具有潛在的特點

　　假定產品具有技術性或使用上的特點，而這些特點又不容易為購買者察覺與衡

量，這些因素又是顧客購買時選擇品牌的重要依據，此時可以透過廣告加以說明，以提示消費者，或作示範，將特點顯現出來，該產品的廣告效果會加大。因為當這種情形存在時，廣告可以將上述特點與品質之存在告訴大眾，而且使購買者相信。假定上面所說的橘汁味道好，或可以使身體健康，一位家庭主婦僅僅在零售商的冰箱中觀看這種橘汁，她將無法得知這些特點，此時廣告的作用在於將上述特點告訴她，而且使她能夠主動的嘗試。相反的，當她要買一塊便宜的布料做件下廚用的圍裙時，她對布料的顏色、花紋與質料一眼可以看出，她可以選擇自己最喜歡的料子，也能夠評估出布料的若干特點，自己也可以決定是否要購買此種布料，這種產品就缺乏廣告性。

在另一方面，汽車具有潛在的與外在的二種特性，顧客可以看到汽車的顏色、型式，與其他的外在特點，他可以敲敲門，踢踢輪胎，廣告則可以幫助說明這些外在的特點的重要性與可接受性，更重要的是可以幫助說服一些對耗油量、耐久性與其他看不見、說不出的特點，誘導顧客發生興趣，以至達成購買的決策。

## 四、情感的購買動機

購買動機的性質與影響力大小對於一種產品的廣告也可能發生影響。為說明此點，再引用新鮮橘汁的例子。假定該產品有一種新鮮可口的美味，而且因為某種特殊的原因對於美容、長壽很有助益，以基本需要動機為主的廣告訴求可能會有效。在另一方面，有很多產品，例如辦公室的傢俱、男士的鞋襪等，對於需要的訴求效果似乎比較差，這並不是意味著這些產品不適於作廣告，而是說適於採用選擇性需要的訴求。其次名店或名牌產品，如果能以強勁的情感為訴求，則利用廣告的效果也會大。

讀者應該注意的是這些觀念在邏輯上是沒有錯的，在實際應用時，不可盲目遵從，因為基本與次要需求動機的界限劃分不是像課本上所說之容易。同時，本章僅討論產品廣告性相對的程度。顧客的態度、行為與願望經常在改變，若干廉價商店的設立，均可說明低價格或差異價格的訴求在廣告效果上也是相當重要的。

## 五、資　金

此點與出售產品廠商有關，與產品的廣告性沒有關係。廣告就是比賽花錢，美國足球超級杯的廣告動輒以百萬美元計算，臺灣春節期間電視以數十萬計算，貴的驚人。沒有雄厚的財務，不宜作廣告。因此廠商是否有足夠的資金作廣告，就成為

判斷的標準，零星的廣告費用猶如杯水車薪，效果有限。因此，是否作廣告，先要考量資金之有無及持續性。

在大多數的情況下，一種新的產品或品牌上市時，都會遭遇到現有產品的強烈競爭，它們不但在廣告方面花費相當大，而且有若干其他形式的推廣活動，即使此種情形不存在，藉廣告以建立顧客對一種新產品從知道、瞭解、到偏愛、發生興趣、與購買、代價是相當的高，時間也是相當的長。

假定上面所討論的情況對於一種產品的廣告均有利，應該花多少廣告費在一種產品或品牌上，須視該產品的預期銷貨量、單位銷貨的毛利，與毛利中應用在其他行銷成本所占的百分比。例如，假定果汁工廠估計每箱的毛利率為 100 元，其中 20% 用作其他的行銷成本。據估計在介入期間，假定臺北市地區可以銷售 10,000 箱，此一資料能夠給它一個有關在該期間由銷貨收入中用於廣告的可能金額。在市場範圍小、利潤率又低的情形下，可用在廣告的金額就有限。不過，如果廣告可以發揮產品差異與品牌偏好的效果時，則廣告可以幫助達到高價格的策略。此時又涉及廣告預算有關的問題。

## 廣告設計

廣告的訊息 (message) 又稱文案 (copy)，是本節討論的中心。

廣告對銷貨的影響不僅受廣告費用多少的影響，更重要的是如何將這些費用有效的支付出去，特別是廣告應該說什麼，如何說，在什麼地方說，與多少時間說一次。二個公司的廣告支出可能相同，產品性質大致一致，價格也相近，但是廣告對銷貨的影響，可能由於不同的廣告設計，差別很大。

若干有關廣告對銷貨與行為的統計研究都忽略廣告創造性的因素，創造性的廣告策略一般人都認為是一致的，無法用數字表示其性質，有的研究人員則不考慮創造性是因為他們認為一般大廣告公司的創造性都相當接近，因此各別廣告的差別都被剔除。但作廣告的廠商真正想知道每個廣告之間的差別。

所謂創造性的策略係指作廣告的人所想講的訊息內容 (message content)，與他決定如何去講，也就是訊息表達方式 (message presentation)。廣告的頻率則將在最後加以討論。關於創造性將在第二十四章詳細加以討論。

一、話題內容 (message content)

作廣告的第一個工作是決定給產品一種什麼樣的形象與話題。一個非肥皂的廣告可以強調它的去污力、品質的一致性、柔和性或泡沫多少等；一部電腦的廣告可以強調其產品的運算速度、耐用、服務及免修護等。

一個廣告通常不會強調一種產品具有很多的特點，購買者既記不清也不會相信太多的特點。如果要想收看的人記得而且相信廣告所說的特點，則話題要有重點。因此，問題的重點在為廣告的內容找尋一個或二個最好的主題。

研究找尋主題的起點是可能收看該廣告的人，因為觀、聽眾是每個廣告的最終目的，廣告的製作必須決定它要影響的對象，是決策者，還是購買者，或是使用者，與影響力到什麼程度。作廣告的人必須確定當將廣告與產品連在一起時，購買該產品的基本需要是什麼，同時必須決定應該如何描述產品，才能引起良好的反應與行為。

在決定廣告話題前，要先研究購買的過程、動機、態度與行為。一個非肥皂的製造者必須發現年輕的家庭主婦關心非肥皂的去污力還是柔和性。

## 二、話題表達方式

表達一種產品的方式雖然很多，同一行業的公司似乎均採取同樣的主題。例如非肥皂廠商多強調「潔白」的力量，手機製造者則強調性能優異。主題相同的主要意義是這些「同行」的目標市場都是一樣，可能是他們的研究發現在該一大的市場採用此一主題最有效。

廣告的主題既然相同，創造性的表達方式則自廣告話題的內容轉變為話題的表達方式，因此創造力就不是在廣告應該說什麼，而是表現在應該如何說上面。

表達工作不僅要設計一個充滿新奇的觀念，同時還得設法將此觀念表現在廣告的標題、藝工與圖面上。據發現，廣告篇幅的大小與引起注意力之關係比較不明顯，但與成本的關係則相當明顯，換言之，吸引力大的廣告篇幅不一定大，而在於它是否有高度引人入勝之處。欲達到此一境界，具有創造能力的設計人員必須與行銷研究人員密切配合。

## 媒體選擇

## 一、選擇標準

一個公司應該選用何種媒體，每種使用量到什麼程度視下列三個因素而定：

1. 目標觀眾收看媒體的習慣。

2. 媒體表達的效力。

3. 不同媒體的成本。

目標觀眾收看媒體的習慣是選擇媒體的一個重要的標準。例如一個製作 5、6 歲以下兒童玩具的工廠，目標觀眾似乎應該是這些小朋友，他們很少與收音機、報紙、雜誌接觸，可以直接有效到達他們的媒體只有電視一種。

產品本身也是影響媒體選擇的因素，不同的媒體，對產品特點的表現，具有不同的效果，若干產品需要生動的彩色畫面表現其各種特點，如時裝、化妝品；有的則需要有視、聽（最好味、觸都有）的效果，如電視、錄音機等。

成本是選擇媒體的第三個標準，目前電視廣告最貴，報紙則比較便宜，絕對數字的成本不是一個主要的選擇標準，收看觀眾的人數與他們構成情形最重要。

## 二、常用標準

### ㈠每一千觀眾所需成本 (the cost-per-thousand criterion)

是指每達到一千觀（聽）眾需要多少成本。假定在報紙第一版的半面廣告為 2 萬元，該報的讀者為四十萬人，則每達到一千人需要花 50 元。如果每種媒體都有這種資料，則比較起來相當容易。這種方法簡單而容易明瞭為其優點，其受人攻擊之處則為：

1. 用總讀者人數而不用潛在購買人數，一份報紙或雜誌雖然有四十萬讀者，但這些讀者中有多少是廣告的目標讀者，很值得考慮。

2. 這個缺點與廣告的表露有關，此點係指真正看過廣告的人與看過媒體而未看過廣告的人，因此通常可以分為看過該媒體的人、看過廣告的人、捉摸到話題的人、對廣告印象良好而深刻的人。此點可與美國廣告研究基金會 (Advertising Research Foundation) 所應用的衡量媒體的六個標準相互對照。

　(1)配銷份數。

　(2)觀眾人數。

　(3)看到廣告的人數。

　(4)對廣告產生印象的人數。

　(5)發生效果的廣告。

　(6)購買廣告產品的人數。

3.忽視不同媒體有關「質」的差別因素，例如經濟日報的廣告與工商時報的廣告，在質的方面可能有差別。

4.此法是應用平均的觀念。而不是採用邊際的觀念。

㈡其他標準

其他方法中以利用線性規劃 (linear programming) 與模擬 (simulation) 比較普遍。這二個方法都是利用數量方法模式選擇媒體。本書限於篇幅，不詳加解析。

# 廣告時程之規劃

廣告決策除預算、訊息與媒體等有關問題外，另外還牽涉時間的安排、在什麼時間作廣告比較有效。安排廣告的時間不同，在廣告效果方面可能有相當大的差異。

安排廣告的時間，共有兩種方法。一為長時程 (macroscheduling)，第二為短時程 (microscheduling)。所謂長時程又稱為大時程，係指如何將廣告的總預算分配到一年內不同的季節或十二個月中。短時程是指在較短的時間內（如一個月）廣告經費應如何分派支用於不同的日期，上下午，或黃金檔時間，所以又叫小時程。例如某公司計畫要求在 8 月份有十次電視插播廣告，則此問題即為這廣告是否應在某一天中全部播完？還是每隔三天一次。由此可見上述兩個觀念是考慮到底什麼樣的廣告時間安排，廣告的效果才會最大。

## 一、長時程的廣告

是針對一個產業銷售的季節變化作為分配全年廣告費用的依據。一個廠商可以根據其產品季節性變化，以改變他的廣告支出；也可以改變廣告支出以對抗季節性的變化；或者銷售雖然變動，一年的廣告支出則不改變。目前大多數的公司係根據其產品季節性變化，分配廣告費用。即使採用該法，他們仍需決定廣告支出是否應與銷貨變動趨勢一致。同時也需要決定廣告支出是否應集中在某一個或幾個時間，還是比例分配到各月，或不必像銷貨型態，過分集中在某一段時間。

佛瑞斯特 (Jay W. Forrester) 認為廠商作廣告在先，顧客的知悉 (awareness) 在後。在時間上有落後的效果；知悉對廠商的銷貨，同樣有延後的效果；同樣，廠商的銷貨對廣告支出在時間上也有後延的效果，他建議每個廠商都應研究上述時間先後的關係。而且用電子計算機作模擬式，這種模式的參數除公司的資料外，再加上管理人員的判斷，綜合估計而成。至於作廣告的其他時機策略，也可加以使用。以

評估其對公司銷貨，成本與利潤等不同的影響。❶

　　庫恩 (Alfred A. Kuehn) 認為要決定在什麼時機作廣告最適合，主要須視廣告延續性 (carry-over) 的程度與顧客選擇品牌時的習慣性行為而定。延續性是指廣告支出的效果，隨時間過去的效率速率。如果說每個月僅有 0.10 的延續性，表示上個月的廣告效果只有 10% 延續到下個月。所謂習慣性行為是指在不受廣告的影響下，由於習慣、慣性及品牌忠實性所發生的品牌持續性程度。❷

　　庫恩發現在沒有延續性及習慣性購買的情況下，決策者使用銷貨百分比作為廣告預算的標準是無可厚非的。實際上，只要有任何廣告延續性或習慣性行為存在，根據銷貨量的百分比作廣告預算，便不是最佳的方法。

　　所以，在所有這類情況下，最好使廣告在先，銷貨在後。廣告支出的巔峰應該在預算的銷售巔峰之前，廣告支出的最低點也應在銷售最低點以前發生。廣告的延續性愈高，領先的時間就愈大。另外，習慣性購買的程度愈大，廣告支出就應愈穩定。

## 二、短時程的廣告

　　短時程的廣告涉及的問題是如何將一組廣告在一個短時間內顯示出，以收到最大影響力的效果。廣告型態通常可以分為密集式、連續式、與間歇式三類。每類又可分為水平、上升、下降、與變動四種不同的頻率。

　　所謂密集式是指將廣告集中在一個短程時段，如一個月的第二週內，密集的播出，然後再搭配水平、上升、下降、與變動。就成為圖 20-1。

　　連續式是指在一個月的每天或每個月固定的時段連續的作廣告，而不中斷。

　　間歇式是作一個時段，停頓一個時段，然後再作，廣告訊息的出現呈現歇狀。

　　上面三種那種型態是最有效，則決定於廣告的傳播目的與產品性質、目標顧客、銷售通路及其他行銷因素間的關係。

　　至於安排廣告時間最有效的型態是要看溝通的目的與產品性質、目標觀聽眾、銷售通路與其他行銷因素的關係而定。安排廣告的時間應考慮下列三個因素：❸

---

❶　Jay W. Forrester, "Advertising: A Problem in Industrial Dynamics," *Harvard Business Review*, March–April 1959, pp. 100–110.

❷　Alfred A. Kuehn, "How Advertising Perform Depends on Other Marketing Factors," *Journal of Advertising Research*, March 1962, pp. 2–10.

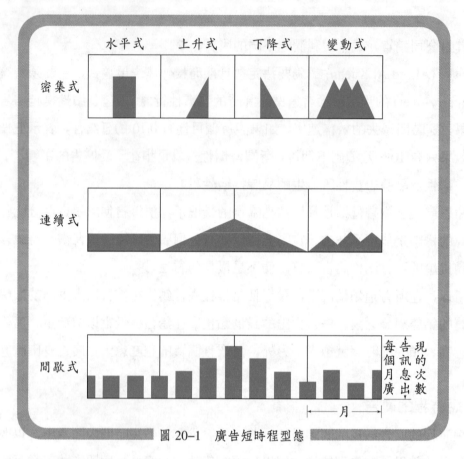

圖 20-1　廣告短時程型態

1. 購買者的異動率 (buyer turnover)：也就是新的購買者進入該市場人數所占的比例。如果新進入者人數占的比例愈多，他們對先前的廣告等熟悉的可能性愈低，就愈應經常作廣告，相反地，如果占的比例少，對廣告產品熟悉者高，則可以少作。

2. 購買頻率：是在一定期間內顧客購買該產品的次數。購買的頻率越高，廣告就應該越連續，以保持該產品在顧客心目中的印象。

3. 遺忘率 (forgetting rate)：係指在沒有刺激的情況下，顧客遺忘一個品牌的速率。遺忘率越高，廣告就應該越連續，使顧客對該品牌的記憶越深。

上面都強調廣告的次數越多，廣告似乎越有效果。不過據研究，廣告重複的次數太多，也有浪費的可能，這是指如果顧客對知悉的程度，信息的熟習等不能有所增進的話，廣告次數太多，不一定有效。如果因為多而引起厭煩或憤怒，則過多的廣告絕對有害。

---

❸ Philip kotler, *Marketing Management*. Upper Saddle River, NJ: Prentice Hall, 2003, pp. 605–606.

## 媒體選擇質的因素

在選擇採用何種媒體時，最主要的依據就是各種媒體成本一效益的比較。美國洲際足球賽時，2003 年 30 秒的廣告高達 200 萬美元。❹根據報導，全球觀賞這場一年一度的球賽約為十億人口，有的估計更高。在美國黃金檔受歡迎的電視節目，30 秒鐘的費用約在 15 萬美金。我國春節假期期間黃金檔電視節目，30 秒鐘據說約為 30 萬元臺幣。我國發行量較大的商業雜誌，封底與內頁全頁彩色廣告據估計約在 10 萬元左右。流行較久，使用較廣的資訊性出版品內頁全幅彩色廣告約為 15 萬元左右。發行量均在數千冊。美國出版的《商業周刊》(*Business Week*) 的廣告約為 3 萬美元，讀者人數約在七十七萬左右，平均每千人的廣告成本約為 39 美元，《新聞周刊》(*Newsweek*) 全頁廣告約 84,000 美元，據估計約有讀者三百萬人，平均每千人的廣告成本為 28 元，上面這些數據僅供參考，實際廣告成本，發行及流通份數或觀聽眾人數，究竟是多少，雖有爭議，對於每種媒體的廣告成本，均提供了一些參考資訊。

每千人成本衡量的方法只是選擇媒體的主要參考指標，在應用時，仍需考慮各種質的因素始能選出真正適合的媒體。

　1.廣告的觀、聽眾和廣告產品的關係：如果不是廣告產品的使用者，則收看媒體廣告的人數再多，廣告也無法達成預期的效果。例如在《商業周刊》上作彩色的幼兒護膚乳液廣告，因為讀者大多為關心商業動態的男士或女士，他們可能甚少有時間與心力去關心幼兒們用的護膚乳液的品牌，盡管他們閱讀該周刊，他們對乳液產品的廣告可能不會關心。所以《商業周刊》可能不適於作為幼兒護膚乳液廣告的媒體。

　2.用心觀看廣告的程度：如果讀者關心媒體或廣告的內容，則他們會專心閱讀，包括其中的廣告內容，此時廣告才真正有效果。如果只是瀏覽，其中廣告及內容是否曾引起注意，就值得留意。

　3.媒體本身的可信度、聲譽或廣告設計的品質：這和媒體編撰的品質、歷史，以及知名度有關。

　4.安排廣告的位置以及對顧客的服務：媒體顯著的位置，如封面或封底的全頁

---

❹　ICRT 新聞報導，2003 年 1 月 28 日。

廣告，效果優於內頁廣告。週末假日黃金檔的電視廣告自然較一般時段的成本要高，效果也好。

## 廣告效果的測定

良好的廣告規劃與控制主要視是否能對廣告效果有效的加以衡量。不過對廣告效果的基本研究卻是微乎其微。

廣告效果的測量大多屬於應用性質，而且是針對特定的廣告或競賽而作。大多數的錢是由廣告商花在一個已定廣告或競賽的事前測定上。對於一個已知廣告或競賽效果的事後測定，花的錢就很少。導致此種現象的原因可能有：對作廣告的廠商（廣告主）而言，廣告既然已經作了，錢也花了，廣告的目標已經達到，效果將會慢慢浮現，沒有必要再去花錢作廣告事後效果的測定；對製作廣告的公司而言，廣告的設計製作均屬嘔心瀝血，精心之作，定會達到預期的效果，何況廣告主早已同意，因此不需要再作測定。

測量廣告效果所用的技術是隨廣告主想要達成的目的而定。廣告主真正關心的是觀、聽眾的購買行為。

廣告效果的研究可以分為二種，一是傳播效果，二是銷售效果。

## 一、傳播效果研究

傳播效果研究的目的在決定廣告是否達到預期傳播效果。這是針對廣告的圖案或話語所作的測量，測量廣告傳播的效果方法很多，一般多分為作廣告以前的測量與廣告印製出來或廣播以後的測量兩類。茲再分述如後。

### ㈠廣告的事前測量

1.購買者反應：這是詢問購買者對計畫中的廣告圖案，文字或話語等內容的反應。問題內容包括：

⑴在看完廣告後，你認為廣告所要傳達的主要訊息是什麼？

⑵廣告使你感受如何？你認為他們要你知道什麼？相信什麼？或要你作什麼？

⑶你會根據廣告啟示你去作的百分比為多少。

⑷廣告的優點有那些？缺點在那？

⑸廣告的訊息在什麼地方最容易為你收到？

⑹廣告的那些內容最易被你注意而專心去看它？當你作決策要採取行動時，

你可能在什麼地方?

2.直接評分 (direct ratings)：該法是由目標消費者的固定樣本或廣告專家檢視各廣告，然後再填寫評分的問卷。這種問卷有時很簡單，有時則較為複雜。

評分根據的因素見仁見智，最主要的可以分為：

⑴吸引注意力的強度。

⑵能讓讀者有耐心或興趣看完廣告的能力。

⑶認知的強度，廣告話語或畫片中所表達的產品的訊息或利益的清楚度。

⑷廣告刺激或影響情緒的強度。

⑸廣告誘發行為的強度。評分法如表 20–1。

表 20–1　廣告效果測定評分表

|  | 最高分 |
|---|---|
| **吸引注意的強度** |  |
| 　對讀者引起注意力的強度（請考慮：圖片、標題、印刷和設計） | (10) |
| 　對目標讀者引起注意力的強度 | (10) |
| **吸引讀者看完的強度** |  |
| 　使讀者繼續往下讀的強度 | (20) |
| **訴求認知的強度** |  |
| 　主要訊息或利益清楚的程度 | (20) |
| **誘發情緒的強度** |  |
| 　本訴求是從許多不同的可能訴求中選出，選得如何 | (10) |
| 　訴求引發欲求情緒之強度 | (10) |
| **訴求引發行動之強度** |  |
| 　引起跟從行動之建議力 | (10) |
| 　被引起注意力之讀者有跟從行動之可能性 | (10) |

| 總　　分 ||||||
|---|---|---|---|---|
| 0–20 | 20–40 | 40–60 | 60–80 | 80–100 |
| 效果很差 | 中等的 | 一般的 | 相當有效 | 非常有效 |

在該問卷中，評估廣告的因素主要分為廣告的注意強度、閱畢強度、認知強度、情緒強度和行為強度。每個部分在其最高分的範圍內予以評分，這種方法的理論根據是，如果一個有效的廣告之最終目標是刺激購買行動，則它在上述的性質上應當都獲得滿分。不過對廣告的評估平常只限於對注意力與瞭解力兩方面的創造力。直

接評分法主要在幫助剔除水準差的廣告，而不是找出優良的廣告。因此評估的分數代表廣告的效果。

3.組群測定 (portfolio tests)：此法是先給予接受測定的人一組要試驗的廣告，讓他們隨他們的高興看多久就多久，俟接受測驗的人放下以後，要求他們回憶所看到的廣告，此時主持者可以給予幫助，也可以不要。並且對每一個廣告，盡量加以描述，如此所得的結果便可判別一個廣告的特點及其訊息被瞭解的程度。

4.試驗室試驗 (laboratory tests)：有的研究者利用測量受試驗者的生理反應評估一個廣告的可能效果。採用的儀器計有電流計、脈動計及測量瞳孔放大的設備。此等儀器最多只能測量廣告引人注意的力量，並無法測出廣告所能產生任何較深入的意識。

㈡廣告的事後測定 (ad posttesting)

有兩種通用的方法，其目的是在評估廣告出現於媒體中之後所產生的實際傳播效果。

1.記憶測定 (recall tests)：記憶測定是請一些經常使用該媒體的人，請他們回憶刊登於所研究的刊物上的廣告主與產品。回憶的方法是讓他們回想或複述他們記得的畫面或話語。主持者在測定的過程中，可以給予他們協助 (aided)，也可以不給協助 (unaided)。在沒有協助時，是問最近曾經注意到那些廣告。在協助性的測定時，是問記憶什麼樣的廣告，記憶的越多，表示該廣告引人注意和令人注意的力量越大。這種方法比較不易受粗心回答的影響，因為在測驗時並不顯示廣告。

2.覺察測定 (recognition tests)：是先用抽樣法抽取一些特定的傳播工具，如某種雜誌的讀者作為被測定者。再請他們指出他們看過或聽過那一些。根據識別的結果，可以將一個廣告分成三種不同的讀者評分，它們是：

⑴知名度 (noted)：係指聲稱曾經在一特定雜誌中見過某廣告的人數占讀者人數的百分比。

⑵見過及聯想率 (seen/associated)：是指聲稱曾經看過或者讀過測定廣告的一部分，而且又能清楚的說出廣告主所提供的產品或服務之名稱者占全部讀者之百分比。

⑶過半率 (read most)：指讀者中不僅看過該廣告，而且聲稱讀過廣告內容一半以上者所占之百分比。

　　上面的方法絕大部分是在評定廣告在注意力及瞭解度方面的效果，而不一定就是對態度或行為的影響。尤其行為的影響特別難以測定，本書不予討論。

## 二、銷售效果研究

　　廣告傳播效果的研究是在幫助廣告主瞭解廣告訊息內容與表達方式的品質。廣告的銷售效果，一般而言，很不容易測量，因為即使一個廣告設計製作的確對銷售有幫助，但是是多少？何況影響產品銷售的因素至少還包括：產品本身的功能與特點、價格競爭力、競爭情勢及其他推廣組合的影響等。如果根據廣告的傳播效果推估，也不容易。

　　假使一個廣告主知道他的廣告最近使他公司的品牌知名度提高了15%，品牌認知度提高了5%，在此情形下，他對於銷貨能作何種推論？該廣告主對其廣告支出的銷貨生產力又作何評估？

　　廣告的銷售效果最容易衡量的是郵購的情形，最難衡量的是建立品牌或公司形象的廣告。

　　測定廣告對銷售影響的方法，通常採下列二種方法：

### ㈠歷史法

　　是根據同時或後延原則，利用最小平方法找出公司過去的銷貨與廣告支出間的關係。該法因過於簡單，所以不一定會令人滿意，因此研究者通常都沒法再加入一些可以解釋過去銷售情況的變動。也有的用多元迴歸方法，設法找出廣告與銷售量的關係。

　　歷史法有很多問題須要克服，如：

　1.廣告支出與銷貨的相關性問題。

　2.各變數間的相關性問題。

　3.根據銷貨百分比訂定廣告預算的各種矛盾。

　4.因歷史資料不足導致的各種問題。

　　由於上述原因，使越來越多的公司依賴實驗設計法。

### ㈡實驗設計法 (experimental design)

　　測定的公司先選定一組類似的市場，這些市場在常態下是使用相同的廣告對銷售量的費用比率，即按銷貨的百分比作廣告的預算。

　　在實驗期間，廣告的支出方式是在某些地區較正常的金額多 50%，在該組市場

中的部分區域則較其他正常區域的金額少 50%，控制群 (control group) 或其他地區則用正常的水準。實驗結束後，公司當局再計算由於增加或減少廣告支出引起平均銷售量的增減。此法在近年來已深受重視與採用。不過應該注意一點，如果該產品的市場狹小，或市場範圍狹小而又較集中時，該法的效果可能受限制。

## 測量廣告效果的標準

測量廣告效果的標準似乎已經漸趨於一致，根據 1970 年美國出版的《行銷手冊》，這些標準計為：

1. 訪問。
2. 回覆情形 (playback)。
3. 詳細的分等法。
4. 知悉比率 (awareness levels)。
5. 產品購買情形。
6. 看過廣告的人數或次數。
7. 發散廣告的比例。
8. 購買者使用產品的方式。
9. 喜愛廣告的情形。
10. 良好印象的百分比。
11. 廣告傳達的情形。
12. 收看的型式與數量等。

測量標準選定以後，在衡量廣告的效果時，不但比較具體，而且可以避免爭執。

## 影響產品銷售的其他因素

企業界往往有一種共同的觀點，即一種產品一旦在市場上遭遇強烈的競爭，或銷貨呈顯衰退時，便將責任推到廣告上，認為廣告效果欠佳，廣告作得不夠，或缺乏廣告的助力等，而將廣告視為推廣組合的唯一利器。殊不知影響產品成敗的因素很多，如果一種產品藉全面而積極的廣告推廣遭到失敗，也不一定歸咎於廣告，廠商應考慮其他因素，這不是推諉責任，而是事實，這些因素計有：

1. 與競爭品牌比較起來，價格偏高。

2.零售批發商不欣賞銷貨員。

3.產品的商譽，不容易引起顧客的偏愛感。

4.公司的形象不受人喜愛。

5.商品擺列的區位不理想。

6.顧客不喜愛經銷的零售商。

7.產品出售後的服務信譽不佳。

8.銷售人員不瞭解自己經銷的產品。

9.一般人不喜愛產品的本身或其性質。

10.銷貨條件不受人歡迎等等。

在沒有衡量廣告的效果以前，一方面應該瞭解影響產品在市場上銷售的各種原因，同時應該為下面這些問題找到答案。

1.誰是這種產品現在的與未來的顧客？

2.有多少潛在的顧客？

3.他們住在什麼地方？

4.他們在什麼地方購買？

5.他們在什麼時間購買？

6.他們如何購買？

7.他們為什麼購買？

8.顧客如何自需要的觀點衡量你的產品？

9.你的產品有何競爭優勢？

10.你的銷售通路效率如何？

11.你的產品價格是否具有競爭性？

12.時間方面是否恰當？

13.你是否具有足夠而有效的銷售通路、存貨、補給？銷貨員的獎勵、訓練等情形又如何？

上述這些問題都找到了適當的答案，此時衡量廣告的效果也許才具參考價值。

## 廣告的影響力

廣告已經成為文明社會的一種生活方式，一天到晚都接受廣告的「轟炸」，大大

小小的公司行號甚至個人都在設法作廣告，究竟廣告對人類行為，特別是消費行為的影響力有多大，迄今仍無定論。由於廣告媒體製作技術的進步，廣告對於人類的行為，似乎已經發生了很大的影響力，誠如伯克德 (Vance Parkard) 所說的：「在日常生活中，廣告對我們的影響，遠超過我們所能想像得到的。」伯氏認為科學家的技術進步，已經使很多廣告能夠事先知悉人類的思想過程與購買決策過程，另外也有人覺得「廣告容易刺激一般人購買他用不到的東西，購買沒有能力購買的東西。」另外有人指責「利用人們偏愛膚淺與短暫的觀念，創造假的價值。」不過也有的人持相反的見解，他們認為一般人平日所接觸到的廣告，實在是微不足道，況且人類有一種「過濾」的作用，「僅看願意或想看的廣告」，因而產生一種所謂的免疫性作用。

　　站在行銷的立場，我們應該瞭解的是僅憑藉有效的廣告，是無法彌補劣質的產品與其他行銷作業的缺點，有時廣告反而會加速一種產品的消失，如果一個公司的產品優良，廣告可以加速該產品的成功，廣告將會發揮更大的作用。

# 習 題

1. 說明廣告的分類。
2. 說明以銷貨百分比法訂定廣告預算法的要點。
3. 說明依目標與任務訂定廣告預算法的要點。
4. 何謂廣告的目標。
5. 何謂廣告性。
6. 說明短時段廣告的規劃法。
7. 說明廣告效果測定的方法。

# 第二十一章　人員推銷決策

　　廣告是透過大眾傳播工具影響消費大眾，適用於一般消費品的推廣。人員推銷在於彌補傳播工具非人性化所造成的不足，為溝通工業品的生產者與使用者間的主要橋樑。由於市場結構迅速的轉變，一般產品非人性化推廣策略之普遍應用，使銷貨員的地位更為重要。

## 人員推銷的目的

　　行銷計畫是在指出在那個地方推廣他的產品市場，是注重長期的抑或立刻的銷貨，是注重市場占有率抑或利潤等。上述每一種情形對於人員推銷決策都有很大的影響。如果一個公司相信顧客高度的滿足是促成購買的主要原因，則會運用較多的銷貨人員，經常訪問顧客，而對於銷貨人員不施以很大的壓力。如果一個公司想使銷貨立刻迅速的增長，則會要求推銷員爭取更多的新顧客。市場作業的目的因為企業性質之不同，而有差異，在食品、化妝品方面，廣告是一個重要的行銷策略，其目的多在透過大量的廣告，使消費者知悉其品牌，推銷人員的工作則在於注意各零售店是否有足夠的存貨，是否將其商品擺列在適當的位置，以及配合其他的推廣活動等。在另一種情況下，如果一種產品的品牌尚未達到顧客偏愛的程度，通常又多採用「推」的策略，給予零售商較高的利潤或佣金，運用此種策略時，則需要有創造力的推銷人員，因為零售商經常不願代銷該產品。

　　很多工業品的推銷，特別是當一種產品具有複雜的技術性時，人員推銷比廣告重要，因為廣告的工作是使顧客產生一種知道或熟習的感覺，以免推銷人員在訪問時發生「陌生」的感覺，在此情形，引起購買的動機以及完成交易都是推銷人員的責任，一般工業市場的決策者咸信廣告在創造「知悉」一件產品的效果很大，推銷人員在促成對產品的瞭解與偏愛時效果較大。

## 人員推銷比較有效的情況

　　在下列情況下，人員推銷較其他推廣方法有效：

　　1.公司規模小，沒有足夠的能力作廣告。

2. 當人員推銷可以增加顧客對產品的信心，而促成銷售時。

3. 當目標市場潛在的顧客集中時。

4. 產品單價高，不經常購買時。

5. 產品使用時需要示範或指導。

6. 產品必需符合特殊的需要，例如顧及安全或保險等。

7. 購買時涉及「交換」時 (trade-in)。

## 推銷員的特性

在科技主導的知識經濟時代，現代的推銷員與從前的推銷員有很明顯的差別，現代的推銷員是受過良好的教育，他能夠吸收關於產品與顧客的大量資料；他受過技術訓練，由很多工程與市場研究人員支助，在市場上作先鋒；他一方面提供新產品的資料，同時也告訴顧客如何使用這些產品；他有能力瞭解顧客的需要，也能體察到顧客對於購買的作業體系與服務比對單一產品更有興趣；他是在設法建立長期的關係，而不是為達到立刻銷貨的目的；他的名稱由銷貨經理到行銷專家，到銷貨工程師，以至醫藥衛生代表。

在個性方面，推銷員的類型千奇百怪。一般多認為推銷員個性外向，擅長社交。實際上，很多推銷員不願意從事不必要的社交活動，他們被指責貪吃貪喝也是冤枉的。

人員推銷主要可以分為下列幾個過程：

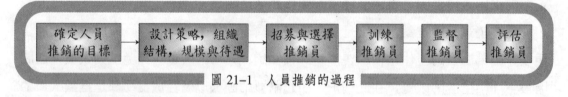

圖 21-1　人員推銷的過程

## 擬定推銷目標

企業間擬定推銷員的目標頗有差異。IBM 的推銷員是「銷售、安裝與提升」顧客的電腦設備。美國電報電話公司 (AT&T) 的推銷員的責任是「發展、推銷與保護」客戶。由此可見，推銷員通常是從事數種不同的任務。他們是尋找以及開發新的客戶，然後將公司有關產品與服務的資訊傳達給客戶。他們運用接近客戶，簡報介紹

產品，回答問題的時間，達成銷售產品的目的。推銷員也為顧客提供服務，執行行銷研究與市場情報蒐集的工作。

有些企業對推銷員的工作要求比較特別：有的要求推銷員花 80% 的時間用在現有的客戶上，20% 發掘潛在的客戶上；也有的要求花 75% 的時間在原有的產品上，25% 的時間用在新產品上。這些企業認為如果不如此規定，推銷員大部分的時間會用在現有的產品與客戶身上，會忽視新的產品及客戶的開發上。

當一個企業強調市場導向時，其推銷員就需要強調市場導向及顧客導向。傳統的觀念認為此時推銷員重視的是銷貨量，公司方面強調的則是利潤。新的觀念則認為推銷人員不但重視創造銷貨量，他們也必須知道如何創造顧客的滿足與企業的利潤。他們也應該知道如何衡量銷貨的資訊、市場發展潛力、收集市場資訊，以及發展行銷策略及計畫。另外，推銷員需要行銷分析的技巧，特別是高階管理人員。

近年來，著名的科技公司如 IBM 及惠普等，他們的推銷員特別重視顧客潛在的需求，為重要客戶提供中、長期整合計畫，以提升作業效率，降低作業成本。這些合約的價值動輒以億元美元計算，這些推銷員才是科技時代真正的企業資產。

## 擬定人員推銷策略

人員推銷的目標一旦確定，下一步就要決定人員推銷的策略，組織結構，規模大小，與待遇等問題。

### 一、人員推銷策略

商場如戰場，各公司都在挖空心思的爭取訂單。人員推銷可以同時採取數種不同的策略，以達到接觸顧客，促進銷貨的目的。電話連絡是最簡單、最常用的方法。銷貨員也可以向一個採購團體作簡報，介紹有關的產品。一組推銷員也可以向一個採購團作簡報，每個組員就他專門的加以說明。簡報式的銷售 (conference selling) 是由一位推銷員帶領公司中一群專業的人員向一個人或一群人說明或討論有關的問題與機會。研討會式的推銷 (seminar selling) 是一群業務人員從事教育性的研討會，針對客戶公司的專業技術人員說明某種產品或技術發展的情況。

由此可見，推銷員像是一個「客戶管理人」，他安排買賣雙方的人員見面，談交易。他同時也需要公司內其他人員的支援，當商談一個重大交易時，甚至連最高階主管都得出面協助，技術人員主要是提供顧客有關的技術資訊，顧客服務人員則提

供安裝、維護與其他的服務。

通常有兩種銷售方法，一種是公司直接派銷貨員純為公司的銷貨前往，叫作直接法 (direct selling)，推銷員包括公司內勤與現場從事銷貨工作的二種人員。另一種是契約式銷貨員，其中包括產品製造公司的代表、銷售經紀人、介紹人等，他們是根據銷售的金額收取佣金。

## 二、銷貨人員分派決策

人員推銷策略影響推銷員組織分派，推銷員分派又和公司產品種類的多少有關。通用的策略有下列數種：

㈠按地區分派

是每一個人負責一個地區，公司的一切由他代表。此法之優點為：

1.銷貨人員責任分明。一個地區銷貨量多少與推銷人員努力程度有密切關係。此法可以鼓勵較高的工作效率，特別是當人管人員大概瞭解該地區之銷貨潛力時。

2.責任分明能夠引起銷貨人員培養與建立私人與工商行號及個人關係的興趣，此種密切關係可以改良推銷效率與個人生活方式。

3.差旅費用可能低，因為每個推銷員均在一定地區，範圍小。

這種方法適合顧客及產品性質相同的公司。當產品類別繁多，此法效率很低。一個效率高的推銷員要對他的顧客與產品都有透徹的瞭解。如果產品種類多，顧客結構複雜，一個推銷員的能力就很有限。

銷貨人員瞭解產品與喜歡擔負該產品推銷之責任是非常重要的，因此若干公司都按產品分派其銷貨人員。推銷員對產品之熟練是該法的重心，特別是當：

1.產品的技術性很複雜，例如重要機器設備、藥品、電子器材等。

2.銷售產品的種類眾多，例如五金店。

3.生產與銷售沒有連帶關係的產品。

如果同一個顧客購買性質相差懸殊的產品，在此情形則比較困難。因為在同一地區有數位推銷員循同一通路奔走，浪費時間。

㈡按顧客分派

一個公司也可按照不同的顧客分派推銷員，顧客的分類可以根據：

1.行業類別：例如水泥業、建築業與鋼鐵業等。

2.按顧客大小：大的企業由一個團隊專門負責；小的公司則是一個人負責很多個。

3. 按銷售通路: 例如零售、批發與連鎖商店等。

4. 按公司: 例如一個汽車零件製造商可以按通用 (G.M.)、福特等公司分派。

這種分派法最明顯的優點是每個推銷員對於他所負責的顧客的需要情形以及未來發展趨勢瞭解的非常清楚; 此法最大的缺點是當不同形式的顧客均勻的分散在全國各地時, 銷貨人員將疲於奔走, 不勝負擔。

㈢混合分派法

當一個公司銷售很多不同的產品給分散在各地的顧客, 這些顧客的性質又不相同時, 通常採用混合分派法, 推銷員可以專長於地區與產品, 或地區與顧客, 或產品與顧客, 最後或者是地區、產品與顧客兼而有之。

推銷員的分派, 不管在當時是如何的有效率, 一旦採用, 必須定期檢討, 此種分派方式是否最有效率。為求作到有效的比率, 應該特別對於人與經濟二個因素仔細的加以分析。即使經濟的利益很重要, 也應將人的因素慎重考慮。如果忽略此點, 經濟上的利益將無法有效的實現。

㈣動態規劃法

動態規劃應用於市場策劃方面日廣。茲以第雅羅夫 (Robert Thierauf) 與格魯斯 (Richard Grosse) 合著的《利用作業研究作決策》的實例, 解析推銷員分派決策。本例前段在說明如何利用動態規劃法將六位推銷員劃分到二個不同的市場, 以達到最大利潤的目的; 後半段說明三個地區分派十位推銷員的過程。前後分析過程簡易, 希讀者能舉一反三。●

假定某公司有六位推銷員, 有關銷貨利潤資料如下表 21-1:

表 21-1　兩個銷貨地區之利潤

| 推銷員 | $x_1$ | 6 | 5 | 4 | 3 | 2 | 1 | 0 |
|---|---|---|---|---|---|---|---|---|
| 人　數 | $x_2$ | 0 | 1 | 2 | 3 | 4 | 5 | 6 |
| 銷　貨 | $f(x_1)$ | \$150,000 | 130,000 | 115,000 | 105,000 | 80,000 | 60,000 | 50,000 |
| 利　潤 | $f(x_2)$ | 50,000 | 65,000 | 85,000 | 110,000 | 140,000 | 160,000 | 175,000 |
| 總利潤 | | \$200,000 | 195,000 | 200,000 | 215,000 | 220,000 | 220,000 | 225,000 |

---

● Thierauf, Robert and Grosse, Richard, *Decision Making Through Operations Research*. New York: John Wiley & Sons, 1970, pp. 365-370.

　　六位推銷員，分派到二個地區，共有七種分派法，由表 21-1 的銷貨利潤表可以看出銷貨利潤是受銷貨員人數多少之影響。應該注意的是如果任何一個地區沒有推銷員，該公司仍有銷貨利潤 50,000 元。由總利潤資料可以看出推銷員的分派以六位推銷員完全分派到第二地區為最佳，總利潤為 225,000 元。

　　本例題的另一種作法是將一定的推銷員劃分到第一個銷貨地區，再將其餘的分派至第二地區，其作法如表 21-2。

表 21-2　二個地區的銷貨利潤

單位：千元

| 第一地區推銷員人數 | | 0 | 1 | 2 | 3 | 4 | 5 | 6 |
|---|---|---|---|---|---|---|---|---|
| 利　潤 (000) | | $50 | 60 | 80 | 105 | 115 | 130 | 150 |
| 第二地區銷貨員人數 0 | $50 | 100* | 110 | 130 | 155 | 165 | 180 | 200 |
| 1 | 65 | 115* | 125 | 145 | 170 | 180 | 195 | 215 |
| 2 | 85 | 135* | 145 | 165 | 190 | 200 | 215 | |
| 3 | 110 | 160* | 170 | 190 | 215 | 225 | | |
| 4 | 140 | 190* | 200 | 220 | 245 | | | |
| 5 | 160 | 210* | 220 | 240 | | | | |
| 6 | 175 | 225* | 235 | | | | | |

　　表 21-2 的對角線表示銷貨利潤，有星號符號「*」者表示最好的分派法。假定該公司僅有三位推銷員，則其分派法共有四種，銷貨利潤如下：

1. $x_1=3$　　$x_2=0$　　$z_1=155,000$

2. $x_1=2$　　$x_2=1$　　$z_2=145,000$

3. $x_1=1$　　$x_2=2$　　$z_3=145,000$

4. $x_1=0$　　$x_2=3$　　$z_4=160,000$

　　$z_i$ 的四個數字都在同一對角線上，而以 $z_4=160,000$ 元最大，可見將三個推銷員完全分派在第二地區銷貨利潤最大。由上表可知，如果將各銷貨地區的利潤資料齊全，表 21-2 可以作若干不同的分派組合。

　　讀者也許會問，如果有三個地區，又該如何？一、二個地區的推銷員分派既然已經得到最利分派解，只要用這二個地區選出來的組合與第三個地區比較，即可得到三個地區的最利分派解。

　　假定第三個地區的銷貨利潤與推銷員資料如下：

| $x_3$ | 0 | 1 | 2 | 3 | 4 | 5 | 6 |
|---|---|---|---|---|---|---|---|
| $f(x_3)$ | \$60,000 | \$75,000 | \$100,000 | \$120,000 | \$135,000 | \$150,000 | \$175,000 |

則此分派情形如表 21-3。

表 21-3　第一、二地區組合與第三地區的銷貨利潤

單位：千元

| 第一、二地區組合推銷員人數 | | | 0 | 1 | 2 | 3 | 4 | 5 | 6 |
|---|---|---|---|---|---|---|---|---|---|
| 利　潤 (000) | | | \$100 | 115 | 135 | 160 | 190 | 210 | 225 |
| 第三地區推銷員人數 | 0 | \$60 | 160* | 175* | 195 | 220* | 250* | 270* | 285 |
| | 1 | 75 | 175* | 190 | 210 | 235 | 265 | 285 | |
| | 2 | 100 | 200* | 215 | 235 | 260 | 290* | | |
| | 3 | 120 | 220* | 235 | 255 | 280 | | | |
| | 4 | 135 | 235 | 250 | 270 | | | | |
| | 5 | 150 | 250 | 265 | | | | | |
| | 6 | 175 | 275 | | | | | | |

　　各種組合的利潤可自各對角線觀之，有星「*」號者表示最利分派解。

## 三、推銷員的人數

　　人員推銷的策略及分派方法確定後，下一個決策就是推銷員的規模。推銷員是企業中最具生產力，成本最高的資產。人數多銷貨量固然增加，成本同樣也增加。因此，推銷員人數是一個重要的決策。

　　大多企業採用工作負荷法 (workload approach)。採用此法時，先將顧客根據不同的規模分成若干類，然後決定每類客戶需要拜訪的次數，進而計算出總拜訪次數及人數。

　　假如 A 類客戶有五百個，B 類有一千個。A 類客戶每年需要拜訪三十六次，B 類需要每年拜訪十二次。則總拜訪次數為三萬次 (500×36+1,000×12)。假定每位推銷員每年平均可以拜訪一千次，則該公司共需要三十位銷貨員。

　　自從線上銷售 (on-line sales) 盛行以來，大部分企業均由專人負責，以替代傳統的推銷員，以設法降低銷售成本。其中以美國的電腦大廠戴爾最為成功。國內的華碩及宏碁均有專人從事線上銷售。

## 推銷員的甄選決策

　　如果一個主管能夠真正知道那種性格的人可以成為一個最理想的推銷員，則選擇推銷員就不成為問題。如果一個理想的推銷員是性格外向、積極與精力旺盛的人，在審查一些應徵者的特點時不難決定誰可以當選。但是當我們仔細調查分析以後，會發現很多非常成功的推銷員的個性都是內向的，舉止羞澀，看起來又缺乏精力。

　　外表也是一個主要的因素，但在成功的推銷員中，有高的也有矮的，有瀟灑的也有醜陋的，外表有聰穎的也有愚笨的。

　　作一個理想推銷員的條件固然指不勝屈，在很多重要的因素方面，意見似乎趨於一致。麥克穆瑞 (R. McMurry) 認為：

　　一個有效的推銷員的個性是一個不會滿足的人 (habitual wooer)，他有一種很強烈而迫切的需要去爭取而且設法維持別人的激賞 (affection)。

　　麥氏認為因為這種習慣性的不滿足的個性，才會經常的追求，他所以經常的追求，是因為他內心中相信從來沒有人喜歡過他⋯⋯。

　　除去這種追求的個性外，麥氏又列了另外五項：

　　⑴精力旺盛。⑵自信心強。⑶定期的需要錢。⑷有刻苦耐勞的習慣。⑸對於每種反對、抗拒、或困難，有一種挑戰的心理。❷

　　麥伊爾 (D. Mayer) 與格林柏格 (H. Greenberg) 經過七年的實際工作，提出理想推銷員的特點為：

　　1.有設身處地，為顧客著想的能力。

　　2.具有強烈的個人需要，此種需要不僅僅是為了錢。

---

❷　Robert McMurry, "The Mystique of Super Salemanship," *Harvard Business Review*, March–April 1966, p. 114.

實際上，選擇推銷員都不是僅限於某一特別個性，通常均採用很多不同的標準，下面再引用柯特勒教授的一個表說明此點。❸

表 21-4　評估推銷員人選──點數法

| 因　素 | 假　定 | 方　法 |
|---|---|---|
| 1.年　齡 | 直到 50 歲，年齡愈大愈好。 | 自 21 歲起，每多 1 歲加 0.25 分，直到 50 歲。超過 50 歲，每過 1 歲加半分。 |
| 2.婚姻情形 | 美滿婚姻是成功推銷員的驅動力。 | 單身： 0<br>結婚無子女： 3<br>結婚有子女： 5<br>離婚： 2 |
| 3.經　驗 | 銷貨經驗相當有幫助。 | 非銷貨經驗每 1 年加 0.5 分，直到 3 分止。<br>有銷貨經驗每 1 年加 1 分，最高 7 分。 |
| 4.審查人判斷 | 一般舉動與外表很重要。 | 舉動方面自 1 分到 5 分，外表方面自 1 分到 5 分。 |
| 5.銷貨傾向測驗 | 適於銷貨工作的人之傾向可以測驗出來。 | 100 分以上，每多 1 分加 0.5 分。 |
| 6.教育水準 | 大專教育對成功的銷貨員有幫助。 | 每 1 年大專教育加 1 分，工程學位外加 2 分。 |

## 推銷員的訓練

各公司訓練推銷員的方法不同。有的一僱用立刻派到現場工作，目的是讓他們從工作中學習。有的公司設有豪華的訓練中心，從事訓練工作。根據美國的研究，推銷員平均訓練期為三點八個月。IBM 每年花費 10 億美金從事銷貨員與顧客的訓練工作。第一階段的銷貨訓練為十三個月，新進的銷貨員在最初工作的二年，都有資深的人員隨行。IBM 希望他的員工每人每年能花 15% 的時間在額外的訓練上。

訓練計畫有很多目的，首先是培養認同感，讓員工瞭解公司的歷史與目標、組織、財務結構與設施，以及重要的產品與市場。銷貨人員也需要學習本公司新的策

---

❸ David Mayer & Herbert Greenberg, "What Makes A Good Saleman?" *Harvard Business Review*, July–August 1964, pp. 119–125.

略、競爭者的策略，以及不同顧客他們的需要、購買動機與購買習性。銷貨人員也需要瞭解如何使銷售簡報有效，以達成銷貨的目的，與在現場推銷的細節與責任。

## 推銷員的監督

推銷員培訓一旦完成，開始作業，就要由管理人員監督，以達成公司交付的任務。監督的目的在協助，指引與激勵銷貨人員將工作作好。

需要多少銷貨管理人員協助銷貨員，端視公司規模與推銷員的經驗，以及公司主管的作法而定。主要的工作約可分為三點：

第一，發展目標顧客與拜訪規則：很多企業根據顧客購買量的大小、獲利率的潛力，以及成長的潛力等因素，分成 A、B 與 C 三類。然後規定每類顧客每個期間應該訪問的次數，同時還要考慮同業訪問的次數以及期望從客戶所獲得的利潤。假定認為 A 類客戶每年需訪問九次，B 類六次，C 類三次，原則確定以後，就應依此作訪問。

第二，發展新客戶應該花的時間：有時公司也規定開發新客戶應該花的時間。例如有的公司要求銷貨人員花四分之一的時間在開發新的客戶。如果不如此要求，銷貨員可能將時間都用在現有的客戶身上，而現有客戶的購買量大致已經確定。因為不花時間開發新客戶，永遠不會有新客戶的業務，除非對開發新業務、新客戶加以鼓勵，一般業務員就會避免開發新業務。也有的公司則有一組專人開發新客戶。

第三，有效運用時間：銷貨人員應該知道如何有效的運用時間。一種方法是運用一種年度計畫日程，說明在什麼時候與採什麼方式從事拜訪工作。另一種則是時間與責任分析。時間與責任分析法是根據推銷員旅行、等待、進餐，以及休息等各別需要花費多少時間，以確定作業效率的高低。

根據美國 1990 年打特奈公司 (Dartnell Corporation) 的調查，美國銷貨員從事各種推銷活動所花的時間如下：

1. 面對面銷售：30%。
2. 等待與旅行：23%。
3. 利用電話銷售：20%。
4. 行政工作：14%。
5. 服務訪問：13%。

為提升銷貨人員的效率與降低銷貨成本，近年來很多企業設法降低外勤銷貨人員人數，增加內勤銷貨人員。也就是加強銷貨人員的後勤工作，將內部準備工作預先作好，以減少在銷售途中增加的事故與成本。內勤人員包括技術支援人員、推銷員助理人員與電話銷貨員 (telemarketer)，電話銷貨員是利用電話尋找新的及品質良好的產品，然後銷售給需要的客戶。根據研究，電話銷貨員每天可以和五十個客戶連繫，和一般推銷員的四個客戶相比，高出很多。

## 推銷員的激勵

有的推銷員工作意志堅定，鬥志高昂，不需要激勵，對他們而言，銷售工作可能是最富刺激，最具挑戰的工作。但銷貨經常帶有挫折感，推銷員必須單獨工作，有時必須遠離家鄉，碰到很多相當積極愛拼的競爭對手，以及一些難纏的客戶。他們有時雖然想設法作成交易，卻因缺乏權威，資源不足而坐失良機。所以要使銷貨人員發揮他們應有的生產力，必須經常給予有效的激勵。

管理當局可以利用改善組織氣候、工作環境與訂定銷貨配額及有效的獎勵，以提升工作士氣。

銷售配額通常是在訂定年度銷售計畫時就決定好。在確定年度銷售計畫前，先要作銷售預測，擬定一個可以合理達到的銷貨量。根據這個銷貨量，管理當局再計畫生產量、推銷員的人數，以及每人的分配額度、地區等。一般而言，配銷的額度大多較預測的銷貨量要高一些，以便激勵推銷員努力達成。

另外也可採取銷售會議，提供社交場合，俾使推銷員和公司內外的高階主管交談，以提升士氣。有時也可舉辦一些銷貨競賽，使銷貨人員的士氣維持高昂。

## 推銷員的評估

評估推銷人員首重資料，其中銷貨報告最重要。此一資料包括未來各種銷貨活動以及已經完成的活動。從這些活動中可進一步分為銷售地區的行銷活動、訪問客戶的紀錄、各項費用的報告等。根據這些資料便不難作各別推銷員的比較，或前後期的比較分析。另外也可根據銷貨與費用的比率評估推銷員的表現。

使用一種正式的評估程序至少有三個優點：

1. 可迫使管理當局對於推銷人員績效的判斷建立明確而統一的標準。

2.可使管理當局將有關各別推銷員的資情與印象彙集在一起，進一步作有系統的逐項的評估。

3.對於推銷員的工作績效有建設性的效果，因為推銷員知道他們有時必須與上司在一起會談，對他們的路線安排或訪問計畫，或無法爭取或保有的客戶，以及某地類似事項的原因加以解釋。

下面是正式評估推銷員績效的方法：

## 一、推銷員之間的比較

該法是將推銷員的當時工作績效與公司其他推銷員的工作績效加以比較，這是常用的方法。不過這種方法常會導致錯誤的結果，因為只有當各區域間在市場潛力、工作量、競爭程度、公司的促銷努力等方面都相同時，這種方法才有意義。何況銷貨量不一定是表現一個推銷員成就的最佳指標。

管理當局對於每一位推銷員淨利貢獻是特別注意的，此點除非檢核推銷員的推廣組合與銷貨費用，否則是無法明確知道的。

## 二、現在與過去銷貨量之比

該法是比較推銷員現在與過去的工作績效，如此可以對他的工作績效有較為直接的瞭解。

如果能將各推銷員的銷貨數字列出，則每一推銷員的進步情形自可一目瞭然。

## 三、對推銷員質的評估

質的評估通常包括對推銷員的知識人格、自發力等因素，另外也可以根據推銷員對公司產品、客戶、競爭者、負責的區域和責任等的認識程度加以評估，人格特徵也可以加以評分，如一般的態度、儀態、言語氣質等。因為質的因素指不勝屈，每個公司都必須知道那些因素對自己是最有利的，同時用以評估的標準也應該讓銷貨員知道，讓他們瞭解他們的工作績效是根據那些因素評定的。

## 確定客戶

在工商業進步的國家，任何一種產品的潛在顧客多如天上星，推銷員的第一步就是先要確定那些顧客是訪問的對象。根據美國的資料，在九個潛在的保險客戶中，只有一個成為客戶。在電腦業 125 通電話中，有二十五個接受訪問，五個客戶會看現場操作與示範，到最後只有一個客戶成交。由此可知，一個優秀的推銷員要具有

分辨「是」客戶與「非」客戶的能力，依據的標準計有：財務能力、營業額大小、特殊的需要、地區，以及成長的可能性。

## 訪前準備

在訪問客戶之前，銷貨人員對於即將訪問的客戶要儘量的瞭解。這個階段的工作叫作訪前準備 (preapproach)，銷貨員應蒐集有關的資料，作為參考。

## 接觸客戶

好的開始是成功的一半，銷貨人員應該知道如何面對客戶，如何作「開場白」，一開始就建立一個良好的關係。開場白以後就要提出一些能夠讓客戶感到「抓到重點」的問題，讓客戶覺得這就是他所需要的產品，或誘發他好奇心的產品。

## 簡報與示範

在作簡報時，推銷員應該說明產品的故事，告訴客戶如何可以幫助顧客賺錢或節省成本，雖然是介紹產品的特點，實際上則是集中在告訴客戶產品的利益，或使用該產品後，會給客戶創造些什麼利益。

## 處理問題

在推銷員作簡報或示範產品性能時，顧客們多少總是有不同的意見，有時他們不願立刻表達出來。推銷人員應該採取一種積極的作法，找出不肯表達出的反對意見，以便讓購買的人消除不滿或不清楚的意見，並要設法利用提出不同意見的機會，提供更詳細的資料，讓不同的意見轉化成購買的理由，這是相當困難的工作，因此每位銷貨人員都要訓練自己，提升處理問題的能力。

到此銷售活動算是結束。很多推銷員在此階段處理的並不理想：有的是缺乏信心，有的則認為向客戶要訂單有罪惡感，有的則體認不到正確的結束時機。聰明的推銷員應該察言觀色，從在場顧客的表情以至所提的問題，知道「見好就收」的時機。

## 追 蹤

最後一個階段就是追蹤。如果推銷員要想維持客戶的滿意與繼續購買，事後的

追蹤是必要的。在銷售活動結束後，推銷員應該將有關的發貨時間、購買條件，以及其他的細節整理的清清楚楚，接著就是電話連絡，如有必要，還得親自拜訪，以找出問題的癥結，確保購買者的利益，以及減低自顧客購買產品後，可能引發的任何疑慮。

那些知道如何和顧客建立以至保持良好業務關係的推銷員，他們的獲益將最大，這也就是現代所稱的關係行銷 (relationship marketing)。

創造一個有效關係行銷的計畫計有下列要點：

1. 確定值得作關係行銷的客戶。
2. 對每個客戶指派一位有技巧的人員負責。
3. 將每位關係行銷主管的工作規定清楚。
4. 指派一位高階主管負責監督各行銷主管。
5. 要求關係行銷主管擬定發展關係行銷的計畫。

## 線上銷售

自 1990 年代開始，資訊傳遞科技進步神速，網際網路行銷成了電子資訊時代的新寵。首先應用線上銷售及訂購是書籍及玩具，然後擴展到體積較大的傢俱及日常用品。根據哈瑞斯 (Harris Interactive) 的研究，1998 年美國只有一千萬個家計單位利用網際網路購買過東西，1999 年則增加到一千七百萬個家計單位。在訪問過的網際網路使用者 5,800 樣本中，發現 33% 計畫在該年度的假日中將使用網路至少購買一件商品，而在 1998 年則只有 8%。一年之間幾乎增加四倍，成長速度驚人。

為適應網路購物的新趨勢，美國百貨公司紛紛改變他們的經營策略，與大型網路公司合作，提供網路購物服務。在眾多的商品中，以玩具為最多，據估計價值約為 2 億 5,000 萬美元。

不過自從 2000 年夏季美國高科技業，特別是網路公司因受世界性不景氣的影響，逐漸開始泡沫化以後，加上受 911 恐怖攻擊事件的影響，世界各國存活的網路公司絕大多數已改變經營策略。

根據 Cyberlin 2004 年 1 月 2 日的資料，美國 2003 年線上銷售金額為 28 億美元，較 2002 年成長 4.6%，占美國零售業總銷貨額的 4.8%，線上銷售主要的產品為衣服、玩具、DVD、書籍及禮品類。❹

茲將美國《商業周刊》刊登哈瑞斯的研究資料列示如下。

表 21-5　美國民眾利用線上購物的百分比

| 商品＼年度 | 1999 年計畫<br>假日線上購物 | 1998 年<br>假日線上購物 |
|---|---|---|
| 書　籍 | 16.0% | 7.2% |
| 音像影帶 | 16.4% | 6.3% |
| 軟　體 | 12.6% | 4.8% |
| 衣飾類 | 11.0% | 4.5% |
| 微電腦 | 6.2% | 3.2% |
| 玩　具 | 10.3% | 3.1% |
| 拍　賣 | 5.6% | 2.8% |
| 毛巾類 | 4.3% | 2.6% |
| 電子產品 | 6.9% | 2.1% |
| 家庭用品 | 5.3% | 1.5% |
| 淋浴化妝品 | 4.3% | 1.4% |
| 運動展示門票 | 4.2% | 1.4% |

Data: Harris Interactive.
轉載於：*Business Week*, September 6, 1999.

## 推廣策略組合之再商榷

廣告、人員推銷與銷售推廣聯合使用的目的不但在於配合需要的時間性，同時兼可看出那種比較重要。行銷主管永遠面臨一個問題——花在推廣活動方面的錢，是否比花在改良產品品質、新產品的研究發展、降低產品價格、提供更多的服務等其他方面的效果要好。在一般購買者的心目中，如果能將龐大的推廣經費用在對消費者有實質價值的活動上，則對消費者的印象也許將更深刻、更實際。

但是，為了使顧客能夠對現有產品之存在與特點有所瞭解，某些推廣活動也是相當重要的。同時，推廣也可以產生有利的心理作用，此種作用可增加購買者的心理上的滿足，如果我們能根據最後的意念，則推廣對於一個公司的產品或勞務也就具有真實的作用。

至於如何將資金劃分到三個不同的策略上，這是問題的另一面，雖然經驗、判斷與研究在決策的過程中是很重要的，一些基本的觀念可以作為此一問題研究之開

❹　ICRT Cyberlin 節目，2004 年 1 月 2 日。

端，其中產品的性質與購買者的人數與方式是主要的考慮因素。

假定一個香水工廠，利用拉式策略推廣其產品，他是透過大量廣告的策略，建立顧客對該品牌的強烈偏好。因為是採用此種策略，所以廣告費用大，採用此類策略的產品，通常計有香水、非肥皂、冷飲類及兒童食品等。另一種情形，如將煤炭賣給電力公司，此類交易與品牌似乎沒有什麼關係，很明顯，產煤的公司不會花錢作廣告，而會在人員推銷方面加強，以增進與採購人員之關係，此等情形計有一般的工業製品、傢俱、蔬菜與衣服類等。

產品生命週期是影響決定運用廣告或人員推銷的一個主要因素。在產品剛上市時，廣告與人員推銷二種作業可能比較重要，以便引起顧客與零售業二者的注意。當銷售情形已經達到市場計畫的目的，此時可以加強廣告，以便維繫顧客對該產品的興趣。最後，當產品的吸引力已經消失，或由於新產品的競爭而減弱其對顧客的吸引力，此時，零售與最後消費者雙方面可能需要私人間的推銷關係，以及給予特別優待。

產品對於購買者的重要性也影響推廣策略之運用。如果一種產品對於購買者很重要，此時人員推銷所給予他的影響可能大，一個工廠在計畫購買價值昂貴的機器設備時，他通常希望供應廠商的銷貨員能夠將該機器的特性一一告訴他，以消除他的疑慮。一位少婦在購買一件粉紅色的時髦洋裝時，可能需要朋友或銷貨員很大的協助，當同一位少婦在購買一隻雞時，她可能又尋求賣雞者的意思，但是當她在買一包糖果、香皂等類的東西時，她可能完全靠自己的判斷或廠商的廣告，因為這些產品的重要性對她而言比較小，即是買錯，錯誤的代價比較小。

 **實務焦點**

---

### 推廣服務的女傑李薇摩爾

自從惠普公司與康柏電腦合併後，惠普服務部門攻城略地，銳不可擋，表現卓越，服務部的總裁李薇摩爾 (Ann Livermore) 是關鍵人物。現年 46 歲的李薇摩爾原為惠普資訊服務部主管，在惠普購併康柏後，組織調整，將資訊服務部擴大獨立，改為服務事業群，她則被升任為該事業群的總裁。

李薇摩爾認為盡管近三年來經濟不景氣，資訊科技業仍充滿發展機會，目前最具潛力與最有前途的領域就是資訊服務部門。她的策略是將 IBM 視為惠普最主要的競爭對手，她

野心勃勃地表示，IBM 所有服務部門的客戶，都是惠普公司潛在的客戶。

在美國加州矽谷大家都知道，惠普有兩位女強人，一位是董事長兼執行長菲奧莉娜 (Fio-rina)，另一位就是李薇摩爾。兩人在過去幾年都曾是美國《財星雜誌》(Fortune) 評選為企業界最具影響力的女性主管。李薇摩爾認為惠普最大的恐懼是無法僱用最專業的優秀人才。為了推動成長以及吸收專業人才，惠普的主要策略之一是與各相關領域的佼佼者結為策略性聯盟。她認為就服務事業群而言，結盟的目的是為贏得更多與更大的服務合約，因此她認為惠普把系統整合業者視為推動企業成長的戰略夥伴。李薇摩爾坦率的表示 IBM 是惠普的最主要競爭對手。然而她並不畏懼與 IBM 競爭，她認為惠普服務事業群的未來，部分關鍵是決定在 IBM 的客戶身上。她的觀點是在任何領域的市場，領導者在尋找供應商時都不會只找一家，總會再找一家替代者，此一策略的考量不僅在於成本，更重要的是他們可以藉此比較服務的水準。

李薇摩爾強調，惠普與 IBM 不同之處是惠普集中火力專注於幾個服務項目，在這些服務領域，惠普的專業程度遠高於其競爭對手。她強調最好的公司並非最大的公司，而是能夠符合顧客需求的公司，她也承認，一家公司必須夠大，始能容納足夠的專業人才，才能因應客戶的需求。相反地，規模最大的公司，可能反而不利於競爭。❺

## 波音公司優異的銷貨員

波音公司飛機銷售量在 2003 年共 281 架，較 2002 年整整減少了 100 架，歐洲空中巴士公司 2003 年則銷售了 263 架，緊追在波音公司之後。根據波音公司的分析，銷貨下降的主要原因為 SARS 肆虐及受世界經濟仍未完全復甦所致。但是波音公司的推銷人員是世界上最卓越的。

飛機是價值最高的產品，因此推銷飛機和推銷其他產品不同，如以國家作區割單位，波音只有五十三個潛在的顧客。他有一個競爭對手，歐洲的空中巴士。

為了確定需求，波音的推銷員對於他們銷售的飛機早就變成了專家。他們先要找出那個機種要在什麼地方發展；在什麼時間新機種要取代原先的機種；以及購主者償還機款的財務細節等。他們一方面尋找滿足顧客需求的方法，同時利用電腦資訊系統比較分析波音飛機與競爭機種的成本、飛行航線，以及其他因素，以凸顯出波音飛機的優點；有時他們更可能將財務計畫與技術人員帶領到顧客處，回答顧客任何有關的專門問題。

購機談判一旦開始，先是殺價，接著是折扣，提供訓練計畫，有時他們也將另外一家競爭廠家的高級主管也請來，與波音的主管一起談，才能完成交易。因為價值高，購主考慮的因素複雜，因此推銷的過程有時慢的令人受不了。從推銷員第一天作簡報到最後完成交易，往往需要二、三年的時間。在訂單拿到後，推銷人員必須與顧客保持經常的接觸，以確保讓顧客滿意。

---

❺　資料來源：參考《工商時報》，2003 年 4 月 15 日。

和顧客建立穩固的長期關係是企業成功的基石，這種關係的建立是基於產品卓越的績效與彼此間的互信。根據分析，波音的推銷員是收集資訊的工具，和與顧客接觸，以及從事其他有關的工作。

波音的推銷員是由經驗豐富、作風保守但坦率的人員所構成。他們容易相處、學識淵博；他們是根據事實與邏輯推銷，不是吹噓或隨便答應顧客的要求。

# 習 題

1. 說明擬定人員推銷策略的要點。

2. 說明銷貨員既選決策的要點。

3. 說明銷貨員激勵的要點。

4. 說明推廣策略組合之要點。

5. 試比較說明李薇摩爾與波音銷貨員的異同點。

# 第八篇
# 特殊行銷

# 第二十二章　服務市場

　　服務市場是一個比較新的產物，在傳統的觀念中只有消費市場與工業品市場，沒有服務市場。近二十年來，服務市場在工商業發達的國家地位愈來愈重要，尤其在提供就業機會及在總體經濟中占的百分比等均遙遙領先製造業，而且還在繼續成長之中。

　　其次，如果說行銷各種活動的主要目的在於滿足人類的需要，除實體產品外，只有服務了。由此可知服務市場是無所不在，無所不包。其重要性由此可知。

## 服務的定義

　　服務一詞根據美國行銷學會的定義為「以勞務來滿足消費者的需要，但不涉及商品之移轉，或商品移轉是由於出售勞務而發生」，這種解釋稍有含混不清之感，因此其後將服務的定義修訂為「服務是市場上交易的一種主體，這種主體不涉及實物所有權的轉移」。這個定義雖已較為明顯，但也有值得商榷的地方，因為在若干情形下，所有權的取得並不具體與不明顯。根據這種觀念，服務是一種非實體與能夠消失的商品、活動或績效，對於一個購買者的聽、視、味、嗅等具有滿足的作用，但它不能預先大量生產與儲存，以備需要時用，它的生產不一定涉及實體產品。勞務和產品一樣，應該視為一種幫助達到目的的方法或手段，它的本身並不是目的。

## 服務的特性

　　所謂服務是一個人為另一個人或一群人工作。服務具有「經驗」的性質；產品則具有「所有權」的意味。服務的成敗須視提供服務的品質而定，而服務品質必須在服務傳送的過程中評估，通常是在提供服務的人員與接受服務的顧客接觸的剎那間決定之。❶因此服務的成敗，不但須視所提供的服務品質，還要看當時提供服務與接受服務者接觸時雙方互動的關係而定。所以服務是一種經驗、一種感受、一種難以忘懷的片刻與記憶等。觀光旅遊、看電視或電影、用餐、音樂欣賞等，均會因

---

❶　James A. Fitzsimmons and Mona J. Fitz Simmons, *Service Management for Competitive advantage*. New York: The McGraw-Hill Companies, 1997.

為風景、情節、人物及服務態度等而留下深刻的經驗或美好的回憶，和一般的實體產品是有明顯的差別。

柯特勒將服務的特性分為四種，茲說明如後。

## 一、無形的

也就是非實體性。它是觸摸不到、看不到與嗅不到的。由於它的非實體性，而充滿了不確定性，也就是在購買前無法預先知道結果，不像實體產品，可以敲打觸摸或嘗試，以確定真假、好壞。因此在選擇一所升大專的補習班時，就不像購買一件實體產品。升學補習班的廣告再大，保證再多，學生和家長都不一定相信。為要消除想補習學生的不確定性，補習班同樣要拿出他們的產品或績效，讓大家檢驗，說服考生。就像拿出實體產品一樣。例如補習班在過去二、三年考上大學的統計資料，或是錄取的考生名單，以及所延聘的名師，再加上學生或學生家長的謝函或啟事等，其目的是在將無形的成就轉化成有形的具體証據以增加可信度。

美容醫師為了消除客人的疑慮與不確定性，必須設法提供具體而有說服力的證據，讓愛美的顧客對手術的品質產生信心，達成美上加美的目的。

近年來金融服務業除利用他們龐大的規模，富麗堂皇的建築與現代化的設備吸引顧客外，也將他們迅速、安全而有保障的訴求傳達給顧客，爭取顧客利用他們的服務。在競爭激烈的金融界誰能利用具體而有說服力的方法，誰就是成功的競爭者。但金融界在顧客個人資料的保護等方面，均又漏洞百出，導致 1,500 多萬筆個人資料洩露給不法的詐欺集團，致讓顧客失去信心。❷

## 二、生產與消費同時進行

提供服務的員工和接受服務的顧客同時在場，是連續不可分割的，和實體產品的生產、儲存、銷售及最後消費不同。美容理髮、用餐、諮商、教育等均是。盡管有些活動可以錄影或錄音，但感受與效果可能不同，仍以現場參與為主。

既然提供服務的與接受服務的同時在場，因此雙方的互動關係重要，雙方也變成服務的一部分；服務的品質是由雙方共同參與決定，服務傳送的過程與現場的互動氣氛成為決定服務品質成敗的關鍵。

為使顧客感受到真正的滿足，必須設法使服務的品質與提供服務方式的品質相互影響，兩者結合在一起。因為顧客在評估專業性的服務時，不但根據技術性或專

---

❷ 《聯合報》及《中國時報》，93 年 4 月 29 日。

業性的品質 (technical quality)，同時也要考慮功能性的品質 (functional quality)。前者如醫師的手術是否成功，解除病人的痛苦？後者則指醫師是否表現關心病人及其家屬，是否有能力讓病人及家屬對他的診斷治療或手術有信心？由此可知，一位外科醫師僅提供優異的外科手術不一定會讓病人及其家屬滿意，他必須還能用他的言語表情等溝通技巧，讓他們對他的手術充滿信心，他們才會安心放心。為達到此一境界，專業服務人員，如醫師、律師、會計師及顧問等必須具有專業及互動的雙重技巧。

很多人對於看牙醫都有難忘的經驗，尤其是看到醫師手中的注射器。但是若干小朋友喜歡牙科醫師，因為這些醫師能夠在說故事的時候，不知不覺地將小朋友的蛀牙修補好或拔掉。

## 三、多變化性

服務業最重視顧客與提供服務者瞬間接觸的感受與互動，如果雙方營造的氣氛和諧，顧客可能會對服務的品質滿意，提供服務的人員也就有成就感。如果在接觸的剎那間雙方互動不良，氣氛低沉，則此次服務可能註定失敗。因為服務品質事先不能預測，在現場又不能控制，所以維持服務品質是服務業的難題之一。

醫療新聞偶爾報導某某名醫因為手術失敗為病人控告；高爾夫球界巨星老虎伍茲演出失常。此類案例均說明一個名醫都會發生服務品質失敗，頂尖的球星演出失常的事實，更何況是一般人。就以臺灣的醫師為例，他們先天的素質及後天訓練均相當卓越，不過因為診治人數眾多，病情也不一樣，因此醫事糾紛在所難免。服務品質既然多變化，無法如電子產品百萬分之一甚至更低的不良率相比，所以服務業如何維持品質的一致與穩定，在競爭激烈市場上是決定成敗的關鍵。 ❸

## 四、易逝性

服務不是具體產品，它無法儲存，也不能保留，由於生產與消費的不可分割的特性，如果在約定的時間內不能消費，服務就自然消失，不能再利用。例如醫師與病人約定看病的時間、對號入座的飛機或火車。病人如果在約定的時間內無法應診，醫師又無法臨時調整時間，讓後面的病人提前看診，於是那段時間就無法加以利用，而變成沒有生產力，醫師就沒有收入。因此在歐美國家，如果病人不能準時到達應診，仍然要付費，因這段時間對醫師而言，仍然有價值。飛機票等也是一樣，如果旅客不能搭乘訂好的班機，則為他保留的座位只有空著，除非航空公司臨時能夠安

---

❸　《中華民國統計月報》，2003 年 10 月。

排等候的旅客，否則已訂位的旅客仍然要負擔部分成本或全部的費用。❹因為飛機機位是有價值的。

為使服務的供應與需求調整得宜，薩斯爾 (Earl Sasser) 提出了數種策略，以便使生產與消費能密切配合。❺茲簡要說明如後：

1.採用差別價格法：價格差別愈大，尖峰需要轉移到離峰時間的可能性愈高，如電影票價及租車等。同時可以設法鼓勵離峰時間的消費。鼎泰豐為答謝國內外顧客的愛護與惠顧，現在自早晨開始營業後，直到晚上八點半，延長營業時間，讓顧客不必再排隊等候，隨時可以前往消費；麥當勞為增加銷售，特別提供早餐服務，一舉兩得。

2.增加輔助性服務：為避免顧客排隊等候，飯店可以增加飲料、咖啡、酒類等服務，讓顧客在等候時也可消費，兼可留住他們。金融業可以自動提款機解決提領現金的等候人群。有些行業可以用預先訂購或保留的方式，減少顧客等待的困窘。讓顧客因為感受到服務周到，受到尊重而樂於經常惠顧。

為求服務品質穩定與前後一致，除以機器替代人工外，工作方法改進等均有一定的功效。尤其要重視顧客特別重視或注意的因素；根據大多數顧客認為重要的事項，加強改進，並非每一項工作採用相同的方法；要有一種正確的認知，確定顧客重視的服務項目。根據 Arthur Little 公司的研究，最常提及的顧客抱怨是產品或服務到達得晚，不守時 (44%)，其次則是服務的品質不對，發生錯誤 (31%)。

3.在需要尖峰時間僱用兼職人員，以增加人手；也可以採用只負責重要的事項，次要工作則由顧客自助。如超市及商場購買時，工作人員僅在收帳及諮詢時提供服務，貨品的選購及包裝則由購物者自己動手。

 **實務焦點**

**消費 9 美元小費 1 萬美元**

2000 年 6 月 8 日各晚報都刊登了引用美聯社及法新社來自美國芝加哥的消息，說明一

---

❹ Philip Kotler, *Marketing Management*. Upper Saddle River, NJ: Prentice Hall, 2000, pp. 429–432.

❺ Earl Sasser, "Match Supply and Demand in Service Industies," *HBR*, Nov–Dec, 1976, pp. 130–140.

位大方的英國醫生只消費了 9 美元，卻給女服務生 1 萬美元的小費，目的是幫助她完成學業。女服務生大方的玉照就刊在故事的右側，此一新聞成了當時飯後茶餘流傳的話題。

一般在餐廳打工的總是抱怨客人給的小費太少，梅蘭妮小姐所服務的芝加哥一家酒吧卻就不同了。芳齡 23 歲的梅蘭妮小姐表示，一名大方的英國醫生和另外二位朋友在 6 月 1 日凌晨 2 點左右到她工作的酒吧，點了三杯 "長島冰茶"，一共才 9 塊美元。可能是客人問她，她向客人表示她在大學主修心理休閒治療的課程，而且計畫將來繼續讀研究所以便深造。這位醫生客可能是基於鼓勵她讀書，表示願意給她一筆為數不小的小費，幫助她完成學業。

於是這位醫生客人拿出了信用卡，刷了 1 萬元交給她。當時酒吧的經理還有些不敢相信，還再確認一遍是真的 1 萬元小費。至於這位大方的客人姓名，酒吧方面則不願透露。不過根據梅蘭妮小姐的描述，這位英國醫生「相貌英俊，穿著得體，是一位真正的紳士」。

從這個真實的故事，可以推知梅蘭妮小姐的服務態度一定很好，否則又怎能讓顧客如此慷慨地給如此鉅額的小費？ ❻

## 服務業的地位

2003 年臺灣十個營業額最大的公司中，有九個是服務業，國泰人壽保險的 4,518 億位居第一，僅鴻海電子是真正的製造業。零售業的沃爾瑪 (Wal-Mart) 是全美規模最大的企業，也是世界最大的公司，2003 年銷貨總額為 2,586 億美元。2003 年 11 月 28 日一天營收 15.2 億美元，員工總人數一百四十萬，規模之大，可以想見。❼ 2003 年美國前五十個最大的企業中有三十三到三十五個是從事金融保險、零售、醫療保健及通訊業。服務業在現代經濟社會的地位由此可知，茲將重要的發展趨勢說明如后。

### 一、在總體經濟的地位

美國 1929 年有 55% 的就業人口從事服務業，到 1945 年，GNP 中有 54% 是由服務部門創造。到 1990 年代，73% 的 GNP 是由服務部門創造，78% 的就業人口從事服務業，2001 年以降，美國企業普遍採取外購及委外製作策略（即 outsourcing），製造業在短短三年中失業人口增加為三百五十萬左右；相反地，零售業及新興的服務業就業人口激增，從事服務業的人口早已超越總就業人口的 80%，服務業的產值

❻　資料來源：《中時晚報》與《聯合晚報》，2000 年 6 月 8 日。

❼　*Fortune*，2004 年 4 月 5 日。

占美國 GDP 同樣也超過 80%。1992 年美國出口商業性的勞務總價值為 1,623 億美元，居世界第一位，占世界勞務出口的 16.2%，同年美國進口商業性勞務為 1,077 億美元，占世界勞務進口的 10.9%。臺灣地區在 1992 年出口勞務為 91 億美元，占全世界的 1.1%，進口為 192 億美元，約為出口的二倍，占世界的 1.9%。

臺灣 2003 年服務業的產值約占 GDP 的 68.6%，1995 年則僅為 60.1%，8 年間成長 8%，相當迅速。同期製造業占的比重則從 1995 年的 27.9% 下降為 2003 年第一季的 24.9%。

## 二、就業人口逐年增加

2004 年 6 月臺灣各業受雇總人口為五百八十三萬，其中服務業從業人口共二百九十八萬人，占總就業人口的 51%，製造業為二百四十三萬人，占總就業人口的 42%。1995 年服務業占總就業人口的 48%，8 年間成長 3%，如以經濟最繁榮的 2000 年，服務業從業人口最高為二百九十七萬人，占總就業人口五百九十二萬的 50.2%，製造業從業人口為二百四十六萬人，較服務業約少五十一萬人，僅為總就業人口的 41.2%。服務業在就業人數的地位由此可見。

## 三、民間消費型態有利服務業

民間消費型態的變化趨勢是主宰市場發展或衰退關鍵性的因素，也能決定一個產業的地位。從臺灣地區民間消費型態資料可以發現在三個主要的消費支出項目中，隨所得增加而成長迅速的支出主要為醫療及保健費、娛樂消遣教育及文化費、運輸交通及通勤費等，這些支出項目均屬於服務市場的範圍，因此對服務市場的成長發展有重大的影響。

### ㈠教育文化

從下列簡表可以得知，五十年來，臺灣的醫療保健費增加將近四倍，致各大學紛紛設立醫學院，從都市到鄉鎮，醫院診所到處可見，依賴健保及賣藥生存的大企業比比皆是。娛樂消遣教育及文化費成長三倍多。英文補習班、英文安親班、各類補習班林立街旁。在 50 年代全臺灣只有少數幾所大專院校，2003 年底已增加到 164 所，即使全部應屆高中、高職的畢業生全數錄取，有的學校可能仍無法招足學生，和大專學生用品有關的服務業如雨後春筍，繁榮異常。

### ㈡觀光旅遊

出國觀光旅遊是促使臺灣服務業發展的另一種助力。自 1980 年中期海峽兩岸交

往頻繁起，臺灣赴大陸觀光旅遊及商務人數突增，出國人數於是突破五百萬人，1997年突破六百萬人，2000 年突破七百萬人，2002 年出國人數已超過七百五十萬人。因此，旅行觀光服務人員、航空公司等服務業是最大的受惠者。大陸、香港和日本則是臺灣觀光客的主要受益者。據統計，歷年前往香港及經過香港轉往中國大陸的人數約占全部出國人數的三分之一，約二百五十萬人，前往日本的自 2000 年起，已超過七十五萬人，每年前往美國的人數則維持在五十五萬人上下，相當穩定。

同一時間來臺灣觀光及商務的人數則一直維持在二百五十萬人上下，給飯店及旅遊也帶來不少的商機。唯外國人來臺灣觀光旅遊的人數僅為我國出國人數的三分之一，對部分服務業者的發展具負面作用。

表 22-1　臺灣地區民間消費型態
（選擇性年度與支出項目）　　單位：%

| 年度 | 醫療及保健費 | 娛樂消遣教育及文化費 | 運輸交通及通勤費 |
|---|---|---|---|
| 40 | 2.58 | 6.09 | 1.72 |
| 61 | 4.23 | 8.00 | 3.78 |
| 65 | 4.64 | 8.78 | 4.77 |
| 70 | 5.07 | 12.80 | 7.58 |
| 75 | 5.17 | 14.27 | 10.56 |
| 80 | 6.64 | 16.26 | 13.16 |
| 85 | 7.87 | 17.27 | 11.34 |
| 90 | 8.90 | 19.23 | 11.90 |
| 91 | 9.20 | 19.18 | 11.90 |

資料來源：《中華民國國民所得統計摘要》，行政院主計處，92 年6 月。

㈢運輸交通及電訊發展迅速

五十年前，該項費用僅占消費支出的 1.72%，現在已成長為 11.9%，增加約七倍，而且仍在繼續成長中。

此類服務業市場範圍廣大，顧客人數眾多，每年營業收入則以數十億到數百億計，對服務市場在總體經濟的地位影響明顯。

茲將重要統計資料列示如後。

表 22-2　近年汽機車輛統計

單位：千輛

| 　　　車　種<br>年　代 | 小客車 | 小貨車 | 機踏車 |
|---|---|---|---|
| 1995 | 3,874 | 591 | 8,517 |
| 1997 | 4,412 | 655 | 10,057 |
| 1999 | 4,509 | 627 | 10,958 |
| 2000 | 4,716 | 653 | 11,423 |
| 2001 | 4,826 | 676 | 11,733 |
| 2002 | 4,989 | 701 | 11,984 |
| 2003 | 5,170 | 729 | 12,367 |
| 2004<br>(8月) | 5,328 | 751 | 12,632 |

資料來源：《中華民國統計月報》，2004 年 9 月。

　　由表 22-2 可知，臺灣每四人平均就有一輛汽車，每二人就有一輛機車。這些車輛都需要維修保養、加油，以及各類保險，其所需要的服務市場規模之大由百萬輛及千萬輛計可知。

㈣郵政電信

　　郵政及電信是另一種現代化的服務市場。此類市場屬資本密集，大規模經營性質，其用戶動輒以百萬戶計，營收也以十億或百億計算，雖屬寡占性質，其對服務市場則有一定的影響。

　　臺灣在 2003 年收寄的函件共 2,731 百萬件，平均每人約 129 件，平均每人二點五天就收到一份函件。收寄的包裹在 2003 年為 895 萬件，較 1995 年減少 1,024 萬件，減少的數量驚人。

　　在通信市場 2004 年 7 月底臺灣共有電話用戶 1,396 萬戶，平均不到二個人就有一支市內電話。行動電話數到 2004 年 7 月底已有 2,273 萬個用戶，平均每人約有 1.1 支手機，普及率居世界第一位。網際網路用戶則已到 796 萬戶。這些新興的服務業不但數量龐大，成長迅速，也給新知識經濟時代帶來新的機會與挑戰，改變了傳統服務市場的形象。

四、新興服務市場

　　近三十年來，教育水準提高，女性就業人口急速增加，而且女性在公民營機關

表 22-3 美國一般民眾對快遞包裹公司服務的意見

| 方便性 | |
|---|---|
| 公司名稱 | 偏好分數 |
| 美國聯邦郵政局 | 109 |
| 美國包裹服務公司 (UPS) | 109 |
| 空中快遞公司 | 105 |
| 飛遞公司 | 105 |
| 快遞公司 (DHL) | 94 |

| 對顧客的支援 | |
|---|---|
| 公司名稱 | 偏好分數 |
| 空中快遞公司 | 129 |
| 飛遞公司 | 101 |
| 美國包裹服務公司 (UPS) | 100 |
| 美國聯邦郵政局 | 94 |
| 快遞公司 (DHL) | 89 |

| 可信賴度 | |
|---|---|
| 公司名稱 | 偏好分數 |
| 空中快遞公司 | 122 |
| 美國聯邦郵政局 | 119 |
| 飛遞公司 | 111 |
| 美國包裹服務公司 (UPS) | 96 |
| 快遞公司 (DHL) | 92 |

資料來源：Jennifer Lach. "Rush These Reindeer," *American Demographics*, December 1998, p. 23.

或企業均逐漸擔任要職，所得增加，女性傳統家庭主婦的角色已委託專業性服務業代勞，如幼兒照顧、幼兒教育、料理餐飲、洗衣、室內整理等均交服務公司處理。女性以金錢購買勞務，空閒時間則從事觀光旅遊、美容、健身或進修等活動。自網際網路流行後，線上購物送禮、電子郵件、網站瀏覽新聞等，對於忙碌的上班族的時間節省很多。他（她）們也可以充分運用這些時間創造更多對服務市場的需求。

單身人口增加，成年人不再願意為家庭羈縛，而願過獨立自主的單身生活，屬於自己的時間增加，因而休閒運動等活動增加，體育用品及藝文用品市場興起，成群結隊的團體活動到處可見。社區大學、在職教育等追求卓越的市場活動需求增加，

這些均屬於服務市場。

現在屆齡或提早退休者創造另一類市場，他們提早轉換工作，從事悠閒而又嚮往的工作，如進修新技藝、保健及公益等活動，創造了若干退而不休的工作，對於保險、多層次傳銷、仲介等服務業增加了不少經驗豐富而又幹練的幫手及資金，對若干新的服務業的發展注入了另一類的活力。

## 服務市場分類及特性

服務市場通常可以分為個人服務市場 (marketing personal service) 與工商服務市場 (marketing business service) 兩種。前者主要為消費者個人之需要而提供服務，如醫生、律師、會計師、網咖、婚紗照、金融、資訊、旅行、航空、美容等。工商服務乃是提供工商業經營之需要或促進商業活動為目的，如諮詢、廣告、顧問、在職訓練等。

現代服務業種類繁多，各具特殊之功能，僅將服務市場區割為個人服務與商業服務，似有過分簡單不符應用之感。茲再將服務視為由銷售或附屬於一般產品的銷售所提供的活動、利益或滿足為核心，將提供服務的方式分為：

　　1.直接銷售，屬無形產品，如個人或工商業界的教育訓練和顧問、補習班授課等。

　　2.透過有形產品的銷售將服務銷售，如運輸航空等。

　　3.附帶在商品銷售的無形活動，如機器設備的售後服務等。

另外也可根據服務的目標對象分類。服務的目標對象可分成兩種，一是對人，一是對事。在服務的活動方面又可分為有形的活動及無形的活動兩種。此一分類可自圖 22–1 觀之。 ❽

---

❽　《服務管理》，美商麥格羅・希爾公司，1997 年，p. 47.

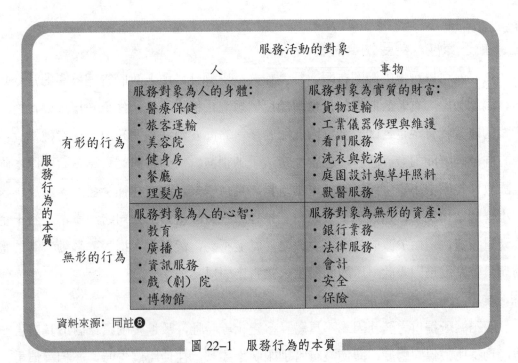

圖 22-1　服務行為的本質

從上列的分類，可以發現服務業的共同特點主要為：

## 一、勞力密集

迄今絕大多數的服務業是以人為主，機具設備其次。醫生、律師、會計師、顧問等專業性服務業如此，餐飲、美容、旅遊業等也是如此，只是從業人員的素質不同爾。近年來，醫療、航空、金融等產業為節省人力，提高服務效率，均大量投資於各項設備，如醫療檢驗用的設備，自動提款機及無人銀行，雙手按紋的機器以替代人工查驗登機證 (boarding pass)。這些設備購價不貲，由此可知部分服務業已由勞力密集轉變到真正的資本密集及研究發展密集。在若干行業，此種轉變似有加速趨勢。❾

## 二、規模小需要資金少，進入容易，競爭激烈

餐飲、影印、婚紗攝影、美容美髮等設立容易，需要資本少，技術性低，場地小，進入退出障礙均低，一旦有競爭，競爭就激烈。

服務業的競爭所以激烈，是因為它的營業範圍小，不易變化，餐飲、美容如此，航空、醫療或律師亦復如此，核心業務不易改變，姑且不論是否受法令規定的限制。所以一旦有競爭，通常就非常激烈。

---

❾ 《工商時報》，2003 年 11 月 18 日。

### 三、缺乏彈性，易受法令影響

服務業可以選擇的範圍有限，行銷作業缺乏彈性，加上政府管理機關的法令規定，限制較嚴。有時政府鑑於社會輿論反映或立法機構修法，法令一旦改變，對於相關的產業就有決定性的影響。因此服務業一方面要設法預測政府及民意機構立法的方向及國際間的發展趨勢，也要注意競爭的情勢。例如臺灣電玩業者政府原本同意設立，後因中小學生紛紛嗜打電動玩具，荒怠學業，政府在權衡發展產業及影響中小學課業情況下，斷然下令禁止，結果導致投資該產業的公司紛紛歇業。若干企業大量投資，但由於政府法令一夕改變，轉變不易，蒙受重大損失。轟動一時的電動玩具弊案就是因為此一原因而發生，業者應引以為鑑。

### 四、對廣告宣傳多採保守態度

服務業所提供之勞務因為不具體及多變化等特性，故進步的國家對於其廣告宣傳，均採比較保守態度，即使沒有特別限制之國家，在使用廣告時，亦相當慎重，並應注意選擇適當之媒體，因如濫用廣告，容易引起顧客之不信任與反感等負面效果。例如醫師、律師與會計師等很少用廣告方法招徠顧客。歐美國家，且多禁止醫師刊登廣告，由此可知服務業者為拓展業務，多希望能獲得顧客推薦或介紹，或利用公眾報導，參加公益社團等活動，提升知名度。

## 服務業發展的難題

在工商業發展的社會中，服務市場一個普遍的現象是服務的品質逐漸降低，顧客與提供勞務者的關係疏遠，此種現象當然不能一概而論。美國國家經濟研究所 (National Bureau of Economic Research) 研究美國服務業品質降低有很明顯的原因存在。

據該研究報告指出，服務勞工多來自技術較低的工人，而且教育程度也都比較差，該二個原因在服務業與生產事業上產生了三十到四十的生產力之差異。此一差異相當嚴重。自 1990 年代以降，由於資訊及相關科技的突飛猛進，若干服務業產生了根本的改變，不但從業人員素質提升，所得也大幅增加。過去以製造資訊，傳輸系統的企業如 IBM, 惠普，甚至奇異等高科技公司現在均以服務顧客為其核心業務，他們優異的機器成為協助達成服務目標的工具及媒介。臺灣的晶圓雙雄因此是服務業，IC 測封業如日月光是為 IC 業服務的服務業，他們和傳統的服務業是不同的。

茲將服務發展的難題說明如後：

## 一、人員良莠不齊

服務業的產值雖然日益重要，提供就業的機會雖然多，不過由於從業人員人數眾多，良莠不齊，操守能力俱佳者則不可多得，在工作過程中因受環境的污染，見利忘義者指不勝屈。因為訓練管理不易，即使市場存在發展機會，常因人才缺乏而裹足不前。

在另一方面，有些工作需要專業訓練而又素質高的從業人員，如律師、會計師、醫師、投資理財顧問等。在工商業發達的國家，為了確保這些人員的專業素質，避免人數供過於求，並確保他們的所得能維持一定的水準，多由相關的專業機構參考實際情形，建議取得專業資格或執照的人數，以防因競爭激烈而降低服務品質。

近來臺灣受經濟發展及社會變遷的衝擊，教育當局不再重視倫理道德，加上國際化的趨勢，部分人員或因貪圖物質享受，或因逼於現實生活，甘願從事若干違背社會倫理道德的特種行業，笑貧不笑娼的風氣嚴重，對於一般服務業的影響深遠。根據報導，在臺灣七十萬大專學生中，約有 7.5%，也就是約有五萬人想從事特殊行業。❿正在接受教育的大專學生竟然有如此多的人想從事特殊行業，他們一旦離開學校，踏入社會，他們會從事什麼行業？如果這些人從事服務業；他們提供服務的品質與敬業的精神，將更令人憂心。

## 二、專業性服務人員

傳統上知名的律師與會計師事務所，象徵社會正義與公理，加上人員素質優異，因而擁有崇高的社會地位。但是此類機構很少調整組織結構，以適應社會變遷，反而成為有心人犯罪的溫床。違法事件一旦爆發，金額龐大，轟動社會，成為不良示範。理律律師事務所資深員工盜賣負責管理的股票價值 30 億元；國票公司經理盜領顧客存款超過 100 億元，都是國內服務業爆發的案件。此類事件不但是不良的示範，對服務業及企業本身均有莫大的傷害。

在美國，名列世界前五大的會計師事務所為了賺取 2,500 萬美元的審稽費及2,700萬美元的顧問費，竟然與其客戶公司恩龍 (Enron) 公司勾結作假帳，欺騙股東及本公司員工，致使排名世界第七大的企業宣告破產，毀於一旦。會計師事務所一方面收受客戶的代價，另一方面又要評斷客戶財務的廉正無缺，在立場上是有些矛盾。自 1990 年代起，美國企業界為了提升每股獲利率及股價而承受的壓力超過從前

❿　《中時晚報》，2003 年 9 月 15 日。

任何時代，客戶企業迫使會計師事務所協助他們達成目標的壓力也是空前。結果導致會計師為了達成雙方的目標，改變了傳統查帳的角色，而成為協助達成帳面獲利率的伙伴。會計師雖然面臨如此重大的轉變，但是仍抗拒改變，因此錯誤與違法的事件一再重演。2004 年國內轟動一時的博達及皇統等案件如出一轍。

會計師既然是稽核客戶是否依據公認的會計原則，稽核客戶企業帳目，當然自己先要遵守法律，一旦會計師本身為了賺取豐厚的報酬而逾越法律規定，置其投資人、員工、債權人等的利益於不顧，他如何能為社會主持正義公理？又有誰敢相信他們？其他如律師、基金經理、投資理財顧問公司亦復如是。

## 三、大企業置消費者福祉於不顧

服務業的特性就是規模小，需要資金少，進入退出靈活。但是自從國際化與自由化的政策推行後，臺灣若干大型企業假藉因應國際化之名而行購併之實的策略，致若干具本土特色的中小型服務業先是經營發生困難，隨後大企業進行購併或加入連鎖經營，不但違背了自由競爭的原則，對若干有志創業的年輕人則有一定的衝擊。這種現象在零售批發業最為普遍，其次則為百貨業。大型公司如果真正為了提升服務品質，降低作業成本，以降低售價，回饋購買者也好，事實上並非如此，他們獲取暴利只是為了累積進一步擴大市場占有率與同業競爭的資金。他們也為西進中國大陸市場籌措資金。廣大的消費市場為少數幾家公司寡占，產品差異性減少，消費者在自由競爭的市場上選擇性大為降低，勉強消費者接受，置消費者的福祉於不顧。

## 四、服務業的角色

傳統上認為製造業是經濟發展的重心，提供就業機會最多的產業，服務業則是附屬於製造業，是協助製造業的發展，製造業是推動經濟發展的動力，如果製造業不發達，服務業為誰服務？服務業又如何能成長發展？這種爭論在 1990 年代末期始稍停歇。特別當經濟發展各國服務業產值占 GDP 及提供就業機會均超越製造業，以及歐美各國推動國際化以後，服務業跨國購併盛行，使他們的規模擴大，地位更加重要。

自從中國大陸自 1990 年代中葉迅速發展成為世界製造業中心以來，不但臺灣、香港等地的製造業大量西進，日本在追求降低生產成本，繼續維持競爭優勢的情勢下，也不得不將其大量資訊、電器、機械、化工、光電的組件甚至機器等產品的訂單外包 (outsourcing)。美國是採取外包比較慎重而緩慢的國家，現在大部分服務業的

資訊整理分析幾乎全部外包，其目的在於降低作業成本，提升競爭力。

現在這些國家的失業率均居高不下，而且由於製造業歇業關廠，失業人口增加，購買力降低，直接影響服務業。臺灣雖然由政府出資安排失業人口就業，但僅是短期治標措施。日本連續十年的通貨緊縮型不景氣在 2003 年下半年雖稍有起色，是否真正能夠促使世界第二大經濟體重振雄風，製造業是否能夠東山再起，仍將是關鍵因素。2001 年的 911 恐怖事件及美國為首的聯軍攻打伊拉克雖然對其經濟有所影響，導致美國在布希政府上任三年失業人口超過三百萬的關鍵可能仍與傳統產業歇業，科技產業大量外包的現行政策有關。所以布希政府在三年內盡管二次擴大減稅方案，其挽救經濟的效果似僅呈短期與局部性，如季節性採購潮，對零售批發有提升作用。就整體與長期而言，美國的製造業促進經濟發展的責任大部分已由服務業承擔，但是服務業的大型顧客已大有今不如昔之感，甚或完全消失，服務業又怎能撐起全部成長發展的責任。這可能是服務業在工商業先進國家一個重大的危機。

相反地，中國大陸的上海、北京、廣州、深圳等製造業發展快速的地區，也就是服務業發展最快的地區，如果這些地區的製造業不發達，它們的服務業會如此發達嗎？答案當然很明顯。

## 五、成功的領導人難求

服務業既然有其特性，其領導人必須具備獨特的管理特質或技巧，否則不可能成功。這些特質又不是一般人能夠擁有，這是服務業，尤其是中、大型服務業發展的另一種挑戰。茲將成功領導者的特質綜合如下：

1.要有洞察力，能夠洞燭先機，時機到來時立刻進入，市場飽和時迅速退出，如果領導人能具備這種眼光遠見，定能成功。

2.領導人要在現場以身作則，親自工作。例如當機件故障時，他做工程師，找出原因，清晨三點問題解決才離開。

3.對待員工要有親和力，在工作時，領導人是中心，在活動時，永遠在員工群中。

4.甄選符合自己眼光的員工，要風趣與幽默感，還要有建立團隊精神的能力。

5.能激勵員工，讓顧客愉悅驚喜，能成功的帶領互動。

實務焦點

### 服務業成功的祕方

　　美國有一家著名的大醫院為了響應「病人至上」「照顧病人第一」的行銷觀念，特地延聘了一位行銷專家作了一次研討會，最後的結論是如果要想叫病人笑，醫院的醫師、護士及有關的服務人員先要笑。

　　科羅拉多州一家醫院的院長為了讓病人住院像住在觀光飯店一樣，於是將醫院鋪上地氈，義工在各樓層服務，出納及守護人員穿著西裝上衣，打領帶。有線電視、舒適的床墊、抽水馬桶與床單等都採標準化作業，裝食物的塑膠盤子換成紅色，上面的食物則用香菜等裝飾，顯得秀色可餐。⓫

### IBM 配置軟體發展與銷售策略

　　全球第一大電腦公司 IBM 目睹電腦及資訊服務市場迅速的轉變，在 2003 年底準備重新配置其營業額排名世界第二的軟體銷售業務，以便在日趨成熟的軟體市場中迎接即將到來新一波的企業科技需求。

　　根據報導，IBM 將依十二個垂直的產業部門，重新配置其軟體的發展與銷售人力，同時將花費數億美元於吸引擅長軟體應用的企業，成為支援 IBM 電子商務架構軟體的夥伴。因軟體產業日趨成熟，有關公司必須學會採取垂直的產業行銷。

　　IBM 的執行長帕未薩諾也表示「僅科技本身已不夠，將得從商務程序及科技的交會處，找到競爭的優勢。」過去四年來，IBM 的軟體收入，始終無法突破 126 到 131 億美元。

　　為此，IBM 將必須就其一萬三千餘的軟體銷售及支援人力，重新組織，同時也將調整約二萬名軟體工程師的工作方向。

　　IBM 的作法是他將按產業部門，如零售、金融服務或製造業等，區分並組織銷售人員，並各自根據其所屬的部門接受訓練，以掌握所屬部門產業的特定需求。程式設計將開發出六十個針對各個產業部門所需要的軟體產品，量身定作，以使顧客能迅速的安裝使用。

　　IBM 決定重新配置其軟體部門，目的支配全公司內部更深遠的策略規劃，包括轉向銷售以支援各種商務作業流程的電腦系統與服務，當然，也是為了適應整個軟體產業發展的趨勢。

　　直到現在為止，IBM 的軟體業務仍然相當倚靠大型電腦軟體的租賃收入，這類業務雖然穩定，但營業收入則是漸走下坡，何況其競爭對手惠普等公司虎視耽耽，一直以爭取這類業務為其成長的策略之一。

---

⓫　〈笑藥是對醫院最好的處方〉，《華爾街日報》，1984 年 9 月 24 日，p. 35。

### 幫助女性實現夢想的雅詩蘭黛

雅詩蘭黛 (ESTEE LAUDER) 是世界上最有名的化妝品品牌，也是該品牌創造人的芳名。她曾說過：她的一生，都在推銷她的產品。如果她相信一種產品，她就會設法將它推銷給別人，而且努力地去推銷，每天都是如此，始終如一。

雅詩蘭黛剛剛創業時，是在自家的廚房調理當時的面霜，她一方面親手調製各種配方，一方面出外推銷她的產品，由於她的努力不懈，終於將雅詩蘭黛公司打造成龐大的國際化妝品王國。

蘭黛女士是一位精明能幹的企業家，她深切瞭解忙碌的職業婦女對化妝品的需要，因此設計了三分鐘專櫃化妝服務。她的行銷策略包括大方的贈送試用樣品，購物達到某一金額贈送贈品等。1980 年代起，香港及新加坡幾家大百貨公司的雅詩蘭黛專櫃及專賣公司，臺灣觀光客絡繹不絕，証明了蘭黛行銷策略的成功。

蘭黛對女性的美抱持高度的肯定與熱忱。她曾經說過：「美是一種態度，沒有祕密可言。在結婚的大喜日子裡，每個新娘子都很在意自己的外表，因此都很漂亮。在這個世界上，沒有醜陋的女性，只有不在意自己外表，或不相信自己是有魅力的女人。」由於此一信念，她奉獻一生在化妝品的推銷工作上，她利用雅詩蘭黛，給女性希望與夢想，也因為不停的研究發展與推廣，協助女性實現了她們的希望與夢想。

蘭黛女士出生於美國紐約一個平凡的家庭，她的叔叔是化學家，自己經常在房屋後面養馬的馬房中調製保養品。可能因為紐約天氣乾燥而又寒冷，皮膚需要保養。蘭黛自幼目睹那種景像，因而引發她對化妝品高度的興趣與想像。蘭黛從 1930 年代開始推銷她叔叔調製的面霜，挨家挨戶到美國的上流社會家庭推銷，因為當時正值世界經濟大蕭條，要不是憑著她年輕熱忱的勇氣，可能今天就不會有雅詩蘭黛這個無人不知的化妝品名牌。蘭黛一旦有空，就在自己家中的廚房做化學實驗，研究改良她的配方。

由於她的努力，雅詩蘭黛產品終於在 1948 年成功的進駐紐約第五街的 SAKS 百貨公司，設立第一個化妝品專櫃，因為經營地非常成功，後來迅速地擴展到其他流行的百貨公司。1953 年雅詩蘭黛推出第一款香水產品——青春之露 (Youth DEW)，作為沐浴香精，雅詩蘭黛於是名聲大躁，而成為美國家喻戶曉的化妝品品牌。青春之露香水系列產品至今依然暢銷，每年銷售額在 1 億 5,000 萬美元左右。

雅詩蘭黛接著又推出若干新產品及新品牌，其中包括男士用的保養品—— ARANS 系列，以及標榜產品不含香料，通過過敏性測的倩碧 (CLINIQUE)。

雅詩蘭黛女士在 1998 年被《時代雜誌》(Time) 推選為二十世紀最具影響力的企業界奇才，她是唯一的女性。她的公司在 2004 年美國《財星雜誌》(Fortune) 公布的全美五百大企業中，營業收入為 51 億美元，純利 3 億元，營收排名在美國排名第三百四十六位，在全球約僱有二萬名員工，雅詩蘭黛的產品銷售於世界一百三十個國家。**⓬**

蘭黛女士自 1990 年代以降，因年歲原因，不再積極參與公司的經營，2004 年 4 月 24 日與世長辭，享年 97 歲。她的行銷策略與熱愛推銷工作值得後人學習。

# 習 題

1. 服務的特性有那些，試簡要說明之。
2. 說明服務業在現代經濟社會的地位。
3. 試說明服務市場的特性。
4. 試說明專業性服務的地位。

# 第二十三章　行銷研究

## 行銷資訊之重要性

　　近年來，行銷資訊系統（marketing information system 簡稱 MIS）已成為行銷學重要而新的課題。因為行銷需要決策，決策就需要資訊，要蒐集資訊，就要作行銷研究。因此行銷決策的成敗和行銷資訊系統有密切的關係。現在是一個由外而內 (outside in) 的時代，企業的一切決策都必須先從經營環境與競爭優勢等外界因素考慮。下列三種環境趨勢的發展，使行銷資訊的地位益形重要。

　　1.國際化使行銷決策的範圍從一國到多國，從一個市場擴充到全球市場，任何一個政府或企業的重要決策都會對其他的企業產生重要的影響，行銷決策考慮的變數複雜，對於行銷資訊的依賴加重。

　　2.消費者教育程度與所得水準的提高，使一般的購買動機從基本的需求轉變為更複雜的需求，企業界需要更多的資訊以瞭解消費者支配所得的方法或購買行為。

　　3.企業界競爭的策略複雜而多變，非價格競爭已取代了價格競爭，購買者對於品牌、品質、產品差別、廣告訴求，以及促銷等策略的瞭解與決策，需要更多的資訊，以幫助他們作一個聰明的購買者。

　　一個最好的決策 90% 靠資訊，10% 靠靈感，在這個多變的行銷環境，這句話特別適合於行銷研究。行銷管理是企業與各種環境接觸最重要的一點。所謂行銷決策，乃企業調整其產品與服務以符合顧客的需要並維持其競爭優勢。此種調整的效率，主要視企業是否能夠有效地與繼續不斷的從市場上取得資訊與應用該資訊之情形而定。透過該類資訊，可以知道同業競爭者的情況，同時也可以評估新的行銷機會以擬訂新的策略。

## 缺乏有效的運用資訊

　　根據有關的研究與實際經驗，發現很少行銷主管能夠有效的運用有關的行銷資訊，一般均根據自己的直覺作決策。當他們一旦發現需要資訊，通常已經為時已晚，致無法在需要的時間內，收集到可以幫助決策用的資訊，另外若干主管對於花錢購

買資訊特別感到勉強，因為他們發覺不到資訊對決策的重要及其潛在的價值，也只有少數的主管真正瞭解在資訊收集、分析與解釋過程中所產生的問題。

　　為什麼有效運用資訊的主管如此罕見？簡單的說，主管人員本身未能充分瞭解現代行銷的本質。因此，要討論有關行銷研究方面的問題，重點不在研究本身，而在於決策及其所用的資訊。

　　假定一位主管作決策時，知道利用資訊，則他對於資訊需要之緩急、該資訊對於整個公司之重要性等均會重視，他將是運用行銷資訊的受益者。

## 機會與問題

　　激烈的競爭，迅速的科技發展與多變的行銷環境，模糊了企業的問題與機會；有時未能及時發現問題，及時解決，致使問題惡化。有時又將機會誤當危機，未能把握時機，因而錯失良機。因此行銷研究的第一步是先要發現問題，確定是問題還是機會，然後權衡輕重緩急，設法加以解決或運用。

　　一個問題之發覺通常是因為某種工作的表現或成果未符合預期的標準，在此階段最有用的資訊為成果的衡量資訊。在這方面，若干公司已經設立了一套衡量的標準，如市場占有率、成長率、利潤率等。

　　管理階層應該注意的是「問題」與「機會」應該明確的分開，因為一方面要注意，在當前的作業中，實際成果與原訂目標之差異；另一方面，應該注意到潛在的新作業，例如新的市場、新的產品或新的技術等，對於一個公司整體的業務，均可提供改善的機會。這種區分是很重要，因為一種有效的資訊系統應該提供二種情況的資料。

　　假定一個公司僅關心他傳統的產品、市場、顧客與策略等，則他可能會導致嚴重的「老化」現象，甚至或遭到新的競爭或需要的改變，在短期內失去競爭優勢。一個企業要想繼續成長與發展，則必須將技術的研究發展、生活方式的改變，與其他重要的因素，在計畫中一併考慮，行銷的資訊系統必須能夠提供有關當前的資訊，以及預測未來的各種改變。

　　一個問題或機會一旦發覺，就應將它的範圍與本質確定，以便使有關人員能夠瞭解。例如，假定某一地區的銷貨量下降，就應該問一問是否有跡象顯示銷貨員工作不力？抑或競爭情況發生改變？抑或外在原因使該產品的需要降低？諸如此類的

潛在因素務須仔細加以評估，然後才能發現問題或機會，這種評估通常是要在決定詳細研究該問題之前。

對於一個問題或機會的確定，很多資訊都是有用的。例如在消費品包裝業方面，廣告通常是一個決定消費者接受程度的決定性因素，當市場銷貨量下降時，注意力立刻會集中到這方面。如果廣告沒有問題，問題的重心可能轉移到產品本身，然後再到包裝的技巧等。在另外一個行業，可能就不同，但原則是一致的。

當一個問題或機會確定以後，決策才有意義，一個問題確定的愈清楚，主管也就愈可以從特別的方案中選擇一個最好的方案。例如假定問題之發生係源自價格之訂定，則管理者必自價格方案中選擇一個。因此，最有用的資訊是關於不同價格策略可能引起的效果。

行銷管理的問題不是採取了行動以後就結束。價格策略一旦確定，則必須設法幫助完成並控制其執行情形。由此過程中所得之資訊，也許可以顯示出新的問題或機會。

## 主管應用行銷資訊之商榷

主管人員為取得與應用有關的資訊，可以延聘若干專人。一個基本的問題是他自己是站在什麼立場？一般而言，主要視每個人的個性與能力，以及特殊情況而定。哈佛大學的巴茲 (R. Buzzell) 教授等人提出下列的原則：

既然很多決策都是受資訊多少的影響，對一個決策而言，主管的責任為如何有效的得到以至運用資訊，主管人員不應該推託此一責任。

主管的主要責任在於決定他在什麼時間需要什麼樣的資訊。他應該在問題沒有發生之前，就研究需要什麼資訊。他應該知道用什麼資訊才能察覺現在的問題。除此之外，他應該預知那種資訊才能夠最先指出問題的發生。

在決定需要什麼資訊時，他必須決定不同資訊潛在的價值。決定一種資訊的潛在價值是主管最重要的決策之一。他需要在優質資訊成本高與改進決策績效二方面權衡之。

決定資訊的需要與成本後，就應有效的運用該資訊，一個主管即使具備了最完整、最正確的資訊，在作決策時，還需要運用相當的判斷。這種正確的判斷，均可學習與發展出來。

## 計畫資訊

主管人員能夠得到需要的資訊，是資訊取得的計畫中，很重要的原則；事實上，卻經常違背此一原則。主管經常得到多餘的或與問題不相關的資訊，對於分析一個問題的基本事實則每感不足。

可以得到的資訊之性質、品質與數量等主要視收集與分析等工作所花的時間與成本而定。資訊的來源則須視對資訊預期的價值而定。估計資訊的貨幣價值是一個重要而困難的問題，一方面需要衡量問題的重要性，同時需要估計如果運用該資訊時，可能降低不確定的程度。

原始資訊之收集與結果的分析是資訊生產的二個主要作業。這些生產的作業，可以由公司自己負責，也可由市場研究調查公司代作。需要的資訊一旦提供出來，就須傳達給需要者。市場部門經常發現有效的傳達資訊是一個非常困難的問題。就如同生產廠商經常發現用顧客的眼光衡量其產品一樣，因此負責資訊的人員時常發現無法將所得的資訊有效的傳達給決策者。

這種困難通常反映在早期確定資訊的用途時，需要資訊的主管與負責資訊的人員之間未能達到共同一致的瞭解，如果負責取得資訊者未能真正知道管理者對某種資訊的用處，或管理者未能瞭解資訊取得的限制，提供者與需要者間可能就會發生差異。結果導致提供者的假想用處，報告的組織與表達也就因而建立在一些假定的用途上，不是針對管理者實際的問題而提供，因而降低了解決問題的作用。

為避免此種結果之發生，最簡單的方法是先要確定主管的需要，然後再開始收集與分析資訊。有了此種瞭解以後，大多數的資訊傳達問題就可以解決。所以，在計畫資訊時，應包括：⑴主管們自己認為需要的資訊。⑵主管們實際需要的資訊。⑶經常而且容易獲得的資訊。而且在計畫資訊時應該根據下面的方向。

1.主管經常作那些類型的決策，在作這些決策時，需要那些資訊。

2.主管通常得到的資訊有那些類型。

3.那些特殊的研究，需要定期舉行。

4.那些是每天、每週、每月、每季、每年都需要的資訊。

5.有那些特定的問題希望保持繼續不斷的瞭解。

6.希望有那些類型的資料分析程式可以利用。

7.針對目前的資訊系統，那三項改進最有幫助。❶

## 行銷研究的種類

行銷研究的目的是幫助主管瞭解與判斷有關的行銷問題。行銷決策要想正確而有效地達到，行銷管理的資訊必須完整，行銷研究則是行銷管理資訊的主要來源。

行銷研究與其他方面的行銷資訊應該分開，所謂「研究」一詞係指應用科學的方法，特別是統計的技術與方法，收集與分析資訊的過程，而且該過程有一定的型式。

行銷研究是說明不同資訊的收集活動與責任。行銷研究又可分為下列數種：

㈠市場分析，是分析市場的大小、地區、性質、與特點。

㈡銷貨分析，主要是分析銷貨資訊。

㈢消費者研究分析，主要是發現與研究消費者或購買者的態度、反應與偏愛等行為的研究。

㈣廣告研究，主要是研究廣告的目的、設計、效果測定及廣告的時程等。

## 行銷研究

## 資料分類

行銷研究人員可以根據研究的目的，將研究需要的各種資訊詳細列出，然後衡量取得的難易與所需的費用，決定資訊的來源，行銷資訊來源通常可分為兩大類：即(1)初級資料。(2)次級資料。

初級資料是研究人員為了特定研究目的所搜集的資料，也稱為原始資料，或第一手資料 (primary data)。收集初級資料的方法主要有訪問法、觀察法及實驗法三種。

訪問法又可分為人員親自訪問法、電話訪問法及郵寄問卷訪問法三種。一般研究多用這三種方法中的一種收集資料。

次級資料 (secondary data) 又稱二手資料，是指企業內部或外部已經有人收集好的資料，不過不是為現在要解決的問題而收集的資料。為了提升研究時效及節省研究費用，研究時最常用的就是次級資料。有時次級資料是唯一的資料，也只有引用

---

❶　Philip Kotler, *Marketing Management*. Upper Saddle River, NJ: Prentice Hall, 2003.

之。

研究人員對於所要研究的問題不一定瞭解的很清楚,如果能夠先參考次級資料,則對問題的確認及界定可能很有幫助, 發展解決問題的途徑可能更具可行性。盡管如此, 在使用次級資料時可能須要注意下列兩點:

1. 是否剛好適合要研究的問題。

2. 資料的正確性是否可靠。

次級資料的來源很多, 主要為政府機構、學術研究機構、營利性專業研究調查機構、同業公會、廣告同業公會等。

## 運用現有資訊

行銷研究的目的既然在用科學的方法有系統的收集、記錄與分析關於行銷問題的資訊, 在未開始收集資訊以前, 應該先考慮已經有的資訊之品質與數量。這些資料可能存在公司內, 也可能從外面得到。

### 一、公司內部資訊

公司內部的各種資料是一個寶貴的資訊來源, 但是這個可靠的來源經常為人遺忘。在內部資訊中, 最重要的為會計記錄、銷貨報告及有關的統計表報。有時這些資訊可以直接提供研究問題的答案, 有時則需要重新整理與分析, 因此常常會發現市場研究部門的工作是作銷貨分析, 他們所用的資訊程式依產品或依地區等分類。

### 二、外部資訊

公司內部資訊以外的資訊均屬外部資訊, 已如前述。

當現有的資訊不能提供足夠的決策參考時, 可能就需要作一個專門的研究, 以收集額外的資訊。

 **實務焦點**

### 那些地方吃的最少

如果你是一位行銷人員, 你就應該研究你所經營的產品或勞務在那個地區消費的數量最多, 另外, 你更應該知道在那個地區該產品消費的最少。既然知道應該在那個地區加強行銷作業, 以增加產品的銷售量。你的行銷策略就會提升效率。

《紐約時報》(*New York Times*) 在 1988 年 1 月 20 日的每日寫照中報導了美國某些地方

食用某些產品數量最少的資料。

　　罐裝菠菜：明尼那玻里斯，明尼蘇達州。

　　雞蛋餅：傑克遜，密西西比州。

　　米　飯：漢廷頓，維吉尼亞。

　　口香糖：明尼那玻里斯，明尼蘇達。

　　冷凍玉米熱狗：費城，麻州。

　　冷凍洋蔥圈：土薩，奧克拉荷馬州。

　　意大利麵：那士威爾，田納西州。

　　茶　包：格林灣，威斯康辛州。

　　醃薰豬肉：賽洛克斯，紐約州。

　　如果行銷人員擁有此類資訊，他在擬定行銷策略時，將會更有信心。

## 資料收集的方法

　　資料收集的方法主要分三種，即訪問法、觀察法和實驗法。

### 一、訪問法

　　可以分為人員訪問、郵寄問卷及電話訪問法三種。資料收集的項目主要包括人口統計變數，如年齡、性別、教育程度、職業、所得、家庭人口及生命週期等社會心理變數，如人格、各種產品的態度或意見、生活型態等；購買行為變數，如購買動機、追求利益、使用情形使用率，以及品牌偏愛等。

　　這種方法在行銷研究時最常用，因此最重要，至於採用那種方法比較適當，則可參考表 23–1。

### 二、觀察法

　　是對某種活動的情形加以觀察以收集所需要的資料。觀察法因觀察人員而產生的偏見比較小，尤其和產品消費有關的外在行為。因此所得的結果一般而言，比較客觀。但被觀察內在心理因素，如購買的動機或企圖等，就不易獲得正確的資訊。如果要想獲得比較可信賴的資訊，觀察的時間要長，樣本也要大，所需的成本高。

### 三、實驗法

　　實驗法是使用兩個組群作研究，一個是實驗群，是接受行銷環境因素的刺激，

如看過某種產品或品牌廣告；另一群則是未看過廣告的組群，通稱為控制群，利用實驗法可以瞭解看過廣告與未看過廣告二個組群的消費者對於同一種品牌的態度。由此可知利用此法可以證實二個變數間的因果關係。

表 23-1　問卷調查、電話訪問與人員訪問的優缺點比較

| 比較項目 | 問卷調查 | 電話訪問 | 人員訪問 |
|---|---|---|---|
| 1.成　本 | 成本低 | 較問卷調查高 | 最　高 |
| 2.時　間 | 通常緩慢 | 最　快 | 如地區廣泛則慢 |
| 3.選擇回答者 | ①對不願被打擾的人士而言，這是一種最好的方法。②無法獲得完全而正確的名單及地址。 | ①僅限於登記裝電話的，可能不具有完全的代表性或全部樣本。②與問卷調查缺點②同。 | 不容易見到某部分的人士，如經常不在家的人。 |
| 4.回答偏誤 | 回答者與不回答者的偏誤可能不同。 | 可以從二個或以上的人訪問到資料、問卷調查則不可能。 | 訪問人員可以有效的控制問題的先後次序，被訪問者等。 |
| 5.問題的型式 | 限於簡單，可以用文字表達的問題。 | 因時間限制，問題需要簡短。（通常以15分鐘為最長） | 訪問員可以採用不拘形式的問題，同時可以用觀察法，時間較電話訪問長。 |
| 6.其他因素 | | 在全面訪問前，可以先作小規模的試訪。 | ①較前二種需較多的技巧。②訓練與控制訪問員是管理上的大問題。 |

## 計畫研究

對一位行銷主管而言，資訊的價值可能視三個因素而定：

1.一個特別決策或一連串的決策重要性的大小。

2.決策不確定性的程度。不確定性愈大，資訊的價值就愈大。反之，不確定性愈小，資訊的價值就小。

3.額外資料可能降低不確定性的程度。如果增加額外的資訊可以肯定降低決策的不確定性，則額外資訊具有相當高的價值。

總之，在計畫一個研究時，不論是自己作，或是自其他的研究公司購買資訊，

在沒有作以前，一定要能夠證明作研究所花的成本可以減低一個或一連串決策真正的不確定性，且這些決策又均涉及相當大的貨幣所得。換言之，在未作之前，主管應該應用此等觀念加以評估，然後決定應不應該作，不是一昧的都要作研究。

表 23-2　十五種選擇性日用品購買週期統計

| 產　品 | 購買頻率（週）① | 4 週內購買一次的平均百分比 (%) ② |
|---|---|---|
| 空氣清香劑 | 6 | 12.3 |
| 咀嚼式維他命 | 26 | 0.6 |
| 多用途清潔劑 | 35 | 3.4 |
| 咖　啡 | 3 | 53.1 |
| 染鬆劑 | 12 | 4.7 |
| 洗髮精 | 8 | 23.4 |
| 果　汁 | 3 | 33.6 |
| 強效去污劑 | 5 | 50.4 |
| 流質洗衣粉 | 6 | 18.3 |
| 植物性奶油 | 3 | 71.7 |
| 嗽口水 | 13 | 9.7 |
| 葡萄乾 | 18 | 8.3 |
| 沙拉醬 | 6 | 32.9 |
| 點　心 | 3 | 17.7 |
| 牙　膏 | 9 | 33.1 |

註：①參與測試者平均購買時間（週）。
　　②參與者在 4 週內購買產品的平均百分比 (%)。
資料來源：Adtel, Inc.，未註時間。

## 研究設計

每一個研究都應該有個架構，作為收集與分析資料的根據，以使研究與問題有關，而且過程最經濟。此一架構，即稱為研究設計 (research design)。

研究設計可以根據主要目的分為三類，即探測性 (exploratory)、描述性 (descriptive) 與因果關係性 (causal) 三種形式。

探測性的研究是要對一種新的現象加以瞭解，以得到一些新的認識。

描述性的研究通常是涉及二種不同形式的問題。它們是用來描述一個特殊的情況或市場的特點，與用來決定某一件事情發生的次數，或與另一件事情的關係。

因果關係的研究，是用來決定一件事的因果關係。下面再對每種研究設計分別加以討論。

## 一、探測性研究設計

為瞭解一種新的現象或一件新的事件，或想對上述事件作進一步瞭解所作的研究。通常是將此一研究視為一連串研究的第一步。研究人員採用此法是因為對於研究的事情不瞭解，或不大瞭解。如果瞭解就不會用此方法，因此這種設計的彈性比較大，所用的方法也比較沒有限制，問卷也沒有探討仔細而深入的問題，樣本的抽取也不太嚴謹。

這種設計的一個大問題是如何找資料，因為對這些資料不熟悉；其次是要決定那些人，在什麼情況下，會表現出最有用的資料。因此，作這種設計時，應該參考下列各點。

1.注意變化，特別是突然的變化。例如市場競爭突然因為新的競爭者加入而加劇，這種情形在發展假設時，是一種很有用的歷史記載資料。其他如新公司的市場占有率為多少？新公司的銷貨量代表該行業需要量增加約幾成？如果新公司的銷貨是由於顧客的轉移而來，這些新的顧客是從那些公司轉移來的。像這些注意到由於一種特殊變化而引起的現象，通常可以對一個行業的競爭情形，有一個很透徹的瞭解。

2.是探討特別行為的一種很有用的方法。例如一個公司可以針對過去幾年中成長最快與最慢的是那一家公司加以研究；也可以訪問兩組不同的主管，一組的主管是最成功的，另一組則認為是失敗的，然後加以比較分析。

3.研究在一個行業中不同的地位，也可以提供有價值的資訊。這種研究可以與各方面的人士接談，每一個都可能有不同的觀點。

4.觀察事情發生的次序，也可以提供一些在同一行業中不同表現的原因。

## 二、描述性研究法

很多研究都涉及行銷或問題的一些特點。例如有的報告描述消費者的人文特性，如年齡、性別、教育等的分配情形，或一個公司銷貨員的地區分派，零售批發商的所在地；一個公司在一個行業中不同時間中成本與利潤的改變情勢；成功銷貨員的特點等。在上述的情形中，研究的目的在於說明某些因素分配的情形，如消費者年齡分配的情形，或在說明二種或二種以上現象的關係，例如某種產品的銷費量與地區之關係。

描述性的研究在很多情形下，可以作為決策的依據。例如假定一個廠商準備推出一種比原來產品優良而其成本僅為原來產品的一半，決策者一開始主要對該產品的消費者特點發生興趣，因此他知道銷售到什麼地方與如何作廣告。

描述性的研究法是假定對於要調查的事情已經瞭解，需要作的決定是應該衡量什麼與尋找足夠的方法以便衡量。同時還須注意在確定一個市場與母體時，應該包括些什麼因素。這種方法沒有探測性的彈性大，但如果對於衡量人與物的方式都很明確，在衡量技術方面也確定，則所得的結果就比較正確可靠。

## 三、解釋性研究法 (explanatory studies)

該法較描述性研究法更進一步的解釋一件事物的因果關係，說明行銷的各種現象。例如一種產品的消費與所得或與氣候的關係。

大多數的解釋研究法是採用統計方法決定市場環境與事件的關係。因為一般的行銷問題均相當複雜，在分析其間關係時，需要應用到相當的技巧。不過有時各因素間的關係也相當明確，盡管如此，在解釋一個研究時，往往採用不同的方法，去確認其因素間的關係，以免產生不正確的結論。根據過去的經驗，在使用的研究法中沒有一種能夠確保其所作的解釋一定正確可靠。因為這個原因，主管人員正確的判斷與他對於研究的問題能深切的瞭解，是非常重要的。

## 四、預測性研究法 (predictive studies)

行銷研究最困難的工作之一是預測決策的效果，或未來的行銷環境。當然試探性或描述性的研究結果，也可以作為預測的基礎。但完整的答案可以透過特別設計的研究方法，估計在一定的政策下可能產生的效果。獲得市場測定，即係預測性研究法。

在很多情形下，預測研究最可靠的方法之一是設計試驗。此處所說的試驗是指設計與問題有關的因素而言。

## 五、實驗設計

實驗設計應用在行銷研究的情形很多，該法在研究設計上最複雜。最簡單的一種是事後實驗設計 (experimental design)。在此實驗中一個因素的影響(如價格變動)，在實驗以後，可以加以衡量（如銷貨）。實驗的結果可自二方面加以比較：

1. 實驗的顧客群、商店或城市之間。
2. 沒有改變的控制群的結果。

實驗群與控制群之間的差別可以作為估計實驗價格變動影響的大小。在採用這種方法時，實驗群與控制群的選擇須要謹慎，而且應該能夠比較。除實驗的因素外，上述兩個群的比較在各方面應儘量相同，以免影響研究效果。

這種試驗最常用的方法是直接郵寄廣告。例如假定某公司準備發動一次郵購活動，其作法是從三個方案選擇一個。此時我們可以從家計戶數名單中選出樣本戶，然後分為三組，每組郵寄一種不同的產品。因為郵寄不同的產品而導致不同的訂貨量或金額，正好可以作為比較三種不同戰略的根據。

事後實驗法用於自不同的策略中選出一個較好的策略相當有用。在接受實驗的與控制的事物之間的各種因素，除要實驗的因素外，很難完全相同。為了有效的控制這些差異或設法調整其間的差異，以免因為兩個事物之間根本的不同而導致錯誤的結論。因此專家發展出很多複雜的實驗法，因限於篇幅，不再作進一步介紹。

## 抽樣調查

對一位不熟習研究的人而言，在茫茫的人海中，要去問誰？誰是適當的被訪問人選？此時就要抽樣調查。抽樣調查是指在一個母體中抽取所要調查的個人、家計戶、公司或其他的樣本，另外還包括了從樣本中收集資料的過程。抽樣調查是收集資料最常用的一種方法。

根據研究的目的確定研究的母體 (population)，然後決定樣本的性質、大小及抽樣的方法。如採用人員訪問法，就要確定訪問的人數，地區或機構的分配等。如採觀察法，則須看觀察的次數、時間及地點；如果是採實驗法，則應決定實驗的地點，時間長短及實驗單位的數量及種類等。

至於樣本的大小，就要看研究所要求的可靠性。樣本愈大，研究的結果愈可靠；相反，則可靠性受影響。如果樣本過大，會形成一種浪費。決定樣本的大小，應考慮下列幾點：

1. 研究問題的性質。
2. 計畫運用的經費。
3. 能夠接受或被允許的統計誤差。
4. 管理者願意承擔的風險度等。

## 抽樣法

一個樣本是從母體中選取一套因素（如人、商店、發票等）再從其中找出所需要的資訊。在樣本設計中最主要的第一步是先要仔細的確定母體，例如家電公司可能設法決定新家計戶的所得分配。但新家計戶的定義是什麼？是在過去六個月成立的？還是過去一年？是新結婚的才算一戶，還是單身漢也算一戶？諸如此類的問題都需要有正確的答案，否則資料可能來自錯誤的樣本。

樣本設計的方法有很多種，不過大致可以分為機率性與非機率性兩種。

### 一、機率性抽樣

機率性抽樣又稱隨機抽樣。係指母體的每一個單位都有一個已知的被抽中的機率。最簡單的一種是簡單的隨機抽樣法，即每個因素被抽中的機率相等，也不一定要相同，但要指明每個單位被抽中為樣本的機率。

機率性抽樣具有完整的統計理論基礎。是一種客觀的抽樣法，可以避免發生抽樣偏差。因為在抽樣的過程中不會去抽取任何一個特別的單位，也不會有此傾向。不過這並不表示機率性抽樣不會發生抽樣誤差。但是只有採用機率性抽樣，才能利用機率理論才能估計樣本統計值的正確性，才能對樣本的品質作數量性的評估。

機率性抽樣法可分為若干類，較常用的計有：簡單隨機抽樣、系統抽樣、地區抽樣、分層抽樣與群集抽樣法等。

茲將常用的抽樣法簡要說明如後。

㈠簡單隨機抽樣法

這種抽樣法的母體中的每一個單位被抽中的機率完全相同，彼此之間沒有任何差異。例如要在一百位同學中選一人，則每個同學被選中的機率都是百分之一。

㈡系統抽樣法

該法只要把母體的每一個單位編號，先計算樣本的區間，即 $N/n$，（N 代表母體數，n 代表樣本的大小個數），如樣本區間為分數，則按四捨五入法化為整數，然後從 1 到 $N/n$ 號中隨機選出一個號碼作為第一個樣本，將第一個樣本單位的號碼加上樣本區間數，於是就可取得第二個樣本單位，如此類推，直到樣本數選夠為止。

㈢地區抽樣法

地區抽樣法是利用隨機抽樣法先選定幾個地區，再從選中的地區抽出樣本，作

為研究樣本單位。這種抽樣法通常均分為幾個階段，例如先選出地區，再選定里，鄰，最後再確定那一戶。另外也可以從全部的街道中隨機抽取 n 個街道作為樣本區，然後在這些樣本地區從事普查，或在這些樣本區中根據門牌號碼抽取所要的戶數作樣本單位，加以調查。

㈣分層抽樣法

該法是先將母體所有的單位分成若干相互排斥的層或組，然後再從各層或組中隨機抽取規劃的樣本單位數。分層抽樣法在抽樣調查中常常用到，主要是因為該法有利於比較分析，其次是可靠性比較高。例如在調查消費型態時，先根據所得水準分層或分組，一方面可以作同一層內的比較，同時也可作不同層組的比較，如此抽樣所得的結果可能較為可靠。

㈤群集抽樣法

該法係將母體分成相互排斥的若干組群，母體中的每一個單位都歸屬於其中的一個組群。組群確定後，再從各組群中隨機選出一個組群或數個組群作為樣本組群。

二、非機率抽樣

此法和機率抽樣不同處是對母體中每個樣本單位被抽中的機率並不知道，而機率性抽樣法是母體中的每一個樣本單位都有一個已知的被抽中的機率。

常用的非機率抽樣為便利抽樣、立意抽樣及配額抽樣法，茲再簡要解釋如下：

㈠便利抽樣

是以便利為基礎的抽樣法，樣本的選擇以地區接近、抽取方便或衡量便利為主要考慮，便利抽樣既然節省成本，抽樣偏差就很大，因此利用這種抽樣法所得的結果可信度將受影響。

㈡立意抽樣

立意抽樣又稱判斷抽樣，係根據設計抽樣者的決策選取樣本單位，這種抽樣既是由抽樣者決定抽取那些樣本，他對有關母體的特性必須相當瞭解，調查所得的結果才會具可靠性。

㈢配額抽樣

這種抽樣法先選擇控制特性，然後將母體依控制特性將母體分成幾個小的母體，並決定各小母體的樣本大小，各小母體的樣本數決定後，即可要求訪問人員在某個小母體中訪問一定數量的樣本單位。

最後，再就問卷設計、訪問員及不作答三點簡要加以說明。有志讀者可參閱行銷研究專業書籍。

## 問卷設計

問卷設計攸關研究資料取得的質與量，好的問卷設計有賴於問卷設計人的經驗和技巧。鮑艾德 (Boyd) 等曾提出問卷設計的十個步驟應該可以協助設計人作好設計工作。十個步驟依次為：(1)決定所要收集的資訊。(2)決定問卷的類型。(3)確定個別問題的內容。(4)決定問題的型式。(5)決定問題的用辭方式。(6)決定問題的次序。(7)預先編號，以便整理。(8)決定問卷的編排與複製。(9)在未正式採用前，先作測試。(10)修訂及定稿。❷

在問卷設計時，如果用字不當，問題的次序錯誤，或問題不切實際等情形發生，接受訪問者的回答可能誤解，或給予無意義的回答。要想完全避免上面的毛病，相當不簡單，但應該盡量仔細設計問卷。

在問卷設計方面，最常犯的錯誤計有下列數種：

1.接受訪問者，對於問的問題缺乏資料，如家庭主婦對於丈夫常使用什麼牌的汽車潤滑油可能並不知道。

2.需要一個特別答案的問題，回答者為使訪問者高興，往往給一個最受歡迎的答案。

3.不易瞭解的問題，例如問卷中的「經常」有若干不同的解釋，因此不容易答出正確的時間。

4.惹人不願回答的問題，若干人不願意被問到所得，因此碰到此類問題，最好放在最後，以免引起「管閒事」的反感，影響正常的問題。

## 訪問員

在現場訪問時，訪問員對於資料的收集影響很大，如對於問題的解說，或將個人的意見加入衡量的過程。

接受訪問者的反應也會引起訪問員的偏誤。例如訪問員的年齡是一個因素；抽

---

❷　H. Boyd, Jr., R. Westfall and Stasch, *Marketing Research*, 6th edition. Homewood, IL: Richard Irwin, 1991, pp. 270–298.

煙的人可能不認為抽菸對身體有害等。為避免此點，通常利用外界的資料，與各訪問員所得的結果加以比較。如能事先準備，則偏誤更可避免，當一個研究完成後，最好能決定因這種原因導致的偏誤之大小或影響。

## 不作答 (nonresponse)

接受訪問的人不作答是一個很麻煩的問題，因為他們有權利不與訪問者合作。很多人認為被訪問或調查有被侵犯之感。最常產生的二種情形是「不在家」或拒絕回答。

不在家在訪問調查中出現的次數往往很大，低一點的為 10% 左右，高的則達 45%～50% 左右。不在家的百分比又隨一年之中的時間而異、一週及一天中的時間而異。不在家再換個鄰居訪問的問題倒小，但這樣做就與隨機抽樣的統計理論有相違背。有時不在家的問卷換成鄰居，除非在樣本設計時已經有了規定，否則在遇到不在家改以鄰居代替的情況，會導致非機率性的抽樣。

拒絕回答對於調查也有如同不在家一樣的影響，如果不願回答，則所得的研究結果也會曲解。根據美國意見研究中心 (National Opinion Research Center) 的統計，拒絕回答率平均約在調查樣本的 10% 左右。

既然拒絕回答是因為個性與心情而引起的，這種現象的發生，因此可認為是隨機發生的，因而不至影響調查整個的結果。但研究發現拒絕回答的人似乎集中在某些所得階層。另外也有研究發現大多集中在高所得與低所得階層，因此如不將拒絕回答的家庭包括在研究結果內，則研究結果可能會受所得的影響而導致曲解。另外完全拒絕回答的很少，通常多半是對幾個特殊的問題拒絕回答，其中所得就是屬於此類的問題。

## 行銷研究活動類型

美國行銷學會在 1995 年由肯乃爾 (T. Kinnear) 及路特 (A. Root) 調查美國企業行銷研究活動類型，他們係依 4Ps 為標準作統計，茲將其中主要的活動類型表示如表 23–3，供作參考，俾得知那些是經常作的研究，那些又是未曾作的研究。國內企業更應引以為鑑。以提升行銷研究活動及行銷決策品質。

表 23-3　美國企業行銷研究活動類型統計

| | （選擇性） | | |
|---|---|---|---|
| | 未曾做過 | 有時做 | 經常做 |
| A. 企業經濟與公司研究 | | | |
| 　1. 產業／市場資料與趨勢 | 8 | 38 | 54 |
| 　2. 購併／多角化研究 | 50 | 38 | 12 |
| 　3. 市場占有率分析 | 15 | 33 | 52 |
| B. 定　價 | | | |
| 　1. 成本資料 | 43 | 26 | 31 |
| 　2. 利潤資料 | 44 | 22 | 34 |
| 　3. 需求分析 | | | |
| 　　a. 市場潛力分析 | 28 | 36 | 36 |
| 　　b. 銷售潛力分析 | 22 | 40 | 38 |
| 　　c. 銷售預測 | 25 | 41 | 34 |
| 　4. 競爭性定價資料 | 29 | 39 | 32 |
| C. 產　品 | | | |
| 　1. 新產品意念測試 | 22 | 38 | 40 |
| 　2. 品牌名稱測試 | 45 | 36 | 19 |
| 　3. 試銷 | 45 | 37 | 18 |
| 　4. 現有產品市場測試 | 37 | 37 | 26 |
| 　5. 包裝設計測試 | 52 | 36 | 13 |
| 　6. 競爭性產品測試 | 46 | 36 | 18 |
| D. 配　銷 | | | |
| 　1. 工廠／倉庫地點選擇資訊 | 75 | 20 | 5 |
| 　2. 通路績效資料 | 61 | 26 | 14 |
| 　3. 通路涵蓋地區資訊 | 69 | 20 | 11 |
| 　4. 出口和國際資訊 | 68 | 23 | 8 |
| E. 推　廣 | | | |
| 　1. 動機研究 | 44 | 39 | 17 |
| 　2. 媒體研究 | 30 | 40 | 30 |
| 　3. 文案研究 | 32 | 42 | 26 |
| 　4. 廣告效果測試 | | | |
| 　　a. 事　前 | 33 | 36 | 31 |
| 　　b. 事　中 | 34 | 37 | 29 |
| 　5. 競爭性廣告測試 | 57 | 28 | 15 |
| 　6. 公共形象測試 | 35 | 40 | 25 |
| 　7. 銷售人員配額資料 | 72 | 18 | 10 |
| 　8. 銷售人員地區配置資料 | 68 | 24 | 8 |
| F. 購買行為 | | | |
| 　1. 口牌偏好 | 22 | 42 | 36 |
| 　2. 品牌態度 | 24 | 37 | 39 |
| 　3. 產品滿意度 | 13 | 35 | 52 |
| 　4. 購買行為 | 20 | 36 | 44 |
| 　5. 購買意圖 | 21 | 36 | 43 |
| 　6. 品牌知名度 | 20 | 37 | 43 |
| 　7. 區隔化資料 | 16 | 44 | 40 |

資料來源：Thomas Kinnear and Ann Root, eds., *Survey of Marketing Research 1994*.
Chicago: American Marketing Association, 1995, p. 43.

# 習 題

1. 說明行銷資訊的重要。

2. 說明機會與問題的關係。

3. 說明計畫資訊的要點。

4. 說明資料收集的方法。

5. 說明探測性研究設計的要點。

# 第二十四章　創意、倫理與行銷

## 創意在行銷中之重要性

　　創意 (creativity) 又稱為創造力，是發展新的或改變舊的意念，或是產品的一種想法或活動。此等意念、想法或活動對於競爭激烈，瞬息萬變的行銷環境，具有重大的影響力。

　　創意是企業成功不可或缺的力量，在動態的行銷作業中，它的地位尤為重要，因為行銷是最具彈性、最富變化的一種企業活動；企業行號不斷在爭取顧客的偏愛，顧客的消費喜好也不停的在改變。傳統的競爭策略只能創造一般的銷貨水準，如果要想達到非常的銷貨，就必須研究發展特別的策略，作到「出奇制勝」的目的，富有創意的計畫或策略就特別重要。下面就簡要的將創意與各種行銷作業的關係加以介紹。

### 一、創意與產品的研究發展

　　生產技術的進步，增強與加速了競爭者模仿新產品的能力，縮短了若干產品的生命週期，特別是一些高科技、高利潤的產品。在此情形，競爭者不得不積極的研究發展新的產品，以便刺激其銷貨，維持其在同業界之競爭優勢。

　　奧斯本 (A. F. Osborn) 教授在其所著的《應用想像力》一書中曾討論到有關此類問題，而且提出若干有啟發性的問題，讓企業界人士體會之。

### 二、創意與廣告

　　一般人通常將創意與想像力與從事廣告的人相提並論，在甄選這方面的人員時，特別著重這二個標準。所謂廣告方面的創意，主要係指每個人在設計一個廣告的過程中，應該運用自己的想像力、觀念與技術，而不是抄襲或模仿他人的作品或意念。因此這類作品可以稱為「獨具風格」、「富有創造力」等。廣告的歷史充滿了這類的例子，因為它是創造力與想像力之結合。不過因為客觀衡量標準訂定之不易，因此希望讀者能從日常接觸的實例中體會出它的重要性。這些創造性的觀念與作品，若干是自己想像出來的，有的則是參看字典或書報而產生的；也有的則是到各處參觀，藉以激發靈感；又有的則收集若干市場研究的資料，經過醞釀後逐漸形成的廣告畫

面或話語。

## 三、創意與銷售策略

銷售的含義甚廣，此處係指在什麼地方與如何銷售產品。基於此點，銷售的定義在此係指通路的選擇、產品的包裝、價格的訂定與推廣等作業。在這些市場作業中，任何一個富有創造性的觀念，都可能獲致千百萬的利潤。有時在通路決策上，作一個大膽的改變，對於一種產品的銷售可能發生重大的影響。在產品的包裝方面，因為一個新奇的觀念，往往會導致令人難以置信的成功。例如美國的啤酒罐自從採用易開罐的包裝以後，銷售量大增；塑膠袋取代紙袋以後，情形也頗相近。銷售推廣的各種策略也多衍生於創造與想像的新觀念，例如適時適地的減價、贈獎等策略，應該強調的是這些策略之運用是獨創的，是前所未有的。

其次，當銷貨人員到達一個購買者的家庭或辦公室時，如何在短暫的時間中打動他，說服他，讓他訂購一種產品，也需要高度的創造力。在第二十二章曾經討論過，構成一個成功的銷貨員的因素很多，其中如何用適切的話題將有關的產品表達給顧客是一個重要的因素。若干公司發現採用一種奇特的方法推銷，相當的成功。所謂奇特的方法不但包括如何用言語表達，而且還包括幫助視聽覺感受的各種方法，這就是屬於創意。

## 創意的本質

### 一、創意形式

創意通常可以分為二類：第一類是關於美的創作，第二類是解決問題的構想。前者係作家藝術家的創造力，後者則為科學家與企業界所採用。創意是在一個特定的目的之下產生的，例如對於一件事情解釋的方法，或作一件事的方法。創意雖然可以分為上述二類，在若干情形下，往往同時發生。例如一位廣告畫面的設計人員是要設法發展一個廣告，使該廣告能夠符合特別的媒體與話題。在解決問題的前提下，一個真正具有創意的廣告畫面設計人員，會給看過該廣告的人在視覺上感到生動活現，在內心上激起共鳴，恰到好處。這兩種創意所發生的交互作用，經常被廣泛的運用。

### 二、創意的過程

具有創造性的具體表現如何產生？若干人認為富有創作性的意念是剎那之間產

生的，此一剎那就是創造的過程。奧斯本教授認為創造性的問題解決應包括下面幾個過程。

㈠發掘事實

　　1.確定問題：指出問題之癥結所在。

　　2.準備：收集與分析有關的資料。

㈡找尋意念

　　1.意念的產生：發掘暫時的意念。

　　2.意念的發展：從已經發掘的意念中選擇適切的，同時透過修正與組合這些意念以產生新的意念。

㈢找尋解決方案

　　1.評估：以測驗等方法，證明選定的解決方法。

　　2.採用：確定並執行最後的決策。

　　上述的過程偏重在如何研究發展出解決問題的一個最佳方法，其重點在於先儘量設想各種不同的途徑，然後從中引發一個所謂「靈感」的意念。

## 發掘創意的方法

　　創意既是指一個人有能力經常地產生一些高度有用的意念、觀念或點子，以作為發展新產品的依據或參考，因此行銷的成敗端視創意之有無而定，每個負責行銷的主管對於富有創造力的人因此非常注意。但是要在一個部門中發展一般理想的創意，相當困難。因為，要想經過不斷的產生創造性的新意念，必須要僱用若干特別具有創造力的人員；其次如何有效的將這些具有創作性的意念誘發出來，是管理者另外的一個難題；如果要想有創意的人拿出創意來，一切妨礙或阻止創意產生的事物須先清除。

### 一、如何選擇具有特殊創意的人

　　在每一方面具有特殊創意的人都很多，但少數的幾個人所提出的意念卻占了一個相當大的比例。根據旦尼斯 (Waynes Dennis) 作的七個不同的科目研究中發現，在這七個科目中，約有 50% 的事物為僅占 10% 的偉大發明家所發明。在行銷學方面給我們的啟示是應該預先發現這些特殊人的貢獻，同時要注意這些創作者共同具有的特性。❶

　　若干研究設法從年齡、智力與個性等方面去找尋具有特殊創造力的人之特性。下面就此三點簡單加以分析。

(一)年齡

　　年齡似乎為一個重要的因素，特別是在一些永垂不朽的創作方面如是。萊曼 (H. Lehman) 在其著名的研究報告發現最具有創作的年齡如下：

| | |
|---|---|
| 化學與詩歌 | 30 歲以下 |
| 數學、物理、植物與交響樂 | 30 至 34 歲 |
| 星象、心理、戲劇、哲學 | 35 至 39 歲 |
| 小說與建築 | 40 歲以上 |

　　萊氏同時發現品質優良的創作（不是最佳的創作）在中年以後會繼續產生，年齡大會使品質慢慢的下降。❷ 在行銷方面，尚無具體發現。最近幾年，若干大規模的企劃研究部門、廣告公司等多願甄選青年人才，趨勢至為明顯。

(二)智力

　　智慧雖為一個必備的條件，但與創作力高低似無非常密切的相關。有的人竟發現一個科學研究者在某一方面的成就與其在該方面的智慧毫無關係。有的則認為智商在一百二十以上者，智商與創意似無關聯性。

(三)個性

　　根據若干研究報告顯示，具有創造力的人似乎具有某些共同的特點。畢瑞遜 (Berelson) 與斯敦奈爾 (Steiner) 將具有創造力者的特性歸納為下列二點：

　　1.具有高度創造力者表現偏愛與喜好錯綜複雜與好奇心；他們具有喜好對一個問題尋求解決的天性。

　　2.他們認為權威是傳統性的，而不是絕對的；對於事情很少作絕對的分辨；他們認為生命是相對的而非絕對的；對於事情自己下判斷，不注重於傳統，或迎逢他人；他們比較喜歡自我陶醉，有時又表現內心的衝動；重視幽默，自己也富於幽默感。總之，他們比較傾向於自由與豪放。❸

　　綜合上述研究，可以將富創意的人分為二大類，一類是藝術上的創造能力，另

---

❶ Waynes Dennis, "Variations in Productivity Among Creative Workers" *Scientific Monthly*, April 1955, pp. 277–278.

❷ H. C. Lehman, *Age and Achievement*, Princeton, NJ: Princeton University Press, 1953, p. 326.

外則是科學上的創造能力。新產品創意則需兩者兼備。工程師如果缺乏藝術家的感情，藝術家如果沒有科學家的優勢，他們在新產品的創意上成功的機會都不會大。所以有人曾說過一個好的發明家是藝術與機械的結合體。很多知名的最高學府，將藝術與工程綜合在一起講授，也有的甚至不知道該類課程應該歸屬那個系所。足證創意人才培養之複雜與困難。

上述各點可以幫助發現一個具有創作力的人。但是管理階層必須瞭解，在商業活動方面，這些人的表現有時可能違背正統。他們比較放蕩無羈，對於權威、公司章程，以及組織的名位有時可能敵視。因此，如果一個主管要想培養創作性，他必須付出相當的代價。一般主管在僱用一個人員時，多根據他所具備的傳統因素決定取捨，這種標準往往只導致普通的結果。

表 24-1　和創意有關的一些特徵

| 人格方面 | 意識方面 |
|---|---|
| 1. 不容易滿足 | 1. 具分析力，直覺的 |
| 2. 自信力很強 | 2. 好奇心很強 |
| 3. 人際交流少 | 3. 喜歡思考 |
| 4. 焦　慮 | 4. 對事情有充分準備 |
| 5. 不易妥協 | 5. 不太喜歡講話 |
| 6. 具建設性批評 | 6. 思考周密 |
| 7. 自我紀律 | 7. 思想很單純 |
| 8. 情緒上不穩 | 8. 興趣廣泛 |
| 9. 不參與社交活動 | 9. 獨立性強 |
| 10. 內向 | 10. 願意承擔風險 |
| 11. 具支配性格 | 11. 對自己的工作很沉迷 |
| 12. 豪放不羈 | 12. 對錯綜複雜的事有興趣 |

資料來源：Merle Crawford, *New Product Management*, (Boston: Irwin, 1991) p. 83.

## 二、誘發創意的方法

創意與新構想是人類靈感、努力及方法的結晶，近幾十年來，許多科學的技術已逐漸發展出來，用以協助個人與團體誘發良好的構想創見。下面就是目前最常用

---

❸　B. Berelson and G. Steiner, *Human Behavior: An Inventory of Scientific Findings.* New York: Harcourt, Brace, and World, 1964, pp. 229–230.

的方法。

(一)特點列舉法 (attribute listing)

這種技術係將某一產品的特點列出，然後逐一檢討修正，以便獲得另一個新的特點組合以改變該產品。以螺絲起子為例，它的特性是一個圓的、鋼的桿體、一個木製手把、人力操作、用旋轉方式來施加壓力。然後想像是否能藉改變其某些特性增加其被偏好的程度。譬如圓的桿體可改成六角形，以便旋轉時可以增加力矩的作用；電力可以取代人力；或者不用旋轉方式而改為推進方式加力。奧斯本 (Osborn) 提出下列問題，協助引發改變產品特性的構想：

　1.增加其他用途：不改良是否有新的用途？如果加以改良，是否有新用途？

　2.採用：是否有其他類似替代品？此產品能否引發其他構想？過去是否有類似產品？可模仿什麼？對手是誰？

　3.修改：新的組合？改變意義、顏色、動作、聲音、味道、外型？其他改變？

另外也提出擴大，縮小，替代，重新排列，調轉，以及合併等思考方向，已在第十章介紹，不另贅述。 ❹

(二)強迫關係術 (forced relationships)

係由懷特尼 (Charles S. Whiting) 發展出來，這個技術的要點係將許多不同的構想排列出來，然後考慮彼此間的關係，作為刺激構想的工具。例如一個辦公室設備製造商可以將他所製造的各種項目排列出來，如桌子、書櫥、檔案櫃及椅子。首先可能聯想桌子與書架的關係，而設計一張連著書架的桌子；然後可能想到把書桌的兩個抽屜改成檔案櫃式的抽屜。有系統地經由這種項目關係表，一一列出，最後決定那種型式最好。另外可以考慮其他各種可能的組合，產生一些新的項目。

(三)結構分析術 (morphological analysis)

係由則魏客 (Fritz Zwicky) 發表出來，此法係將問題的最重要結構層面 (dimensions) 列出來，然後審查彼此間的關係。假設所要解決的問題為「藉運輸工具，將物品由一地運至另一地」，則此問題重要的結構層面為運輸工具的類型（車、椅子、繩索或床）、操縱運輸工具的媒介物（空氣、水、汽油、堅硬平面、圓筒、鐵軌）、動力來源（壓縮空氣、內燃機、引擎、電動馬達、蒸氣、磁場、電纜、輸送帶）。下一

---

❹　Alex F. Osborn, *Applied Imagination*, 3rd editon. New York: Charles Scribner's Sons, 1962, pp. 286–287.

步驟，為自由聯想各種組合的狀況。例如以內燃機發動，在堅硬平面移動之車即為汽車，而其餘有些組合是非常新奇引人的。

㈣腦力激盪術 (brainstorming)

藉著某種有組織的群體訓練，可以刺激個人產生更大的創造性想像力。由奧斯本 (Alex Osborn) 所發展的腦力激盪術，即為刺激個人創見的有名技術，腦力激盪會議的目的在創造眾多的構想。通常此種集會人數不宜太多，約為六至十人，最好是六、七人，同時也不要有太多專家，因為他們易傾向於以一種定型的眼光來界定問題。因此待解決的問題要儘可能的特定，而且不能超過一個問題。此種會議大約需一小時左右，可以在一天的任何時間舉行，雖然早上通常為最有效的時間。

當這個系統在奧斯本的廣告代理商──BBD&O 內執行時，幾乎每一個部門都有一個腦力激盪小組。當廣告客戶帶來一個問題時，主席先就這個問題對腦力激盪組員作簡單扼要的說明，然後準備在一、二天內開會。主席在會前將問題加以說明的目的是希望每一位成員都有所準備，並且孕育構想。會議開始時，主席將作如下的開場白：「從現在起記住，我們需要儘可能多的構想，愈荒誕愈好，並且記住暫時不要對任何想法作任何評價。」於是構想開始產生，一個想法激起另外一個想法，在這一小時內錄音帶將錄下一百種或甚至更多的構想。

為了使這個會議更成功有效起見，奧斯本認為必須遵守下列四個原則：

1.不要批評：對已提出的構想作相反的批評時須等最後才提出。

2.歡迎自由的思想：構想越野越好，因為構想越多，氣氛越熱絡，越容易引發新的構想。

3.數量越多越好：構想數目越多，就越可能產生有用的構想。

4.設法組合與改進構想：除了提出自己的意見外，每個人應設法提出融合他人意見的改良構想。

自由聯想的腦力激盪會議對於新產品構想的產生非常有效。據記載一個十二位成員的小組在四十分鐘內產生了一百三十六個構想。

㈤作業創造術 (operational creativity)

另一種技術是由威廉‧高登 (William J. J. Gordon) 所發展的的「逐步激盪術」(synectics)。高登以為奧斯本的腦力激盪術最大的缺點是太快下結論，往往在未有足夠的構想前就已中止思考過程。高登主張不要像奧斯本那樣，先對問題加以確定，

而是把問題作廣泛的敘述，使參與者對問題沒有預先的特定感覺。

例如要設計一套在高熱場地工作的工人所穿的防止蒸氣滲入的密閉衣服。高登將這問題密而不宣，只說要討論有關「密封」的問題。如此可能導致各種不同的密閉工具，如鳥巢、口、針線。等到大家想不出新的聯想時，主席再透露一些有關問題進一步的內容。直到主席覺得小組討論已接近一個解決方法時，才宣佈問題的真正性質是什麼，然後小組再開始修訂解決方法。這種討論會通常要持續三個小時或更久，因為高登相信「疲勞」(fatigue) 在自由構想過程中扮演很重要的角色。

#### (六)德飛法 (delphi method)

德飛法在急劇變動的工商業社會，愈來愈受重視。現在若干行銷、科技以及環境變動的問題是新的，未曾發生過，既沒有資料，也沒有經驗可資參考。此類情形一旦發生，上述各種方法就不適用，此時就可採用德飛法。

此種方法有一位主持人，並有助手協助。參與者最好具有相關問題的背景、研究或專業素養。參與者相互並不知道有誰參與此一會議或研討。先是由主持人將問題用問卷、電子郵件或傳真等方法分送參與者，請他們回答，當回覆的意見收到後，主持人將不同的意見整理出，然後再分送參與者，讓他們瞭解其他參與者的意見或方法，以作為修正自己先前意見的參考，他可以參考別人的意見後修正自己的意見，也可以堅持先前的意見，但必須將自己的理由說明白。如此交叉交換資料，來回的修正意見，直到參與者的意見相當一致始告結束。

此法的特點是參與者既相互不知道各種意念是誰提出的，因此，「權威」的意見就不存在，「創見」就不會被擠壓，因此容易找到真正的創見，何況參與者均應屬專家，對於若干新的、棘手的問題，此法也許是一種有效的解決途徑。

### 管理創意的難題

教育無法使一個人具有創新的意念，但是教育可以賦予一種適當的環境，提高創意產生的效率，有效的管理則可激勵創意的產生，摒除妨礙創意產生的障礙。有時障礙並不明顯，也不易察覺。

美國麻省理工學院附近有一家公司，是一個國際知名的創意培訓中心。在培訓過程中有一個有名的課程，叫「逐項反應」(itemized response)，接受培訓的每一個人都必須親自參與練習。當一個意念發生時，聽到的人必須將它所有的優點說出，

然後再說明它的缺點。但在說明缺點時，必須用正面的語氣，也就是常用的 "OK"。這種具建設性的註解是假設有關的問題可以克服。逐項反應的方法能取代在創意產生過程中負面、「澆冷水」的一些作法，因而有助於建設性意念的產生。

　　美國坊間流行一本書，專門介紹一些有名的被排斥的實例。有一次一個專門報導火箭先驅格達德 (Robert Goddard) 的記者寫道：發射火箭是很有趣的事，但不可能發射成功是非常確定的，因此火箭又有什麼實際的用途？另外在發明飛機萊特兄弟 (Wright Brother) 作第一次成功的飛行十八個月以前，一位著名的星象家曾經說過：既然飛行機器比空氣重，因此飛行是不實際的與不重要的。如果不是絕對不可能的事，當時這兩位人士對發展火箭與飛機的人創新意念的打擊是多麼大！如果不是富有創意的人意志堅定，對自己的創新有信心，他們可能會中斷創新，可能火箭與飛機的問世時間會因而後延。一個企業的創新也是一樣，如果高階主管不能有效的誘發與激勵具有創意者提出新產品意念，就不可能有質優的創意產生。質優的創意一旦產生，繼續不斷地給予財力及人力的支援，最後始能成為成功的新產品。現在世界上研發新產品最成功的微軟、奇異及 IBM 等企業，他們在產業界居於領導地位，最主要應歸功於他們在管理創新意念上的努力與成功。

表 24-2　人類歷史上最有價值的新產品

| 1.輪　子 | 11.火　藥 | 21.紡織術 |
|---|---|---|
| 2.弓與箭 | 12.疫　苗 | 22.核能動力 |
| 3.電　報 | 13.汽　車 | 23.電　視 |
| 4.電　力 | 14.石　釜 | 24.微電腦 |
| 5.犁　頭 | 15.電機馬達 | |
| 6.蒸汽機 | 16.內燃機 | |
| 7.牛痘疫苗 | 17.印刷術 | |
| 8.電話機 | 18.收音機 | |
| 9.紙 | 19.罐　頭 | |
| 10.抽水馬桶 | 20.飛　機 | |

資料來源：Jim Betts, *The Million Dollars Idea*. Point pleasant, NJ: Point Publishing, 1985, p. 94.

表 24-3 自 1980 年代以來成功新產品榮譽榜

| | |
|---|---|
| 微軟公司 Windows | IBM 微電腦 |
| 手 機 | 高鈣牛奶 |
| 可口可樂 Classic | 荷蘭 Epcot |
| 電 腦 | 紙尿褲 |
| 樂 高 | 便利貼 |
| 任天堂電玩遊戲 | 全麥薄片 |
| 雷射光 | 蜂蜜核桃 |
| 精靈炸彈 | 櫻桃 7up |
| 防蛀牙膏 | 免清洗隱形眼鏡片 |
| JVC 錄像機 | 軟肥皂 |

資料來源：參考 C. Merle Crawford, *New Product Management*, 3rd edition. Boston: Irwin, 1994, p. 8.

## 實務焦點

### IBM 連續十年蟬聯世界專利王

IBM 之所以受科技界敬畏主要是因為他非常強調研發，他擁有的專利最多。

根據美國專利及商標局的統計，2002 年 IBM 共獲得 3,288 件專利，連續十年居美國的第一，也是世界的專利王，佳能 (Canon) 則以 1,893 件居第二位，其他同業如恩益禧、日立和惠普分居第四、五和第九名。

IBM 這十年來在美國所獲得的專利累計共為 22,000 餘件。該公司最近幾年的專利大部分和伺服器、棋盤式運算、具自動修復或自主運算功能的電腦等有關。這些高度科技的開發是為了讓 IBM 產品的使用者在使用電腦時自在、容易。

據報導 IBM 新專利大多與該公司去年底問世的隨選運算架構相關，該架構是在建立能夠自行組織，自動修復的電腦網路。IBM 或他的客戶能夠透過該類科技讓電腦運算力就像水電等資源一樣地運作。IBM 申請專利與客戶需求或該公司未來動向有關，據稱該公司正在研發的新科技將是未來資訊科技拓展的領域。

IBM 每年投入的研發成本均在 55 億美元上下，其研發部門共約有三千名研發人員，2002 年的研發成果則來自約五千名員工，同年有 600 件專利出自研發中心，約 1,200 件是該公司科技小組的貢獻。IBM 微電子部門即隸屬於科技小組，他負責處理器的開發；伺服器小組 2002 年共創造了 600 件專利；另外 470 件則係來自該公司的軟體小組。❺

---

❺ 參考《經濟日報》，2003 年 1 月 14 日。

## 企業倫理與社會責任

企業的倫理與社會責任在近十年來，已逐漸成為學者與政府機關研究的重心，這種趨勢，在最近三、四年尤為明顯。有關著作雖然很多，迄今仍未為企業界人士訂定一個共同遵守的規定，因為該方面的學者們體認到倫理是相對的，對於是非好壞很難下一個絕對性的定義。在日常生活中，經常會體察到某種作法在一個行業是違背倫理的，而在另一個行業卻又為大家共同奉行，幾乎很難找出一個作法或慣例為整個的企業界共同指責為不合倫理的。

本章討論的重心是行銷與倫理的關係，而不涉及有關生產、財務或其他的活動。即使大多數的企業家自己也相信行銷作業，特別是廣告與人員推銷，是最違背倫理的二種活動。賣假藥的陋俗早在數千年前即已風行。由於國民所得普遍的提高，追求物質享受的風氣日盛，追求享受與滿足的水準愈高，倫理道德的水準就愈低，商業道德的探討就愈重要，企業主管對於倫理方面引起的問題就愈令人關心。

讀者，特別是一些從事行銷的讀者，會認為在專門講求商業策略以獲取最大利潤為目的的行銷學討論倫理道德與社會責任，似乎離題太遠。事實上，將倫理與一個企業的行銷策略關聯起來，是非常必要而且實際的。因為現在是一個整體的社會，行銷活動已成為經濟生活中最重要的一環，各種經濟活動多透過行銷活動表現出來。

有時，一個行銷主管的確會發現無法抗拒的壓力，使他不得不採行違反倫理的作法。尤其當他個人的利益或企業的存亡面臨決定性的關鍵時，他會迴避法律，違背倫理道德。當不涉及利害關係時，就會考慮遵守倫理道德。

一個重要的原則是應該從長期的觀點衡量倫理與道德，而不是從短期著眼，若干人過份短視，沒有注意倫理的長期效果。他們往往認為只要能將貨物銷售出去，欺騙與蒙蔽是沒有多大關係的。此等主管很明顯的未能體察到繼續這樣作，會失去顧客，也會招致法律制裁。換言之，一個主管應該從長期考慮各種策略可能產生的後果，短暫的銷貨對一個公司的長期計畫，實在微不足道。

 **實務焦點**

---

**善有善報**

　1992 年 8 月安德魯颶風肆虐美國佛羅里達州南部及路易斯安那州沿海一帶，造成 100

億美元的財物損失，也讓二十五萬人無家可歸。當時美國有數 10 家公司對於安德魯風災的受害人做出了回應。

美國建材零售商家庭建材倉庫公司 (Home Depot) 為協助災後重建，於是降低了房屋外部用木材的價格，減價範圍涵蓋南佛羅里達州各地。使該地區的經銷商至少少賺了幾百萬美元。但是由於復建心切，當地對建材的需求殷切，家庭建材的競爭者不但不降價，反而將價格提升一倍，每片木材由 8 美元上漲到 16 美元。但是家庭建材公司的經理說：我們將會得到好報的，一般民眾會知道我們的原則。

家庭建材的廉價義舉不但協助受災民眾迅速的重建家園，恢復安居樂業的生活，贏得南佛羅里達州居民的感念，更重要的是他瞭解客戶的需求，而能有效地加以滿足，他們做到了同業競爭者想不到也做不到的。自此以後他的業績迅速成長；在 2003 年全美企業排名為第十三名；2002 年則為第十八名，風災後的五年 (1997) 年則為第五十名，業績成長之快由此可知。真正印證了那位經理所說的「善有善報」的信念。

## 害人害己

陶科 (Thomas Talcott) 在道康寧工作了近四十年，一直負責發展女性胸部填充所使用的矽膠。當 1975 年因公司轉變發展一種更為流動，柔軟，且更像人體的矽膠時，陶科辭去了他的工作。陶科離職的原因是因為他擔心較薄的矽膠會破裂或漏出而造成人體嚴重的傷害。他所擔心的事被公司經理人忽視超過十五年。

道康寧直到 1992 年初的公開說法是他們的矽膠曾完整的在動物身上作過測驗，而且在 200 多名接受植入的婦女中顯示不會危害健康。實際上後來證明陶科是對的，因為公司不僅早就知道植入的問題，還設法掩飾其問題。

根據美國新聞媒體、藥物管制局，以及國會的調查，他們從公司的備忘文件中發現在 1975 年該公司為讓矽膠產品上市，他們不但剔除而且封殺顯示植入矽膠有滲漏的動物實驗。該公司內部的文件也顯示他們向婦女、專業人員，以及聯邦藥物管制局的官員出示扭曲不實的研究報告。該類文件早就顯示矽膠可能自婦女胸部滲入體內其他部位。道康寧以不想造成婦女的恐懼為由而不公開早期的文件，終於在 1992 年承認他們過去的資料並不誠實，同時該公司宣佈願為任何無法自行負擔摘出填入物的婦女負擔所需的費用，總裁為對此一事件表示負責而辭職，隨後道康寧宣布將提出 9,400 萬美元的款項做為未來可能因法律訴訟案件而引起的賠償，道康寧也同時宣佈退出女性胸部植入物市場。

此一事件是極少發生的企業不道德不負責任的案例，最後他們也得到應得的報應。

## 貪圖小利

汽車修理：故意將修理費要的很低，當顧客停車修理時，發現「額外」需要修理之處；免費修理的擔保往往無效。這類的修車廠，顧客若不是萬不得已，又有誰會去惠顧？

上面僅藉幾個事實說明商業活動違背倫理道德的情形，當然不是指每一個企業都如此。目前臺灣地區一般西藥、化妝品、食品等的不實廣告，贈獎等的誇大宣傳，不但企圖獲得不正當之利潤，且具有傷害國民身心的危險。這些企業主管有無考慮到其對社會所負之責任？

作者絕非想為行銷人員訂定法律條文或倫理規範；相反的，作者與其他的社會大眾一樣，願意藉此讓有關的業者瞭解其可能對社會倫理造成的損傷，因而會設法避免或減輕類似活動之發生。下面再分別討論與倫理有關的行銷活動。

## 產品政策與倫理

產品是備受指責的重心，因大多數的不當行為均導源於產品。各國政府對於產品的包裝與品質也特別注意。

### 一、包　裝

包裝已經引起有關人士之關切。若干食品包裝盒子作的不必要的大，其目的在給予購買者一種錯覺，盒子大、裝的東西多。化妝品的盒子特別厚，底下往往是空的，目的不外在使少許的化妝品看起來很多。透過不實的包裝，給購買者一種錯誤的感覺，實為一不爭之事實。

若干行銷人員也許會立刻辯護上述包裝法並非在使消費大眾產生錯覺，而是因為同業競爭促成的。廠商為求其產品的包裝醒目，在競爭的貨架上能給顧客一種較深的印象，以便產生偏好，達到銷售目的。因此希望包裝愈大，在貨架上占的面積就愈大，購買者看的就愈清楚，購買的可能性就愈大。有的則辯稱盒子雖然大，裝的東西雖僅一半，但盒子上註明重量，而且裝的東西絕對與註明的重量相符。

諸如此類問題，不勝枚舉。一個基本的問題是這些作法是否符合商業上的倫理，在什麼情形下包裝又違背倫理？

### 二、品　質

很多產品的性能並沒有像宣傳的那樣優異，消費者對很多產品的品質茫然，美容瘦身產品尤其嚴重。假定購買者對於他購買的東西之品質，不論好壞，瞭解的很清楚，廠商有意的將該產品的品質降低（不管出於什麼動機），是否合乎倫理？例如摩托車工廠可以將其產品的安全設備作的比現在作的更好，以減少意外交通事件的發生，假定行銷研究報告顯示一般購買者並不願意付出較高的價格以獲得較大的安

全，廠商是否應該為了減少意外事件而改進摩托車的設備，抑或提供顧客自己願意買的規格，儘管該種規格對他的生命造成較大的威脅？

若干廠商與零售商在倫理方面所持的立場是不管購買者要什麼樣的品質，他們不出售低於某一標準以下的產品。他們認為自己有一種倫理的責任，他們只作自己認為是正當的，因為一般顧客在這方面的決策不一定是正確的。

## 三、加速產品的更新

有計畫的加速產品的淘汰已成為受人指責的另一主因。行銷人員在產品上常藉極為膚淺的改變，以達到產品更新的目的，此等情形特別是在式樣方面尤為明顯。有的企業人士辯稱不斷的換新汰舊是顧客所嚮往的，而且也是推動經濟發展，增加就業的主要方法。這種更新汰舊的策略是否在到達某一限度之後就與倫理發生密切的關係，此一限度究竟到什麼程度？是值得探討的一個問題。

有關產品的其他問題，如盜版、仿造、冒牌等與倫理道德有關的事項，雖然有法律限制，倫理道德的考慮尤為重要。

## 四、產品責任

自 1970 年以後，世界各國對於製造廠商的產品責任 (product liability) 普遍的予以注意，而且在時間與空間方面責任的範圍也加大，在此情形，廠商也必須主動採自律的措施，主動的加以改進，如服用不當藥物引起的畸形兒童，若干廠商主動給予受害者補償，危險藥品多以明顯標籤，以防誤用；尖刺的玩具已多改為對人體不容易造成傷害的安全玩具；輸往北美的電器必須符合一定的標準；美國煙草公司賠償因吸煙而罹患肺癌的民眾動輒以千萬美元計。凡此均說明廠商對其產品在設計製造過程中應有之態度與責任，即使消費者在使用以後不幸發生意外，廠商仍然負有相當的責任，至於廠商為達到上述的要求而使消費者增加的負擔是否合理，又是問題中的問題，正是當前研究企業與社會責任的主題。

## 價格政策與倫理

價格的訂定受政府法令嚴格的限制，若干與倫理有關的問題多半和法令有關聯。

## 一、價格改變

當產品的價格增減時，廠商與零售批發商是否應該立刻而有效的將可能變動的情形公告大眾。假定廠商知道一種產品的價格在最近幾天內將下跌，廠方負責人有

無道義上的責任把即將下落的情形通知批發零售商？若干行銷人員認為他們有道義上的責任立刻通知批發零售商，甚至消費大眾。在實質上也確有必要，立刻通知有關的顧客，因為如果不將此等情節通知他們，他會很快的失去顧客。若干廠商與批發零售商甚至覺得他們有責任將未來可能的演變通知有關的顧客。

## 二、聯合訂價

假定某個地區的水電工人決定訂定一種同一的服務價格標準，同類工作，同一價格，而且大家共同遵守，此一行動是否合乎倫理？2004 年 10 月中旬國際市場原油價格飆漲到每桶 55 美元的高峰時，中國石油與台塑宣布調漲油價，行政院公平交易委員會隨即宣布兩大石油公司「聯合漲價」，違反公平交易法，各罰 650 萬臺幣。公交會調查發現從 2002 年起，2 家公司先後有二十次的一致行為，都是「同時」、「同幅」調漲油價。❻目前仍有若干壟斷性的行業每當在「開放進口」的壓力之下，始作降低其價格的讓步。類此情形，是否違背企業的倫理道德？他們的社會責任與道義立場是什麼？他們有無體會到企業對社會的責任？

## 推廣政策與倫理

在市場作業的範疇中，沒有比推廣活動更受人指責，更違背倫理道德的。此種情勢近年來日漸加強，促成此種情勢的主要原因是推廣活動對於社會大眾表達的更明顯，更容易使人察覺與感受。

## 一、廣告

社會大眾指責廣告的主要理由與根據是它經常虛構不實、欺騙與使人發生錯覺，利用低級趣味刺激下意識，誇大的宣傳，矛盾的吹噓，過份利用恐懼與性感的誘惑。大型食品公司如義美等，大肆宣傳的高纖食品，經過消基會的化驗，含纖量並不高，相反地，所含的脂肪量倒意外的高。❼若干人辯稱上述性質的廣告僅限於幾種特殊的消費品，而且僅限於少數幾種媒體。

除此以外，有的則指責廣告是浪費與誤用有效的經濟資源。例如據估計僅臺灣地區的各種廣告費每年就在 550 億新臺幣左右，如果將此一巨額有效的資源用於改善貧民住宅與環境衛生等途徑，對整個社會的經濟生活，在實質上是否更有價值？

---

❻　《中時晚報》與《聯合晚報》，2004 年 10 月 14 日。

❼　《聯合晚報》，2004 年 10 月 5 日。

　　有時也常聞悉廣告費，特別是電視廣告費，大的令人難以置信。此種巨大費用，增加了市場作業的成本，轉移到價格上去，加重了消費者的負擔。如果將電視廣告費用一項轉變到改良品質，或分攤到每件產品的價格上去，消費者也許可以獲得更具體的利益？讀者如果概略地估計手機廠商每年銷貨總數量，及其每年廣告預算，不難得知一支手機或一臺微電腦要負擔多少不必要的電視廣告費用。非肥皂、冷飲、食品、化妝品等公司的產品同樣可以推算。

　　若干指責又自工業市場的特點──大公司左右一個行業的立場發出。他們的理由是：

　　1. 大公司財力雄厚，有能力透過大量的廣告活動，分化其產品，其產品在市場上的占有率大增。

　　2. 透過積極的廣告宣傳，可以達到防止小規模公司加入市場，沖淡其利潤率。

　　3. 運用上述二種策略，可以導致大企業的獨占市場，控制價格，與獲得不正當的利潤。

　　此種指責，雖經研究證實在美國為無稽之談。目前臺灣地區則因大的集團企業迅速擴大規模，為了因應國際化的趨勢，金融界現正掀合併風潮，有線電視網及無線通訊業均為少數幾家大企業控制，政府也聽任其寡占，以壯大其規模，以增加國際競爭力，而置中小企業之生存發展及消費者的福祉於不顧。

## 二、推銷技術

　　有的公司利用按戶推銷的方法，利用各種不同的技巧，達到推銷的目的，也是值得研究的。購買大的家用電器品往往可以得到相當的現金折扣，或贈送貴重的贈品，以期促成購買決策。此類作法，實為賄賂，僅形式不同而已。也反映出商業道德黑暗的另一面。

# 銷售通路決策與倫理

　　很多不合倫理的事情常常導源於銷售通路，而且此類問題往往不易解決。

## 一、通路結構

　　也有些人覺得非價格的競爭已逐漸取代價格競爭。在臺北市經常可以發現在不到一百平方公尺的面積內，林立著 3、4 家統一超商的連鎖店。迫使其他便利商店缺乏生存的空間。

## 二、消除與改變中間商

廠商在設立之初，為加強其市場作業，往往將其產品交批發商代為推銷，一旦該產品銷售地位穩定，廠商在市場與財務方面的力量鞏固，他便採取直接銷售的策略，而不再借重中間商。如果該中間商僅經營該一產品，而且該產品的市場地位完全由他辛苦建立的，該廠商對於此等中間商的道義責任應該到什麼程度？

假定某廠商為推廣一種新產品，在初期給中間商一個相當優厚的利潤，以鼓勵與刺激他們推廣，一俟此一產品的需要建立到相當水準，廠商便削減中間商的利潤，是否有違背倫理之處？

## 認清指責的本質

各種行銷活動所招致的指責與其對倫理的影響既已瞭解，最後我們應該認清指責的根本原因。在一個公司中，是行銷部門抑或其他部門引起指責？在整個經濟體系中，是行銷體系抑或一般的經濟制度受人詬病？同時更應該明確的指出詬病的基本動機。

在若干情形下，指責是正當的，他們指出了行銷體系的缺點與改進的方案。上面各點的分析讀者自己可以體會之。要之，衡量行銷活動應從二個基本觀點出發：

1. 現行作業體系是否能夠達到行銷作業的目的，即是否為滿足消費者需要最有效的一種途徑？

2. 該作業體系是否在繼續不斷的改進作業效率？

改進大多數是緩慢的。一個企業如果利用與社會大眾利益衝突的策略，從事各種活動，即使從短期觀之，也是無益的。價格控制與廣告宣傳均為不可容忍與無可饒恕之舉動。總之，現行的行銷體系仍然具有若干缺點，為求促進社會大眾與企業行號共同利益，必須設法加以消除。同時，多年來為達到滿足消費者而作的各種改進，也不容忽視。改進現行體系之缺點絕非破壞或嚴格限制現行體系。

 **實務焦點**

### 世界最大金融集團醜聞連連

　　全球規模最大的金融機構，美國花旗銀行集團 (Citigroup) 在日本的 4 家分行，在 2004 年 9 月 17 日被日本金融廳以發展業務違反證交法規，而處以重罰：勒令該行從事私人銀行

部門的 4 家分行從 2004 年 9 月 29 日起停業一年，並從停業屆滿的 2005 年 9 月 30 日起，吊銷這 4 家分行的執照。此一懲罰顯示花旗集團被迫退出日本私人銀行市場。日本金融廳也要求日本花旗銀行從 2004 年 9 月 28 日起到 10 月 28 日，不得受理新零售客戶的新外幣存款。

日本花旗銀行的私人銀行部門。主要目標客戶為金融資產超過 1 億日圓的富人，在日本有 4 家分行，即丸之內、名古屋、大阪及福岡，其中在東京市中心區的丸之內分行，尤為私人銀行業務的重鎮。

日本證券交易監督委員在金檢中發現，丸之內分行 2003 年 4 月曾對申請貸款的顧客提出購買債券作為附帶條件。另外，該行的兩位副總裁在 2003 年 6、7、8 三個月均曾為了推銷債券而給予顧客不實的資訊而誤導顧客。實際上，金融界在審核貸款時要求其他有利於銀行的交易，在美、日等國均屬違法，只是此類陋習在各國已行之有年。

日本金融廳認為前述的違規屬「重大」且「損及公共利益」，因此才對日本花旗祭出重罰。

日本花旗銀行在 9 月 17 日發表道歉聲明，強調該行以遵奉金融廳的規範為「最高優先」，並會在 10 月 28 日前，提出一份全面解決問題的計畫，花旗銀行並表示該行已開除了十二位主管、十一位主管減薪，另有多人受到申誡。花旗集團的執行長普林斯 (Prince) 及總裁皮特遜 (Perterson) 特於 10 月 26 日，也就是事件發生後的一個月親自赴日本金融廳拜會，為其所屬的分行在日本的營業違規行為負荊請罪，稍後並召開記者會向日本全國民眾鞠躬道歉，同時也公布在一週前提供花旗集團日本營運改進計畫給日本金融廳。其中包括設置整合性內控架構，並將成立獨立監督委員會。花旗集團一連串的危機處理措施，不失為保護該集團在日本其他業務的緊急策略。

花旗銀行在日本接受重罰的同時，在歐洲金融中心也發生了一件重大案件。世界重要新聞媒體紛紛指責花旗銀行分別以「巧取」顧客與「豪奪」大眾利益的惡名。使花旗在聲望及形象上都受到嚴重的損傷。所謂「巧取」顧客，係指日本金檢單位發現日本花旗銀行的私人銀行部門曾為銷售債券而對客戶提供「誤導性資訊」，及以購買債券作為申請貸款的附帶條件。至於「豪奪」大眾利益，則指花旗集團不久前在歐洲電子交易平臺賣出總金額約 181 億歐元（約合 144 億美元）的一百種歐洲國家政府公債，套取價差利益約為 1,000 萬至 3,000 萬歐元左右，金額相當龐大。花旗集團在歐洲政府公債市場套利的操作手法，已引起相當大的震撼。英國金融主管機關已表示，已就花旗集團的行為是否違法，展開調查。

花旗集團在美國自 2000 年起也曾爆發了一連串的醜聞。使前董事長兼執行長的魏爾 (Sandy Weill) 歷經十六年、透過不斷的併購，共花費 1,470 億美元，合併了 100 多家公司才打造出傲視全球的花旗集團，不斷的被美國司法機構指控與偵辦。魏爾過去的豐功偉績，並未延續多久，即被美國社會大眾指責他與他的高階主管作了「社會大眾無法接受的事」。其中包括花旗替休士頓的恩龍 (Enron) 公司隱藏鉅額債務，所羅門美邦 (Salomon Smith Barney) 炒作分文不值的世界通訊 (WorldCom.) 股票，名噪一時的證券分析師克魯曼 (Jack Grubman) 強力推薦溫斯塔 (Winstar) 股票，結果後來破產，以及所羅門美邦支付鉅額報酬金給通訊網路公司 (Telecom) 的高階主管等案件。2002 年 10 月花旗銀行被美國聯邦調查局指控利益衝突，遭到聯邦與地方司法機構調查，並被迫在 10 月底宣布要嚴格劃清該集團研究部門與投資銀行部門的業務，同時並特別聘專人負責新成立個人投資研究與經紀部門的業務。孰料 2004 年 9 月花旗在日本及歐洲的分行又爆發另類的案件，無怪新聞媒體及社會大眾紛紛指責。❽

# 習 題

1. 說明創意在行銷中的地位。

2. 說明發掘創意的方法。

3. 說明腦力激盪術的要點。

4. 說明德飛法的要點。

5. 說明企業倫理與社會責任的關係。

---

❽ 資料來源：參考《工商時報》，2004 年 9 月 18 日，10 月 26 日，《經濟日報》，91 年 11 月 25 日。

*Business Week*，2002 年 11 月 11 日，pp. 38–40。

## 管理學　張世佳／著

　　本書係依據技職體系之科技大學、技術學院及專校學生培育特色所編撰的管理用書，強調管理學術理論與實務應用並重。除了涵蓋各種基本的管理理論外，亦引進目前廣為企業引用的管理新議題如「知識管理」、「平衡計分卡」及「從 A 到 A⁺」等。透過淺顯易懂的用語及圖列式的條理表達方式，來闡述管理理論要義，使學生能更平易的學習管理知識與精髓。此外，本書配合不同章節內容引用國內知名企業的本土管理個案，使學生在所熟識的企業情境下，研討各種卓越的管理經驗，強化學生實務應用能力。

## 當代人力資源管理　沈介文、陳銘嘉、徐明儀／著

　　本書描述了當代人力資源管理的理論與實務，在內容方面包含了三大主題，首先是任何管理者都需要知道的「策略篇」，接著是人力資源管理執行者應該熟悉的「功能篇」，以及針對進一步學習者的「精英成長篇」；各主題皆獨立成篇，因此讀者或是教師都可以依據個人需求，決定學習與授課的先後順序；每章之後都以「世說新語」為題，針對相關的專業名詞進行說明，輔以「不知不可」，指出與該章有關的重要觀念或趨勢，同時以專業人力資源管理者為對象，透過「行家行話」來討論一些值得深思的議題；並附上本土之當代個案案例，同時提出思考性的問題，讓讀者融入所學，實為一本兼具嚴謹理論與活潑實務的好書。

## 財務管理——原則與應用　郭修仁／著

　　本書內容有別於其他以「財務管理」(Financial Management) 為書名的大專教科書之處，在於跳脫傳統以「公司理財」為主的仿原文書架構，而以更貼近國內學生對「財務管理」知識的真正需求編寫。內容包括基礎觀念及國內金融環境介紹、證券評價及投資、資本預算決策、資本結構及股利決策、證券技術分析、外匯觀念、期貨及選擇權概念、公司合併及國際財務管理等主要課題。

## 財務管理——觀念與應用　張國平／著

　　財務管理所討論的內容，就是成本與效益分析，只要效益高於成本就會進行。成本是當下的，效益是未來發生的，因此在折現未來收益使之與成本在同一時點上做比較時，就需要考慮未來不確定的影響。本書由經濟學的觀點出發，強調人們合作時的交易成本，藉以分析公司資本結構與控制權的改變對公司市場價值的影響。另外的著重點是強調事前的機會成本與個人選擇範圍大小的概念，並以之澄清許多迄今仍是似是而非的觀念。書中亦引用並比較了經濟大家 (亞當‧斯密、馬歇爾、熊彼得、凱恩斯、科斯等) 的看法，每章還附有取材於經典著作的案例研讀，可以幫助讀者們更加瞭解書中的內容。

## 財務管理——理論與實務　　張瑞芳／著

　　財務管理是企業的重心所在，關係經營的成敗；由財務衍生的金融、資金、股票、貨幣、報酬、風險、投資組合、預算、債券、期貨、選擇權、共同基金、認購權證、銀行融資、報表，若能深入瞭解運用，必可操控企業經營的成功。有鑒於原文書及坊間教科書內容艱深難以理解，因此本書著重在概念的養成，希望以言簡意賅、重點式的提要，能對莘莘學子及工商企業界人士有所助益。

## 國際財務管理　　伍忠賢／著

　　本書之編寫，以理論為架構，利用圖表之方式，對全球融資之目的、全球企業成長階段、財務組織型態關係、效率市場假說做有系統之介紹；以實務為骨肉，力求與實務結合，讓你具備全球企業財務專員及財務長所需的基本知識。

## 財務報表分析　　李祖培／著

　　財務報表分析為企業經營時，運用會計資訊來作為規劃、管理、控制與決策的依據，是非常重要的一門學問。包含比率分析、現金流動分析、損益變動分析、損益兩平點分析、物價水準變動分析等。為了配合理論與實務的運用，本書比率分析中的標準比率，採用財政部和臺北市銀行公會聯合徵信中心發布的同業標準比率，提供讀者研習和參考，俾能學以致用。

## 投資學　　伍忠賢／著

　　本書讓你具備全球股票、債券型基金經理所需的基本知識，實例取材自《工商時報》和《經濟日報》，讓你跟「實務零距離」，章末所附的個案研究，讓你「現學現用」！不僅適合大專院校教學之用，更適合經營企管碩士 (EMBA) 班使用。

## 品質管制　劉漢容／著

　　當今全球在產品製造及商品服務上，最重要的競爭利器不外品質和成本，而品質管理正是提升品質和降低成本的一門學識。本書定位於大專院校教材及工商企業界實用參考書籍，從企業外購材料的管理、生產過程的作業管理，到分配過程及消費者使用的售後服務，在此一整體的供應鏈中提供品質的理念、技術和制度，也提供其分析和持續不斷改善的方法。

## 作業研究　劉賓陽／著

　　本書的內容除了主要領域中各項技術與模式的介紹之外，特別就企業經營管理上與個人日常生活中各式各樣的問題，編製生動活潑之範例與習題；以期使讀者能在學習過程之中，具備學理探討之基礎與實務應用之能力。

## 互動式管理的藝術

Phillip L. Hunsaker、Tony J. Alessandra ／著　胡瑋珊／譯

　　若經理人能建立一套友善並有生產力的工作氣氛，對整個組織來說，將帶來莫大的正面效應。本書正可提供具體的策略、指南以及技術，讓你能夠輕鬆增進與員工間的關係，建立經理人與員工信賴的基礎。讓員工對你的領導心服口服！

## 標竿學習──向企業典範取經

Bengt Karlof、Kurt Lundgren、Marie Edenfeldt Froment ／著　胡瑋珊／譯

　　本書以理論搭配實際案例，闡明管理學理論和其發展軌跡，且詳述標竿學習過程中的方法和步驟，使你瞭解為何標竿學習特別適合現代企業，以協助企業從「良好典範」的經驗取得借鏡，並為「你怎麼知道自己的作業有效率？」的問題找到解答，希望讓各位讀者瞭解，學習不但有助於個人發展，更是攸關企業經營成功與否的重要關鍵。